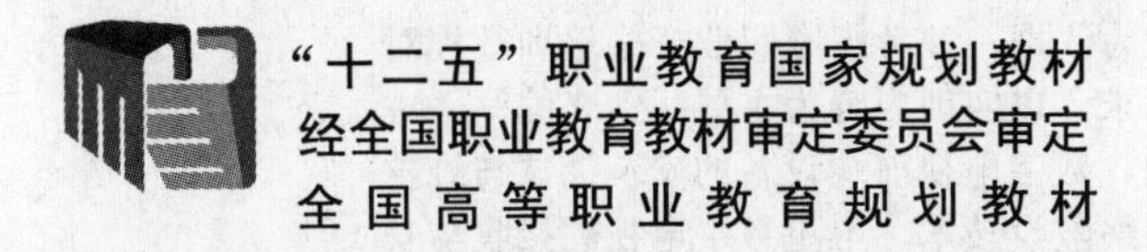

数字电视技术实训教程

第3版

主　编　刘修文

副主编　刘文涛　陆燕飞

参　编　刘以通　席彦彬　蔡晓栋
沈建辉　杨　森　杨　亮
刘静敏　王忠章　周冬桂

主　审　袁士刚

机械工业出版社

本书以高职教育的培养目标为依据，参考国家职业资格培训教程对高级机线、机务人员及技师的要求，以实训内容为主要线索来编写。主要内容包括：数字电视技术基础、数字电视前端设备的安装调试与维护检修技术、数字电视有线传输网络敷设技术、卫星数字电视的接收与安装调试技术、有线数字电视的接收与安装调试技术、有线数字电视传输网络与用户终端的维护检修技术、地面数字电视接收技术和有线数字电视主要技术指标的测量技术。

本书内容丰富新颖、原理简明易懂，突出实际应用，注重将理论知识与实训操作相结合，特别适合作为高职高专院校数字电视技术课程的教材，也可作为本科院校相关专业的实训教材，以及广播电视系统工程技术人员的培训教材，还可供广大无线电爱好者和数字电视爱好者阅读。

本书配套授课电子课件，需要的教师可登录 www.cmpedu.com 免费注册、审核通过后下载，或联系编辑索取（QQ：1239258369，电话：010-88379739）。

图书在版编目（CIP）数据

数字电视技术实训教程/刘修文主编. —3 版. —北京：机械工业出版社，2014. 12（2019.8重印）

“十二五”职业教育国家规划教材·全国高等职业教育规划教材

ISBN 978-7-111-48454-7

Ⅰ. ①数… Ⅱ. ①刘… Ⅲ. ①数字电视-技术-高等职业教育-教材
Ⅳ. ①TN949. 197

中国版本图书馆 CIP 数据核字（2014）第 257803 号

机械工业出版社（北京市百万庄大街 22 号　邮政编码 100037）
责任编辑：王　颖　　责任校对：张艳霞
责任印制：郜　敏
涿州市京南印刷厂印刷
2019 年 8 月第 3 版 · 第 2 次印刷
184mm×260mm · 18印张 · 441千字
3001—4000 册
标准书号：ISBN 978-7-111-48454-7
定价：39. 00 元

全国高等职业教育规划教材
电子类专业编委会成员名单

出 版 说 明

《国务院关于加快发展现代职业教育的决定》指出：到2020年，形成适应发展需求、产教深度融合、中职高职衔接、职业教育与普通教育相互沟通，体现终身教育理念，具有中国特色、世界水平的现代职业教育体系，推进人才培养模式创新，坚持校企合作、工学结合，强化教学、学习、实训相融合的教育教学活动，推行项目教学、案例教学、工作过程导向教学等教学模式，引导社会力量参与教学过程，共同开发课程和教材等教育资源。机械工业出版社组织全国60余所职业院校（其中大部分是示范性院校和骨干院校）的骨干教师共同策划、编写并出版的“全国高等职业教育规划教材”系列丛书，已历经十余年的积淀和发展，今后将更加结合国家职业教育文件精神，致力于建设符合现代职业教育教学需求的教材体系，打造充分适应现代职业教育教学模式的、体现工学结合特点的新型精品化教材。

“全国高等职业教育规划教材”涵盖计算机、电子和机电三个专业，目前在销教材300余种，其中“十五”“十一五”“十二五”累计获奖教材60余种，更有4种获得国家级精品教材。该系列教材依托于高职高专计算机、电子、机电三个专业编委会，充分体现职业院校教学改革和课程改革的需要，其内容和质量颇受授课教师的认可。

在系列教材策划和编写的过程中，主编院校通过编委会平台充分调研相关院校的专业课程体系，认真讨论课程教学大纲，积极听取相关专家意见，并融合教学中的实践经验，吸收职业教育改革成果，寻求企业合作，针对不同的课程性质采取差异化的编写策略。其中，核心基础课程的教材在保持扎实的理论基础的同时，增加实训和习题以及相关的多媒体配套资源；实践性较强的课程则强调理论与实训紧密结合，采用理实一体的编写模式；涉及实用技术的课程则在教材中引入了最新的知识、技术、工艺和方法，同时重视企业参与，吸纳来自企业的真实案例。此外，根据实际教学的需要对部分课程进行了整合和优化。

归纳起来，本系列教材具有以下特点：

1）围绕培养学生的职业技能这条主线来设计教材的结构、内容和形式。

2）合理安排基础知识和实践知识的比例。基础知识以“必需、够用”为度，强调专业技术应用能力的训练，适当增加实训环节。

3）符合高职学生的学习特点和认知规律。对基本理论和方法的论述容易理解、清晰简洁，多用图表来表达信息；增加相关技术在生产中的应用实例，引导学生主动学习。

4）教材内容紧随技术和经济的发展而更新，及时将新知识、新技术、新工艺和新案例等引入教材。同时注重吸收最新的教学理念，并积极支持新专业的教材建设。

5）注重立体化教材建设。通过主教材、电子教案、配套素材光盘、实训指导和习题及解答等教学资源的有机结合，提高教学服务水平，为高素质技能型人才的培养创造良好的条件。

由于我国高等职业教育改革和发展的速度很快，加之我们的水平和经验有限，因此在教材的编写和出版过程中难免出现问题和疏漏。我们恳请使用这套教材的师生及时向我们反馈质量信息，以利于我们今后不断提高教材的出版质量，为广大师生提供更多、更适用的教材。

机械工业出版社

前　言

数字电视技术是一门随着科技进步而迅速发展的实用技术，其内容涵盖标准清晰度电视（SDTV）、高清晰度电视（HDTV）、交互电视、云媒体、交互式网络电视（IPTV）、基于开放互联网的视频服务（OTT TV）等。2013 年 12 月 4 日，我国正式对中国移动、中国电信和中国联通发布第四代移动通信（4G）牌照，这将深刻地影响数字电视技术的发展。高职高专院校电子类、通信类专业普遍要开设数字电视技术这门课程，但目前适合高职高专院校使用的深浅适中、突出实用的教材较少。为满足高职高专院校师生的迫切需求，以及对市县级广播电视行业工程维护人员进行数字电视知识普及的需求，我们编写了本书。

《数字电视技术实训教程第 3 版》是在“中国梦”主旋律下，在我国进行“宽带中国”“智慧城市”战略建设和数字电视有线、无线和宽屏技术精彩纷呈的新形势下，为适应高等职业教育改革，把培养学生动手能力和提高学生的实际操作技能放在首位，根据《有线广播电视机线员国家职业标准》，参考国家职业资格培训教程对高级机线、机务人员及技师的要求，对第 2 版内容进行了大幅度修订。修订的原则是尽量精减基础知识，充实实际操作技能，提高学生的就业能力，使读者通过本课程的学习，达到会安装设备、会使用仪器、会维护网络、能排除故障的目的。

在修订后的第 3 版中，将原有“数字电视概述”“数字电视编码技术”“传输码流及其复用技术”以及“数字电视传输方案与调制技术”等部分章节精简为“数字电视技术基础”，增加“数字电视前端设备的安装调试与维护检修技术”“数字电视有线传输网络敷设技术”和“地面数字电视接收技术”；将原来的“认识与了解数字电视编码器、复用器和 QAM 调制器”3 个实训，修改为“熟悉数字电视前端系统的设计、安装与调试”一个实训，增加了“熟悉 CMMB 接收设备的安装与调试方法”和“熟悉地面数字电视接收设备的安装与调试”2 个实训；用有线数字电视维护中使用较多的 DS2011 系列数字电视测试仪代替了原来的 DS1191 型数字电视综合测试仪；增加了维修实例的介绍，从第 2 版的 25 个实例增加到 66 个实例，这样使本书的知识更切合实际，使读者能够举一反三，达到“授人以渔”的目的。

在修订后的第 3 版中，将第 2 版原有的实训视频演示光盘内容及附录部分给出的“数字电视前端系统集成的工程设计与规划”和“加扰机安装调试方法”等内容，改放在机械工业出版社教材网（www.cmpedu.com）上，免费供读者下载、参考。

本书内容共分为 8 章。第 1 章为数字电视技术基础，第 2 章为数字电视前端设备的安装调试与维护检修技术，第 3 章为数字电视有线传输网络敷设技术，第 4 章为卫星数字电视的接收与安装调试技术，第 5 章为有线数字电视的接收与安装调试技术，第 6 章为有线数字电视传输网络与用户终端的维护检修技术，第 7 章为地面数字电视接收技术，第 8 章为有线数字电视主要技术指标的测量技术。附录部分给出了数字电视技术常用缩略语，供读者参考。

本书由刘修文任主编，负责全书的大纲制定、统稿；刘文涛、陆燕飞任副主编，负责实训内容的组织编写与部分编写工作。其中，第 1 章由刘以通编写，第 6 章由陆燕飞编写，第 7 章由杨森和杨亮编写，其余各章由刘修文编写。实训 1、2、5、11 由刘文涛编写，实训 3 由陆燕飞编写，实训 4 由周冬桂、刘修文编写，实训 6 由席彦彬编写，实训 7 由王忠章、刘静敏编写。实训 8 由沈建辉编写，实训 9 由杨森编写，实训 10 由杨亮编写，实训 12 由蔡晓栋编写。本书的编写得到了数字电视国家工程研究中心研发部何大治博士（经理）的大力支持。本书最后由江苏省南通广播电视台教授级高级工程师袁士刚审定。

为及时掌握国内数字电视技术的发展动态，在编写过程中参考了近期出版的《中国有线电视》《有线电视技术》等专业杂志以及有关数字电视技术的书籍，在此谨向参考文献的作者及出版者表示诚挚的谢意！

鉴于数字电视技术的发展日新月异，以及编者水平有限，书中难免存在疏漏与不足，殷切希望读者不吝赐教。

编　者

目　录

出版说明

前言

第 1 章　数字电视技术基础……1

1.1　数字电视的概念……1

1.1.1　数字电视……1

1.1.2　数字电视接收机……2

1.1.3　数字电视机顶盒……2

1.1.4　三网融合……3

1.1.5　OTT TV……3

1.1.6　我国数字电视的应用概况……4

1.2　数字电视信源编码……5

1.2.1　数字信号的产生……5

1.2.2　压缩编码的必要性与可行性……6

1.2.3　视频压缩编码……8

1.2.4　音频压缩编码……9

1.2.5　视频压缩编码标准简介……10

1.2.6　数字电视信源编码的结构框图……13

1.3　数字电视信道编码……13

1.3.1　误码产生的原因……13

1.3.2　数字信号传输过程的检错与纠错……14

1.3.3　数字信号的差错控制方式……14

1.3.4　常用信道编码简介……15

1.4　传输码流及其复用……16

1.4.1　基本码流与打包的基本码流……16

1.4.2　节目码流……17

1.4.3　传输码流……18

1.4.4　传输码流中的节目专用信息……19

1.4.5　传输码流中的业务信息……20

1.4.6　传输码流的复用……21

1.5　数字电视的传输方式……22

1.5.1　数字电视地面广播……23

1.5.2 数字电视卫星广播 …… 23
1.5.3 数字电视有线广播 …… 24
1.6 实训 1 熟悉数字电视和数字高清晰度电视接收机 …… 25
1.7 习题 …… 26
第 2 章 数字电视前端设备的安装调试与维护检修技术 …… 27
2.1 数字电视前端系统的组成及主要部分功能 …… 27
2.1.1 数字电视前端系统的组成 …… 27
2.1.2 信号源部分 …… 29
2.1.3 信号处理部分 …… 29
2.1.4 信号输出部分 …… 29
2.1.5 用户管理部分 …… 29
2.2 有线数字电视前端系统的主要设备 …… 30
2.2.1 卫星数字电视接收机 …… 30
2.2.2 网络适配器 …… 30
2.2.3 编码器 …… 30
2.2.4 转码器 …… 31
2.2.5 视频服务器 …… 33
2.2.6 复用器 …… 34
2.2.7 加扰器 …… 35
2.2.8 QAM 调制器 …… 37
2.2.9 光发射机 …… 38
2.3 有线数字电视前端系统的安装调试 …… 40
2.3.1 前端机房设备布局 …… 40
2.3.2 前端机房设备的安装 …… 41
2.3.3 数字电视前端的调试 …… 42
2.4 有线数字电视前端系统的维护检修 …… 44
2.4.1 前端机房的技术维护 …… 44
2.4.2 数字电视前端的常见故障检修 …… 45
2.4.3 光发射机的常见故障分析与排除 …… 45
2.5 前端系统防雷与机房接地技术 …… 47
2.5.1 雷电危害的形式 …… 47
2.5.2 前端机房防雷 …… 48
2.5.3 前端机房的接地技术 …… 51
2.6 实训 2 熟悉数字电视前端系统的设计、安装与调试 …… 56
2.7 习题 …… 62
第 3 章 数字电视有线传输网络敷设技术 …… 63
3.1 光纤干线传输 …… 63

3.1.1 光纤的传输特性……63
3.1.2 光有源器件……65
3.1.3 光无源器件……72
3.1.4 光波分复用（WDM）技术……75
3.1.5 密集波分复用（DWDM）技术……77
3.1.6 同步数字序列（SDH）技术……78
3.2 光缆线路的敷设……80
3.2.1 光纤的接续与熔接……80
3.2.2 光缆的敷设……84
3.2.3 光接收机的安装……87
3.2.4 光工作站的安装……87
3.3 广电宽带接入网的方式……89
3.3.1 HFC+CMTS 接入……89
3.3.2 EPON+EoC 接入……91
3.3.3 FTTB+ EPON+LAN 接入……94
3.3.4 FTTH 接入……95
3.4 广电宽带接入网的敷设……96
3.4.1 室内线缆的敷设方法……96
3.4.2 敷设室内线缆的注意事项……97
3.4.3 室内线缆器材的安装……100
3.5 实训 3 认识与了解数字电视双向传输光设备……101
3.6 习题……103
第 4 章 卫星数字电视的接收与安装调试技术……104
4.1 卫星电视接收天线的安装与调试……104
4.1.1 天线的主要技术参数……104
4.1.2 抛物面天线……106
4.1.3 天线的馈源与极化……108
4.1.4 卫星电视接收天线的选择……110
4.1.5 卫星电视接收天线的安装调试……112
4.2 高频头……114
4.2.1 高频头的作用与组成……114
4.2.2 高频头的选用……115
4.3 卫星数字电视接收机……115
4.3.1 卫星数字电视接收机的组成与工作原理……115
4.3.2 一体化调谐解调器……119
4.4 “村村通”直播卫星电视的接收……120
4.4.1 中星 9 号直播卫星简介……120

4.4.2 中星 9 号直播卫星专用接收机 …… 121
4.4.3 中星 9 号直播卫星的接收与调试 …… 124
4.4.4 中星 9 号专用机顶盒的序列号与软件升级 …… 126
4.5 一锅多星的接收方法 …… 127
4.5.1 一锅多星的接收要点 …… 127
4.5.2 一锅多星的接收方案 …… 128
4.6 实训 4 卫星接收天线的安装与调试 …… 131
4.7 实训 5 熟悉专业型数字卫星解码器的使用 …… 132
4.8 习题 …… 134
第 5 章 有线数字电视的接收与安装调试技术 …… 135
5.1 有线数字电视机顶盒的种类与组成 …… 135
5.1.1 有线数字电视机顶盒的种类 …… 135
5.1.2 基本型有线数字电视机顶盒的组成 …… 136
5.1.3 增强型有线数字电视机顶盒的组成 …… 138
5.1.4 交互式有线数字电视机顶盒的组成 …… 139
5.1.5 高清有线数字电视机顶盒的组成 …… 141
5.2 几种有线数字电视机顶盒的介绍 …… 141
5.2.1 采用 STi5105 方案的有线数字电视机顶盒 …… 141
5.2.2 采用 STi5197 方案的有线数字电视机顶盒 …… 143
5.2.3 采用 QAMi5516 方案的有线数字电视机顶盒 …… 144
5.2.4 采用 Hi3110Q 方案的有线数字电视机顶盒 …… 145
5.3 有线数字电视机顶盒的安装与调试 …… 146
5.3.1 有线数字电视机顶盒的选型 …… 146
5.3.2 对网络环境要求 …… 147
5.3.3 安装调试的注意事项 …… 148
5.3.4 交互式有线数字电视机顶盒的安装 …… 152
5.4 实训 6 有线数字电视机顶盒的安装与调试 …… 155
5.5 习题 …… 157
第 6 章 有线数字电视传输网络与用户终端的维护检修技术 …… 158
6.1 常用仪器仪表的使用 …… 158
6.1.1 光功率计的使用 …… 158
6.1.2 光时域反射仪的使用 …… 160
6.1.3 数字电视测试仪的使用 …… 164
6.2 有线传输网络的日常维护 …… 166
6.2.1 有线传输网络的周期测试 …… 166
6.2.2 光缆网络的维护 …… 167
6.2.3 电缆网络的维护 …… 169

6.3 有线传输网络常见故障分析与检修……170
6.3.1 传输网络故障的检修方法……170
6.3.2 有线电视网络传输码流易受干扰的频点与频段……171
6.3.3 有线数字电视的故障现象……172
6.3.4 光缆传输网络常见故障分析与检修……172
6.3.5 光接收机常见故障分析与检修……178
6.3.6 有线数字电视常见故障检修实例……182
6.4 有线数字电视机顶盒常见故障分析与检修实例……186
6.4.1 机顶盒安装不当对接收数字电视的影响……186
6.4.2 外界干扰对接收数字电视的影响……189
6.4.3 有线数字电视机顶盒常见故障及解决方法……191
6.4.4 一体化调谐解调器故障检修方法与实例……192
6.4.5 开关电源电路故障检修方法与实例……196
6.4.6 主电路板故障检修方法与实例……202
6.4.7 操作显示面板的故障检修方法与实例……203
6.4.8 智能卡读卡电路的故障检修方法与实例……206
6.5 实训 7 熟悉数字电视测试仪的使用……207
6.6 实训 8 熟悉有线数字电视用户终端常见故障的排除……208
6.7 习题……214
第 7 章 地面数字电视接收技术……215
7.1 地面数字电视接收的基础知识……215
7.1.1 地面数字电视系统的组成……215
7.1.2 地面数字电视传输的主要问题……218
7.1.3 地面数字电视传输的环境……219
7.1.4 地面数字电视传输的国际标准……221
7.2 地面数字电视机顶盒……223
7.2.1 国标 DTMB 地面数字电视机顶盒……223
7.2.2 地面高清晰度数字电视机顶盒……226
7.2.3 移动数字电视机顶盒……228
7.3 CMMB 接收设备简介……229
7.3.1 CMMB 系统的组成……229
7.3.2 CMMB 电视接收器……229
7.3.3 CMMB 电视接收棒……230
7.4 地面数字电视固定接收技巧……232
7.4.1 接收点的信号强度……232
7.4.2 接收天线的架设与调整……234
7.4.3 地面数字电视机顶盒的使用……235

7.4.4 常见故障的排除 …… 237
7.5 实训 9 熟悉 CMMB 接收设备的安装与调试方法 …… 238
7.6 实训 10 熟悉地面数字电视接收设备的安装与调试 …… 240
7.7 习题 …… 243
第 8 章 有线数字电视主要技术指标的测量技术 …… 244
8.1 码流分析仪 …… 244
8.1.1 码流分析仪的作用 …… 244
8.1.2 码流分析仪的功能 …… 245
8.1.3 节目时钟基准（PCR）测试分析 …… 247
8.1.4 码流分析仪监测的 3 种级别错误 …… 248
8.2 有线数字电视主要技术参数及其测量 …… 250
8.2.1 数字调制信号的主要技术参数 …… 250
8.2.2 载波调制数字信号电平及其测量 …… 251
8.2.3 载噪比及其测量 …… 252
8.2.4 比特误码率（BER）及其测量 …… 253
8.2.5 调制误差率（MER）及其测量 …… 254
8.2.6 传输码流参数及其测量 …… 255
8.3 实训 11 熟悉数字码流分析仪的使用 …… 255
8.4 实训 12 熟悉有线数字电视主要技术指标及其测量 …… 257
8.5 习题 …… 259
附录 数字电视技术常用缩略语 …… 260
参考文献 …… 273

第 1 章　数字电视技术基础

本章要点

- 了解数字电视的有关概念及数字电视在我国的应用情况。
- 熟悉视、音频信号压缩编码方法。
- 熟悉数字电视的信道编码技术和纠错方法。
- 熟悉节目码流与传输码流的组成，掌握传输码流的复用。
- 熟悉数字电视传输方式。

1.1　数字电视的概念

1.1.1　数字电视

数字电视是指包括节目摄制、编辑、发送、传输、存储、接收和显示等环节全部采用数字处理的全新电视系统。也可以说，数字电视是在信源、信道和信宿 3 个方面全面实现数字化和数字处理的电视系统。其中电视信号的采集（摄取）、编辑加工和播出发送（发射）属于数字电视的信源，传输和存储属于信道，接收端与显示器件属于信宿。

数字电视采用了超大规模集成电路、计算机、软件、数字通信、数字图像压缩编解码、数字伴音压缩编解码、数字多路复用、信道纠错编码、各种传输信道的调制解调以及高清晰显示器等技术，它是继黑白电视和彩色电视之后的第三代电视。

数字电视按其传输途径可分为 3 种，即卫星数字电视（DVB-S）、有线数字电视（DVB-C）和地面数字广播电视（DVB-T）。

按照数字电视扫描标准、图像格式或图像清晰度、传输视频（活动图像）比特率的不同，一般将其分为标准清晰度数字电视（SDTV，简称标清电视）和高清晰度数字电视（HDTV，简称高清电视）。标准清晰度电视的视频比特率为 3～8Mbit/s，显示清晰度为 350～600 线；高清晰度电视采用隔行扫描，视频比特率为 18～20Mbit/s，显示清晰度为 700～1 000 线。

高清晰度数字电视是未来的发展方向，它与标准清晰度电视相比较，高清晰度数字电视的图像分辨率被成倍地提高，宽色域、16∶9 的大屏幕和 5.1 环绕立体声播映，使得电视节目具有前所未有的临场感、逼真性和感染力。欣赏高清电视节目是一种更高的精神文化享受，可以极大地满足观众对节目欣赏水平日益增长的需求。

市场上常见的移动多媒体广播电视（CMMB）、手机电视、交互式网络电视（IPTV）与网络电视均属数字电视范畴，它们之间的主要区别是传输途径和终端显示设备的不同。其中，CMMB 通过卫星和无线的数字广播网络为 7in 以下的小屏幕计算机、手机、移动终端等终端提供服务；手机电视是利用具有操作系统和视频功能的智能手机观看电视的业务，3G 手机电视是中国移动与国家广电总局下属的中广传播有限公司联合推出的一项业务；交互式网络电视是以家用电视机为主要显示设备，它集互联网、多媒体和通信等多种技术于一体，通过 IP 协议向家庭用户提供多种交互式媒体服务的业务；网络电视则是以计算机（PC）为主要显示终端，通过互联网提供包括电视节目在内的多媒体业务。

1.1.2 数字电视接收机

数字电视接收机是指能接收、处理和重现数字电视广播射频信号的一种终端设备。数字电视接收机也称为数字电视一体机，或简称为数字电视机。按国际惯例，数字电视接收机需具备接收、处理地面数字电视广播射频信号并予以重放的能力。

根据工信部、广电总局等六部委 2013 年 1 月 23 日联合发布的《关于普及地面数字电视接收机的实施意见》要求，从 2014 年 1 月 1 日起，境内市场销售的 40in 及以上的电视机应具备地面数字电视接收功能。从 2015 年 1 月 1 日起，境内市场销售的所有尺寸电视机应具备地面数字电视接收功能。目前，市面上有多款 40in 以上液晶电视机内置了 AVS+地面数字电视接收功能。

数字电视采用数字压缩编码方式，在技术层面上分为两层，一层是传输用的信道编码，另一层是音视频信号压缩的信源编码。数字电视机的主要任务首先是从传输层提取信源编码信号，此过程称为信道解调；其次是还原压缩的信源编码信号，将恢复的原始音视频数据流送到等离子体、液晶显示屏上，或将数字信号转换为模拟的音视频信号送到阴极射线管（CRT）显示器上，显示图像，产生声音。

根据接收、解调和显示数字电视信号的不同，数字电视接收机又分为高清晰度数字电视接收机和标准清晰度数字电视接收机。高清晰度数字电视机除能收看 HDTV 节目外，还能收看 SDTV 节目。高清晰度数字电视机内置了数字高频头与数字电视芯片，可以实现对数字电视信号的一体化接收与播放，这样用户就摆脱了高清晰度数字电视机顶盒与付费收视的制约，可免费收看地面广播的高清晰度数字电视信号，使得数字高清晰度电视节目能在更为广阔的区域迅速普及。

高清晰度数字电视机能使用户看到高清晰度的电视图像，聆听高保真声音。与现行模拟电视机有显著区别，图像清晰度约为模拟电视机的两倍，显示屏尺寸大，视野广，像置身足球场或剧院，有身临其境的感觉。

1.1.3 数字电视机顶盒

数字电视机顶盒的英文缩写为 STB（Set-Top Box）。它是一种将数字电视信号转换成模拟信号的变换设备，它把经过数字化压缩的图像和声音信号解码还原成模拟视音频信号送入普通的电视机中。从模拟电视向数字电视的过渡，是一个跨越式的过渡，无法直接兼容，也就是说目前的所有的模拟电视机是不能接收数字电视信号的。所以采用一个过渡的办法，即用数字电视机顶盒将数字电视信号转变成模拟的视音频信号后，输入给现有的模拟电视机显示，这样现有的模拟电视机就成为数字电视的显示设备，数字电视机顶盒是数字电视的接收设备。

数字电视按照传输途径分为卫星、有线和地面 3 种方式，于是有 3 种适用于不同传输网络的数字电视机顶盒；数字电视按照扫描标准、图像格式或图像清晰度等一般分为标准清晰度数字电视和高清晰度数字电视。由此，可以演变出 6 种不同的数字电视机顶盒，其分类框图如图 1-1 所示。通常，支持 HDTV 的数字电视机顶盒同时可以接收 SDTV 信号，反之则不然。此外，数字电视机顶盒还有可以连接到互联网的、接收互联网数字视频节目的互联网协议（Internet Protocol，IP）机顶盒。我国目前市场上的大部分数字电视机顶盒属于有线数字电视机顶盒或卫星数字电视机顶盒，支持 SDTV 电视信号接收，也就是说，国内大部分数字电视机顶盒是通过有线电视网络或卫星传输信道，与普通的彩色电视机配合，来收看数字电视节目的。这种 SDTV 数字电视的质量可与数字化视频光盘（Digital Versatile Dise，DVD）提供的电视质量相当，SDTV 图像信号像素点阵数为 720×576，幅型比为 4:3，与从现有的有线电视网收到的模拟彩色电视图像质量相当，所不同的是，数字电视节目图像的画面噪声较小，图像较清晰。

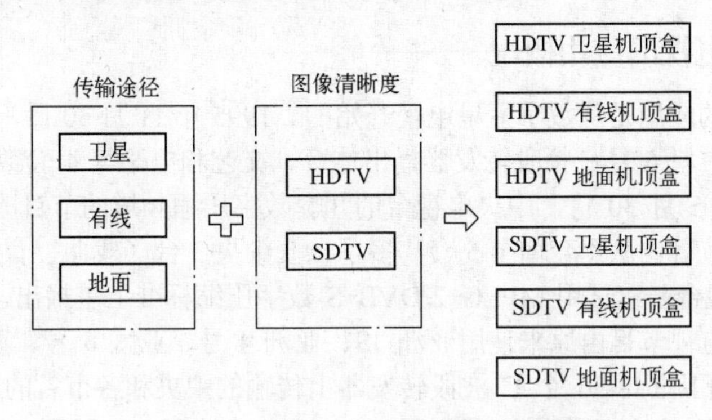

图 1-1　6 种不同的数字电视机顶盒分类框图

1.1.4　三网融合

三网融合是指电信网、广播电视网、互联网在向宽带通信网、数字电视网和下一代互联网演进过程中，其技术功能趋于一致，业务范围趋于相同，网络互联、互通，资源共享，能为用户提供话音、数据和广播电视等多种服务。

国家在“十一五”规划中曾明确指出：要“加强宽带通信网、数字电视网和下一代互联网等信息基础设施建设，推进三网融合”。2010 年 1 月 21 日，国务院颁布《推进三网融合的总体方案》（国发【2010】5 号）。方案宣告，2010 年～2012 年为三网融合试点阶段，而 2013 至 2015 年，三网融合将迎来全面推广阶段。2010 年 7 月 1 日，国务院办公厅印发首批三网融合试点城市名单，包括北京、上海、大连、哈尔滨、南京、杭州、厦门、青岛、武汉、长株潭地区、深圳和绵阳共 12 个城市入围。2011 年 12 月 31 日，国务院办公厅再印发第二阶段试点地区名单，试点范围扩大到 54 个城市。

2011 年 3 月，十一届全国人大四次会议审议通过的《国民经济和社会发展第十二个五年规划纲要》，明确要求推动文化产业成为国民经济支柱性产业，同时要求在“十二五”期间实现电信网、广播电视网、互联网三网融合，构建宽带、融合、安全的下一代国家信息基础设施。

1.1.5　OTT TV

OTT TV 是“Over The Top TV”的缩写，是指基于开放互联网的视频服务，终端可以是电视机、计算机、机顶盒、平板电脑（PAD）和智能手机等。从消费者的角度出发，OTT TV 就是互联网电视，它允许在任何时间、任何地点在任何设备上收看视频节目。

OTT TV 与 IPTV 的区别是，IPTV 是电信运营商通过 IP 专网和专用的 IPTV 机顶盒开展的一项视频业务，其显示终端通常是电视机。OTT TV 则是通过公共互联网来开展的一项视频业务，其显示终端可以是个人计算机，也可以是电视机或平板电脑等其他显示终端。OTT TV 的服务供应商可以是电信运营商，也可以是各种各样的视频网站和电视节目制作机构。因此，OTT TV 有着多屏分发、多屏互动的天然优势。

“三网融合”是网络的融合，包括电信网、广播电视网和互联网之间的融合；OTT TV 是指“屏”的融合，也就是电视机屏、计算机屏、PAD 屏和手机屏之间的融合。这样一来用手机可以看电视、上网，用电视机也可以打电话、上网，用计算机也可以打电话、看电视，三者之间相互交叉，形成“你中有我、我中有你”的格局。

1.1.6 我国数字电视的应用概况

我国数字电视的应用是从数字卫星电视开始的。1995 年 11 月 30 日，中央电视台采用数字压缩技术，使用中星 5 号 C 频段转发器播出体育、文艺和电影等 4 套数字压缩加扰收费的电视节目。1996 年 5 月 30 日，中央电视台的几套数字压缩频道的节目改由亚洲 2 卫星 Ku 频段转发器发射，节目也从 4 套增至 5 套，多了一套中央 3 台（戏曲、音乐）节目。1997 年 1 月以后，省级电视台陆续试用 MPEG-2/DVB-S 数字压缩标准上星播出，到 2007 年 8 月底止，我国内地广播电视节目由原来使用亚洲 3S、亚洲 4 号、亚太 6 号、亚太 2R、中卫 1 号和鑫诺 1 号共 6 颗卫星共 36 个 C 波段转发器上传输的中央和各市省的 152 套卫星电视节目、155 套广播节目全部转到鑫诺 3 号卫星（125° E）和中星 6B 卫星（115.5° E）上传输。在这两颗卫星上，共使用 31 个 C 波段转发器，传送 165 套电视节目和 155 套广播节目。2008 年 6 月 9 日，我国成功发射了第一颗直播卫星“中星 9 号”，通过这个卫星使用 8 个转发器传输中央和各省广播节目 43 套、电视节目 48 套，同时运用 PUSH VOD 的方式传送了一些综合信息服务。截至 2014 年 10 月 8 日，全国直播卫星户户通用户达到 1614 万户，彻底解决了农村地区群众听广播看电视难的问题。

从 2003 年开始在全国 40 多个城市进行数字电视整体转换的试点，截至 2014 年 4 月底，我国有线数字电视用户达到 16682.8 万户，有线数字化程度约为 74.48%（有线电视用户基数为 2.24 亿户，数据来源于国家广电总局），我国有线数字化整体转换已步入中后期。

2009 年 9 月 28 日，央视第一套（CCTV-1）和北京卫视、东方卫视、江苏卫视、湖南卫视、黑龙江卫视、浙江卫视、广东卫视及深圳卫视，加上中央电视台原有的高清综合频道，同时向观众提供 10 个高清电视频道。这 10 个高清频道全部由有线数字网络免费接入，免费收看。它标志着我国高清电视时代正式来临，对高清电视的发展是一个极大的推动。

2012 年 1 月 1 日，我国第一个立体电视综合性试验频道“3D 电视试验频道”正式开播。3D 电视目前每天播出时间为 10:30～24:00，每晚首播 4.5h，每天重播两次，共播出 13.5h。频道内容主要包括纪录片、动漫、体育、专题片、影视剧和综艺等类型的 3D 电视节目。

2013 年 9 月，国家广电总局发文批示，在湖南省进行地面数字电视公益覆盖示范。到 2014 年 3 月，此项目一期工程完成，在全省 14 个地市（加上本地综合频道，新闻频道）进行了全面覆盖。目前用地面数字电视机顶盒或内置了 AVS+地面数字电视接收功能的电视机，就能收看免费的地面数字电视电视节目。

2013 年 7 月 12 日，国务院常务会议要求，提升 3G 网络覆盖面和服务质量，推动年内发放 4G 牌照。全面推进三网融合，年内向全国推广。鼓励民间资本以参股方式进入基础电信运营市场。

2013 年 8 月 1 日，国务院印发了《“宽带中国”战略及实施方案》。根据《方案》，“宽带中国”将分为全面提速阶段（至 2013 年底）、推广普及阶段（2014—2015 年）、优化升级阶段（2016—2020 年）3 个阶段。

2013 年 8 月 14 日，国务院办公厅公布了《国务院关于加快促进信息消费扩大内需的若干意见》。该《意见》提出议案，加快电信和广电业务双向进入，在试点基础上于 2013 年下半年逐步向全国推广。

2014 年 1 月 1 日起，中央电视台 6 个频道采用 AVS+技术标准播出高清电视节目。湖南电视台、贵州电视台、重庆电视台也采用 AVS+技术标准播出数字电视节目。

1.2 数字电视信源编码

1.2.1 数字信号的产生

数字信号与模拟信号是两种不同性质的信号。模拟信号的特点是连续性，在时间轴上是连续的，即每个时刻都存在一个信号幅值与之相对应（当然包括零幅值）；在幅度轴上也是连续的，即信号幅值在其动态范围（最小值到最大值的变化范围）之内的每个幅度水平上都可能存在。而数字信号的特点是离散性，在时间轴上是离散的，即单位时间内只存在着有限个样值；在幅度轴上也是离散的，即每个幅度只存在有限个量化级。数字信号通常是用一组脉冲序列来代表，例如，图 1-2 所示的脉冲序列可以代表数字信号 10110101，有脉冲的位为“1”，无脉冲的位为“0”。

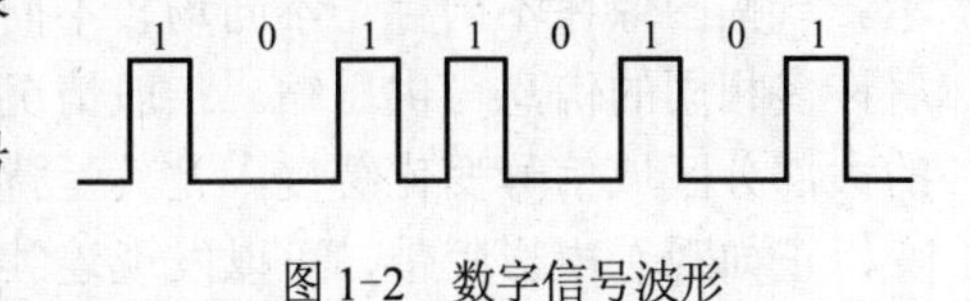

图 1-2 数字信号波形

数字电视中的视频与音频信号均是经过取样、量化、编码 3 个过程，形成的二进制数字信号，一个模拟信号数字化过程示意图如图 1-3 所示。显然，取样点越多，量化层越细，越能逼真地表示模拟信号。

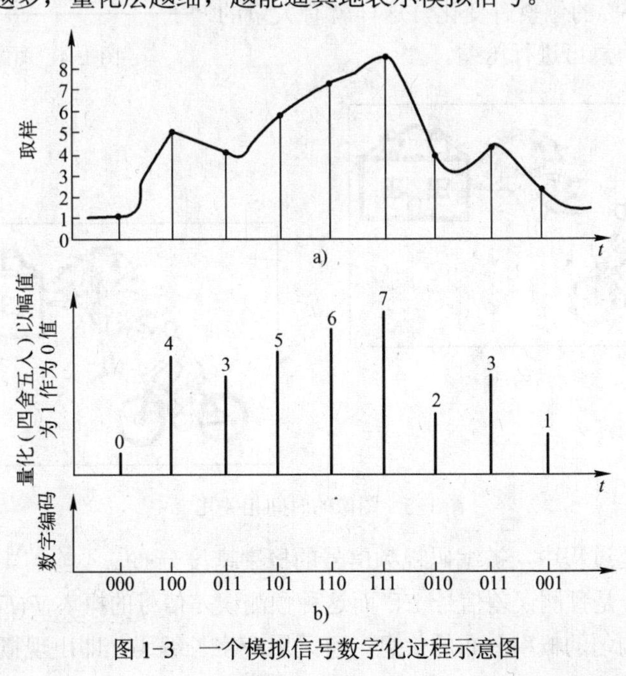

图 1-3 一个模拟信号数字化过程示意图

a) 取样 b) 量化和编码

1.2.2 压缩编码的必要性与可行性

1．数字电视视频信号压缩的必要性

模拟电视视频信号数字化后的数据量非常大，按照 4:2:2 标准进行分量编码，亮度信号的数据传输速率（码率）为 108Mbit/s，两个色差信号的码率为 108Mbit/s，如果传输信道每赫兹带宽能传输的最高码率是 2bit/s，传输一路数字电视信号则要求 216/2＝108MHz 的带宽。为了提高传输效率，一般将数字化的视频信号先进行压缩编码，从数字视频信号中移去自然存在的冗余度，尽量减少图像各符号的相关性，提高图像的传输效率。这个过程就好像将牛奶中的水分去掉制成奶粉，在需要时将水倒进去又制成牛奶一样，在接收端则通过解码将图像信号恢复。

2．数字电视视频信号压缩的可行性

视频信号可以被压缩的根据主要有两点：一点是视频信号中存在大量的冗余度可供压缩，包括图像结构和编码统计方面的冗余度，这种冗余度在解码后可无失真地恢复；另一点是利用人的视觉特性，通过减少表示视频信号的精度，以一定的客观失真换取视频数据压缩。

视频信号结构上的冗余度表现为很强的空间（帧内的）和时间（帧间的）相关性。图像的空间相关冗余和图像的时间相关冗余分别如图 1-4 和图 1-5 所示。一幅图像在不同行、不同场、不同像素之间存在着许多相同的信息可供压缩。一般情况下电视画面中的大部分区域信号变化缓慢，尤其是背景部分几乎不变，正如观看电影胶带，可以发现连续几十张画面变化甚小。据统计，不同类型的彩色电视节目，在一帧时间内，亮度信号平均只有 7.5%的像素有变化，而色度信号平均只有 6.5%的像素有变化，这样就有大量的时间或空间的冗余信息可进行压缩。

图 1-4　图像的空间相关冗余

图 1-5　图像的时间相关冗余

视频信号在编码过程中，被编码视频信号的概率密度分布是不均匀。例如，在预测编码中，需要编码的信号是预测误差信号 E，而这种预测误差信号的概率 $P(E)$高度集中分布在 0 附近，对这种极不均匀的概率分布的信息，可采用变字长编码，即出现概率低、预测误差大的用长码，出现概率高、预测误差信号为 0 或小误差的用短码，这样总的平均码长要比用固定码长编码短得多，可消除编码信息所含的统计冗余度。

为了达到较高的压缩比，可充分利用人类视觉系统的生理和心理特性。人眼对图像的细节、运动和对比度分辨力的要求都有一定的限度，图像信号在空间、时间以及在幅度方面进行数字化的精细程度只要达到这个限度即可，超过是毫无意义的。这就是说，对于人眼难以识别的数据或对于人眼视觉效果影响甚微的数据，均可以省去。这些多余部分就称为视觉 冗余。

因此，所谓的视频压缩编码就是通过各种手段，去掉信源中的各种相关性以及对视觉无关紧要的高频信息，保留对视觉重要的信息，并经压缩成某些“信息片段”，从而将这些极小部分的数据选出，并编码传输。

3．数字电视音频信号压缩的可行性

音频压缩是降低音频信号中的冗余和丢掉音频信号中不相关部分（凡不能被人耳感觉到的信号），使数字音频的信息量减少到最小程度，但同时又能精确地再现原始的声音信号。随着人们对音频信号特性和人耳特性的不断研究，音频编码技术得到很大的发展。

（1）阈值特性

阈值特性是指人耳对不同频率的声音具有不同的听觉灵敏度，而人耳感觉不到的声级便称为阈值。如人耳对 100Hz 以下的信号或 18kHz 以上的信号灵敏度降低，可觉察的声级明显低于 1～5kHz 的中音频段。如果把可闻频段的信号保留，而把不敏感频段的信号只反映其强信号，忽略对人耳难以觉察的弱信号，就可以使信息量大大减少，阈值特性与掩蔽效应如图 1-6 所示。从阈值曲线可以看出，舍去在界限以下的部分，对实际的听音效果毫无影响，却会使信息量大大减少，达到压缩声音的目的。

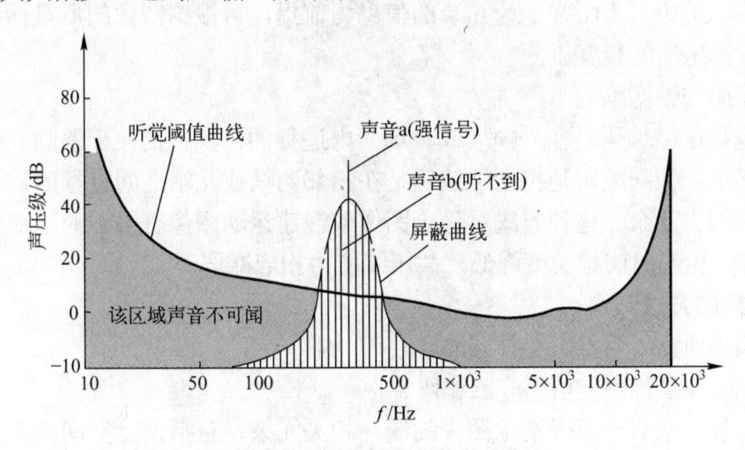

图 1-6　阈值特性与掩蔽效应

（2）掩蔽效应

掩蔽效应是指在某一频率段附近如果存在着两个声音信号，而其中一个信号的幅度远大于另一个信号的幅度，则人耳的听觉阈值将提高，使大音量频率附近的小音量变得不可闻，像小音量信号被大音量信号所掩盖一样；对与大音量信号不在同一频率附近的小音量信号，其可闻阈值不受影响，一样听得见。这样，就可以将大音量频率附近的小音量舍去，仍不影响实际听音效果，但信息量却大大减少，达到压缩声音的目的。

（3）听觉阈值特性

听觉阈值特性是指人耳对不同频率的声音具有不同的听觉灵敏度的特性。通常情况下，正常人能听到的声音强度范围为 0～140dB。人耳在 800Hz～5kHz 频率范围内的听觉阈值十分接近于 0dB，而对 100Hz 以下的信号或 18kHz 以上的信号的听觉灵敏度却大大降低，可觉察的声级明显高于 800Hz～5kHz 的中音频段。

在现代数字音响设备中，如 DVD-Audio（DVD 音频播放器）、MP3 播放器等，就是充分利用了人耳的听觉阈值特性。如果把可闻频段的信号保留，而把不敏感频段的信号只反映其强信号，忽略对人耳难以觉察的弱信号，就可以使信息量大大减少，从而达到了压缩声音信息量的目的。

1.2.3 视频压缩编码

视频压缩编码的目标是在尽可能保证视觉效果的前提下减少视频数据率。由于视频是连续的静态图像，因此其压缩编码算法与静态图像的压缩编码算法有某些共同之处，但是运动的视频还有其自身的特性，因此在压缩时还应考虑其运动特性才能达到高压缩的目标。

1．基本概念

在视频压缩编码中常需用到以下的一些基本概念。

（1）可逆压缩与不可逆压缩

可逆压缩编码又称为无损压缩编码。收信端解码后的信息量与发信端原信息量完全相同，再现的图像也与原图像严格一致，即压缩图像是完全可以恢复的或无损伤的；不可逆压缩编码又称为有损压缩编码。在编码过程中损失一部分信息，故收信端解码后还原的图像与发信端的原图像质量有一定的差异。但是这种图像质量差异从视觉效果上看是完全可以接受的。此方法主要以消去对人眼视觉为冗余的信息为前提，可根据图像的质量标准（允许误差大小）来选定数据压缩的程度。

（2）帧内编码与帧间编码

帧内编码是指压缩编码是在一帧（或一场）内进行的，其目的在于消除一帧（或一场）内图像的空间冗余；帧间编码是指压缩编码是在相邻两帧或几帧之间进行的，利用图像信号的时间相关性来消去冗余。这种方式对静止图像或慢速运动图像有很强的压缩能力，但对于快速运动的图像，由于时间相关度降低，故压缩能力相应减弱。

2．视频压缩的方法

视频压缩编码通常采用以下 4 种方法。

（1）预测编码（又称为差值码、△编码）

预测编码这种方法目的在于消除图像的统计相关冗余，包括消除空间相关冗余（帧内预测）和消除时间相关冗余（帧间预测）。它又分为前值预测、一维预测、二维预测和三维预测。

（2）变换编码

变换编码这种方法是利用图像在空间分布上的规律性来消除图像冗余，即把图像的光强空间矩阵变换到系数空间矩阵上进行处理。在空间上具有很强相关性的信号，反映在变换域上则表现为某些特定区域内能量很集中，或者说系数矩阵具有某种规律性。这就把时域相关信号的传送变成了变换域上有限个系数量化比特数的传送，达到压缩码率的目的。它又分为 K-L 变换、哈尔（Haar）变换、沃尔什—哈达玛（Walsh—Hadamard）变换和离散余弦变换（DCT）等。

（3）熵编码（统计编码）

熵编码是一种无损（即信息保持）编码。根据熵冗余产生的原因，对于概率大的用短的码字，反之用长的码字，使平均码长与信息熵相接近。它又分为霍夫曼（Huffman）编码、双字长编码和游程编码等。

（4）量化编码

量化编码这种方法是指在模-数转换之后进行的数字到数字的映射变换，它又分为自适应量化编码和矢量量化编码等。

1.2.4 音频压缩编码

音频压缩编码与视频压缩编码一样，采用数字压缩方法，降低音频信号中的冗余和丢掉音频信号中不相关部分（凡不能被人耳感觉到的信号），使数字音频的信息量减少到最小程度，但同时又能精确地再现原始的声音信号。随着人们对音频信号特性和人耳特性的不断研究，音频编码技术得到很大的发展。

音频信号压缩编码的方法有多种，MUSICAM 音频编码是其中之一。MUSICAM 编码称为掩蔽型自适应通用子频带综合编码与复用。它不仅采用了子带编码、变换域编码等频域措施，而且在量化比特分配等环节还充分利用了人耳的听觉特性，如听觉阈值（即低于该值的声音便听不到）、听觉掩蔽效应等心理声学因素。MUSICAM 编码方法与 MPEG Audio 标准层Ⅱ相同，欧洲的数字广播及高清晰度电视都采用此标准。

MUSICAM 编码的取样速率（频率）分为 32kHz、44.1 kHz 和 48 kHz 共 3 档；采用 16bit 均匀量化。针对不同的应用，MUSICAM 有 3 个不同的层次，称为 LayerI、LayerⅡ和 LayerIII。层次越高，性能越好，复杂度也越高。Layer I 是 MUSICAM 编码方案的简化形式，适合于一般消费者应用，例如用于家庭数字记录、温切斯特盘等场合，可提供 384kbit/s 的强度立体声；LayerⅡ比 Layer I 有进一步压缩，它既可用于消费者也可作为专业用，如音频广播、电视、记录、通信和多媒体，可提供 128kbit/s 高质量声音和 192kbit/s 的强度立体声；Layer Ⅲ通过使用非均匀量化、自适应分割和量化值的熵编码来提高编码效率。这一层主要用于通信，尤其是需要很低数码率的窄带 ISDN。它可提供 96kbit/s 的单通道声编码或高质量的 128kbit/s 立体声编码。

MUSICAM 音频编码器原理框图如图 1-7 所示。编码器的输入信号是每声道为 768kbit/s 的数字化声音信号[即脉冲编码调制（PCM 信号）]，输出是经过压缩编码的数字音频信号，称为 MUSICAM 信号，其总的数码率根据不同需要可在 32～384 kbit/s 的范围内变动。

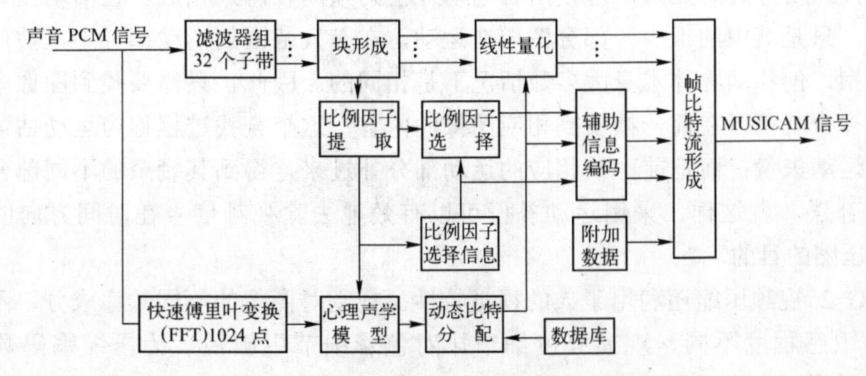

图 1-7 MUSICAM 音频编码器原理框图

1.2.5 视频压缩编码标准简介

1．MPEG-2 视频压缩编码标准简介

MPEG 组织于 1994 年推出 MPEG-2 压缩标准，以实现视/音频服务与应用互操作的可能性。MPEG-2 标准是针对标准数字电视和高清晰度电视在各种应用下的压缩方案和系统层的详细规定，编码码率为 3～100Mbit/s，标准的正式规范在 ISO/IEC13818 中。MPEG-2 特别适用于广播级的数字电视的编码和传送，被认定为 SDTV 和 HDTV 的编码标准。

MPEG-2 图像压缩的原理是利用了图像中的两种特性，即空间相关性和时间相关性。这两种相关性使得图像中存在大量的冗余信息。如果能将这些冗余信息去除，只保留少量非相关信息进行传输，就可以大大节省传输频带。MPEG-2 视频编码的主要特点如下。

MPEG-2 视频压缩编码首先基于最大限度地消除图像和视频图像序列自身的空间冗余度和时间冗余度。MPEG-2 同时采用预测编码、变换编码和统计编码技术，它采用多种编码手段来去除系统冗余信息，主要特点是：利用二维离散余弦变换（DCT）去除图像空间冗余度；利用运动补偿预测去除图像时间冗余度；利用视觉加权量化去除图像灰度冗余度；利用熵编码去除图像统计冗余度。MPEG-2 视频编码器框图如图 1-8 所示。

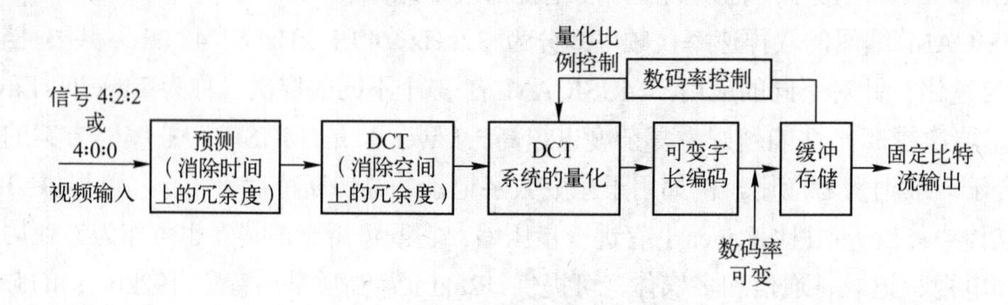

图 1-8　MPEG-2 视频编码器框图

DCT 是一个无信号损失的双向数学过程。它将空间分布的变化程度转变成重现空间分布所需的频率带宽。变换所得到的系数值既可以代表不断增加的更高的垂直和水平空间频率，也可以代表不同的水平和垂直空间频率组合。在实际应用时，为保持信号的可逆性和无损性常常采用更多的比特来表示 DCT 系数。

去除视频信号时间冗余，可使用有运动补偿的帧间预测来完成。在活动图像为多数的情况下，只是其中的很少一部分图像在运动，在有大范围的活动部分中，前后帧尽管有很大区别，但移动物体本身大多数情况下是相同的。因此，只需要找到图像中某一部分运动了多少就可以在前一帧找到相应图像的内容，这个查找过程称为运动估值，其表达方式是运动矢量；而把前一帧相应的运动部分补过来，得到其剩余的不同部分的过程称为运动补偿。就这样，采用运动补偿可以有效地去除视频信号在时间方向的重复信息，达到压缩的目的。

MPEG-2 视频压缩还利用了人的视觉特性。视觉对图像的不同频率成分、不同的运动速度等敏感程度不同，观察亮度细节比对色彩细节更敏锐。为压缩编码数据量，MPEG-2 采用减少水平和垂直方向色信号取样数，并通过量化，减少表示视频高频信息的比特数等技术。

实际上各种视频信息的大小和出现的概率并不均等，数字视频信号编码成数据流后，其分布也存在（并可充分予以利用的）统计意义上的规律性，例如按概率由低到高、分配长短不一的符号，也可降低数据流速率。这类压缩思想称为熵编码。

MPEG-2 视频压缩采用混合编码技术，在消减编码码流统计冗余度原理上为无损处理，而在抑制视频图像序列冗余度和利用视觉特性压缩数据量原理上属有损处理。

2．AVS 数字视频编码标准简介

AVS 是数字音视频编解码技术标准的英文简称。AVS 工作组成立于 2002 年，成员包括国内外从事数字音视频编码技术和产品研究开发的机构和企业。它的任务是面向我国的信息产业需求，组织制订行业和国家信源编码技术标准。

AVS 标准包括 9 部分，其中第 2 部分视频和第 7 部分移动视频是视频编码标准。2003 年底完成的 AVS 标准第 2 部分（AVS1-P2，以下称为 AVS 视频标准）主要面向高清晰度和高质量数字电视广播、数字存储媒体和其他相关应用。它具有以下 4 大特点。

1）性能高，编码效率比 MPEG-2 高两倍以上，与 H.264 的编码效率相当。

2）算法复杂度比 H.264 低。

3）软硬件实现成本都低于 H.264。

4）专利授权模式简单，费用明显低于同类标准。

AVS+标准是 AVS 标准体系中视频部分广播档次的简称，它是在原来 AVS-P2 即 GB/T20090.2-2006 基准档次的优化和演进，是技术进步的结果。在 AVS-P2 的基础上增加了算术编码（AEC）、加权量化（AWQ）、P 帧前向预测（PEF）、B 帧前向预测（BEF）4 个技术工具。

AVS 采用了与 H.264 类似的技术框架，包括变换、量化、熵编码、帧内预测、帧间预测和环路滤波等技术模块。AVS 还定义了 I 帧、P 帧和 B 帧 3 种不同类型的图像，I 帧中的宏块只进行帧内预测，P 帧和 B 帧的宏块则需要进行帧内预测或帧间预测。AVS 编码器框图如图 1-9 所示。

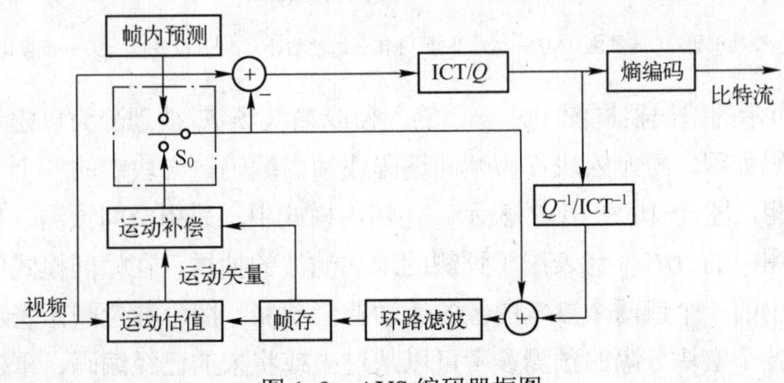

图 1-9　AVS 编码器框图

在图 1-9 中，S_0 是预测模式选择开关，在 AVS 中，所有宏块都要进行帧内预测或帧间预测。预测残差要进行 8×8 整数变换（ICT）和量化，然后对量化系数进行 zig-zag 扫描（隔行编码块使用另一种扫描方式），得到一维排列的量化系数，最后对量化系数进行熵编码。AVS 的变换和量化只需要加减法和移位操作，用 16 位精度即可完成。

AVS 使用环路滤波器对重建图像滤波，其优点：一方面可以消除方块效应，改善重建图像的主观质量；另一方面能够提高编码效率。滤波强度可以自适应调整。

3．新的视频压缩编码标准 H.264

视频压缩编码标准 H.264 是由国际电信联盟电信标准化部门（ITU-T）制定的，主要应用于实时视频通信领域，如会议电视等。

H.264 不仅比 H.263 和 MPEG-4 节约了 50%的码率，而且对网络传输具有更好的支持功能。它引入了面向 IP 包的编码机制，有利于网络中的分组传输，支持网络中视频的流媒体传输。

H.264 具有较强的抗误码特性，可适应丢包率高、干扰严重的无线信道中的视频传输。H.264 支持不同网络资源下的分级编码传输，从而获得平稳的图像质量。H.264 还能适应于不同网络中的视频传输，网络亲和性好。

H.264 编码器框图如图 1-10 所示。它包括一条“正向”路径和一条“重建”路径两条数据流的路径。

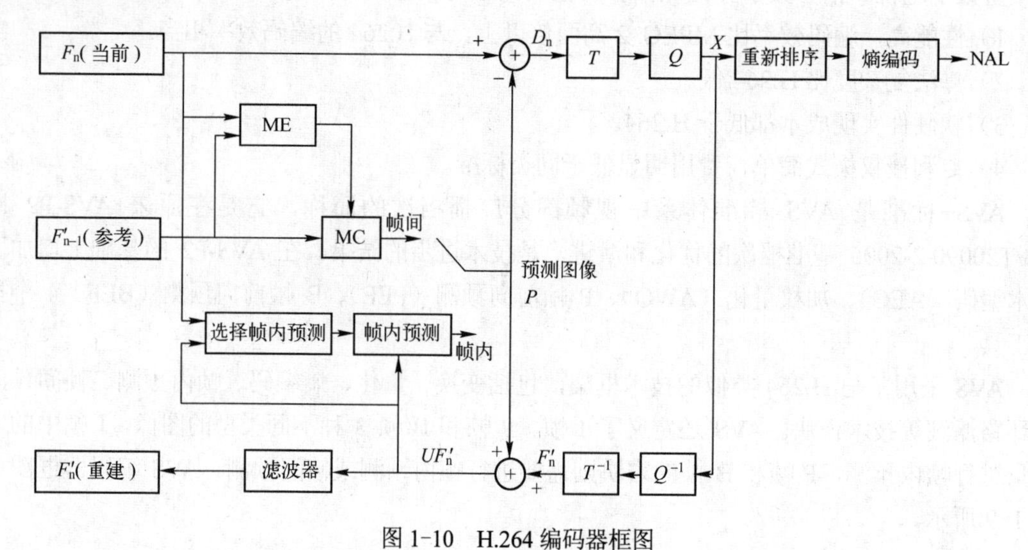

图 1-10　H.264 编码器框图

T—变换编码　Q—量化　MC—运动补偿　ME—运动估计　T^{-1}—反变换　Q^{-1}—反量化

在图 1-10 所示的编码器框图中，一个输入帧或输入场 F_n 被划分为以宏块为单位，进行大部分的实际编码处理。每个宏块作为帧间编码或帧内编码。宏块中的各个块基于重建图像抽样形成一个预测，图 1-10 中用 P 表示。在帧内模式中，采用空间预测，参考相邻块的重建图像的抽样，图中的 UF_n' 代表用于预测的未加滤波的抽样。在帧间模式中，预测来自两组参考图像中选出的一个或两个参考图像的运动补偿预测。图中参考图像表示为前面的编码图像 F_{n-1}'，但各个宏块分隔的预测参考可以从过去或将来的已经编码、重建和滤波的图像中选择。将当前块值减去预测值，对残差值块 D_n 进行变换，经量化得出一组量化变换系数 X，再经重新排序和熵编码。熵编码系数以及为宏块中各个块解码所需的伴随信息（如：预测模式、量化参数、运动矢量等信息）一起被形成压缩码流传到网络抽象层（Network Abstraction Layer，NAL），用来传送或存储。

编码器中的解码重建为预测提供参考。系数 X 经反量化（Q^{-1}）及反变换（T^{1}）产生差值块 D_n'。预测块加到 D_n'，产生一个重建块 UF_n'，即原始块的解码形式，U 表示它未经滤波。滤波器用来减小块效应。重建参考图像从序列 F_n' 产生。

1.2.6 数字电视信源编码的结构框图

数字电视信源编码的主要任务是解决图像信号的压缩和保存问题。原始图像信号的数据量很大，为了提高传输的有效性，应尽量减少信源中的冗余信号，即将那些与信息无关的或对图像质量影响不大的多余部分信息去掉。有线数字电视系统规定采用 MPEG-2 标准进行压缩编码，它是基于存储器的以帧为单位的压缩方法。

信源编码器先将模拟信号数字化，再将数字化后的信号及其他数据进行压缩编码处理，其结构框图如图 1-11 所示。

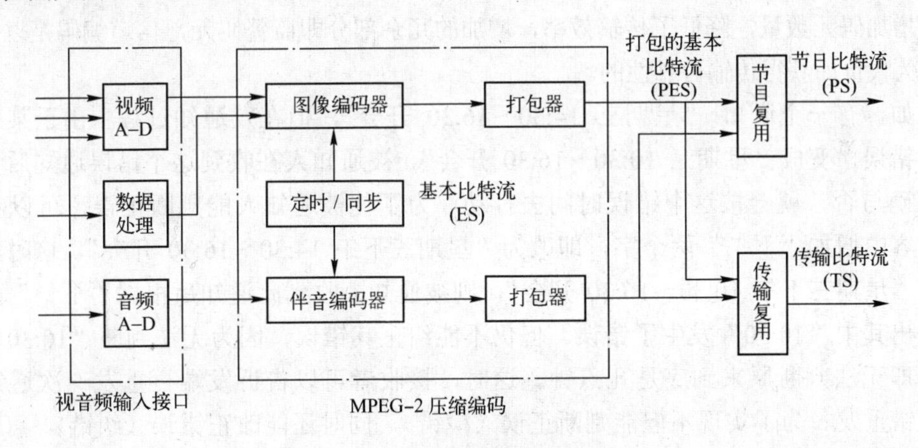

图 1-11　信源编码器的结构框图

1.3 数字电视信道编码

1.3.1 误码产生的原因

数字电视信号在信道中传输时，传输系统特性的不理想和信道中的噪声干扰，会引起数字电视信号波形的失真，在接收端判决时可能因误判而造成误码。

信道中的噪声干扰随机地与信号叠加，使数字电视信号变形，这种噪声为加性噪声。如电磁干扰：像闪电、磁爆、电气开关的电弧和电力线引入的干扰；如无线电设备产生的无线电干扰：像交调干扰、邻频干扰和谐振干扰等。产生这种干扰是突发的，造成瞬间干扰以及信道中的衰落，所引起的不是单个码元误码，而往往是一串码元内存在大量误码，前后码元的误码之间表现为有一定的相关性，这样的误码称为突发误码。

另外，系统内部的加性噪声干扰来自导体热运动产生的随机噪声及电子器件的器件噪声，如电子管、半导体管器件形成的散弹噪声。内部噪声有一个很重要的特点，即可以将它们看成是具有高斯分布的平稳随机过程，它造成的误码之间是统计独立、互不关联的，即是孤立偶发的单个误码，连续两个码元的误码可能性很小。这种孤立偶发的误码称为随机误码。

除了加性干扰之外，传输通道中还有一类乘性干扰问题，它会引起码间的串扰现象，如信道中非线性失真，信道中的数字信号多径反射是造成这种干扰的重要原因。对于乘性干扰所引起的码间串扰，可以通过在传输系统中加装均衡器的方法来消除或减小其影响。

1.3.2 数字信号传输过程的检错与纠错

数字电视信号在传输中会因各种原因出现差错，产生误码，如将“1”变为“0”，或将“0”变为“1”，这就需要在接收端能发现错误并加以纠正。完成这项工作就是在传送的数字信息码元中附加一些监督码元来进行检错和纠错。

在信源编码中，需除去冗余，压缩码元数量，提高传输效率，而在信道编码中却要增加冗余，增加码元数量，降低了传输效率，增加的冗余部分即监督码元，信道编码是以降低传输效率为代价而获得传输可靠性的。

例如，有一个通知：“星期三 14:30～16:30 开会”，但在发通知过程中由于某种原因产生了错误，变成“星期三 10:30～16:30 开会”。被通知人在收到这个错误通知后无法判断其正确与否，就会按这个错误时间去行动。为了使被通知人能判断正误，可以在发的通知内容中增加“下午”两个字，即改为“星期三下午 14:30～16:30 开会”，这时，如果仍错为“星期三下午 10:30～16:30 开会”，则被通知人收到此通知后根据“下午”两字即可判断出其中“10:30”发生了错误。但仍不能纠正其错误，因为无法判断“10:30”错在何处，即无法判断原来到底是几点钟。这时，接收者可以告诉发端再重发一次通知，这就是检错重发。为了实现不但能判断正误（检错），同时还能改正错误（纠错），可以把发的通知内容再增加“两个小时”4 个字，即改为“星期三下午 14:30～16:30 两个小时开会”。这样，如果其中“14:30”错为“10:30”，那么接收者不但能判断出错误，而且能纠正错误，因为通过增加的“两个小时”这 4 个字，就可以判断出正确的时间为“14:30～16:30”。

这个例子中“下午”两个字和“两个小时”4 个字是冗余，具有监督码元的作用，但打字员需多打 6 个字，工作效率（传输效率）降低了。

1.3.3 数字信号的差错控制方式

为适应不同的通信业务、通信环境及通信方式的需要，数字信号在传输过程中往往采用不同的差错控制方式。常用的有 3 种，即前向纠错（FEC）、检错重发（ARQ）及混合纠错（HEC）。

1．前向纠错

图 1-12 所示为前向纠错（FEC）框图。前向纠错用于正向信道，适用于点对多点的广播业务。由于它有较强的纠错能力，且能自动纠错，所以接收信号的时延小，实时性好。当然，编解码设备也较复杂。

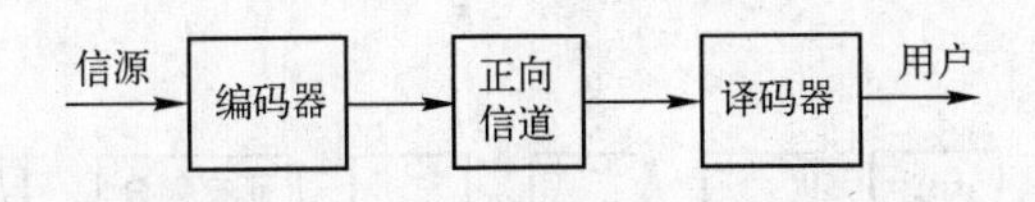

图 1-12　前向纠错（FEC）框图

2．检错重发

图 1-13 所示为检错重发（ARQ）框图。ARQ 用于双向信道，适用于计算机通信业务。其纠错编码信号在接收检验后，通过反向信道反馈一个应答信号给发送端，若有错，则发送端应重发，直到接收正确为止。

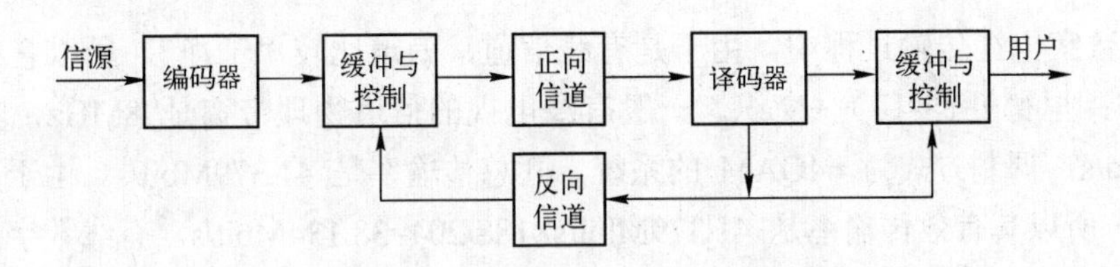

图 1-13　检错重发（ARQ）框图

3．混合纠错

图 1-14 所示为混合纠错（HEC）框图。HEC 内层采用 FEC 方式，纠正部分差错；外层采用 ARQ 方式，重发那些虽已检出但未纠正的差错。这种方式是将前两种方式折衷，也适用于对时延要求不高的高速数据传输系统。

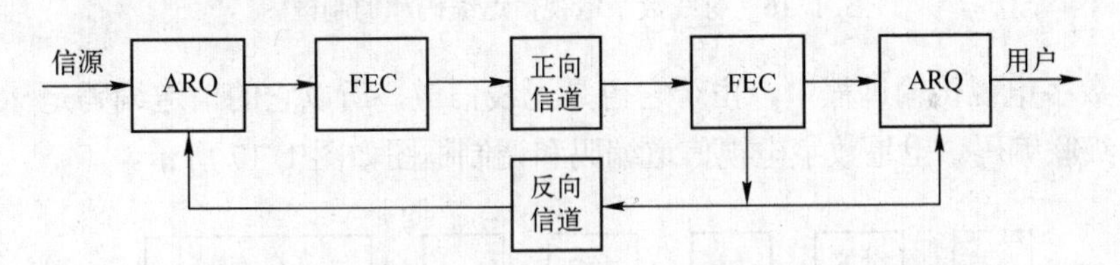

图 1-14　混合纠错（HEC）框图

1.3.4　常用信道编码简介

根据信道的情况不同，信道编码方案也有所不同，在地面数字电视传输过程中，由于是无线信道且存在多径干扰和其他的干扰，所以信道很“脏”，为此它的信道编码是，RS+外交织+卷积码+内交织。采用了两次交织处理的级联编码，增强其纠错的能力。其中 RS 作为外编码，其编码效率是 188/204（又称为外码率），卷积码作为内编码，其编码效率有 1/2、2/3、3/4、5/6 和 7/8 共 5 种（又称为内码率）选择，信道的总编码效率是两种编码效率的级联叠加。设信道带宽为 8MHz，符号率为 6.8966Mbaud/s，内码率选 2/3，16QAM 调制，其总传输速率是 27.586Mbit/s，有效传输速率是 27.586Mbit/s×(188/204)×(2/3)=16.948Mbit/s，如果加上保护间隔的插入所造成的开销，有效码率将更低。地面数字电视信道编码和调制框图如图 1-15 所示。

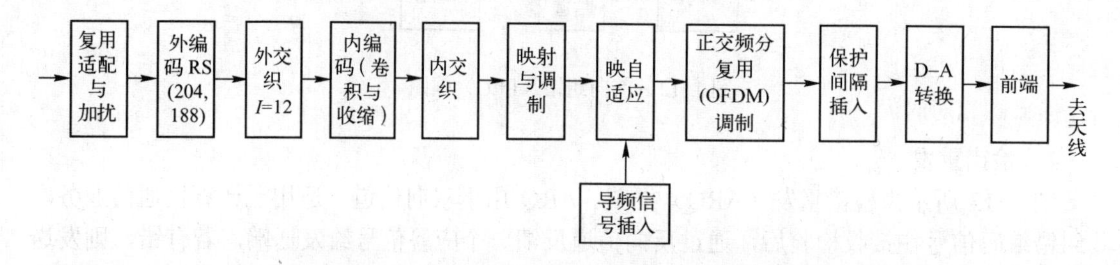

图 1-15　地面数字电视信道编码和调制框图

在有线数字电视传输过程中，由于是有线信道，信道比较“干净”，所以它的信道编码是 R–S（注：里德–所罗门）+交织。一般有线电视的信道物理带宽是 8MHz，在符号率为 6.8966Mbaud/s，调制方式为 64QAM 的系统，其总传输率是 41.379Mbit/s。由于其编码效率为 188/204，所以其有效传输率是 41.379Mbit/s×188/204=38.134Mbit/s。有线数字电视信道编码和调制框图如图 1-16 所示。

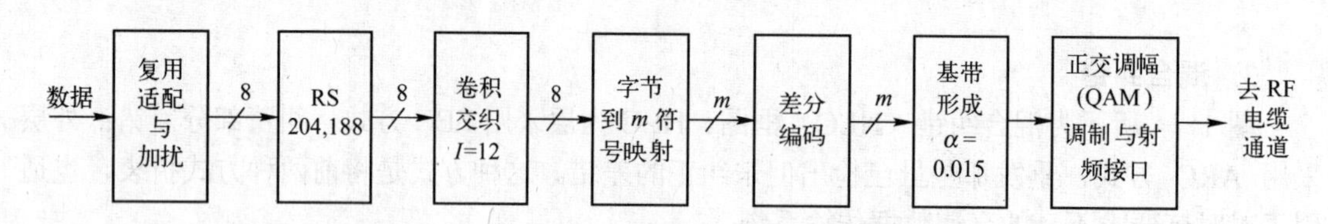

图 1-16　有线数字电视信道编码和调制框图

在卫星数字电视传输过程中，由于它也是无线信道，所以它的信道编码是 RS+交织+卷积码，也是级联编码。卫星数字电视信道编码和调制框图如图 1-17 所示。

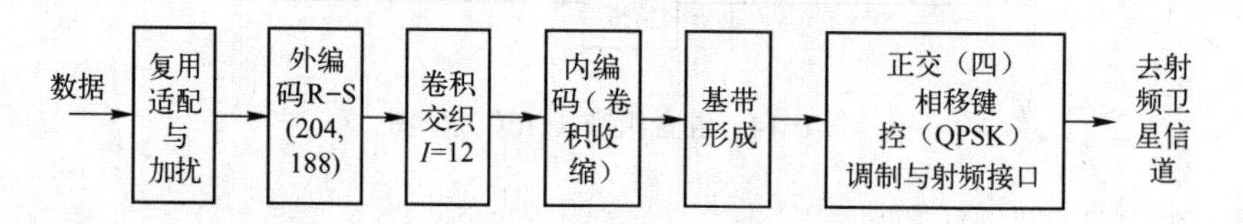

图 1-17　卫星数字电视信道编码和调制框图

1.4　传输码流及其复用

1.4.1　基本码流与打包的基本码流

基本码流（ES）也称为原始数据流，它是包含视频、音频或数据的连续码流。ES 的结构和内容是根据各种数据的编码格式而定的。

打包的基本码流（PES）是按照一定的要求和格式打包的 ES 流。因为音频或视频数据经过编码后得到基本码流，还无法直接送入传输系统或节目系统中，所以需要经过数据分组后才能送出。数据分组也称为打包，其包结构的长度可变，但一般是取单元的长度。一个单元的长度可以是一幅视频图像，也可以是一个音频帧。在 PES 的头上包含当前 PES 包数据的重要信息，可由此识别这个 PES 包是音频还是视频数据，且 PES 头中包含了该数据的解码或播放的相对时间，以同步和修正音/视频的同步及前后端的时钟。

1.4.2 节目码流

节目码流（PS）是用来传输和保存一个节目的编码数据或其他数据的，它是将一个或几个具有公共时间基准的 PES 组合成单一的码流。如同单一节目码流一样，所有的基本码流都能在同步情况下解码。PS 码流比较适用于相对误码率小的传输环境中，如交互式多媒体环境和媒体存储管理系统。PS 码流的数据包长度相对比较长，并且是可变的。节目码流的组成示意图如图 1-18 所示。

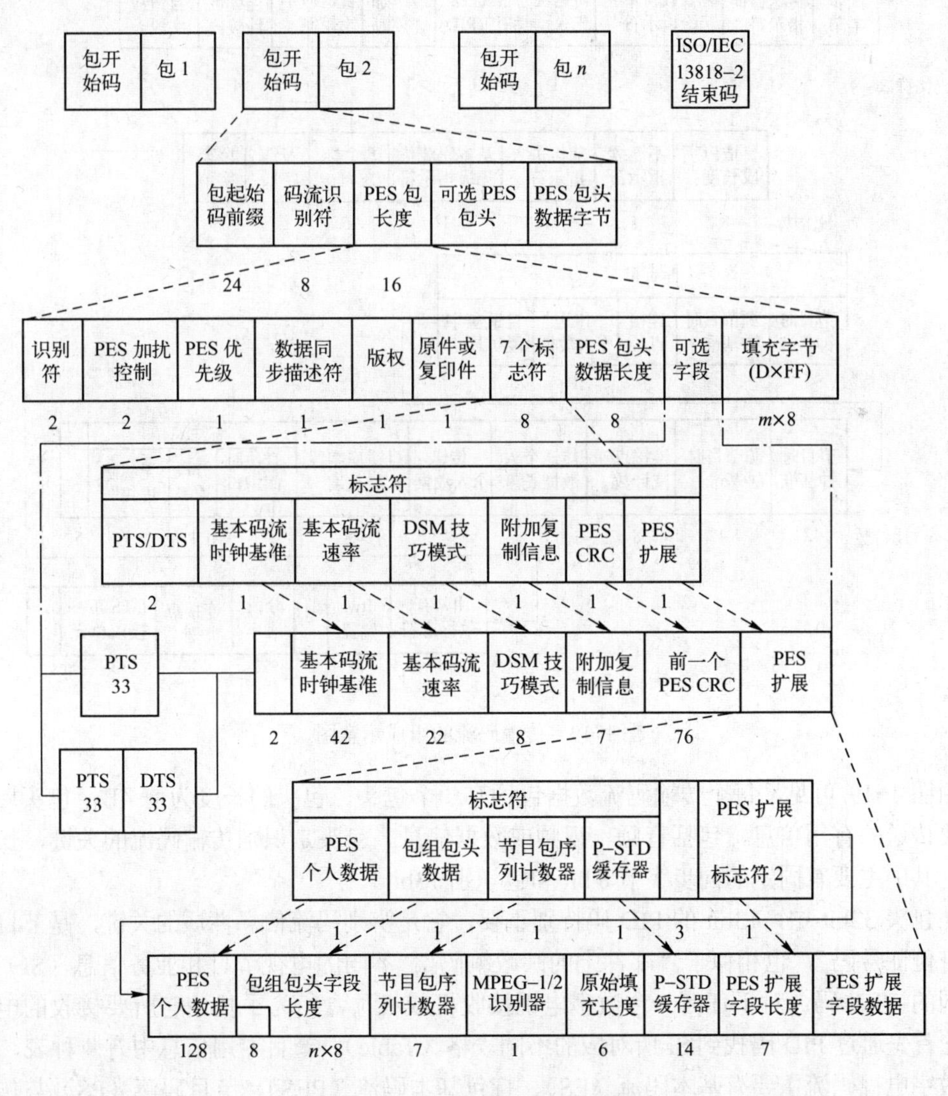

图 1-18　节目码流的组成示意图

1.4.3 传输码流

传输码流适合有误差发生的环境，例如在噪声或有损耗介质中的存储或传输，比如有线网络、地面广播与卫星传输。它也是将一个或几个 PES 组合成单一的码流，但这些 PES 可以是有一个公共的时间基准，也可以是几个独立的时间基准。如果几个基本码流有公共的时间基准，那么就先将这几个基本码流组合成一组，这叫做节目复用；然后由若干个节目复用后再进行传输复用。传输码流中的包长度是固定的，总是 188B，这对于处理误码很有好处。传输码流的组成示意图如图 1-19 所示。

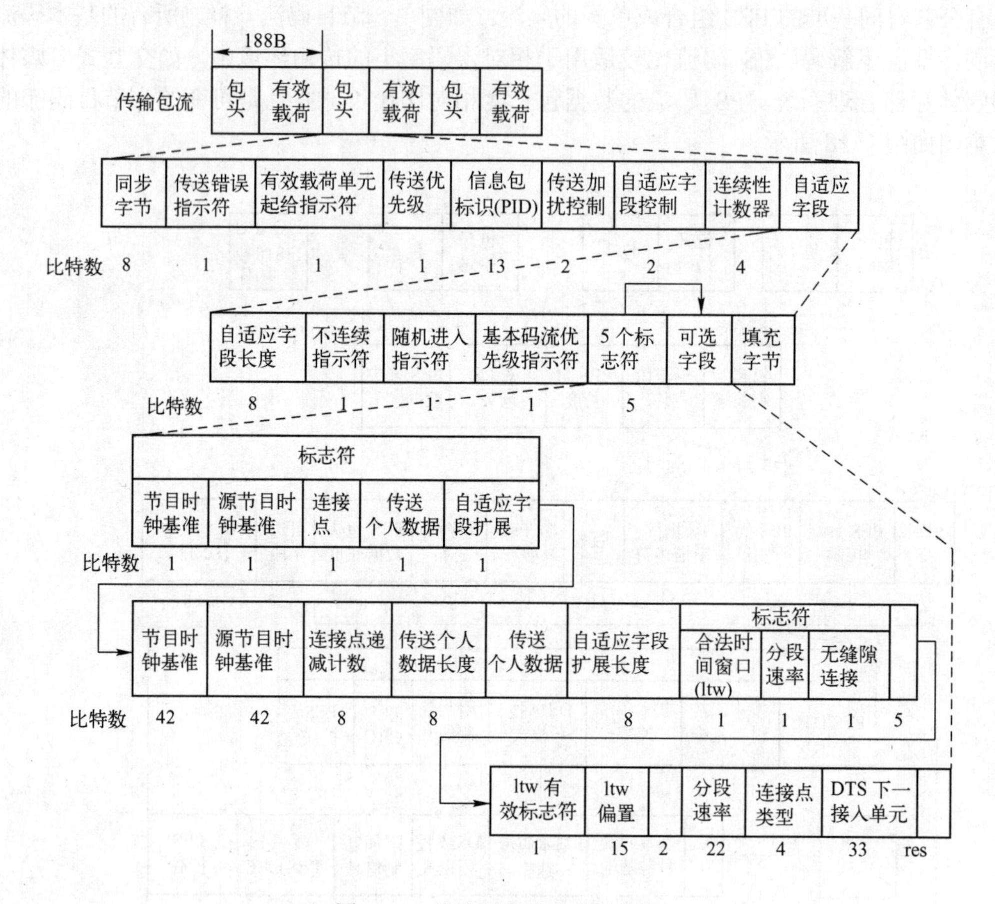

图 1-19 传输码流的组成示意图

由图 1-19 可见，每个传输码流数据包均有一个包头，包头的长度为前 4B，包头后面就是需要传送的有用信息，包括音频、视频或数据信息。包头是识别传输码流的关键，长度为 32bit。其中主要有固定的同步字节 8 bit 和包识别 13bit。

在包头 32bit 中，13bit 的 PID 码特别重要，它是辨别码流信息性质的关键，是节目信息的“身份证号码”，也相似于“邮件上的邮政编码”。不同的电视节目和业务信息（SI）对应有不同的 PID 码。对于任何一台数字电视接收机或机顶盒，为了找到它所要接收的电视节目，它首先通过 PID 码找到 SI 所对应的不同表格（Table），节目专用信息中有 4 种表。

数字电视码流主要有基本码流（ES）、打包基本码流（PES）、节目码流（PS）与传输码流（TS），这几种码流既不相同又相互关联，它们之间的层次关系如图 1-20 所示。

从图 1-20 中看到，还不能将视频或音频数据经编码器编码后得到的基本码流（ES）直接进行传输，需要经过一个打包器打包（这是通俗的说法，其实是数据分组），被打成一个又一个包，称为打包的基本码流（PES），其包结构长度可变。PES 经节目复用器复用后，形成节目码流（PS），可送到无误差媒体，如硬盘或 CD-ROM；PES 经传输复用器复用后，形成传输目码流（TS），可送到有误差媒体，如卫星、地面广播或有线电视系统。

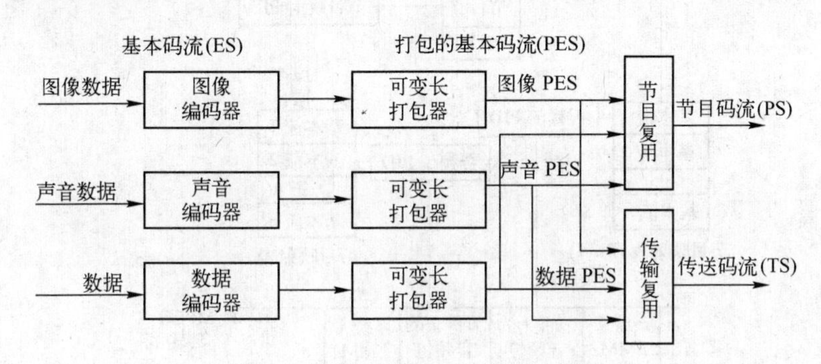

图 1-20　数字电视码流之间的层次关系

1.4.4　传输码流中的节目专用信息

在数字电视节目中，通常一个频道对应一个传输码流（TS），一个频道的 TS 流由多个节目及业务组成。在 TS 流中如果没有引导信息，数字电视的终端设备将无法找到需要的码流，所以在 MPEG-2 中，专门定义了节目专用信息（PSI），其作用是自动设置和引导接收机进行解码。PSI 信息在复用时通过复用器插入到 TS 流中，并用特定的包标识符（PID）进行标识。

节目专用信息（PSI）是 MPEG-2 特有的说明信息，用来自动设置和引导解码器进行解码。PSI 由以下 4 种信息表组成。

1）节目关联表（PAT）。针对复用的每一路业务，PAT 提供了相应的节目映射表（PMT）的位置［传送流（TS）包的包识别（PID）的值］，同时还给出了网络信息表（NIT）的位置。

2）条件接收表（CAT）。条件接收表提供了在复用流中条件接收系统的有关信息。这些信息属于专用数据，并依赖于条件接收系统。当有授权管理信息（EMM）时，它还包括了 EMM 流的位置。

3）节目映射表（PMT）。节目映射表（PMT）完整地描述了一路节目是由哪些 PES 组成的，它们的 PID 分别是什么。单路节目的 TS 流是由具有相同节目时钟基准（PCR）的多种媒体 PES 流复用构成的，典型的构成包括一路视频 PES、多路音频 PES（多声道、普通话、粤语、英语等）及一路或多路辅助数据。各路 PES 被分配了唯一 PID，MPEG-2 要求至少有节目号、PCR PID、原始流类型和原始流 PID。带有节目映射表的 TS 包不加密。

4）网络信息表（NIT）。网络信息表（NIT）内容为专用，MPEG-2 标准没有规定，通常包含用户选择的服务和传输码流包识别、通道频率和调制特性等。

PSI 各表之间的关系及由 PSI 选择数字电视服务项目的过程如图 1-21 所示。

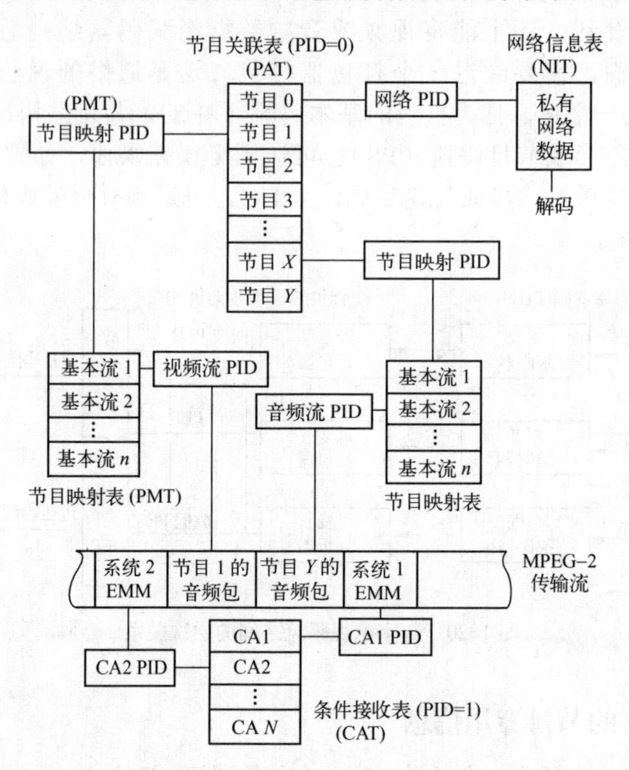

图 1-21　PSI 各表之间的关系及由 PSI 选择数字电视服务项目的过程

1.4.5　传输码流中的业务信息

除了 PSI 信息，还需要为用户提供有关业务和事件的识别信息。广电行业标准化指导性文件 GY/Z 174-2001《数字电视广播业务信息规范》定义了这些数据的编码。PSI 中的 PAT、CAT 和 PMT 只提供了它所在的复用流（现行复用流）的信息，在文件中，业务信息还提供了其他复用流中的业务和事件信息。这些数据由以下 9 个表构成。

1）业务群关联表（BAT）。业务群关联表提供了业务群相关的信息，给出了业务群的名称以及每个业务群中的业务列表。

2）业务描述表（SDT）。业务描述表包含了描述系统中业务的数据，例如业务名称、业务提供者等。

3）事件信息表（EIT）。事件信息表包含了与事件或节目相关的数据，例如事件名称、起始时间和持续时间等；不同的描述符用于不同类型的事件信息的传输，例如不同的业务类型。

4）运行状态表（RST）。运行状态表给出了事件的状态（运行/非运行）。运行状态表更新这些信息，允许自动适时切换事件。

5）时间和日期表（TDT）。时间和日期表给出了与当前的时间和日期相关的信息。由于这些信息更新频繁，所以需要使用一个单独的表。

6）时间偏移表（TOT）。时间偏移表给出了与当前的时间、日期和本地时间偏移相关的信息。由于时间信息更新频繁，所以需要使用一个单独的表。

7）填充表（ST）。填充表用于使现有的段无效，例如在一个传输系统的边界。

8）选择信息表（SIT）。选择信息表仅用于码流片段（例如记录的一段码流）中，它包含了描述该码流片段的业务信息的概要数据。

9）间断信息表（DIT）。间断信息表仅用于码流片段（例如记录的一段码流）中，它将插入到码流片段业务信息间断的地方。

业务信息是面向用户应用的基于 PSI 的扩展，以 PSI 为基础。在功能上，PSI 信息表一般是必须传输的，而 SI 中的各表信息只有 SDT、EIT 和 TDT 是必须传输的，其他表根据需要传送。PSI 和 SI 之间的关系如图 1-22 所示。

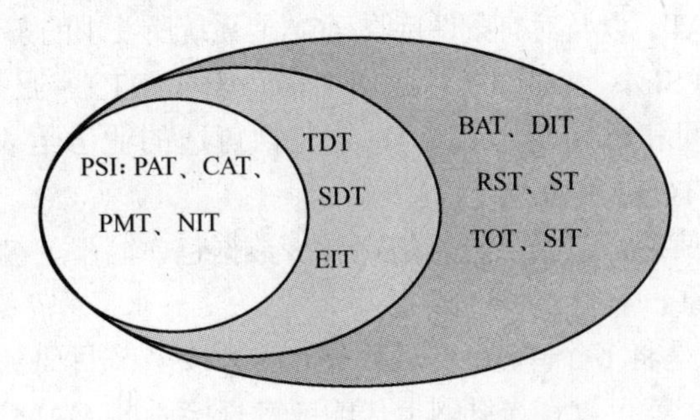

图 1-22　PSI 与 SI 之间的关系

1.4.6　传输码流的复用

模拟电视信号经过压缩编码后形成单节目码流。它是在编码器由视频、音频及其他节目信息复用而成的。这种复用一般称为单节目复用。数字电视是在一个模拟电视信道中可传送多路数字电视节目，因此在调制前先要将多路节目（可能具有不同的时基）的传输码流（TS）进行再复用，实现节目间的动态带宽分配，提供各种增值业务，以适合系统传输的需要，这种多路节目的复用称为系统复用、传输流复用器或再复用。为帮助读者了解数字电视技术中的复用器，可用日常生活中的轮渡放行来比喻。

早期坐汽车从上海市到江苏省南通市要经过长江轮渡，轮渡两边有不同车型的通道，如小车、货车与客车。轮渡工作人员根据轮渡装载车辆的情况，分时段放行不同的车辆。在模拟电视中，电视节目是以不同频道来区分，例如中央一套节目安排在 8 频道，中央二套节目安排在 9 频道等，好似轮渡两边的不同车型通道。在有线电视网络内实现邻频传输，即频率复用。在有线电视前端如果要增加一套电视节目，一般只要增加一台邻频调制器，将调制器输出的高频信号加入混合器即可。用户电视机利用频率分离，选择收看不同的电视节目。

而数字电视将不同的节目混合在一起称为系统复用。数字信号的复用采用时分复用方式，所谓时分复用是把传输通道分成若干个时间段（时隙），每段时隙依次排列，分配给一套节目或一个特定的码流。在分配的这段时隙内，节目信号占用整个频带，各节目周期性地轮流占用，在接收端利用时基信号区分不同节目。好似轮渡按时段放行汽车，汽车放行后，不再受车道的限制，直接开到轮渡上。

复用技术分为一般复用和统计复用两种。一般复用是指多路信号复用后输出信号的码率等于各路输入信号的码率之和，各路输入信号的码率不变。统计复用是根据信号的特点，动态地调整每路信号的码率。例如体育节目，动作变化大，需要占用较大的码率，教育节目静止画面多，不需要大的码率，二者使用一个复用器，互相调剂码率，既充分利用资源，又保证每套节目都能达到满意效果。

数字电视中 TS 有固定长度（188B），其中包头 4B，有效数据净荷 184B。而 TS 包中的净荷所传送的信息主要包括 4 种类型。

1）视频、音频的 PES 包以及辅助数据。

2）节目专用信息（PSI），包括描述单路节目信息的节日映射表（PMT）与描述多路节目复用信息的节目关联表（PAT）以及对有条件接收（CA）系统所要求的条件访问表（CAT）。

3）各种业务信息（SI），包括强制性的网络信息表（NIT）、业务描述表（SDT）、节目段信息表（EIT）与时间和日期表（TDT），还包括可选的业务组表（BAT）、运行状态表（RST）和时间偏移表（TOT）等。

4）DVB 数据广播信息，包括数据管道、异步数据包、同步、被同步数据流、多协议封装、循环数据和循环对象。

复用器的主要目的是将多个单节目码流（SPTS）或多节目码流（MPTS）转换成一个 MPTS，复用后的 MPTS 就可以在光纤网上传输或者直接通过 QAM 调制器调制输出，能有效提高线路的利用率。

经过多年的发展，复用技术已经相当成熟，涵盖输入多节目码流（MPTS）节目分析、各路 PSI/SI 抽取、多路分解、PCR 校验、编码率输出和过载保护等诸多功能。系统复用器最主要的工作是，进行 PSI 信息的重构和节目时钟基准（PCR）校正。数字电视系统里的许多数据[如与节目有关的电子节目指南（EPG）、PSI、SI 信息，授权检验（或控制）信息（ECM）、EMM 管理信息及加扰信息]都是从复用器加入的。

复用器从功能上主要包含 PID 过滤、PID 映射、PCR 校正、PSI/SI 提取、插入和修改等。复用流程如图 1-23 所示。图中 ASI 为异步串行接口的英文缩写。

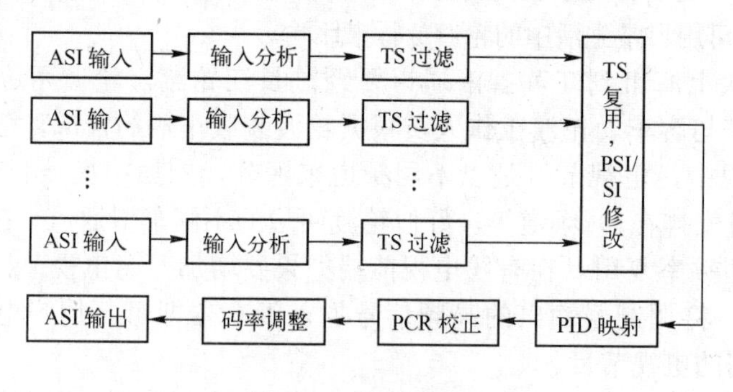

图 1-23　复用流程图

1.5　数字电视的传输方式

数字电视的传输方式与模拟电视传输一样，通常利用无线电波和有线网络传输。但数字电视的传播技术与模拟电视的传输技术完全不同，模拟电视传输是将模拟电视信号调制在无线电射频载波上发送出去的，或利用有线网络送到千家万户；但数字电视则是先进行信源压缩编码、再进行信道纠错编码、最后利用数字调制技术实现频谱搬移，将由“0”“1”序列组成的二进制码流送入传输信道中进行传输的。目前数字电视主要有 3 种传播方式，即数字电视地面广播、数字电视卫星广播、数字电视有线广播。

1.5.1 数字电视地面广播

数字电视地面广播利用架设在电视铁塔上的发射天线，将传输码流调制在 VHF 或 UHF 广播信道上，用无线电波传输数字电视节目。在地面电视广播无线覆盖技术中，目前有 3 种组网方式，即多频网（MFN）、双频网（DFN）与单频网（SFN）。2008 年 1 月 1 日，中央电视台在北京地区试播地面数字电视节目，在试播中采用“双模式”，即高清频道采用国家标准单载波方案覆盖，主要用于固定接收；而标清频道采用多载波方案覆盖，主要用于移动接收。

数字电视地面广播的特点是环境复杂、干扰严重、频道资源紧张，同时受众多因素的影响，如多径问题、接收方式问题、接收区域问题等。多径接收是指因地形地貌（如山、房屋等反射）使到达接收点的信号不止一个。在模拟电视中的反映是重影；在数字接收中，某些特定相位的多径信号将使接收完全失败。在这种情况下，接收好坏不单单依赖于与发射台距离的远近，在很大程度上还依赖于接收信号之间的相位。接收方式是指固定接收、车载移动接收及便携接收。如车载用户、手机用户和笔记本电脑等属移动接收方式，而山区、草原牧区等分散用户属固定接收方式。

固定接收接有固定天线，电视机不能随便搬移，一般来说接收条件经调整后不再变化。便携接收是指在居室内使用机上天线，可以在居室内的不同地点接收，因接收条件的变化而使信道特性有所差异。便携接收是将接收机装入衣袋，在户外低速移动接收。

移动接收是指车载高速移动接收，接收条件因地貌的不断变化而变化，同时车速的变化，使接收效果还会受到因多普勒效应导致的频率变化的影响。接收地点的变化是指由于接收地点离主发射台的距离变化和与其他发射台的发射信号间相对关系的变化而引起的接收条件的变化。

为适应数字电视地面广播传输环境恶劣、条件复杂等特点，其调制方式的选择既不同于模拟电视，也不同于数字电视有线传输与卫星传输。目前国际上数字电视地面广播主要采用两种调制制式，即美国提出的残留边带（VSB）调制方式以及欧洲提出的编码正交频分复用（COFDM）调制方式。

1.5.2 数字电视卫星广播

数字电视卫星广播是在地球赤道上空 35 800km 处的静止卫星上，装载转发器和天线系统，向地面转发广播电视信号，直接进行大面积广播电视覆盖的一项新技术。它能使覆盖区内的广大用户直接收看千百里之外乃至地球另一面的广播电视节目。因此，数字电视卫星广播是解决广播电视大面积覆盖最先进、最有效的技术手段。

数字电视卫星广播系统主要由地面上行发射站、卫星转发器和地面接收 3 大部分组成。上行发射站将节目制作中心送来的电视信号（图像与伴音）进行一定的处理和调制后，变频为上行微波频率发送给卫星，并负责对卫星系统的工作状态进行监测和控制；卫星转发器则将上行发射站送来的上行微波信号进行变频和放大，变成下行微波信号并转发给地面接收站；地面接收站则将接收到的下行微波信号经下变频、解调和处理后，重新恢复出原电视信号（图像与伴音），并将它送给电视机，或进行开路转发，或进行闭路传送。

在数字电视卫星广播中，通过采用数字化技术，并利用数据压缩编码技术，一颗大容量卫星可转播 100～500 套节目，因而它是未来多频道电视广播的主要方式，其调制方式在世界范围内都统一采用正交移相键控（QPSK）方式。

数字电视卫星广播系统的调制方式与地面广播有很大的不同，为了尽可能地提高效率，卫星转发器基本上工作在满功率状态，因此一般都采用调相的方法，保持信号的幅度不变。卫星上行站的功率放大是保证卫星能收到地面的上行信号，发送和接收天线大多采用抛物面定向天线。卫星转发器收到上行的信号后进行变频、重新放大，并通过下行天线发送信号进行覆盖。卫星接收机的解调方式与相应的调制方式相对应，其他部分功能与地面广播系统类似。

1.5.3 数字电视有线广播

有线电视广播具有传输质量高、节目频道多等特点，因而便于开展按节目收费（PPV）、视频点播（VOD）以及其他双向业务。数字电视有线广播是利用有线电视（CATV）系统来传送多路数字电视节目，其调制方式大多都采用正交幅度调制（QAM）方式，数字电视有线广播具有质量优异、资源丰富等特点，但其成本在数字电视 3 种传播方式中最高，目前借助有线电视技术来实现数字交互式电视业务是最佳方案。

目前普遍采用同轴电缆与光纤混合网形式进行有线传输，即主干部分采用光纤，到用户小区再用电缆接到用户终端。

在双向网络中，有线电视前端还需要处理回传的交互信号，这与单向的广播方式不同。在调制方面，由于模拟有线电视是从直接转播地面广播开始发展起来的，所以它的调制采用与地面广播相同的方式。对数字电视而言，有线电视网络条件较好，可以采用星座图比较复杂的调制方式，如高阶的 QAM 等。电视信号经调制后，要经过合成器合成为一个完整的包含所有频道的信号，然后经光调制上主干网络传输。主干网络将信号传输到分前端，再由分前端通过二级光网络发布到光节点；每个光节点再将信号转换为电信号，经干线、支线分配后到各终端。有线电视接收机基本功能与地面、卫星接收机基本相同，但是高频和解调部分与相应的调制方式相关。在双向网络中，干线放大器、支线放大器、分配器和接收调制解调器等都支持回传，在光节点和分前端，一般都有专门的设备收集回传信号，并进行处理；有些信号会进一步提交给前端或相应的交互服务器。

由于有线电视网络隔离性好，所以整个带宽都可以用于传输信号。在原模拟电视传输中，定义了不少的增补频段。在最新的规定中，双向有线电视系统的工作频带范围是 5～1 000MHz。其中，5～65MHz 用于反向上行传输，65～87MHz 为正、反向隔离带，87～108MHz 为正向模拟声音频段，108～111MHz 为空闲，111～550MHz 为正向模拟电视频段，550～860MHz 为正向数字信号频段，860～900MHz 为预留扩展正、反向隔离带，900～1 000MHz 为预留扩展反向上行频段。

1.6 实训1 熟悉数字电视和数字高清晰度电视接收机

1. 实训目的

1）培养学习数字电视技术的兴趣和爱好。

2）了解收看数字高清晰度电视节目的基本方法。

3）掌握高清晰度数字电视接收的途径。

2. 实训器材

1）码流播放机（各种格式的数字电视信号源、码流播放卡、HDMI 输出卡） 1台

2）媒体播放软件（例如 VLC Mediaplayer） 1套

3）高清监视器 1台

4）DTU-225 码流分析仪（含笔记本电脑） 1套

5）VGA、HDMI 电缆 各1根

6）高清机顶盒（HDMI 输出） 1台

3. 实训原理

参考本章相关部分，这里不再赘述。

4. 实训步骤

1）实训前的几个基本准备工作。

① 首先登录到 www.videolan.org 网站上免费下载媒体播放软件 VLC Mediaplayer（这是一个合法的共享软件）或其他高清播放软件，然后将其安装在码流播放机上。

② 在有关网站上，合法下载标准清晰度 SD 及高清晰度 HD 格式的各种节目源。

③ 准备1根不短于 2m 的 VGA 电缆及双莲花音频线。

④ 准备1根不短于 2m 的 HDMI 电缆线。

⑤ 在码流播放机上安装带有 HDMI 输出端口的独立显卡（部分笔记本电脑上具备 HDMI 输出）。

2）根据图 1-24 所示的数字高清晰度电视测试接线图连接设备，用码流播放机播放录制好的 HD、SD 电视节目。

图 1-24 数字高清晰度电视测试接线图

3）通过 HDMI 接口播出高清晰度数字电视节目（HDTV）。在高清晰度监视器的输入信号选择 HDMI 方式，用码流播放机播放事先录制好的 HDTV 标准信号源，同时码流播放机 GbE 端口输出的 IP 信号供码流分析仪监测用。

在高清晰度监视器屏幕上仔细观看 HDTV 的图像质量，并在码流分析仪的计算机显示屏幕上观察实际的 HDTV 码流带宽、图像及节目的显示参数（鉴别是否为真正的 HD）。

4）通过 VGA 接口播出演示标准清晰度数字电视节目（SDTV）。在高清晰度监视器输入信号选择 VGA 方式，用码流播放机播放事先录制好的 SDTV 标准信号源，同时码流播放机 GbE 端口输出的 IP 信号供码流分析仪监测用。

在高清晰度监视器屏幕上仔细观看 SDTV 的图像质量，并在码流分析仪的计算机显示屏幕上观察实际的 SDTV 码流带宽、图像及节目的显示参数。

5）交换 VGA 接口和 HDMI 接口的 SDTV 和 HDTV 的播出演示。采用 HDMI 接口播出演示标准清晰度数字电视节目；采用 VGA 接口播出演示高清晰度数字电视节目。在高清晰度监视器屏幕上仔细观看 HDTV、SDTV 的图像质量，并进行比较，发现有何差异，哪些是真正的高清晰度节目，并在码流分析仪的计算机显示屏幕上观察实际的 HDTV、SDTV 的码流传输速率。

6）用高清晰度机顶盒接收有线高清晰度数字电视节目，并观看图像质量。用高清晰度机顶盒接收本市有线电视网络信号，然后用 HDMI 电缆连接高清晰度监视器，即可观看真正的高清晰度数字电视节目。

5. 实训报告

1）简述怎么才能收看好高清晰度数字电视节目？

2）使用 VGA 及 HDMI 接口播出的 HDTV 信号与在高清晰度数字电视机的图像有些什么不同？

3）HDMI 的电缆线都有些哪些技术要求？对比市场上多种品牌的 HDMI 电缆，并进行分析。

1.7 习题

1．简述数字电视、数字电视接收机与数字电视机顶盒。

2．简述“三网融合”及 OTT TV 的含义。

3．为什么要对数字图像信号进行压缩？压缩的依据是什么？

4．声音压缩的依据是什么？

5．信道编码与信源编码有哪些异同点？

6．画出数字电视码流之间的层次关系图。简述 TS 包的结构。TS 包长度是多少？

7．画出系统复用器的流程图。

8．数字电视有哪几种传输方式？每种传输方式的调制方式是什么？

第2章　数字电视前端设备的安装调试与维护检修技术

本章要点

- 熟悉有线数字电视前端系统组成及主要部分的功能。
- 熟悉有线数字电视前端系统主要设备的作用。
- 熟悉有线数字电视前端系统的安装调试。
- 掌握有线数字电视前端系统的维护检修。
- 熟悉前端系统防雷与机房接地技术。

2.1　数字电视前端系统的组成及主要部分功能

2.1.1　数字电视前端系统的组成

数字电视前端是整个数字电视广播系统的核心，它负责各种信息源的收集、交换、处理、输出、节目监控及用户管理等。典型的有线数字电视前端系统主要由数字电视信源、复用加扰、条件接收、用户管理和调制输出等组成，其示意图如图2-1所示。

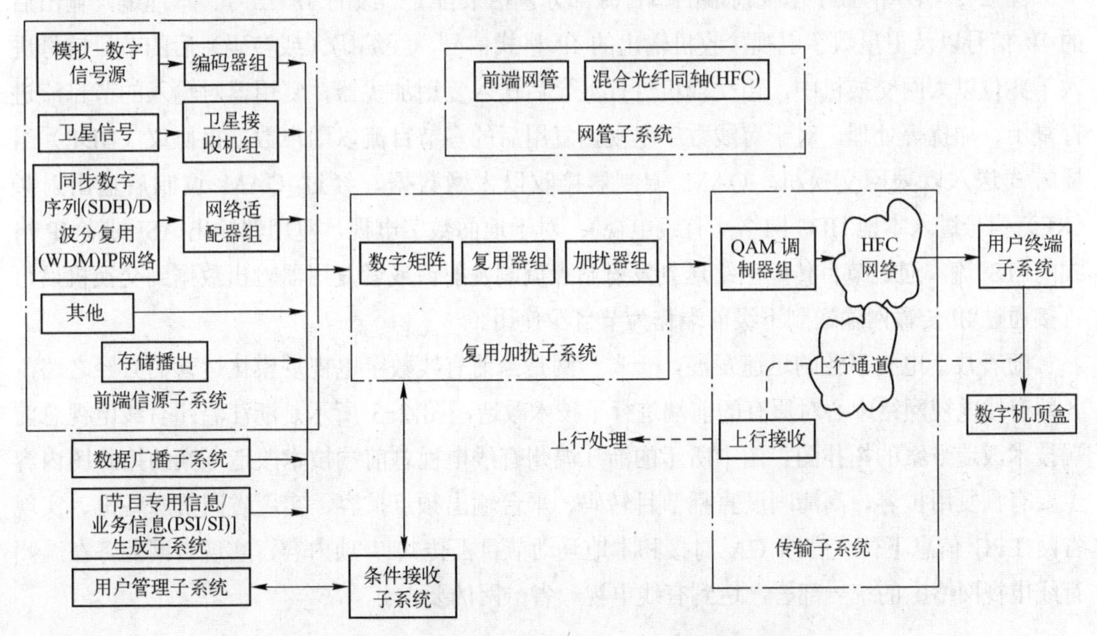

图2-1　典型的有线数字电视前端系统的组成示意图

早期的数字电视前端系统采用基于异步串行接口（ASI）的传输方式，这种方式很难适应快速发展的数字电视新业务，于是出现基于网络之间互联的协议（IP）传输方式的数字电视前端，其示意图如图 2-2 所示。

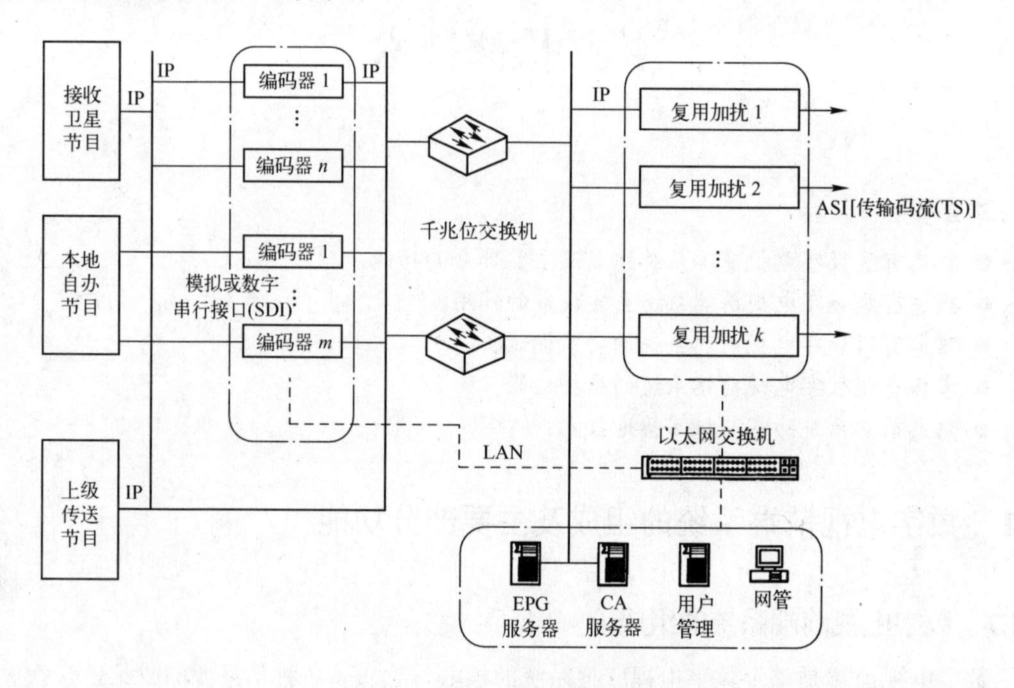

图 2-2　基于 IP 传输方式的数字电视前端示意图

图 2-2 所示的数字电视前端的节目源部分包括来自上一级的 IP 信号、本地编码输出后的 IP 信号以及卫星数字电视接收机输出的 IP 格式信号，经编码（或转码）后的节目信号进入千兆位以太网交换机中，由交换机进行汇聚后送入复用加扰器，复用器对输入的节目流进行复用、加扰等处理。对于有线数字电视，复用后的多节目流以用户数据报协议（UDP）组播方式送入以太网交换机，QAM 调制器接收以太网数据，经过 QAM 调制后输出射频（RF）信号进入本地 HFC 网络（有线电视）；对于地面数字电视，复用器输出 ASI 或者 IP 格式的 TS 流，通过节目传输网络送到发射站点调制发射；或者复用器输出数据到交换机后可直接通过 IP 传输网输送到下级前端作为节目源使用。

随着数字电视事业的迅速发展，一省一网是当前有线数字电视规模化运营的必经之路，各地有线电视网络中心对原有的前端进行了技术改造，图 2-3 所示是浙江温州有线电视总前端技术改造方案的拓扑图。图中所示的浙江温州有线电视总前端技术改造方案的拓扑图内容主要有预复用扩容、高清晰度直播节目转码、平台输出频点扩容、实现省网信源备份、实现省网 EPG 信息下传、省网 CA 对接和本地互动节目上传共 7 项内容，实现省网业务在温州有线电视网络中的统一部署，达到有线电视一省一网的要求。

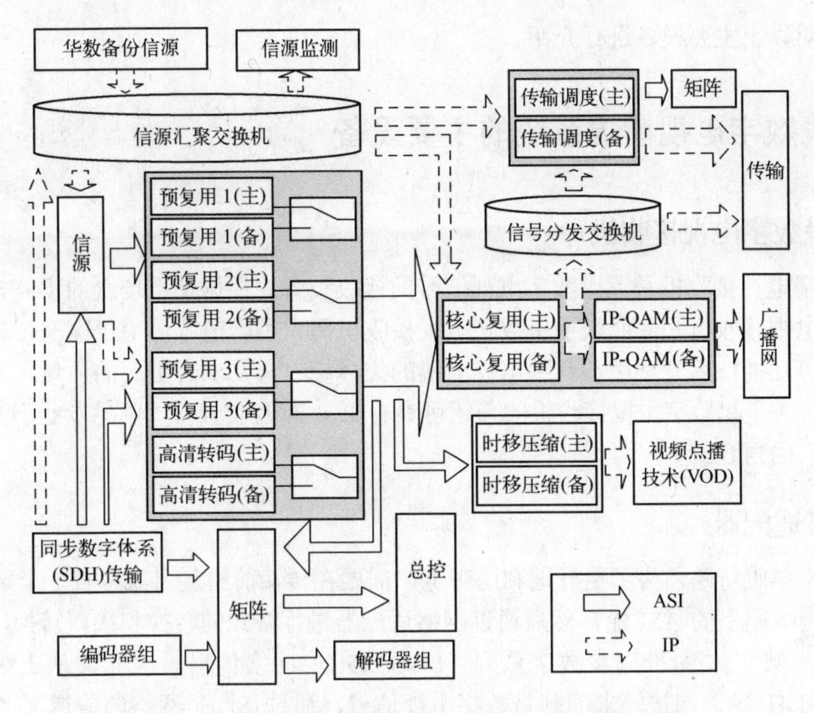

图 2-3　浙江温州有线电视总前端技术改造方案的拓扑图

2.1.2 信号源部分

有线数字电视前端的信号源部分主要负责各种数据信息和电视节目的汇聚、适配和预处理，信号来源主要是接收本地播出的数字电视信号、数字卫星电视信号和演播室送来的自办节目信号、Internet 数据流和 SDH 网络的数字电视信号等。构成这部分的主要硬件设备有卫星数字电视接收机、网络适配器、编码器和视频服务器等。

2.1.3 信号处理部分

信号处理部分包括传输码流（TS）的监视、加扰和复用与业务信息（SI）处理等，它是数字电视前端的核心。在这部分主要完成对所有节目进行加扰、截取和复用等处理，并更新业务信息，正确插入所有的应用数据，以保证用户终端的正常工作。构成这部分的主要硬件设备有复用器和加扰器等。

2.1.4 信号输出部分

信号输出部分将已经处理的信息通过调制器变成传输网络所需的信号格式，因而调制器是前端系统的重要组成部分。在有线数字电视网中，一般采用 64QAM 调制器。

2.1.5 用户管理部分

数字电视用户管理主要完成计费、用户服务、账务管理和资源管理等。在逻辑上可分以下几个小部分，即产品管理、用户管理、设备管理子系统、计费管理、报表管理、智能卡服务、分级管理和系统管理。

下面将对以上主要设备进行介绍。

2.2 有线数字电视前端系统的主要设备

2.2.1 卫星数字电视接收机

卫星数字电视接收机是卫星数字电视信号的接收设备。根据使用场合的不同，分为家用级卫星数字电视接收机和专业级卫星数字电视接收机两大类。前者适用于家庭，有遥控、屏幕菜单显示等功能；后者常用于数字电视前端的集体接收，要求有更高的质量、可靠性和更多的接口。有关卫星数字电视接收机的介绍可参看第 4 章及实训 5“熟悉专业型数字卫星解码器的使用”的内容。

2.2.2 网络适配器

对于骨干传输链路，为了更好地利用带宽，需要在传输前用复用器将若干个 ASI 数据流复用为一个更大码率的 ASI 流，然后通过网络适配器进行格式的转换和接口转换，转换后的数据通过同步数字体系/准同步数字系列（SDH/PDH）网络传输。因此，从上级（国家、省、地区）SDH 骨干网传输来的基带数字电视信号，通过 SDH 网络的信道（如 DS3）传输，需要将 DS3 信道传输的 TS 流接收下来，并转换成 DVB-ASI 信号。网络适配器是完成 ASI 接口到其他网络接口的数据格式的适配和反向适配，在接收端把 SDH 接口的信号转成 ASI 接口的信号，然后再分给其他 ASI 接口的设备，并且根据其他具体网络情况，具有加解扰、R-S 编码解码等功能。

如天津德力电子有限公司的 NDS3502 E1 网络适配器能够将 TS 码流与 SDH/PDH 网络中的 E1 接口信号进行相互转换，实现异构网络间信号格式的适配。该款 E1 网路适配器能够双向适配 4 个 E1 通道，通常用于传输 1 套标准清晰度的数字电视节目，主要特性有：接口符合 G.703 标准；E1 与 MPEG-2 TS 的双向适配功能；支持 FEC、RS 纠错码；ASI 传输流 Speed/Burst 格式自适应；具有网管接口，便于远程管理；采用 V-SHINE@NMDVS 网管软件，确保每代产品系统管理一致性；支持简单网络管理协议（SNMP）。NDS3502 E1 网络适配器外形如图 2-4 所示。

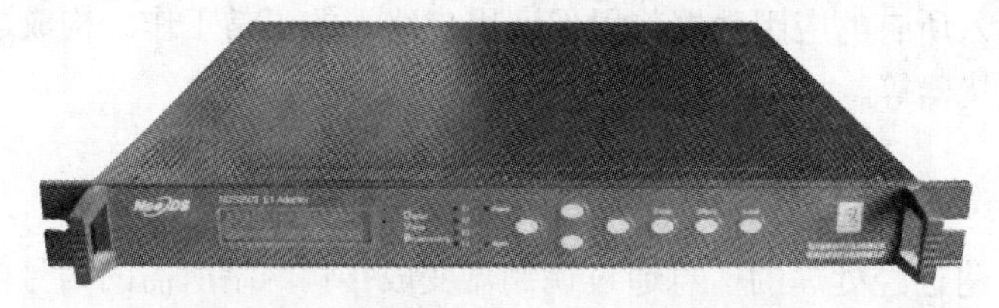

图 2-4　NDS3502 E1 网络适配器外形图

2.2.3 编码器

编码器的基本功能是将模拟或数字视音频信号进行压缩编码或者在不同格式之间转码，通过 ASI、串行外设接口（SPI）等接口输出符合标准的 TS 流。数字电视广播较常采用的编码标准有 MPEG-2、H.264 及我国自主知识产权的第二代信源编码标准（AVS）。根据所采用的信源格式选用相应的编码器。编码器有单路节目编码器和多路节目编码器，前一种每套自办节目需要一台编码器，后一种可以多套节目用一台编码器。另外，每台编码器只能采用一种编码标准，不同的应用场合应选用不同的视频编码标准。如 MPEG-2 标准是面向数字电视的；H.263 针对电话会议等制订；MPEG-4 的超低码率编码更适用于移动多媒体应用等。

编码器的原理框图如图 2-5 所示。

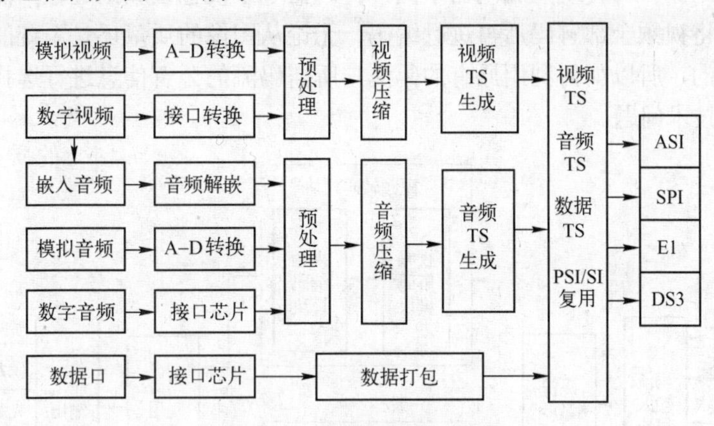

图 2-5　编码器的原理框图

MPEG-2 编码器由视音频接口、视音频压缩编码和复用 3 个模块组成。视音频接口模块将模拟视音频输入信号转换为数字格式输入至编码模块，视频接口支持模拟复合信号、S-Video 模拟信号、Y/Cb/Cr 模拟色差分量信号和 SDI 串行数字分量信号，并支持 PAL、NTSC 和 SECAM 三大制式。音频接口支持一路模拟立体声或两路单声道模拟音频。视频编码采用广播级 MPEG-2 实时压缩编码，将编码后的视频基本码流（ES）送往视频打包器，成为打包的视频基本码流，即 PES，然后送往节目复用器。音频编码由音频编码软件将音频接口输入的模拟音频信号按 MPEG-2 标准进行编码，将得到的音频 ES 基本流送往音频打包器打包成音频 PES 流，将打包后的音频 PES 流也送往节目复用器，节目复用器将视频 PES 流、音频 PES 流和辅助数据 PES 流复用成单节目传输流（SPTS）。

例如，NDS3204I IP 四合一编码器是一种易于使用的、功能强大 MPEG-2 编码复用器，在普通的四合一基础上，增加一路 ASI 输入接口复用。支持模拟复合视频以及单声道或立体声等。压缩数据输出格式为 ASI。压缩方式 MPGE-2MP@ML，编码器对最多 4 路音视频信号进行实时编码，并且与一路 TS 流复用产生一路多节目传输流（MPTS）。完全符合 MPEG-2 标准，具有极强的兼容性。某种四合一编码器外形如图 2-6 所示。

图 2-6　某种四合一编码器外形图

2.2.4　转码器

视频转码器是将两种不同的编码标准或者同种编码标准的不同分辨率、码率之间的视频数据互相转化，使其从一种格式转变为另一种格式。所谓的格式包括编码标准、空间分辨率、帧速率、数据传输率等，其中任何一项特征发生改变都认为是发生了转码。转码器属于编码器的范畴。转码器的输入、输出都是压缩数据，转码器的原理框图如图 2-7 所示。转码器首先将输入的码流解复用后，分别进行音视频的解码，然后进行新的编码过程，最后再复用出可以传输的码流。与传统的编码器不同，转码器中不仅包含编码过程，而且包含对视频的解码过程，如将视频全部解码后再进行编码，无论从图像的质量还是系统的计算复杂度而言都是无法忍受的，所以如何利用原有的码流与所需码流的公有信息进行选择性的编解码是实现转码的核心技术问题。

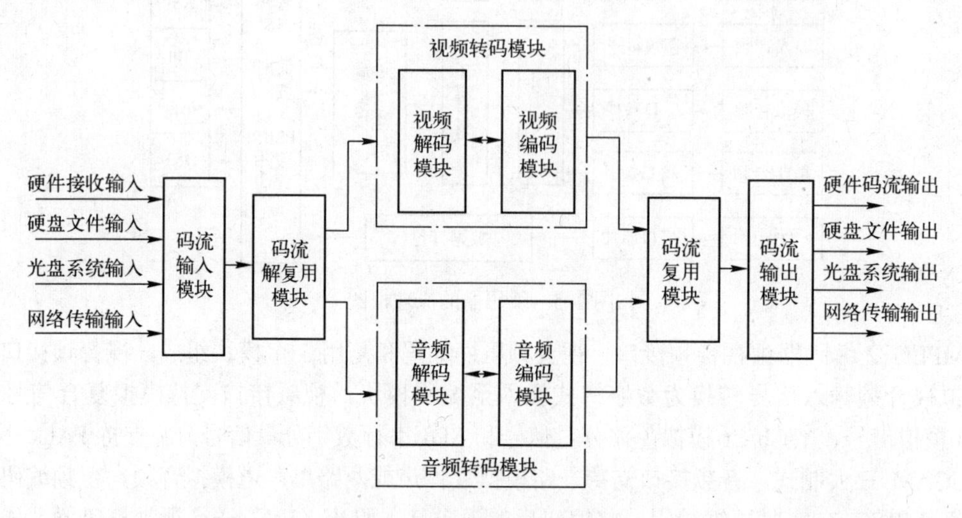

图 2-7　转码器的原理框图

MPEG-2 和 MPEG-4 在其编码算法上有很多相通的地方，在离散余弦变换（DCT）变换、MC 运动补偿、MV 运动补偿等方面有许多可以公用的地方，将 MPEG-2 的视频数据转换成 MPEG-4 的视频数据时，并不需要将其完全解码成独立的图像序列，可利用不同编码方式间的相关性进行转码。将 MPEG-2 的视频数据转换成 MPEG-4 的视频数据示意图如图 2-8 所示。

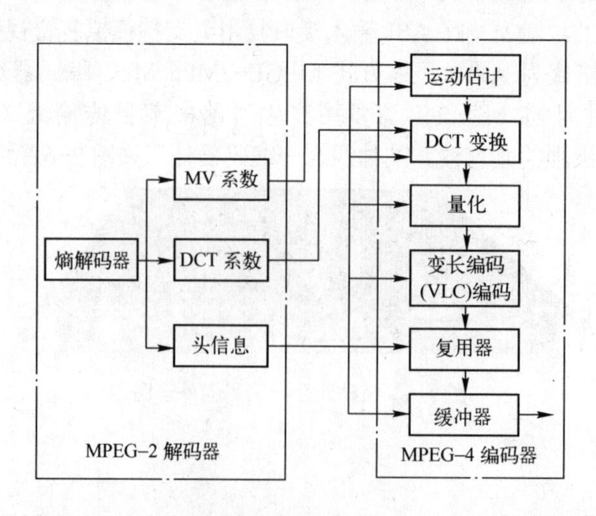

图 2-8　将 MPEG-2 的视频数据转换成 MPEG-4 的视频数据示意图

在图 2-8 中，MPEG-2 视频数据中所有的头信息被解码后都直接送到 MPEG-4 编码器中进行编码，其中少数头信息需要调整，以适应新的编码格式。而 DCT 系数和 MV 信息被重用，省去了运动估计和 DCT 的系统消耗。同时，MPEG-4 做运动补偿的时候，也可以直接利用 MPEG-2 解码器解码得出运动矢量的信息。

使用不同的转码算法在进行不同需求的编码转换时，可以得到不同的时间及系统消耗复杂度。是否采用这些不同复杂度算法取决于用户对工作任务的要求。比如，如果工作任务需要实时获得转码结果，要求高可靠性，并且对转码前后的数据的编码方式及码流指定不变，那么就可以采用高效的转码算法，必要时牺牲一些图像质量，将算法固化在硬件芯片板卡上，从而满足任务需求。如果工作任务对转码同步性要求并不高，不要求实时输出，但对图像质量有很高的要求，就可以采用一些效率较低、但图像质量损失较小的转码算法。可以将算法固定在硬件芯片中，也可以使用通用的计算机运算系统、存储系统和数据交换系统，使用软件算法进行转码工作。

如 VRPRO3200 AVS 嵌入式实时标准清晰度转码器同时支持两路节目的实时转码，支持两路节目复用为一路 TS 流输出。VRPRO3200 采用先进的视频转码算法将 MPEG-2 视频码流转换为 AVS 码流，大大提高了码流压缩效率。该转码器可广泛用于地面数字电视、卫星数字电视、IPTV 以及对视频压缩效率和图像质量要求都很高的场合，其外形如图 2-9 所示。

图 2-9　VRPRO3200 AVS 嵌入式实时标准清晰度转码器外形图

2.2.5　视频服务器

视频服务器是交互式数字电视与视频点播系统的关键设备，它的性能直接决定交互式数字电视系统的总体性能。视频服务器是一个存储和检索视频节目信息的服务系统，必须具有大容量低成本存储、迅速准确响应和安全可靠等特性。

视频服务器应能根据系统资源的使用情况对用户的点播请求进行处理，并采取一定的安全措施防止非法用户的访问；能提供对交互式游戏和其他软件的随机、即时访问，以及对数字化存储的电影和电视提供顺序、批量的访问。

在视频点播系统中，用户观看节目的模式已不是电视台单向播放、用户被动观看的形式，而变成像互联网一样，用户可随时选择喜爱的节目。与传统的通信业务相比，视频点播对网络带宽资源的要求很高。

对于视频服务器的控制处理能力。根据应用的不同进行设计，电影、电视点播的交互较少，只需较少的控制处理能力；交互式学习、交互式购物及交互式视频游戏的交互量大，就需要高性能的计算机平台。

在一般情况下，视频服务器必须能够存储供不同用户选择的 20～2 000 个节目资源，能够支持 200～75 000 个用户，并能在任何时候同时向所有用户设备提供服务。视频服务器支持的用户交互性程度受到磁盘寻址时间的影响。磁盘寻址时间应控制在 10ms 以内。如 LC8304C 四路 CIF 格式（常用的标准化图像格式）网络视频服务器采用高性能系统级芯片（SOC）和 H.264 视频编码技术，支持双码流，用户可根据不同的应用选择主码流或子码流，双向语音对讲支持，外接音频输入、输出；支持 USB、SD 卡存储功能；支持 PTZ 控制、报警 I/O、双向对讲和三级用户权限；支持无线 WLAN（802.11g）和 3G 网络接入；具有完备的网络协议，内置 Web，支持 IE 访问、配置和升级，其外形如图 2-10 所示。

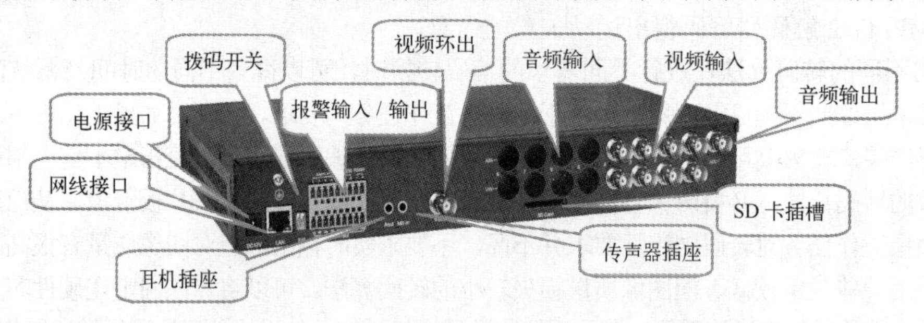

图 2-10　LC8304C 四路 CIF 格式网络视频服务器外形图

2.2.6　复用器

复用器属于码流处理设备，是将符合标准的 TS 流进行过滤、重新复接。它涵盖输入多节目 TS 流（MPTS）节目分析、多路分解、PSI/SI 提取、修改和插入、信息包标识（PID）映射、节目时钟基准（PCR）校正、码率调整和“过载保护”等诸多功能。经过多年的发展，复用技术已经相当成熟，新一代复用器已经成为一个综合数字码流处理平台，其执行的过滤筛选、混合重整功能保证了整个数字电视节目平台能够按照预定频点资源进行有序分配。

数字电视节目的复用分单节目复用与多节目复用，在编码器中对音/视频 PES 包的复用称为单节目复用；将多个单节目（或者多节目）TS 流合成一个 TS 流，称为多节目复用，也称为系统复用。在数字电视广播系统中，系统复用是一个非常关键的环节之一，实现将多路电视节目复用成一个 TS 流，在一个电视频道内传输，大大提高频道利用率的同时，提供常规电视广播之外的增值业务。图 2-11 所示为 TS 流系统复用原理示意图。图中 FIFO 是先入先出队列的英文缩写。

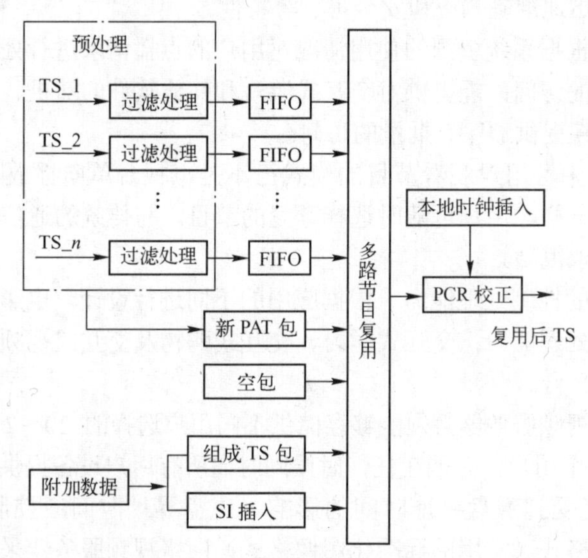

图 2-11　TS 流系统复用原理示意图

系统复用对各路 TS 流的 PSI 进行搜集并分析其码流，得到各路 TS 码流中相应视频、音频和数据信息的码率，对各路节目的包标识符（PID）、数字电视节目专用信息（PSI）、节目时钟基准（PCR）等信息进行处理，对不同节目的 TS 可能出现的相同 PID 值进行修改，并与本地产生的这类数据重新整合为复用后新的 PSI 等系统级控制信息，同时插入符合 DVB-SI 规范的业务信息。

接收端解码显示过程中需要面对时间参考和同步问题。在 TS 形成过程中，根据系统时钟（STC）的参考，显示时间标签（PTS）和解码时间标签（DTS）在 ES 打包成 PES 时注入 PES 包中。当多路 TS 再进行复用时，在带有 PCR 标志位字段的 PCR 字段的 TS 流离开复用器时刻，校正或重新插入新的节目参考时钟。

如 NDS3101 型单输出复用器是数字广播电视系统 TS 流系统复用器，它将前端经过压缩、编码和复用后得到的多个单节目传输流（SPTS）或多节目传输流（MPTS）根据用户需要合成为一路传输流，并可在输出码流中插入 EPG、CA 以及数据广播等信息。它最多可同时对 8 路输入码流进行复用，支持串行 ASI 接口，输入码流的码率最高为 216Mbit/s，输出码率则可达 108Mbit/s。通过设备辅助数据输入通道，可将外部 SI 服务器上生成的 SI Table 等数据实时插入输出码流，从而实现 EPG 及数据广播等增值业务，通过前面板液晶显示屏可实现完全的脱机设置和工作，其外形如图 2-12 所示。

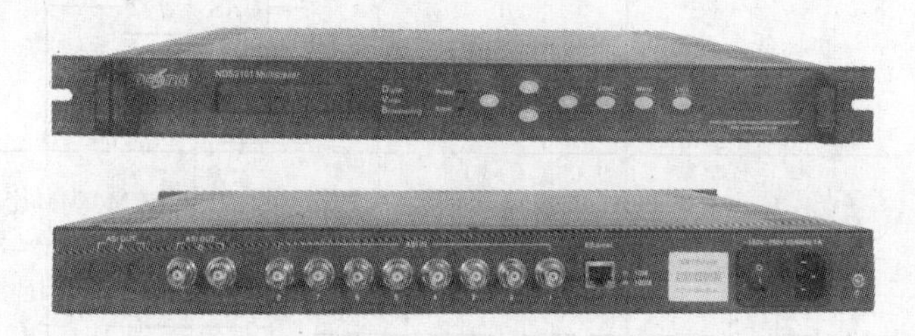

图 2-12　NDS3101 型单输出复用器外形图

2.2.7　加扰器

加扰器是一种在条件接收系统（CAS）控制下对 TS 中指定节目进行加扰，使授权用户能够正常收看，而非授权用户无权收看，从而实现系统运营商有条件收费管理的设备。

好的加扰器支持单节目码流和多节目码流的输入、自适应数据包大小及码率；能够兼容多个条件接收系统，支持同密及多级条件接收系统应用；保证对每路节目使用不同的控制字（CW）进行单独加扰等。

CAS 是数字电视广播实行收费所必须采用的系统，也是数字电视前端节目平台不可缺少的部分，CAS 负责完成用户授权控制与管理信息的获取、生成、加密、发送以及节目调度控制等工作，保证只有已被授权的用户才能收看节目，从而保护节目制作商和广播运营商的利益。

开展数字电视付费业务需要 CAS 的支持，其中加扰器是十分关键的设备。加扰器在数字电视前端系统中的位置如图 2-13 所示。数据流经过复用器复用之后再传到加扰器对数据流进行加扰，加扰之后的数据流再经过调制器发送到传输网络。

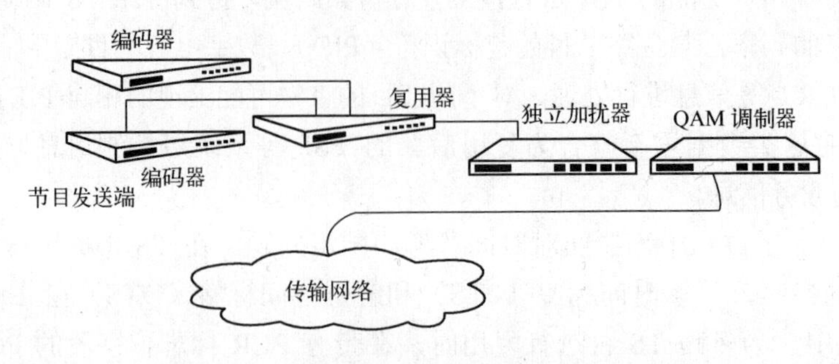

图 2-13　加扰器在数字电视前端系统中的位置

加扰器的工作原理框图如图 2-14 所示。加扰器对输入的 TS 进行实时分析，找出需要加扰的数据流送给加扰模块，在同密同步器的控制下用指定的控制字对其进行加扰，同时修改相应的 PSI 表信息。同密同步器在产生控制字（CW）后，在控制加扰模块的同时，将 CW 送给 CA 系统，由 CA 系统对 CW 加密后得到 ECM 密文信息，并返还给加扰器，加扰器将 ECM 密文信息封装后插入码流中。另外，CA 系统还将用户的授权信息等内容打包成 EMM 密文信息发给独立加扰器，加扰器将 EMM 密文信息封装后插入码流中。

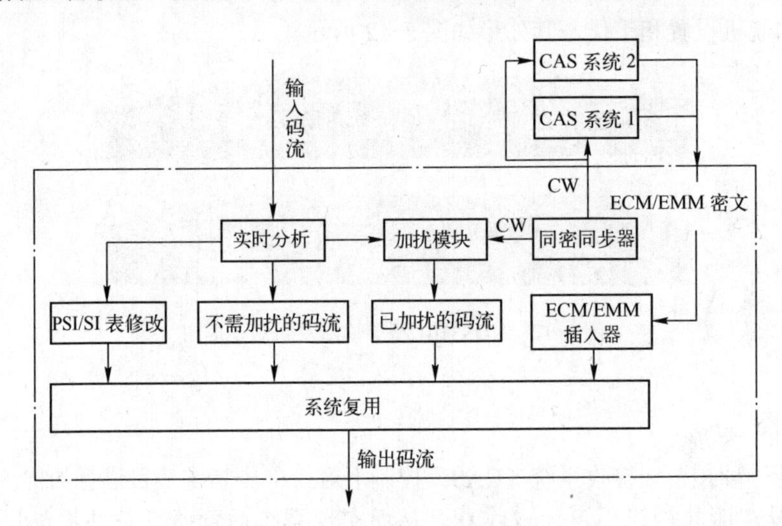

图 2-14　加扰器的工作原理框图

实际使用中，加扰器产品按类型大致可以分为独立加扰器、复用加扰一体机、加扰调制一体机等。独立加扰器通常是每个加扰器针对一个 TS 流，加扰设备独立于复用器和调制器，位于节目传输通道。这种方式使设备的集成度不高，系统设备量相应增加，设备之间的外部连线增加，降低了系统的整体可靠性；另外每个流都需要一个独立加扰器，随着系统传输流的增加，系统整体的加扰方案费用也会增加。相比之下，无论是与复用器集成的加扰方案，还是与调制器集成的加扰方案，都会在提高系统集成度的同时，提高系统的整体可靠性。但无论是哪种类型的加扰器产品，其加扰原理和功能都没有本质的区别。独立加扰器的外形如图 2-15 所示。

图 2-15　独立加扰器的外形图

2.2.8　QAM 调制器

正交调幅（QAM）是利用正交载波对两路信号（*I* 信号和 *Q* 信号）分别进行双边带抑制载波调幅形成的。正交调幅是幅度调制和相位调制的结合，即调幅又调相，它同时利用载波的幅度和相位来传递数字信号。多相调相是靠增加载波调相的相位来提高信息的传输速率，但调相波的包络是等幅的。换句话说，已调相波矢量的端点都限制在一个圆上。

多进制 QAM 调制器原理框图如图 2-16 所示。输入调制器的数据先经过串/并变换分为 *I* 和 *Q* 两路，并分别进入相应的 D-A，转化为 *X* 进制的模拟信号，再经低通滤波，分别对相互正交的载波 $\sin\omega t$ 和 $\cos\omega t$ 进行双边带抑制调幅。两路调幅信号相加后成为 QAM 的调制波，经功率放大后与模拟电视信号混合送入有线电视系统。

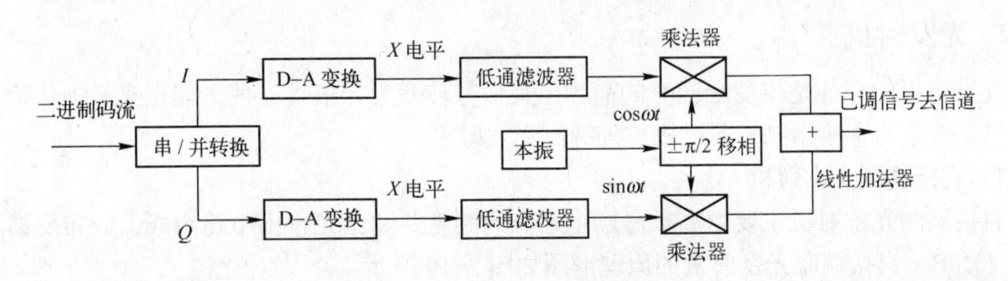

图 2-16　多进制 QAM 调制器原理框图

在有线数字电视系统中，采用抗干扰能力相对适中但频谱利用率很高的 64QAM 调制方式较为适宜。64QAM 就是通过 2～6 电平变换器（2^6=64）将二进制信号每 6 个分为一组，进行串并转换，形成 a1a2a3 和 b1b2b3，3 个位共可表征 8 种状态，所以两路正交的 6 电平幅度键控信号叠加共计 8×8=64 种。采用 64QAM 调制方式可在传统的 8MHz 模拟频道带宽上传输约 40Mbit/s 的数据流，相当于 4～8 套标准清晰度数字电视节目。

商用化的 QAM 调制器并不只是 QAM 调制单元，还包括信道编码单元，实用 QAM 调制器的基本结构框图如图 2-17 所示。QAM 调制器的作用是将输入的二进制数据流调制为射频信号输出，其带宽在 PAL 制时不大于 8MHz，在 NTSC 制时不大于 6MHz，以便与其他相应的模拟电视或其他 QAM 调制信号进行邻频传输。QAM 调制器一般能输出 16～256QAM 调制信号，同时具有节目时钟基准（PCR）校正与信息包标识（PID）选择，以便滤掉不需要的基本流信号。只要是符合 DVB 标准的数据流，就都能输入 QAM 调制器进行调制。为了实现网络管理功能，QAM 调制器一般都具有远程、本地联网接口。有些 QAM 调制器设有与 PDH/SDH 传输网络 3 次群数字码流（DS3）接口，可直接与 PDH/SDH 传输网络的 DS3 数字码流输出连接，省去了 DS3/ASI 适配器。

NDS3340A 型四合一 QAM 调制器的外形如图 2-18 所示。

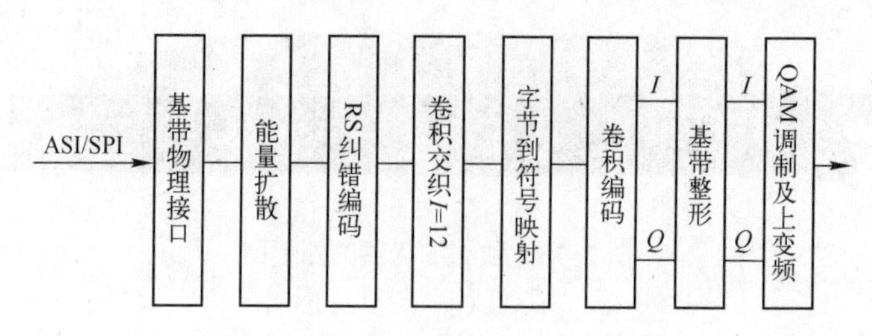

图 2-17　实用 QAM 调制器的基本结构框图

图 2-18　NDS3340A 型四合一 QAM 调制器的外形图

2.2.9　光发射机

光发射机的任务是将前端送来的高频电视信号转变为光信号，使之能在光纤中传输。光发射机又被分为直接调制光发射机与外调制光发射机。

1．直接调制光发射机

直接调制光发射机主要由高频激励电路、调制电路和激光输出电路组成。分布反馈式激光器（DFB）直接调制光发射机的原理框图如图 2-19 所示。

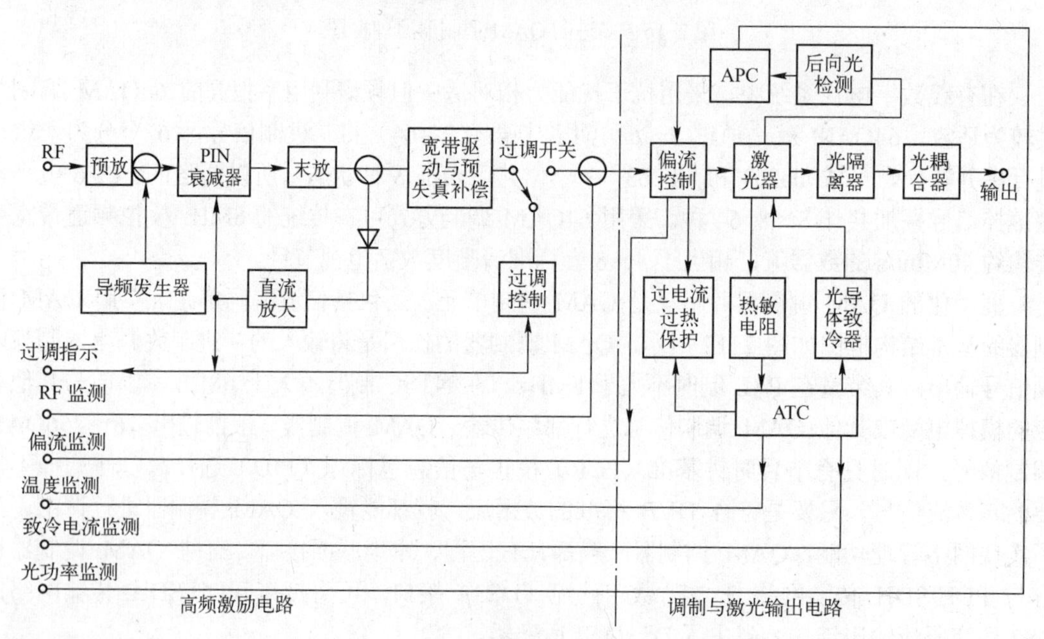

图 2-19　DFB 直接调制光发射机的原理框图

PIN—个人识别码　APC—自动功率控制　ATC—自动温度控制

其主要工作过程如下：从前端输入的高频电视信号经过两级放大、一级电调衰减器、一级预失真补偿电路（均衡）处理后，再经过调开关后，对 DFB 的偏流进行电—光调制，使其光输出强度随着射频信号强度的变化而变化。从末级放大器输出端还分出一部分信号，经直流放大去控制由个人识别码（PIN）二极管组成的电调衰减器，实现自动增益控制（AGC）。

调制后光信号经过光隔离器、光耦合器、光活动接头送入光缆。其调制器的非线性限制了光发送机的输出功率，为了在适当的非线性失真指标下，尽量提高输出光功率，设置了预失真电路对调制器的非线性进行补偿；为了使激光器稳定地工作，在输出电路，设置了双向自动温度控制（ATC）电路（可使芯片工作在 20℃±0.5℃）和自动功率控制（APC）电路。除此之外，为了便于使用，设置了过调、射频、偏流、制冷电流和光功率监测电路。

在电路中设置光隔离器的作用是为了避免从光纤反射的光再返回激光器；光耦合器的作用则是将激光器发出的水平张角小、竖直张角大的椭圆光斑更易于进入光纤（耦合效率可达到 60%～90%）；导频发生器产生控制光接收机输出的电平和反向传输的基准信号，导频频率多为 10.7MHz。目前生产的光发送机均采用微处理器进行编程控制，通过面板显示、调整和控制其输出功率、调制度、温度、偏流、制冷电流和工作电压等。

直接调制光发射机按工作波长不同，分为 1 310nm 波长直接调制光发射机和 1 550nm 波长直接调制光发射机，其外形分别如图 2-20 和图 2-21 所示。在 1 550nm 近距离传输中，1 550nm 直调光发射机完全可以替代昂贵的外调制光发射机，它采用了受激布里渊散射（SBS）抑制技术和光谱整形技术，具有较高的 SBS 阀值和复合三次差拍（失真）（CTB）、复合二次差拍（失真）CSO 指标，同时结构简单，成本低，可靠性高。

图 2-20　1 310nm 波长直接调制光发射机外形图

图 2-21　1 550nm 波长直接调制光发射机外形图

2．外调制光发射机

外调制光发射机将光的产生与光强度调制分别用两个器件来实现。首先产生一个稳定的等幅激光信号，然后再对这一光信号进行光强度调制。外调制 AM-VBS 光发射机由泵源激光产生部分、激光产生部分、电光调制部分及射频信号处理与线性化等部分组成。1 550nm 波长外调制光发射机外形如图 2-22 所示。

图 2-22　1 550nm 波长外调制光发射机外形图

2.3 有线数字电视前端系统的安装调试

2.3.1 前端机房设备布局

前端机房设备大致分为 4 部分，即安装在标准的 19in 机柜或机架中的信号接收、放大、调制、混合等一系列设备；由多台彩色电视机或监视器组成的屏幕墙，用来监视各频道输入、输出信号的质量；播出控制台（桌）；配电盘。

前端设备布局无固定格式，以美观、大方、便于操作、信号传输线路无迂回及反复现象为原则。

在设备布局设计方面，保证系统的技术指标才是最重要的，也是最根本的要求，其次才是操作维修方便，第三要合理实用、美观大方。具体要求有以下几点。

1）屏幕墙位于机房中间；控制桌位于屏幕墙的前面，以便于观察。前端机房控制桌布局如图 2-23 所示。传输设备应靠近信号进、出入端口；配电盘位于不易影响人身安全的地方。

图 2-23　前端机房控制桌布局

2）与墙壁保持一定的距离，一般可在 1.5m 左右，最低应保持不小于 1m，以便于设备的安装、维护和散热。

3）设备之间与外部设备应保持较小的电缆距离，尽量减少信号损失和干扰串入的可能性。

4）设备应避免置于窗前，防止阳光直接照射，避免室外空气直接吹入机柜。长时间阳光直接照射易使设备持续过热，造成设备损坏或加速设备老化，降低寿命；室外空气直接吹入，会使设备易受外界温度、湿度和尘埃的影响，增加故障率。

5）重量较大的设备应尽量坐落在结构梁上（指在楼上安装设备时）。

2.3.2 前端机房设备的安装

前端设备在安装前要仔细检查其外观是否有破损，摇一摇、听一听机内是否有金属件松动，然后接通电源进行检查，如测调制器、放大器的输出电平等；利用数字卫星接收机的电平显示，测卫星信号的强弱；在各台设备检查正常后，再将前端设备安装在机架或机柜内。

1．设备安装注意事项

在安装设备时要注意以下几点。

1）机柜和播出控制台的安放应竖直平稳。机柜和播出控制台内的设备与器件安装应牢固；对固定用的螺钉、垫片、弹簧均应按要求装上，不得遗漏。

2）每一频道的解调器和调制器、卫星数字电视接收机和调制器都要尽量放在一起，缩短设备间的视、音频线，如图 2-24 所示。

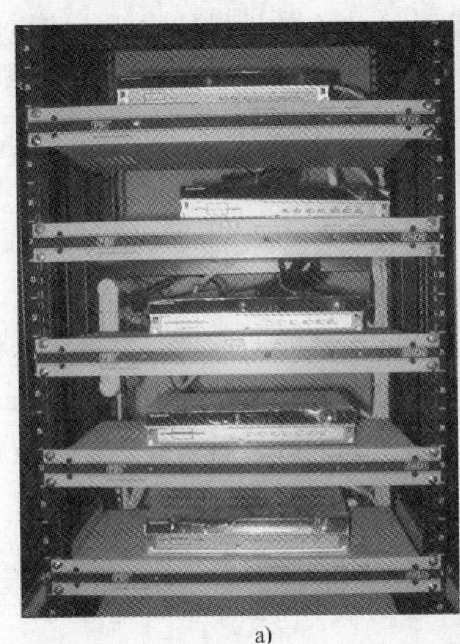

a)

b)

图 2-24 卫星数字电视接收机和调制器

a) 正面 b) 背面

3）不宜将视频、音频线与电源线平行敷设。如不可避免，两者间隔应在 30cm 以上，或采用其他防混淆措施。

4）各设备之间要有一定间距，以利于散热，各频道的输出、输入电缆要排列整齐，不互相缠绕，便于识别。

5）设备间的连接电缆不宜迂回走线，要考虑到有线电视信号属高频电视信号，其传输电缆属长线范畴。

“长线”不是指物理长度很长的导线。当传输线的几何长度等于或大于所传送的交流信号波长λ/100 时称为长线。在有线电视系统中，被传输信号的波长为米的数量级，如频率为 300MHz 的信号，其波长为 1m，频率大于 300MHz 的信号，其波长小于 1m，比电缆长度要小得多，所以有线电视系统中的电缆都是“长线”。由均匀传输线理论可知，“长线”上来回两线间的电压不仅与传输的时间先后有关，而且与传输的距离长短有关。

理论与实践均证明在同一机房内，设备与设备、机架与机架之间的连接电缆，会因“长线”原因，造成两端信号在相位、幅度上的差异，并且由此对整个系统都会带来影响。

2．机房布线注意事项

在进行前端机房布线时还要注意以下几点。

1）了解前端设备的接口标准。前端系统有许多设备，设备与设备之间的连接就牵涉接口标准问题，这里包含着机械结构和电气特性。若标准不统一，则连接后可能发生各种各样的问题，即使质量很好的设备，也会产生不好的效果。所以，在前端机房设备安装时必须重视产品接口标准的检查，使系统匹配良好，性能稳定可靠。

设备接口标准主要有音频信号接口、视频信号接口、射频信号接口、异步串行接口和同步并行接口等标准。

2）掌握设备连接线的制作与配接。设备连接线主要包括音频连接线、BNC 视频连接线、射频连接线、RJ-45 网线和光缆配线。

3）当采用地槽布线时，电缆宜由机架底部引入。布放地槽的电缆应将电缆顺着所盘方向理直，按电缆的排列顺序放入槽内，顺直无扭绞，不得绑扎。当电缆进出槽口时，拐弯处应成捆绑扎，并应符合最小曲半径要求。

4）当采用架槽布线时，电缆在槽架内布放可不绑扎，并宜留有出线口。电缆应由出线口从机架上方引入；引入机架时，应成捆空绑，以使引入机架的线路整齐美观。

5）当采用电缆走道布线时，电（光）缆也应由机架上方引入。对于走道上布放的电（光）缆，应在每个梯铁上进行绑扎。上下走道间的电（光）缆离开走道进入机架时，应在距转弯点 30mm 处开始进行捆绑。根据电（光）缆数量的多少每隔 100～200mm 捆绑一次。

6）采用活动地板布线时，电（光）缆在活动地板下可灵活布放，电缆应顺直无扭绞，不得使电缆盘结；应在引入机架处成捆绑扎。

7）引入、引出机房的电（光）缆，在入口处要加装防水罩。向上引的电（光）缆，在入口处还应制成滴水弯。弯度不得小于电（光）缆的最小弯曲半径。电（光）缆沿墙上下行时，应设支持物。将电（光）缆固定在支持物上，支持物的间隔距离视电（光）缆的多少而定，一般不得大于 1m。

8）机房内接地母线的路由、规格应符合设计规定，并满足下列要求。

① 接地母线表面应完整，并应无明显锤痕以及残余焊剂渣；铜带母线应光滑无刺，绝缘线的绝缘层不得有老化龟裂现象。

② 接地母线应铺放在地槽和电缆走道中央，或固定在架槽的外侧。母线应平整，不歪斜，不弯曲。母线与机架或机顶的连接应牢固端正。

③ 铜带母线在电缆走道上应采用螺钉固定。铜铰线的母线在电缆走道上应被绑扎在梯铁上。

2.3.3 数字电视前端的调试

数字电视前端的调试主要是对卫星数字电视机顶盒、MPEG-2 编码器、复用器和 QAM 调制器的联调以及相应的一些软件调试。

1．调测信号源

1）用同轴电缆将卫星接收天线、高频头与卫星数字电视机顶盒连接好，应将卫星数字电视机顶盒放置在通风良好，能防尘、防振，不受风吹、雨淋、日晒，并靠近监视器或电视机的位置。按说明书上的要求连接好电视机或监视器，接好统一的工作地线与电源线。调整好卫星电视接收天线之后，在卫星数字电视机顶盒上设置好要接收的卫星电视节目的技术参数，根据卫星数字电视机顶盒的操作说明，利用机顶盒的自动节目搜索（盲扫）等功能，便可收到一颗卫星上的所有电视节目和广播节目。根据节目信号的传送方式，测试 ASI 输出口 TS 流的数据速率，并进行记录。

2）将开路接收、自办模拟信号送入 MPEG-2 编码器，并调整编码速率，使得输出 TS 流速率在 6～8Mbit/s，以满足标清电视节目信号的要求。

3）对于来自上级前端 SDH 的信号，已经是数字信号 TS 流，不需要再进行 MPEG-2 编码。经网络适配器进行接口转换，将光接口 DS-3 转换为 ASI 电接口。

2．复用器、QAM 调制器的调配

1）复用器。根据卫星数字电视机顶盒和编码器的输出速率，复用器的输入、输出速率，以及 QAM 调制器的调制方式和符号率来确定复用几套节目，设置复用器的 TS 流输出总码率、输出方式（ASI 接口、SPI 接口、DS3 等）。

2）QAM 调制器需设定调制方式、符号率、输出电平和输出频率等。通常 QAM 调制器输出电平比模拟调制器（峰值）功率的输出电平约低 10dBμV。频道间电平差越小、系统平坦度就越好。一般模拟与模拟相邻频道、数字与数字相邻频道间电平差不超过 60.5dBμV。

在有线数字电视 DVB-C 标准里，信道编码为 RS+交积，调制方式为 64QAM，则在一个信道物理带宽为 8MHz，符号率为 6.9565Mbit/s（DVB-C 中 α=0.15，实际应用中符号率通常取 6.8752）其总传输速率是 6×6.8752Mbit/s=41.2512Mbit/s，由于 RS 编码其编码效率为 188/204，所以其有效传输速率是 41.2512Mbit/s×188/204=38.0158Mbit/s。调制方式为 256QAM 时，其总传输速率是 8×6.8752Mbit/s =55.0016Mbit/s，有效传输速率是 55.0016Mbit/s×188/204= 50.6877Mbit/s。

3．调制器的输出电平调整

在整个有线电视前端系统的信号输出部分，模拟信号和数字信号是混合输出的。由于它们调制方式不同，因此它们的输出电平的标准也不同。模拟电视载波调制是 AM-VSB，即残留单边带调幅制；而数字有线电视是 QAM 调制，两种调制的峰值功率和平均功率是不同的。根据计算和实践的经验以及 GY/T170-2001《有线数字电视广播信道编码与调制规范》，射频传输时，通常数字调制器 RMS 输出电平比模拟调制器（峰值）功率的输出电平约低 10dB。另外，模拟与模拟频道与数字频道之间输出电平的大小和平坦度直接影响到网络的系统指标。对前端来说，除按线路设计控制输出电平外，高低电平差的大小也要控制好，频道间电平差调的越小，系统平坦度就越好。一般前端模拟与模拟相邻频道、数字与数字相邻频道之间电平差不要超过±0.5dBμV。

4．调制器的频率设置

模拟频道与数字频道的调制方式不同，因此它们的输出频率的设置也有所不同。模拟调制器的频率是按图像载波频率设置的，而数字电视调制器的频率是按照该频道的中心频率来设置，这一点非常重要。

2.4 有线数字电视前端系统的维护检修

2.4.1 前端机房的技术维护

根据广电总局行业标准 GY166-2000《有线电视广播系统运行维护规程》，前端机房技术维护分为周、月、季、年维护 4 个等级。

1．周检

前端机房技术维护周检的内容如下。

1）清洁机架内外、设备面板和监视器、显示器屏幕。

2）检查各切换开关功能键、监测报警系统的功能及各设备指示状态。

3）检查各信号源的视音频幅度、卫星接收机场强指示。

4）检查各频道播出信号射频电平、视频调制度及伴音频偏。

5）检查机房供配电系统。

6）检查机房空调和照明设备。

2．月检

月检一般安排在本月最后一周进行，结合月测试对各频道播出信号进行校验和调整，主要内容如下所述。

1）周维护的所有内容。

2）整理各机架设备连接线。

3）调整各信号源和视音频设备输出的信号幅度。

4）调整各频道射频电平、A/V 比、视频调制度和伴音频偏。

5）检查各光发射、接收设备的工作状态。

3．季检

季维护一般安排在本季最后一周进行，主要内容如下所述。

1）周、月维护的所有内容。

2）清洁机房空调的过滤网，检查空调运行情况，必要时补充制冷剂。

3）按操作规程对蓄电池进行完全充放电维护。

4）对接收天线进行全面性能检查和维护。

4．年检

年维护是进行全面的清洁、检查和调整，主要内容如下。

1）周、月、季维护的所有内容。

2）清洁各设备的电路板和接插件。

3）清洁各监视器和计算机内部。

4）检查调整信号源和设备测试口的电平及性能指标。

5）检查调整各监测、报警系统的门限阀值。

前端机房技术维护与保养工作是预防性的，其进行又是周期性的，很多问题要与前一次检查的结果进行对比才能发现，所以维护工作要认真做好记录。各地可根据本地的实际情况，最好是制定一些表格，表格上除了列出要检查的项目外，还要列出当时的环境，如日期、室内温度、晴雨天等，以便作为下一次检查时的参考。

2.4.2 数字电视前端的常见故障检修

数字电视前端常见故障现象有以下几种。

1．出现黑屏

如果是全部频道都出现黑屏，就可能是监视机顶盒死机、天线或视频线松脱，检查一下天线和视、音频线有无松脱或插错，然后重新开机再试一下；若故障依然，则可能是监视机顶盒故障。如果只是一个频道出现黑屏，但仍有 EPG 信息，则可能是卫星信号源或本地信号源故障，可及时检查卫星接收机或编码器及视频服务器。

2．图像抖动、停顿或出现马赛克现象

如果是某个频道出现抖动、停顿或出现马赛克现象，则可能是卫星信号受到干扰所产生，只是短暂现象，应很快能够恢复，可致电上级部门了解有关情况。如果是全部频道均出现图像抖动、停顿或出现马赛克现象，则可能是接线松脱或所发的电视信号电平较弱或受到较大干扰，可检查输出电平，消除其他干扰源。另外，复用器输出码率过低也可能导致这种情况出现。

3．只有图像，没有声音

先查看伴音通道设置，“双声道”、“左声道”、“右声道”可能有误；对编码器、复用器通道带宽的设置过低，音频信号可能没有足够带宽。

4．码流正常，无法接收节目

这可能是业务信息发送或配置错误，查看 SI 信息，重新发送或修改。另外，由于加扰配置错误也可能引起此类现象（如 AC 输入错误），所以还应该检查加扰器的工作状况。

2.4.3 光发射机的常见故障分析与排除

1．光功率下降

光功率下降在维修光发射机的过程中经常出现，具体的原因无外乎以下两种情况，一是激光器本身老化；二是激光器偏流电路出了问题。对于这两种情况解决问题的方式只有一种：在保证偏流电路正常工作的情况下，适当地提高激光器偏流，当然有时还要对激光器射频激励口的电平作适当地调整，以保证光调制度在一个正常的范围之内。

【例 2-1】 光发射机输出功率下降，用户雪花点严重。

分析与检修：光发射机输出功率小与光发射机内元器件老化和变质有关，还与射频激励信号电平大小有关。排除故障时可先测射频信号的大小，正常电平为 75dB。

用场强仪测光发射机射频输入检测口（-20dB）的信号为 40dB，比正常值低 15dB，测四分配器输出端电平为 75dB，故障在四分配器至光发射机之间的连接电缆或电缆接头上。检查 75-5 型电缆和接头，发现接入光发射机调制 RF 信号输入端电缆接头抱箍松动，重新做好 75-5 型接头，用场强仪测光发射机射频输入检测口，测得信号为 55dB。再用 FC/APC 尾纤跳线将光功率输出连接到光功率计上，测得光功率为 16mW，光发射机恢复正常工作，用户端信号恢复正常。

2．无光功率而电压有指示

无光功率而电压有指示说明电源电压及 RF 射频电路基本正常，故障应发生在激光器本身及外围控制（APC/ATC）电路。采用万用表测量开关电源电压，此时输出电压为 24.1V、4.9V、-12.1V 和+12.2V 均为正常值；测量激光器 3 脚电压为-1.34V，根据激光器电路分析：3 脚有电压，激光器应该有光功率，否则激光器已损坏。更换同型号的激光器，通电开机测得光功率为 11.5dBm，接入系统一切正常。

3．光功率不稳定

光功率不稳定，说明 AGC 电路、射频放大电路基本正常，故障发生在电压及激光器外控制（APC/ATC）电路。当用万用表测光发射机内+24V 正常，测-12V 时电压只有-10V，此时反复测为-12V，测得电压为-10～-12V 不稳；采取断开负载时，测-12V 电压正常。再用万用表测量相关晶体管，阻值在 580Ω～1kΩ 变动，根据晶体管的特性判断，其阻值应该保持不变。更换同型号的晶体管后，通电开机测得光功率为 12.2dBm，发射机恢复正常。

4．AGC 电路失去控制，产生报警

为了稳定光发射机的光调制度，现在的光发射机都有 AGC 控制电路，一般是从未级放大器的输出端取出一部分信号经过峰值检波，直流放大去控制由 PIN 二极管组成的电调谐器，来实现自动增益控制。AGC 增益失去控制，一般有几种情况：① PIN 电调谐二极管坏了；② PIN 二极管上的控制电压没有被加上；③ 末级取样电路出了问题；④ 通往前面板的控制线断了，或者前面板的控制开关出了问题。

【例 2-2】 光功率正常、无射频输出（AGC 不工作）。

分析与检修：首先将增益控制开关置于手动控制（MGC），此时发射机电源、激光器外控制（APC/ATC）电路、RF 射频放大电路等工作基本正常。然后将增益控制开关置于自动增益控制（AGC）上，发现光功率正常、无射频输出。分析判断故障应发生在 AGC 电路上，即 AGC 不工作。AGC 电路包括射频信号的分支输出、放大、检波及运算放大电路。当用万用表测 LM224 运算放大器各脚电压时，发现 1 脚无电压，根据运算放大器的特性判断和 LM224 电原理图中可以看出 1、2、3 为一组放大，当 3 脚有电压，则 1 脚应有倍数的电压输出。此时测得 3 脚电压为 1.2V，据此可判断 LM224 运算放大模块已损坏，造成 LM224 的 7 脚无电压输出，致使 PIN 二极管截止状态；更换同型号的运算放大模块后，开机测量 1 脚电压为 9.2V，接入系统一切恢复正常。

5．光功率正常，但送入光发射机的电信号过高或过低

检查光功率正常，说明光发射机内电压及激光器外控制（APC/ATC）电路正常；故障发生在射频（RF）放大电路，当输入激光器的 RF 激励信号太小时，会使本身的调制度下降，会降低信号的载噪比指标，影响图像的清晰度。信号太大，会产生失真，甚至会损坏光发射机。

【例 2-3】 某台光发射机告警，面板指示灯不能正常指示，光调制度指示灯不亮，用户端信号中断。

分析与检修：重新启动光发射机，并调整工作状态模式至正常后可以工作，但过一会儿上述故障再次出现，测射频输入信号为 65dBμV，并与调试时的射频信号对比（调试时为 80dBμV），经分析可能是射频输入电平偏低引起自动电平控制装置的过负荷工作所致，调整射频输入电平至 80dBμV 后开机运行，工作正常。可见，输入电平的高低不仅影响到技术指标，而且影响机器的工作性能。

6．电源故障

电源故障表现为加不上电，或者部分供电不正常。此时分两种情况：一是开关电源问题；二是光发射机其他线路问题。一般的处理方法是，断开一切负载，用万用表测量开关电源本身的供电电压，如果不正常，就是开关电源本身有问题。还有情况是：① 开关电源带载能力不行，此时也容易造成光发射机其他故障现象，这要根据实际情况而定；② 光发射机其他电路引起的供电不正常。

【例 2-4】 开机不工作、无电压指示。

分析与检修：故障应从电源电压查找，采用万用表测量输入电压为 208V，测量熔断丝开关、电源接头处也都正常；但测量开关电源输出电压都为 0V，打开开关电源测整流桥堆电压也为 0V，分析整流桥堆前易损坏的只有压敏电阻、熔丝和 NTC 热敏电阻，当测热敏电阻时阻值为无穷大。根据热敏电阻的特性判断，其阻值应为几十欧姆左右，而阻值为无穷大应为损坏；更换同型号的热敏电阻，通电开机电源有指示，测得电压和其他指标都恢复正常。

7．其他原因

造成光发射机工作不正常的原因很多，除以上主要原因外，还有一些原因也可能造成光发射机工作不正常，比如有一次在修理过程中，发现电视画面噪波点严重，开始怀疑放大模块有问题，但后来发现是激光器射频激励口的一个耦合电容出现了问题，换一个新的电容以后，画面就变得清晰了。因此，在修理过程中，才有些故障现象不能一概而论，必须具体问题区别对待。

2.5 前端系统防雷与机房接地技术

2.5.1 雷电危害的形式

雷云放电称为雷电。当云中的电荷积累到一定程度时，周围空气的绝缘性便被损坏，正负雷云之间或雷云对大地之间就会产生强烈的放电现象。雷电放电的平均电流为 30kA（目前记录到的最大值为 300kA），中心温度达到 3 000℃，强度可达到 1 000MV，一个中等强度雷暴的功率有 10MW。90%以上雷电发生在云间或云内，只有小部分是对地发生的。根据统计，在对地的雷电放电中，90%左右的雷是负极性的（雷电的极性是指雷云下行到地的电荷极性）。雷击是雷雨季节常见的一种自然灾害，对有线电视网络的破坏十分严重。采取有效的防范措施来避免和减轻雷击对有线电视网络的破坏，是保证广电设施正常运行的关键。

雷电危害主要有 3 种形式，即直击雷、感应雷和雷电侵入波。直击雷危害范围一般较小。感应雷危害较大，危害范围广，有线电视系统中的电子设备受雷击损坏主要是感应雷与雷电侵入波造成的。

1．直击雷

直击雷是带电云层与大地之间的直接放电造成的。它的主要特征是雷击时发生迅猛放电，且声光并发。直击雷占雷击对有线电视设备损坏率的 25%左右，危害范围相对较小，可采用避雷针、避雷线及避雷网来防范。

2．感应雷

感应雷分为静电感应及电磁感应。静电感应是当带电雷云（一般带负电）出现在设备上空时，由于静电感应作用，设备上束缚了大量的相反电荷，所以一旦雷云发生放电，其负电荷瞬间消失，此时设备上大量正电荷就以雷电波的形式入地，导致设备损坏。电磁感应是当雷电放电时，产生强交变电磁场，在这个场中的设备会感应出很高的电压，导致设备损坏。对于建筑物内的各种金属环路或电子设备而言，电磁感应分量大于静电感应分量。

感应雷的范围广、危害大，占设备破坏率的 70%左右。大体上，有线电视系统遭到感应雷的通道有天线、馈线引入、电源线引入、信号线路引入和接地线路引入。其中最常见的是电源线引入。

3．雷电侵入波

雷电侵入波也称为线路来波。当雷云之间或雷云对地放电时，在附近的金属管线上产生感应过电压（包括静电感应和电磁感应两个分量，但对于长距离线路而言，静电感应过电压分量远大于电磁感应过电压分量）。该感应过电压也会以行波的方式窜入室内，造成电子设备的损坏。据有关资料介绍，雷电侵入波造成的事故在雷电事故总数中占有较大的比重。

2.5.2　前端机房防雷

前端机房防雷属于建筑物防雷，国标 GB50057-94《建筑物防雷设计规范》明确规定了建筑物和构筑物的防雷措施，有兴趣的读者可以查阅。有线数字电视网络正在向宽带信息网络方向发展，它不仅有广播电视传输设备，而且与计算机网、通信网互联互通，因此，有线数字电视前端机房的防雷不同于一般建筑物，一旦发生雷击于地面，在雷电的脉冲电场和磁场的作用下，就会通过传导，交链和耦合的方式，经电源线路、电缆（光缆）线路、通信线路和计算机网络侵入到建筑物内，造成计算机控制的设备发生误动作或出现死机现象，甚至造成设备损坏。前端机房的防雷应重点考虑直击雷及雷电感应。

为了将自然界中产生的直接雷击和感应雷电流及时泄放到大地，通常要安装避雷针、避雷线或避雷器等设备，并要接好地。防雷接地示意图如图 2-25 所示。

避雷针是由受电端（又称为接闪器）、接地引下线及接地装置 3 部分组成，用来保护高耸孤立的建筑物、构筑物及其周围的设施，亦可保护室外的变配电装置。

避雷带是沿建筑物屋顶四周易受雷击部位设金属带作为接闪器，并沿外墙作引下线接至接地装置上。其作用是用来保护高层建筑的侧立面，以防受到侧雷击。

接闪器与避雷带如图 2-26 所示。

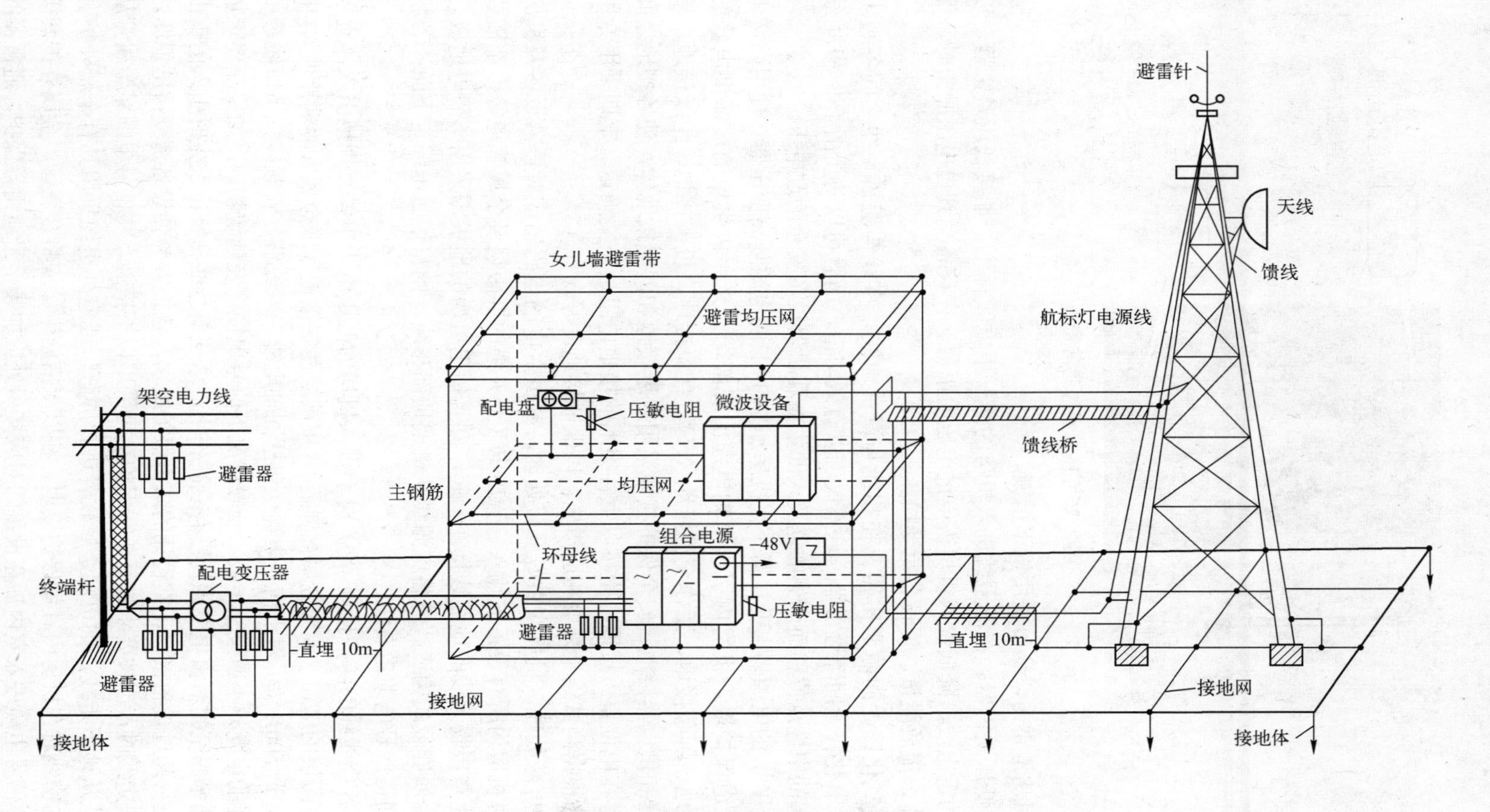

图 2-25　防雷接地示意图

图 2-26　接闪器与避雷带

为防止机房遭雷击，还可采用以下措施。

1）加接低压避雷器。在低压线进入机房的第一根电线杆上，加接低压避雷器，以阻塞沿电源引入的雷电波，降低侵入机房雷电过电压的幅值。在设备受到过电压冲击时，保护装置能快速动作，泄放能量，使设备免受损坏。

2）安装氧化锌无间隙避雷器。在相线与避雷地线、零线与避雷地线之间各装上一只 FYS-0 22kV 氧化锌无间隙避雷器。这不仅可以有效防雷，而且可以防止由于 3 相 4 线进户零线断线引起的中性点位移而产生的危及人的生命和机器设备安全的过电压。

3）加装 1∶1 的电源隔离变压器。在机房加装 1∶1 的电源隔离变压器。使用防雷电源插座，构成 4 道保护墙。机房内引出同轴电缆的屏蔽端（采用内供电的，即供电器的输出端）。防雷接地、屏蔽接地、工作交流接地（N）、直流接地、机架接地、绝缘接地、接收机接地、放大器和供电器接地、安全保护接地采用就近接地和同一接地体，使各接地之间保持等电位，不存在电位差。接地电阻按以上各类地的接地电阻最小值确定，定期采用专用接地测试仪检测，根据测试结果采取相应措施，以保证接地良好。

4）做好屏蔽处理。机房应做好屏蔽处理，减少雷电的电磁感应对传输设备及机房内设备的影响。对机房内所有设备的输入、输出电（光）缆的屏蔽层及金属管道等，都需要牢固接地，但不能与接收天线的地线连接在一起，并且播出机房的地板需采用防静电地板。播出机架采用全金属屏蔽式构造。若将电源线从机架顶部布线，则将信号电缆走下面；若将电源线走左边，则将信号电缆走右边。

5）其他各类线缆的防护措施。① 对于进入机房的低压电力电缆宜埋地引入，宜采用具有金属铠装屏蔽层的电缆（或穿金属管屏蔽），屏蔽层两端接地（或金属管两端接地）。电缆埋地长度宜不小于 50m；② 对于信号电缆（包括同轴电缆、双绞线、音频线、串口线等用于通信设备间互连的电缆）不应架空走线。一般情况下信号电缆都在建筑物内，如果在建筑物外架空走线，外部暴露空间对雷电电磁场没有衰减作用，这些信号线在雷击发生时引入的雷击过电压和过电流往往超过设备接口正常设计的防雷保护级别，就很容易使设备遭受雷击损坏。当将信号电缆出户走线时，应按要求进行防雷保护，可采用以下措施：将信号电缆穿金属管从地下入室；如无法从地下走线，则可穿金属软管进行屏蔽，或室外电缆采用具有金属外护套的电缆；电缆内的空线对在机房内宜做保护接地。在以上措施中，应将金属管、金属外护套等两端可靠接地，在信号电缆进入室内后在设备的对应接口处应加装信号避雷器保护，避雷器的保护接地线应尽量短；③ 进入机房的光缆如含有金属加强筋，则应将加强筋在机房内可靠连接到保护接地排。光缆在外部暴露空间架空走线，光纤内的金属加强筋可能感应非常高的雷击过电压，如不做接地处理，雷击时加强筋就很可能对接地物体发生绝缘击穿，产生瞬间高温，严重时可使光纤融化；④ 对配线架和设备应采用联合接地方式，使用机房内保护接地排。配线架的接地线长度应尽可能短，不要盘绕，可选用截面积 10mm^2 或 16mm^2 的多芯铜导线。配线架使用的信号避雷器应符合标准，严禁外线电缆不经过信号避雷器连到设备上。应保证配线架的接地汇流条与保护地排连接牢固可靠，在连接处不应发生氧化腐蚀。还应保证信号避雷器接地端与配线架的接地汇流条连接良好，在连接处不应发生氧化腐蚀。

2.5.3 前端机房的接地技术

1. 接地装置

接地由埋入地中的金属导体（简称为接地体）和连接电气设备的金属导线（称为接地线）完成。接地体和接地线总称为接地装置，其示意图如图 2-27 所示。

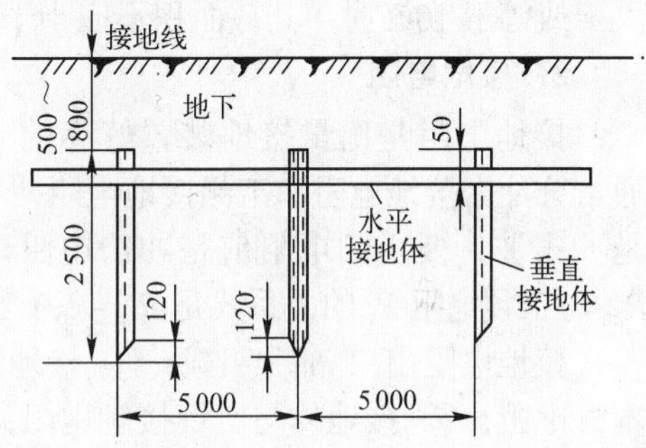

图 2-27 接地装置示意图

1）接地体。接地体一般分为自然接地体和人工接地体，凡埋在土壤中的金属管道、建筑物基础内的钢筋以及其他地下金属结构等，都可作为自然接地体。人工接地体一般采用扁钢、圆钢、铜板或角钢构成地网，埋在地下的接地体如图 2-28 所示。地网的面积由接地电阻设计值而定，一般土壤地网面积为 12～16m^2。水平埋入地下或采用水平放射式埋设接地体，接地体的最小尺寸不应小于表 2-1 所列的数值。

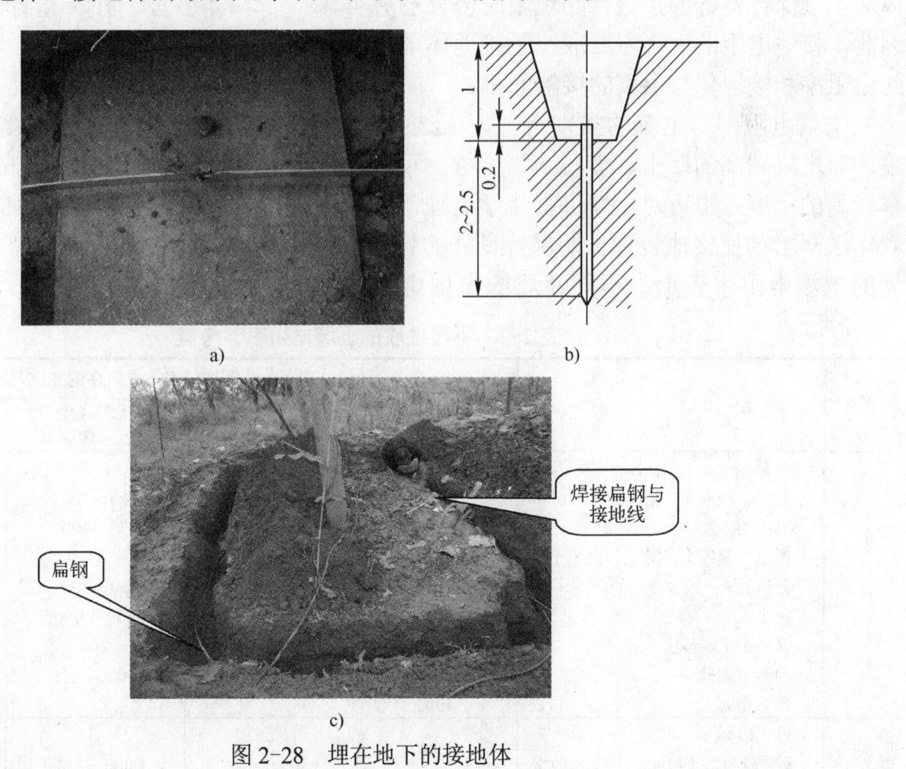

a) b) c)

图 2-28 埋在地下的接地体

a) 钢板或铜板 b) 钢管或角钢 c) 安装接地体

表 2-1　接地体的最小尺寸　　　　（单位：mm）

接地体类别	圆钢（直径）	角钢（厚度）	钢管（壁厚）	扁钢（厚度）	扁钢（截面）
最小尺寸　地上室内	6	2	2.5	3	24
地上室外	8	2.5	2.5	4	48
地　　下	8/10	4	3.5/2.5	4	48

2）接地线。接地引入线应尽量采用钢材，在地下不得利用裸铝导体作为接地体或接地线。接地线采用扁钢，其厚度不应小于 4mm，截面积不应小于 $100mm^2$；当接地线采用铜芯导线时，其截面积不应小于 $16mm^2$；当室内接地线采用铜芯导线时，总配线架至接地排间其截面积不应小于 $35mm^2$；当接地电阻小于 10Ω 时，其截面积不应小于 $16mm^2$；当接地电阻大于或等于 10Ω 时，其截面积不应小于 $10mm^2$。

2．接地电阻

接地电阻是衡量接地装置好坏的一个参数，通常分冲击接地电阻和工频接地电阻两种。雷电波是冲击波，要求的电阻值是冲击电阻，冲击电阻 R_{cn} 与工频电阻 R_p 的关系式是 $R_{cn}=R_p/1.2$。

接地电阻由 3 部分组成：① 接地线和接地体本身电阻；② 接地体与土壤接触电阻；③ 接地体周围土壤的电阻。其组成示意图如图 2-29 所示。对上述第①项电阻可以做得很小，第②项要求接地体与土壤保持良好的接触，回填土时应分层夯实。因此，接地电阻的大小主要取决于接地体周围土壤的电阻率和接地体与土壤的接触面积。

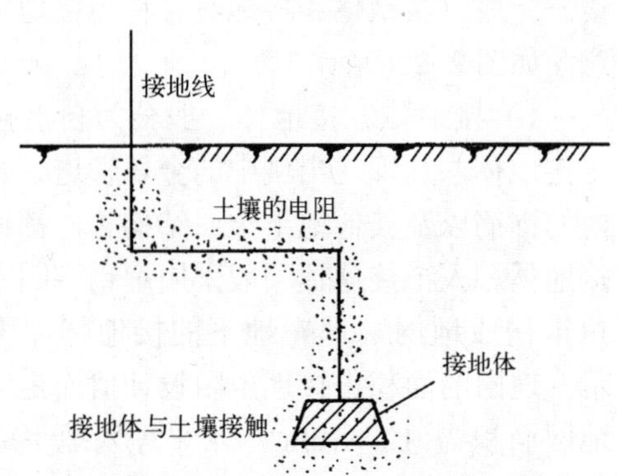

图 2-29　接地电阻的组成示意图

土壤电阻率与土壤的类别有关，应选择潮湿的沼泽地、黑土和园田土等电阻率低的土壤。对电阻率高的砂土、多石土等土壤，可采取换土措施，即用电阻率较低的土壤替换电阻率较高的土壤。也可对土壤进行化学处理，如在接地体周围设木炭、石灰、食盐等，采用长效化学降阻剂使接地装置长期保持良好的导电性能。土壤电阻率以每边长为 1m 的正立方体的土壤电阻来表示，不同性质的土壤电阻率参考值如表 2-2 所示。

表 2-2　不同性质的土壤电阻率参考值

类别	名　　称	电阻率近似值/Ω.m	不同情况下电阻率的变化范围/Ω.m		
			较湿时（一般地区、多雨区）	较干时（少雨区、沙漠区）	地下水含盐碱时
土	陶黏土	10	5～20		
	泥炭、泥灰岩、沼泽地	20	10～30	10～100	3～10
	捣碎的木炭	40		50～300	3～30
	黑土、园田土、陶土、白垩土	50～60	30～100		
	砂质黏土	100	30～300	50～300	10～30
	黄土	200	100～200	80～1 000	10～80
	含砂黏土、砂土	300	100～1 000	250	30
	河滩中的砂		300	1000 以上	30～100
	多石土壤	400			
砂	砂、砂砾 砂层深度大于 10m、地下水较深的草原、地面黏土深度不大于 1.5m	1 000 1 000	250～1 000	1 000～2 500	

（续）

类别	名　　　称	电阻率近似值/Ω.m	不同情况下电阻率的变化范围/Ω.m		
			较湿时（一般地区、多雨区）	较干时（少雨区、沙漠区）	地下水含盐碱时
岩石	砾石、碎石	5 000			
	多岩山地	5 000			
	花岗岩	20 000			
混凝土	在水中	40～55			
	在湿土中	100～200			
	在干土中	500～1 300			
	在干燥的大气中	12 000～18 000			

有关接地电阻的计算公式，可参看国标GBJ79-85《工业企业通信接地设计规范》。

3．接地的种类

一般来说，按接地作用一般将其分为功能性接地和保护性接地。

（1）功能性接地

为保证电气系统及电气设备的正常运行，实现其可靠性及固有性能的接地，分为以下几种。

1）工作接地。根据系统运行的需要进行的接地，例如中性点接地，这个接地系统通常有电流通过。三相四线制的零线在供电变压器端是接在这个接地点上的，保护接零也属于这种接地。

2）逻辑接地。造成一个等电位点或等电位面作为电子电路的公共电位参考点，仅是逻辑上的接地，不一定是大地零电位。如一些设备的热底板。

3）电磁适应性接地。为防止寄生电容回授或形成噪声电压而进行的屏蔽接地。还称为电磁兼容接地，即出于电磁兼容设计而要求的接地，包括如下内容。

① 屏蔽接地。为了防止电路之间寄生电容存在产生的相互干扰、电路辐射电场或对外界电场的敏感，必须进行必要的隔离和屏蔽，对这些隔离和屏蔽的金属必须接地。

② 滤波器接地。滤波器中一般都包含信号线或电源线到地的旁路电容，当滤波器不接地时，这些电容就处于悬浮状态，起不到旁路的作用。

③ 噪声和干扰抑制。对内部噪声和外部干扰的控制需要设备或系统上的许多点与地相连，从而为干扰信号提供“最低阻抗”通道。

（2）保护性接地

为防止人、畜或设备因电击造成伤亡或损坏而进行的接地，分为以下几种。

1）外露导电部分接地。将电气设备的外露导电部分进行接地，使其处于低电位，一旦当电气设备带电部分的绝缘损坏时，就可以减轻或消除电击危害。通常外露导电部分就是电气设备的金属外壳，所以这种接地也称为设备外壳接地，如图2-30所示。

图2-30　设备外壳接地

2）装置外导电部分接地。将非电气设备的导电部分（例如机械设备的外壳、建筑物的金属结构、金属管线等）进行接地，或连接到接地干线或相互连接进行等电位措施，以减少电击的危害。

3）防雷接地。为了消除或减轻雷电危害而将雷电电流导入大地的接地，如图2-25所示。

4）防静电接地。将静电导入大地、防止其危害的接地。

此外，作为保护接地的补充，将电力系统多处接地（例如架空线在进入建筑物处进行的接地，称为重复接地），用以减轻电击危险。

4．前端机房的接地方式

随着广播电视的电子化、自动化和高度集成化，机房设备对雷电的承受能力在不断下降，同时对机房的电磁环境的要求也越来越高，使得广播电视机房大楼的防雷与接地必须为适应这一变化而不断地改进。

参照中华人民共和国通信行业标准 YD 5098-2005《通信局（站）防雷接地工程设计规范》的有关规定，广播电视机房大楼的接地必须采用联合接地的方式。以下摘录标准 YD 5098-2005 的部分内容。

综合通信大楼应按联合接地的原理设计，将通信设备的工作接地、通信设备的逻辑接地、保护接地、屏蔽接地、建筑防雷接地、建筑物金属构件、低压配电保护线、设备保护地、防静电接地和屏蔽体接地等连接在一起。

综合通信大楼联合接地系统的连接方式如图 2-31 所示。

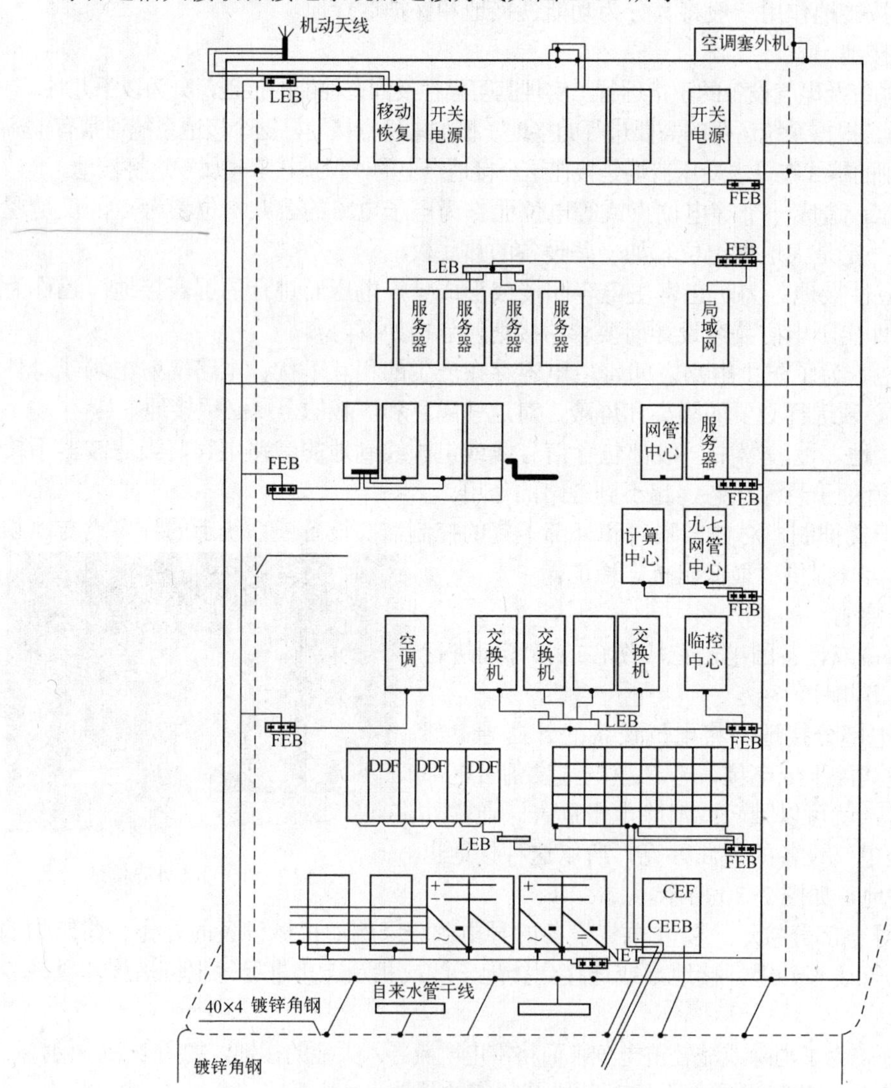

图 2-31　综合通信大楼联合接地系统的连接方式

注：图中所示英文缩写请参见附录。

综合通信大楼的建筑防雷设计，应符合以下要求。

1）建筑物防雷接地是大楼接地系统的组成部分。

2）建筑物防雷装置中的雷电流引下线宜利用大楼外围各房柱内的外侧主钢筋（不小于两根），钢筋自身上、下连接点应采用搭接焊，且其上端应与房顶避雷装置、下端应与地网、中间应与各均压网焊接成电气上连通的近似笼式结构。若大楼顶设有塔楼，则塔楼各房柱也应按以上要求设雷电流引下线。

3）当楼高超过 30m 时，楼顶宜设暗装避雷网，房顶女儿墙应设避雷带，塔楼顶应设避雷针，以上三者均应被相互多点焊接连通。并且从 30m 处开始，应每向上隔一层设置一次均压网。

4）安装避雷网、各均压网（含基础底层），可利用该层梁或楼板内的两根主钢筋按网格尺寸不大于 10m×10m 相互焊接成周边为封闭式的环形带。网格交叉点及钢筋自身连接均应焊接牢靠。

5．前端机房接地系统的组成

前端接地系统由接地极、垂直接地主干线、楼层水平接地支线、机房接地系统组成。

1）接地极。由一组或多组接地体在地下相互连通构成，为电气设备或金属结构提供基准电位和对地泄放电流的通道。

2）垂直接地主干线。由建筑物底层接地极出地面设置的总等电位接地端子板引出，垂直向上连接各楼层水平接地分支的接地主干线，垂直接地主干线是整个接地系统中汇聚各楼层水平接地支线和连接建筑物底层接地极的核心部位。

3）楼层水平接地支线。由楼层等电位接地端子板引出，水平连接垂直接地主干线及楼层机房接地系统的接地水平支线，楼层水平接地支线是楼层机房接地系统的接地汇聚点。

4）机房接地系统。由机房等电位接地端子板引出，连接楼层水平接地支线及机房设备的接地系统，机房接地系统是机房设备的接地汇聚点。

《GY/T 5084—2011 广播电视工程工艺接地规范》将机房内工艺设备等电位接地方式的规范分为以下几种。

① S 型（星状）接地。一般工艺机房接地系统的连接方式。

② M 型（网状）接地。微波机房、发射机房和卫星接收机房的连接方式，如图 2-32 所示。

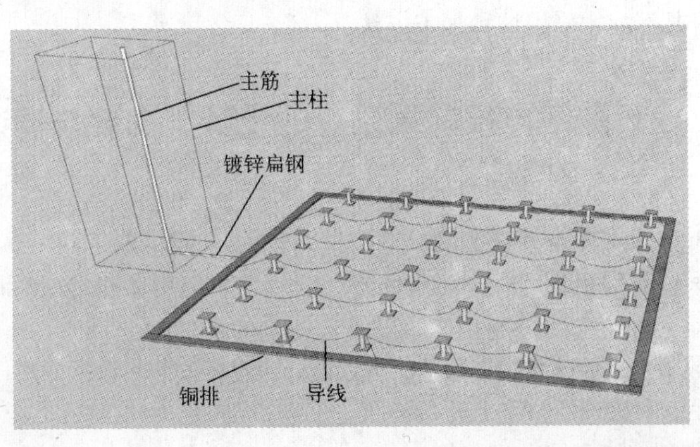

图 2-32　机房的网状接地方式

完善的接地应从共用接地网引出两根接地线至总等电位接地端子板，由总等电位接地端子板通过垂直接地主干线引至各楼层等电位接地端子板，从楼层等电位接地端子板通过楼层水平接地支线引至机房接地系统等电位接地端子板，最终通过机房接地系统等电位接地端子板连接机房设备（设备机柜、控制台和监控屏幕墙等）。

6．前端机房接地的注意事项

1）天线的户外接地线不要与室内卫星接收机、调制器和放大器等的接地线共用，要分别接地。

2）应将设备工作地线和电力的零接地线分别接地。

3）应将前端机房的防雷地线和工作接地分别接地。

4）保护接地的接地电阻不应大于4Ω，保护接地与工作接地的接地体要有足够大的距离。

5）应将机架、机房设备尽量短距离集中接地，机柜应就近接地，接地线越短越好，以避免长线多点接地而形成分布电容。

6）机柜间接地不能串接，机柜与设备都要分别接地，光缆抗拉筋也要接地。

7．延长接地装置的使用寿命

1）接地电阻与地线寿命的关系。埋在地下的金属接地体总会逐渐锈蚀损坏，而使接地电阻值不断增大。尤其是当接地体上有直流电通过时，电解作用会使其损坏得更快。因此，设置地线时应尽量在电车和电气铁路的杂散电流区域已外，局（站）内地线距离电气铁路和有轨电车的路基应不少于200m，以延长其使用寿命。

2）接地体使用寿命和衡量标准。对于接地体的使用年限，规定以每个接地体的重量减低到它原来重量的 1/4 时为满期，这是一个漫长的过程，如果地线设置的地域和土壤条件好，加上每年定期检测和维护保养，一般防雷地线装置就会被使用20年以上。

3）避免在污水坑附近、沃土中装地线。在厩肥和污水坑附近以及肥沃的田地、菜地中安装地线，可以减小接地电阻，但由于有机物质腐烂时产生的毒性物质（如氨等），容易侵蚀接地体的金属，缩短地线的寿命，所以应避开这些地域安装地线。

4）加盐改造土壤电阻系数。当安装接地电阻很小的地线时，特别是在土壤电阻系数高和地下水水面低的土壤内安装地线时，往往要消耗大量金属，在这种情况下，可用加盐的办法，显著地减小电阻系数和降低其冻节点，使砂性土壤中的地线电阻减到 15%左右，砂土中的电阻减到 20%左右，砂质黏土中的电阻减到 30%左右。由于在土壤中加盐会影响到接地体的寿命，使地线的构造和维护复杂化，因此只有在土壤电阻系数很大、又不可能在别的地方装置地线的特殊情况下，才采用这种加工方法。

2.6 实训 2 熟悉数字电视前端系统的设计、安装与调试

1．实训目的

1）了解 DVB-C 数字电视前端的硬件、软件系统的基本构成。

2）认识 DVB-C 数字电视前端卫星解码器、编码器、复用器和 QAM 调制器的基本参数配置。

3）初步掌握数字电视前端系统最基本的规划设计、设备安装与调试方法。

2．实训器材

1）DMP900 多功能组合式前端机框　　1套

2）数字卫星解码模块 两块

3）MPEG-2 编码模块 1 块

4）QAM 调制模块 1 块

5）网管服务器（IE 浏览器计算机均可） 1 台

3．数字电视前端平台基本硬件、软件的构成

（1）硬件部分

1）适配器、数字卫星解码器。

2）编码器、转码器。

3）复用器、加扰器。

4）QAM 调制器。

（2）软件部分

1）CA——条件接收子系统。

2）EPG——电子节目指南子系统。

3）BOSS——用户计费管理子系统。

4）增殖业务子系统——数据广播、证券广播、NVOD/VOD 子系统等。

4．实训内容

（1）熟悉 DMP900 多功能组合前端

DMP900 多功能组合前端采用 1RU 机箱设计，配备冗余电源，能同时配置 6 个独立的数字模组。对各模块可根据实际应用单独配置，包括接收、解码、编码、转码、IP、加扰、解扰、复用和 QAM/COFDM 调制。所有的 6 个模块都支持热插拔。DMP900 机箱布置如图 2-33 所示。

图 2-33　DMP900 机箱布置图

（2）自己规划设计一个教学 DVB-C 前端

教学 DVB-C 前端的基本技术要求如下。

1）规划使用两个频点。

2）卫星接收省卫视节目 4 套。

3）卫星接收 CCTV1/2/7/10/11/12/音乐等 7 套节目。

4）本地自办节目 1 套（模拟 A/V 输入）。

（3）选配 DMP900 板模块及机箱数量

选配 DMP900 板模块及机箱数量如表 2-3 所示。

表 2-3 选配 DMP900 板模块及机箱数量表

序号	名　称	简要说明	数量	备　注
1	卫星解码模块（DVB-2S）	省卫视大多都是单路单载波节目 4 路/4 路= 1 块（上海、北京、湖南、江苏卫视）	1	DVB-C 接收子板（4 路）
2	卫星解码模块（DVB-2S）	卫星接收 CCTV1/2/7/10/11/12/音乐等 7 套节目，1 路输入/4 路 LNB = 1 块	1	DVB-C 接收子板（4 路）
3	MPEG-2 编码模块（EN2AV-2S+）	模拟 AV 输入信号，1 套节目/2 通道=1 块	1	MPEG-2 AV 编码子板（2 路标清节目）
4	QAM 调制模块（QAM）	4 路射频/8 路 RF 块=1 块	1	QAM 调制子板（8 路）
5	DMP900 机箱（Base）	上述需要总计：1+1+1+1+1=4 模块 4 模块/6 空槽 = 1 个机箱	1	主机（含复用功能、网管功能和电源子板）

（4）系统规划设计

1）全局管理 IP 地址规划表如表 2-4 所示。

表 2-4 全局管理 IP 地址规划表

子网名称	网络地址	所含设备
加密子网	172.16.3.11～33	CAS 系统、加扰器（加扰端口）
设备子网	172.17.3.50～150	卫星解码器、编码器、复用器、QAM 调制器
EPG 系统子网	172.17.3.30～34	EPG 系统
BOSS 子网	172.17.3.35～50	BOSS 系统
运营子网	192.168.10.21～254	各营业点

2）节目 PID 规划表 （两个 QAM 调制流）如表 2-5 所示。

表 2-5 节目 PID 规划表

频道	频点	节目名称	TS 流号	SID	PMT_PID	PCR_PID	V_PID	A_PID	SDT	ECM PID
Z12	259	CCTV1-综合	10	100	1000	1001	1002	1003	110	1005
		CCTV2-财经	10	101	1010	1011	1012	1013		1015
		CCTV7-军事农业	10	102	1020	1021	1022	1023		1025
		CCTV10-科教	10	103	1030	1031	1032	1033		1035
		CCTV11-戏曲	10	104	1040	1041	1042	1043		1045
		CCTV12-社会与法	10	105	1050	1051	1052	1053		1055
		CCTV-音乐	10	106	1060	1061	1062	1063		1065
Z13	267	东方卫视	11	110	1100	1101	1102	1103	111	1105
		北京卫视	11	111	1110	1111	1112	1113		1115
		湖南卫视	11	112	1120	1121	1122	1123		1125
		江苏卫视	11	113	1130	1131	1132	1133		1135
		自办编码节目	11	114	1140	1141	1142	1143		1145

（5）主要硬件设备的基本配置

选购最基本的卫星解码模块两块、编码模块 1 块、QAM 调制模块 1 块，将其都插在 DMP900 的机箱里，内部复用交换。DMP900 系统结构框图如图 2-34 所示。

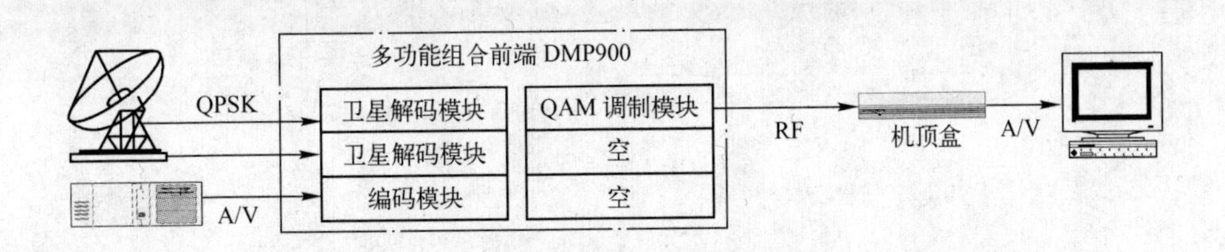

图 2-34　DMP900 系统结构框图

1）DMP900 系统配置。

① 在 DMP900 前面板设置本机管理口的 IP 地址。

② 将网管服务器连接上 DMP900 的网络管理口（注意需设置同一网段）。

③ 登录 IP 地址即可看到图 2-35 所示的主配置界面。

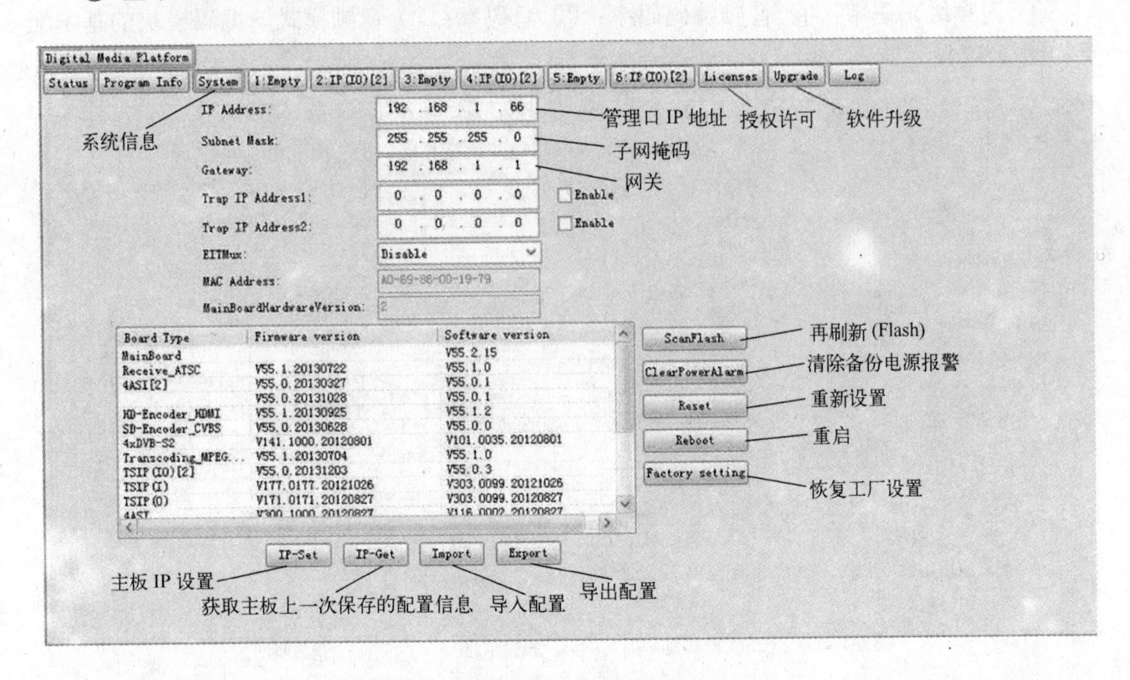

Board Type	Firmware version	Software version
MainBoard		V55.2.15
Receive_ATSC	V55.1.20130722	V55.1.0
4ASI[2]	V55.0.20130327	V55.0.1
	V55.0.20131028	V55.0.1
HD-Encoder_HDMI	V55.1.20130925	V55.1.2
SD-Encoder_CVBS	V55.0.20130628	V55.0.0
4xDVB-S2	V141.1000.20120801	V101.0035.20120801
Transcoding_MPEG...	V55.1.20130704	V55.1.0
TSIP(IO)[2]	V55.0.20131203	V55.0.3
TSIP(I)	V177.0177.20121026	V303.0099.20121026
TSIP(O)	V171.0171.20120827	V303.0099.20120827

图 2-35　主配置界面

2）卫星解码模块的基本配置。对卫星解码模块需要输入以下主要技术参数。

① 下行频率；② 符号率；③ 极化方式；④ 下变频中频频率。卫星解码模块的基本配置如图 2-36 所示。

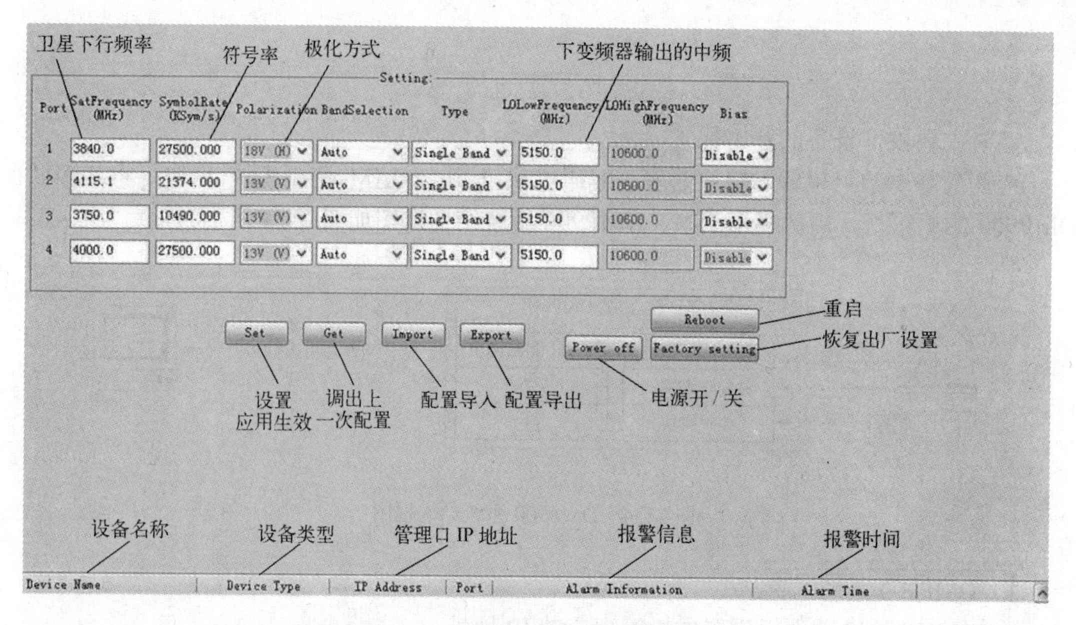

图 2-36　卫星解码模块的基本配置

3）MPEG-2 编码模块的基本配置。对 MPEG-2 编码模块需要输入以下主要技术参数。

① 视频编码码率；② 音频编码码率；③ 总码率；④ 音频模式。编码模块的基本配置如图 2-37 所示。

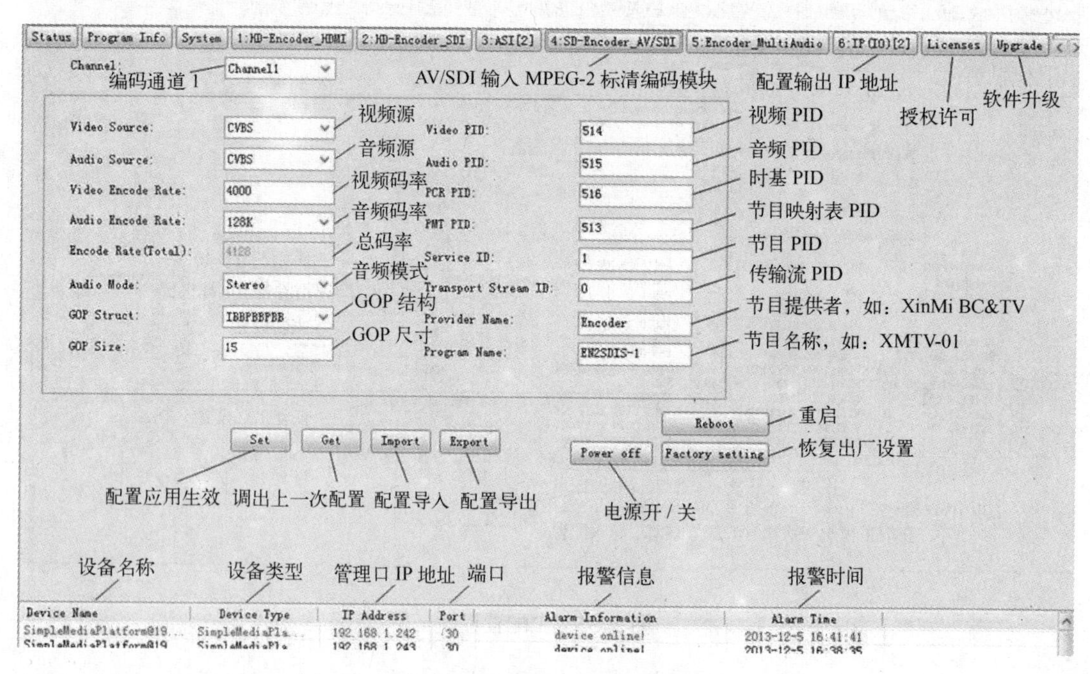

图 2-37　编码模块的基本配置

4）复用模块的基本配置（DMP900 内部功能）。对复用模块需要输入以下主要技术参数。

① 输入节目参数；② 输出解码参数；③ TS 流结构；④ PSI/SI 信息。复用模块的基

本配置如图 2-38 所示。

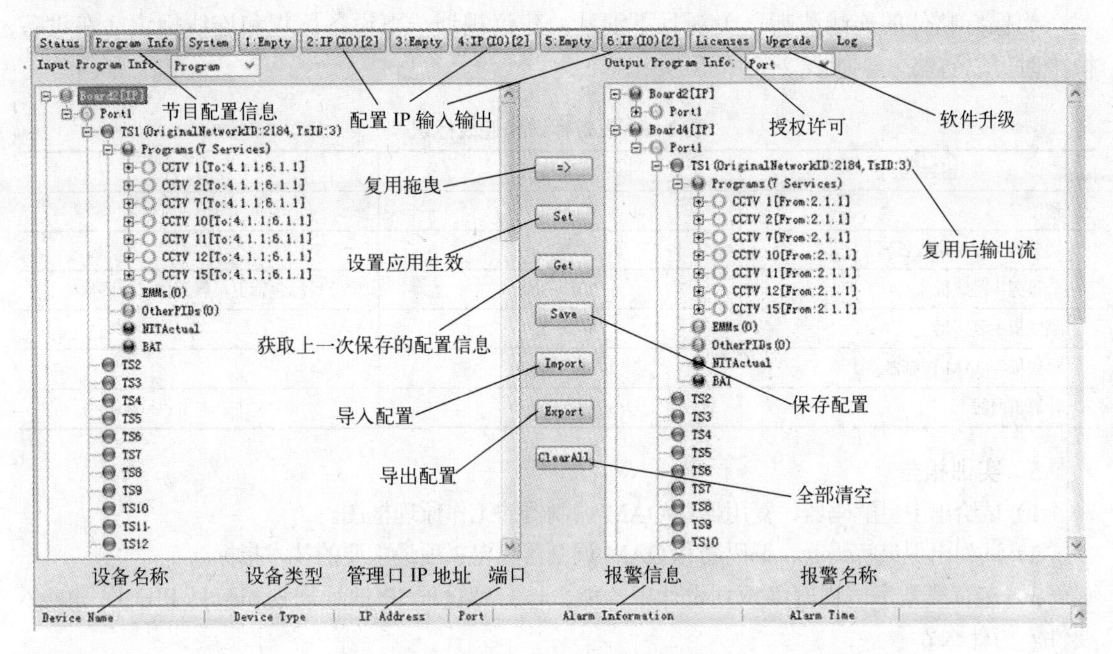

图 2-38　复用模块的基本配置

5）QAM 调制模块的配置。对 QAM 调制模块需要输入以下主要技术参数。

① 输出频率；② 符号率；③ 调制星座；④ 工作带宽；⑤ 输出电平。QAM 调制模块的配置如图 2-39 所示。

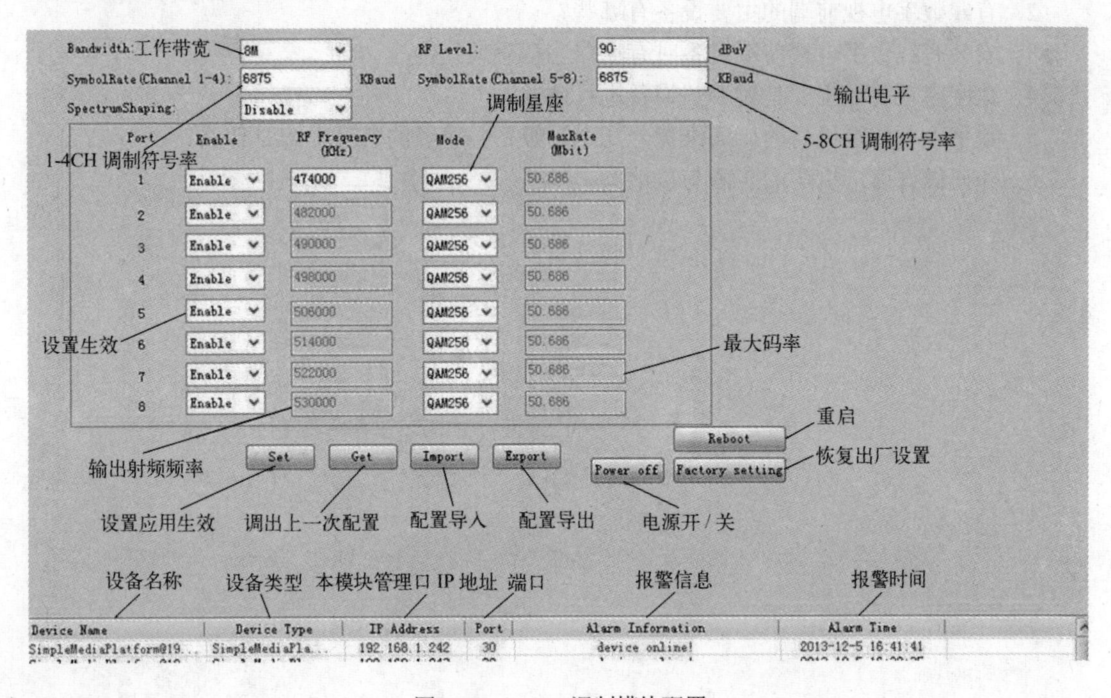

图 2-39　QAM 调制模块配置

（6）设备标识和连线标识

为保持整体的连线清晰、美观且不混乱，建议规划一下设备标识和连线标识（在设备很少时可以省略），如表 2-6 所示。

表 2-6　设备标识和连线标识

连接线类型	统一编号范围	备　注
预留	1～50	
功分器到卫星接收机	51～200	
节目源—跳线板	201～300	节目源包括卫星解码器、编码器
跳线板—复用器	301～550	
跳线板—QAM 调制器	551～700	
计算机网线	701～999	

5．实训报告

1）试给出卫星解码器、复用器和 QAM 调制器的工作原理框图。

2）试列出卫星解码器、编码器和 QAM 调制器各自 3 项最主要的技术指标。

3）在有线数字电视网络规划设计中，能否体会到管理 IP 地址规划和节目 PID 规划的必要性。为什么？

2.7　习题

1．简述数字电视前端的组成及各部分的功能。

2．有线数字电视前端的主要设备有哪些？

3．安装有线数字电视前端设备时有哪些注意事项？

4．数字电视前端主要是对哪些设备进行调试？

5．数字电视前端机房的周期维护分几个等级？各等级的具体内容是什么？

6．如何做好前端机房的防雷与接地？

第3章　数字电视有线传输网络敷设技术

本章要点

- 熟悉光纤的传输特性。
- 掌握光纤的熔接技术以及光接收机、光工作站的安装。
- 熟悉广电宽带接入网的形式。
- 掌握广电宽带接入网的敷设方法。

3.1　光纤干线传输

有线电视的光缆传输干线是利用光纤作为传输媒体，以一定波长的激光作为有线电视信号的载体。在前端将所传输的电视信号对光信号进行强度调制，即用所传输的电视信号来改变光信号的强度，在接收端再把电视信号解调出来。光缆传输主要用于干线传输，并且光节点越来越向用户靠近。在三网融合的试点城市中，都采用“光进铜退”的传输网络改造方案，尽可能缩短光节点到用户家同轴电缆（铜线）的距离，逐步实现光纤到路边、光纤到大楼和光纤到家，为用户提供高带宽接入。

3.1.1　光纤的传输特性

光纤的传输特性主要有衰减特性与色散特性。

1．衰减特性

光纤的衰减是光纤最重要的特性之一。它表示光在光纤中传输一定距离后其能量损耗的程度，用单位长度的光纤对信号损失的分贝数来表示，常以 dB/km 为单位。

光纤的衰减主要由吸收损耗、散射损耗及辐射损耗等因素引起。吸收损耗指光波在传输过程中由纯石英材料引起的本征吸收损耗和由杂质引起的非本征吸收损耗。散射及辐射损耗是指被传输的光波向包层之外泄漏或朝逆方向返回造成逆传输方向的损耗。理论和实践都证明，光纤的损耗与它所传输光的波长有关。图 3-1 所示是石英光纤的传输损耗随波长变化的曲线。

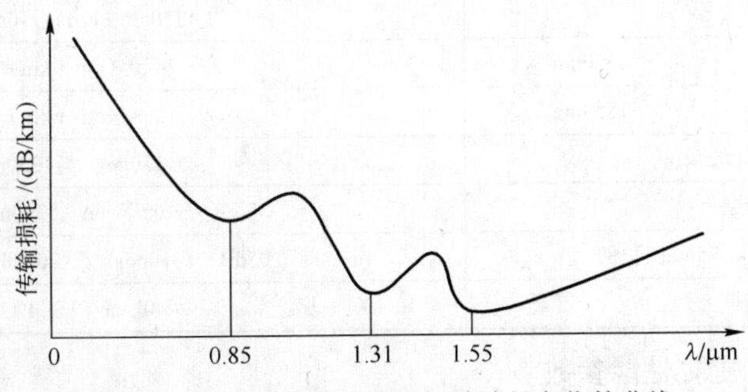

图 3-1　石英光纤的传输损耗随波长变化的曲线

由图 3-1 可知，光纤损耗的 3 个极小值分别位于波长 0.85μm、1.31μm 和 1.55μm 处，通常把这 3 个波长称为石英光纤传输的 3 个窗口。在这 3 个波长中，0.85μm 附近的损耗最大，约为 3～4dB/km；1.31μm 附近的损耗次之，约为 0.35dB/km；1.55μm 附近的损耗最小，可达 0.19dB/km 以下。

光纤在弯曲后还出现弯曲损耗，这是由于光纤被弯曲时内外两侧受到的压力不同，压力差使折射率发生变化，于是在包层中的一部分光波被辐射出去，造成弯曲损耗。为了减少弯曲损耗，在施工中拐弯时，光纤的折弯半径不能小于 30cm。

2．色散特性

色散是光纤的另一个重要特性。所谓色散，是指输入信号中包含的不同频率或不同模式的光在光纤中传播的速度不同，不同时到达输出端，使输出波形展宽变形而形成失真的现象。单模光纤的色散由材料色散和结构色散相加而成。纤芯材料的折射率随波长变化而引起的色散称为材料色散。结构色散取决于折射率、相对折射率、纤芯直径和波长等，它的数值通常小于材料色散。色散使脉冲变形，要提高光纤有线电视系统的性能指标，应尽可能减少光纤的色散。

色散常数 D 定义为单位波长间隔的光传输单位距离的群时延差异，单位为 ps/(nm・km) 单模光纤的色散常数与波长的关系如图 3-2 所示。由图 3-2 可知，在 1.31μm 波长处，D 的理论值为 0。

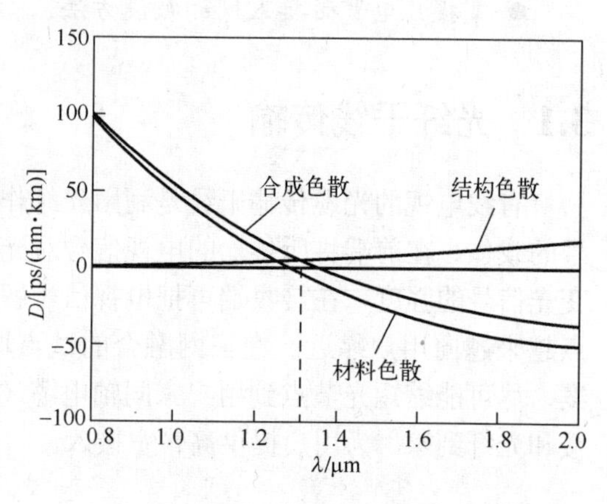

图 3-2　单模光纤的色散常数与波长的关系

3．G.652 光纤的主要电气特性

我国有线电视光纤传输采用 ITU-T 建议的 G.652 单模光纤光缆，G.652 光纤的主要电气特性见表 3-1。

表 3-1　G.652 光纤的主要电气特性

主要电气特性名称		G.652 光纤电气特性
衰减损耗	1310nm	0.35dB/km
	1550nm	0.22dB/km
衰减不均匀性		≤0.1dB
零色散波长		1310nm +12nm/−10nm
最大色散系数/nm	1310nm	3.5ps/（nm・km）
	1550nm	1.5ps/（nm・km）
光纤截止波长		≥1150nm，≤1350nm
模块直径		（9.3±0.5）μm（1310nm）
宏变损耗（100 卷，75mm 直径）		≤0.05dB（1310nm）；≤0.1dB（1550nm）
动态拉伸力		>440kpsi（3.0GPa）

4．G.657 光纤的主要性能参数

随着宽带业务向家庭的延伸，宽带网正由骨干网向接入网发展。这时，入户光缆和室内布线被安放在拥挤的狭小空间内或者经过多次弯折后被固定在接线盒或空间狭小的设备中，光缆将面临较大程度的弯折，这就要求光缆具有较好的抗弯曲性能。ITU-T 在 2006 年通过了一个新标准——ITU-TG.657 标准，即《接入网用弯曲不敏感单模光纤和光缆特性》建议，在该标准中规定了两类光纤，即侧重于保持后向兼容的 G.657A 光纤和侧重于使弯曲性能达到最好的 G.657B 光纤。表 3-2 给出了 G.657 与 G652 两种光纤的主要参数比较。

表 3-2　G.657 与 G.652 两种光纤的主要参数比较

<table>
<tr><th colspan="2">性 能 参 数</th><th colspan="2">G652C/D</th><th colspan="2">G657A</th><th colspan="3">G657B</th></tr>
<tr><td>1310 模场直径/μm</td><td></td><td colspan="2">8.6～9.5±0.6</td><td colspan="2">8.6～9.5±0.4</td><td colspan="3">6.3～9.5±0.4</td></tr>
<tr><td>包层直径/μm</td><td></td><td colspan="2">125±1.0</td><td colspan="2">125±0.7</td><td colspan="3">125±0.7</td></tr>
<tr><td>同心度误差（最大值）/μm</td><td></td><td colspan="2">0.6</td><td colspan="2">0.5</td><td colspan="3">0.5</td></tr>
<tr><td>包层不圆度（最大值）/（%）</td><td></td><td colspan="2">1.0</td><td colspan="2">1.0</td><td colspan="3">1.0</td></tr>
<tr><td>光缆截止波长（最大值）/mm</td><td></td><td colspan="2">1260</td><td colspan="2">1260</td><td colspan="3">1260</td></tr>
<tr><td rowspan="5">宏弯损耗</td><td>弯曲半径/mm</td><td colspan="2">30</td><td>15</td><td>10</td><td>15</td><td>10</td><td>7.5</td></tr>
<tr><td>弯曲圈数</td><td colspan="2">100</td><td>10</td><td>1</td><td>10</td><td>1</td><td>1</td></tr>
<tr><td>1550mm 最大值/dB</td><td colspan="2">0.5（G652D）</td><td>0.25</td><td>0.75</td><td>0.03</td><td>0.1</td><td>0.5</td></tr>
<tr><td>1625mm 最大值/dB</td><td colspan="2">0.5（G652C）</td><td>1.0</td><td>1.5</td><td>0.1</td><td>0.2</td><td>10</td></tr>
<tr><td>筛选能力（GPa）</td><td colspan="2">≥0.69</td><td colspan="2">≥0.69</td><td colspan="3">≥0.69</td></tr>
<tr><td rowspan="3">色散系数</td><td>最小波长/nm</td><td colspan="2">1300</td><td colspan="2">1300</td><td colspan="3">待定</td></tr>
<tr><td>最大波长/nm</td><td colspan="2">1324</td><td colspan="2">1324</td><td colspan="3">待定</td></tr>
<tr><td>数值（ps/nm，km）</td><td colspan="2">0.93</td><td colspan="2">0.92</td><td colspan="3">待定</td></tr>
<tr><td rowspan="2">衰减损耗/（dB/km）</td><td>光缆波长在 1300～1625nm
最大值</td><td colspan="2">0.4</td><td colspan="2">0.4</td><td colspan="3">0.5（1310nm）</td></tr>
<tr><td>光缆波长在 1550nm 处最大值</td><td colspan="2">0.3</td><td colspan="2">0.2</td><td colspan="3">0.3</td></tr>
<tr><td rowspan="3">光缆 PMD</td><td>M（光缆敷设段数）</td><td colspan="2">20</td><td colspan="2">20</td><td colspan="3" rowspan="3">待定</td></tr>
<tr><td>Q</td><td colspan="2">0.1%</td><td colspan="2">0.1%</td></tr>
<tr><td>最大值（ps/$\sqrt{km}$）</td><td>0.5</td><td>0.2</td><td colspan="2">0.2</td></tr>
</table>

3.1.2　光有源器件

光有源器件主要包括光发射机、光接收机、光放大器和光工作站等。光发射机在第 2 章中已作介绍，这里不再赘述。

1．光接收机

光接收机是光纤传输的关键设备之一，也是使用较多的光设备。它的功能是接收来自光缆传输干线 1 550nm 或 1 310nm 的光信号，经过光电转换、解调、放大等一系列"加工"变换过程，最后输出射频电视信号传输给用户分配网络。多数光接收机的输入光功率为 +2 ～ -3dBm，输出信号电平为 97～102dBμV。光接收机的特有部件是光电转换器，其余部分与电缆干线放大器大同小异。光接收机又分单向光接收机和双向光接收机。

1）单向光接收机。单向光接收机分室外型和室内型，室外型还分单路输出与多路输出。它主要由光电转换、放大电路、均衡网络、可变衰减电路以及电源电路组成，有的还预留回传发射模块和双工滤波器。常见单向光接收机的结构框图如图 3-3 所示。常见单向光接收机的外形如图 3-4 所示。常见单向光接收机的内部电路如图 3-5 所示。

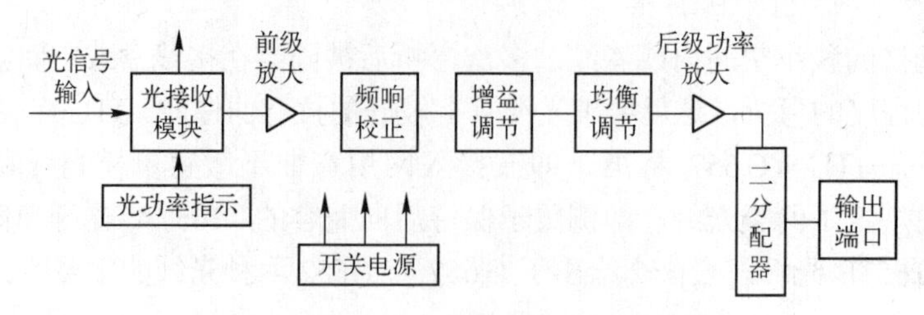

图 3-3　常见单向光接收机的结构框图

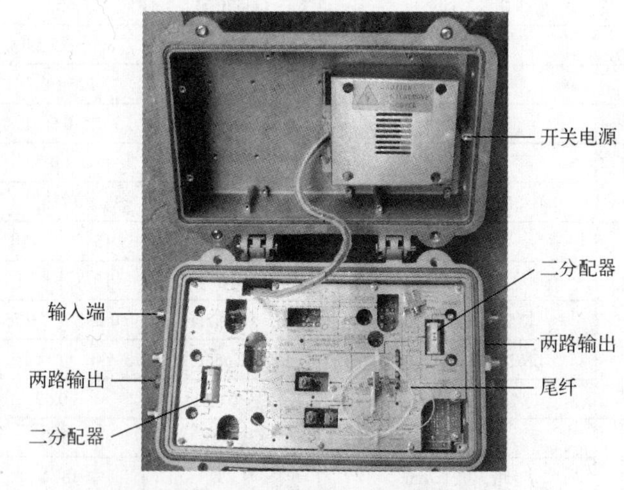

图 3-4　常见单向光接收机的外形图

图 3-5　常见单向光接收机的内部电路图

从图 3-3 可以看出，二端口光接收机主要由光接收组件，光功率指示，前、后级 RF 功率放大，频响校正器，增益调节与均衡调节器等组成，采用上述结构的不同品牌光接收机，其主要差别在于整机的工艺水平、各功能组件的布局安排，在任何一台二端口光接收机中都能找到上述各功能组件。

光接收组件是光接收机的核心器件，将光探测器、低噪声前置放大器与光功率检测单元集成在一起。

2）双向光接收机。双向光接收机与单向光接收机比较，主要有双向滤波器与回传光发射模块，其结构框图如图 3-6 所示。户外型双向光接收机的外形如图 3-7 所示。家庭用双向光接收机的外形如图 3-8 所示。

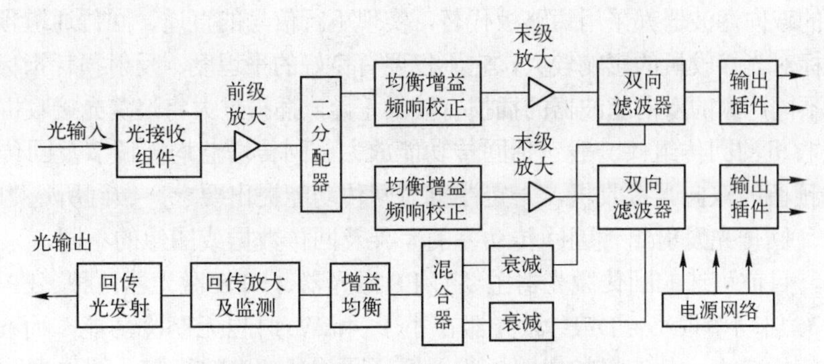

图 3-6 双向光接收机结构框图

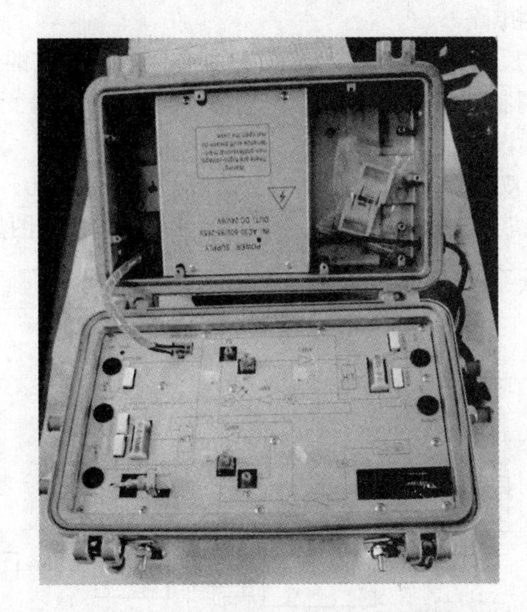

图 3-7 户外型双向光接收机的外形图

图 3-8 家庭用双向光接收机的外形图

目前市场上的光接收机基本都是双向光接收机，但由于我国双向网还没有普及，所以双向光接收机内的双向滤波器都采用短路板代替，实现下行信号的直通、回传通道预留功能。双向滤波器的指标对光接收机的影响较大，它不仅要有良好的平坦度、反射损耗指标，而且要有极小的插损，不同厂家的双向滤波器的插损有较大差异，插损过大将浪费光接收机的增益。

双向光接收机的回传组件一般包括回传功能放大、回传增益均衡调节及回传光发射模块等。选购回传预留的双向光接收机，一定注意对回传功能提出要求，做到所选购的产品是真正的回传预留。回传光发射组件因回传功率的差异及回传数据或图像的不同，采用不同档次的回传激光器，目前可选的回传激光器主要有 FP 激光器、DFB 激光器两种。FP 激光器通常无制冷功能，输出功率很小；DFB 激光器在小于 4mW 时也无制冷功能，而在大于 4mW 时，因工作电流比较大，都有温控电路。为了保证回传光功率的稳定，回传光发射组件都对激光器设有自动功率控制电路。

3）反向光接收机。反向光接收机被安装在有线电视前端，它的作用是接收来自用户终端光工作站发回的数字调制光信号，经过光电转换、解调、放大等变换过程，最后将输出的射频数字信号传输给前端设备。

GX2-RX200B×2 型双路反向光接收机的光接收波长为 1 270～1 610nm，带宽为 5～200MHz，射频输出电平高达 52dBmV（112dBμV）。其内部结构框图如图 3-9 所示。

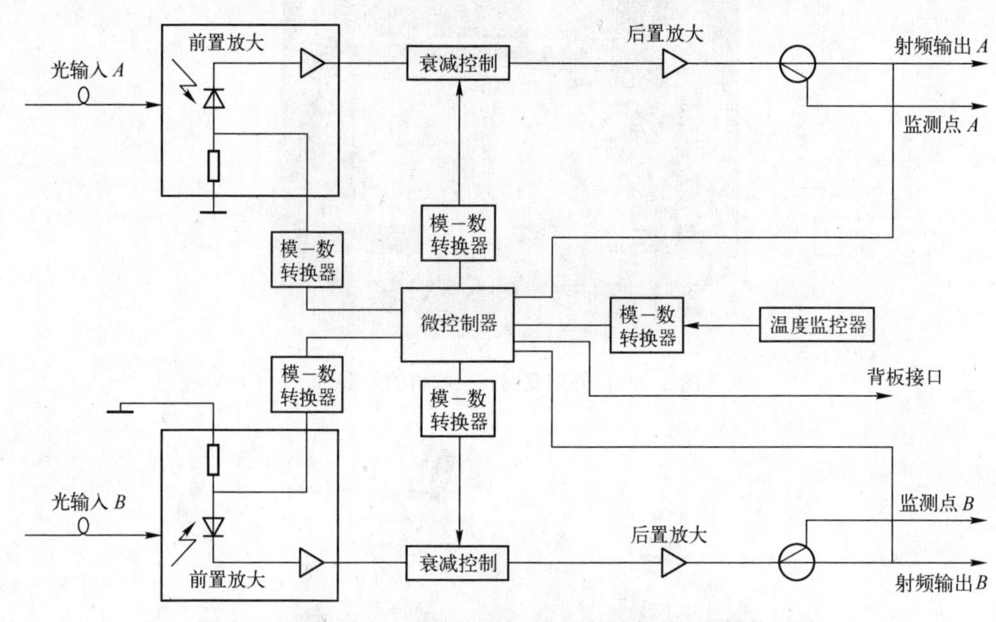

图 3-9 GX2-RX200B×2 型双路反向光接收机的内部结构框图

GX2-RX200B×2 型双路反向光接收机的每台接收器都具备两种运行模式，即手动增益控制（MGC）和关闭，并能单独控制每台接收器的运行模式。还可借助业务数据单元（SDU）、本地计算机（PC）接口和网络管理系统，设置 GX2-RX200B×2 型双路反向光接收机的运行模式。

① 手动增益控制模式。手动增益控制可用于通过改变内部个人识别码（PIN）衰减器，以 0.5dB 的步长，在 20dB 的范围内增加或减少射频输出功率。衰减器额定值被保存在节点虚拟存储空间（NVM）中，可在电源关断/接通或初始化序列完成之后恢复。

② 关闭模式。在关闭模式下，接收器的射频输出功率为最低，从而能够消除从上行接收器、发射机或机顶盒终端输出的信号。关闭模式还可用于禁用备用接收器的报警功能。

2．光放大器

光放大器是一种不用再生调制信号而直接放大光信号的设备。其实质是在泵浦光的作用下，用输入的光信号去激励已经实现粒子数反转的激活物质，得到强度增大的光。它与激光器的区别在于反馈量的不同：激光器反馈较强，以实现光振荡；而光放大器反馈较小，要抑制光振荡。这一点非常类似电信号处理中放大器和振荡器的关系。

光放大器的基本原理是进行能量转换，利用激光物质将外界能量转化为光能量，实现对入射光信号的放大。光放大器主要有 3 种，即光纤放大器、拉曼光放大器和半导体激光放大器。光纤放大器就是在光纤中掺杂稀土离子（如铒、镨和铥等）作为激光活性物质。光纤放大器的优点是与光纤的连接性能好，光的偏振方向无相关性（与增益无关），可获得高的放大增益。光纤放大器有工作波长为 1 550nm 的掺铒光纤放大器和工作波长为 1 310nm 的掺镨光纤放大器两种。

目前实用的光纤放大器是使用掺铒（Er）元素作为激光介质。当泵浦光输入掺铒光纤时，高能级的电子经过各种碰撞后，发射出波长为 1 530～1 560nm 的荧光（这是一种自发辐射光）。当波长在 1 550nm 附近的某种信号光入射时，它会接收强输入（泵浦光）的能量，沿着掺铒光纤逐步增强，从而将该信号光放大。掺铒光纤放大器的放大原理如图 3-10 所示。

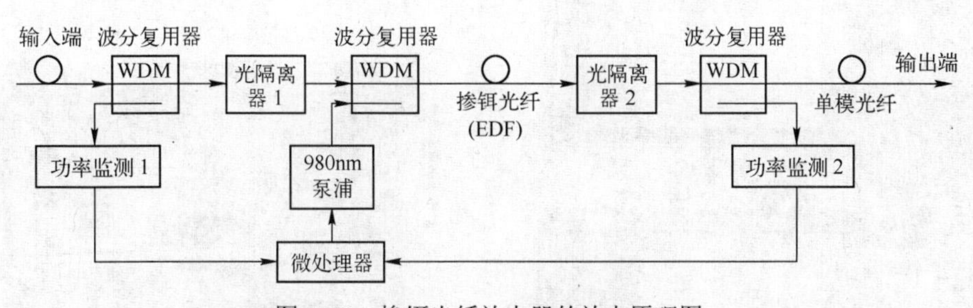

图 3-10　掺铒光纤放大器的放大原理图

当泵浦光输入掺镨（Pr）光纤时，输出光的波长为 1 310nm，这种光放大器虽已做过大量试验，但还没有进入实用阶段。

1 550nm 掺铒光纤放大器的外形如图 3-11 所示。拉曼/掺铒混合式光纤放大器的外形如图 3-12 所示。户外形 1 550nm 掺铒光纤放大器的外形如图 3-13 所示。

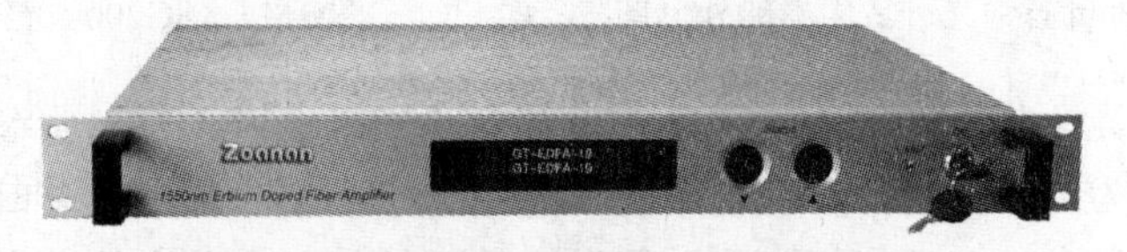

图 3-11　1 550nm 掺铒光纤放大器的外形图

图 3-12　拉曼/掺铒混合式光纤放大器的外形图

3．光工作站

光工作站由光电转换模块、电放大模块、反向回传模块、网管模块和电源模块等部分组成。光工作站的核心部件是光电转换模块，其性能好坏直接关系到整机的指标优劣。在选择光工作站时，要仔细确定机内所用光电转换模块的型号。常用光电转换器件有菲利浦BGE887BO、国产PT2609B和美国EO公司的PIN管等。电放大模块是将光电转换输出的下行射频信号进行放大后经输出端送入网络。多路高电平输出的光工作站下行通道采用每个端口单独由一块功率放大模块放大输出，有些节省成本的做法是由一块功率放大模块经分支分配器后多路输出。反向回传模块是将网络反向回传的上行信号汇总后经电光转换，由光纤反向回传至前端（或分前端）。网管模块对光工作站的输入光功率、上行及下行信号电平、工作电流等进行监控。电源模块是为整机提供工作电源的，按电源工作方式可分为线性电源、开关电源；按输入电源类型可分为交流220V和交流60V。

SG2000光工作站采用先进的砷化镓（GaAs）合成技术，光波长为1 310（±20）～1 550（±30）nm；最多可达 3 个光接收机，两个光发射机；有 4 个独立的射频输出，通过前端控制实现通道切换。正向（下行）带宽为 85～860MHz，每一工作口的反向（上行）带宽为5～65MHz。其外形如图3-14所示，原理框图如图3-15所示。

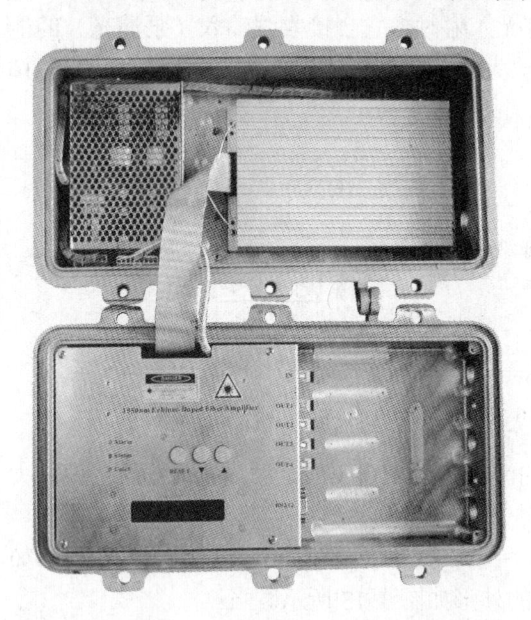

图3-13　户外形1 550nm掺铒光纤放大器的外形图

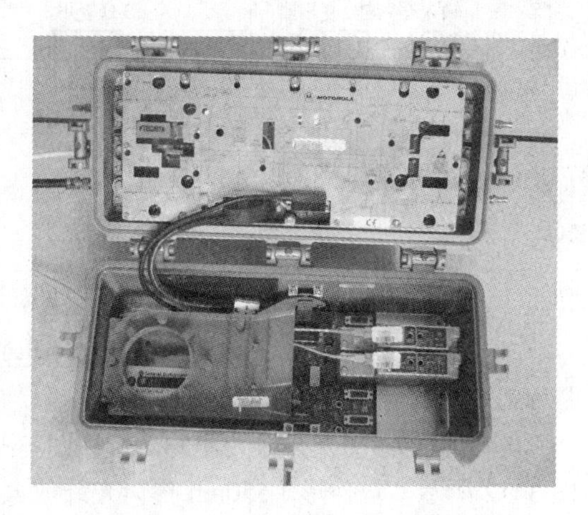

图3-14　SG2000光工作站的外形图

在使用中，把光工作站的输入光功率控制在-2～-1dBmW。若光功率稍高，则用尾纤绕小圈的方法适当人为降低光功率。在使用时，先用无水酒精清洗尾纤端口，然后与法兰盘相连接。光工作站内设有光功率指示电路，用发光二极管指示光功率的大小。当光功率高时，发光管较亮；当光功率低时，发光管变暗。

当光工作站长期处于通电工作状态（特别是在夏季）时，温度会很高，应把光工作站置于通风良好的环境中。如果把光工作站置于野外密封的箱体内，则箱体应有足够的通风措施，必要时可用小风扇进行排风，以确保其散热效果。

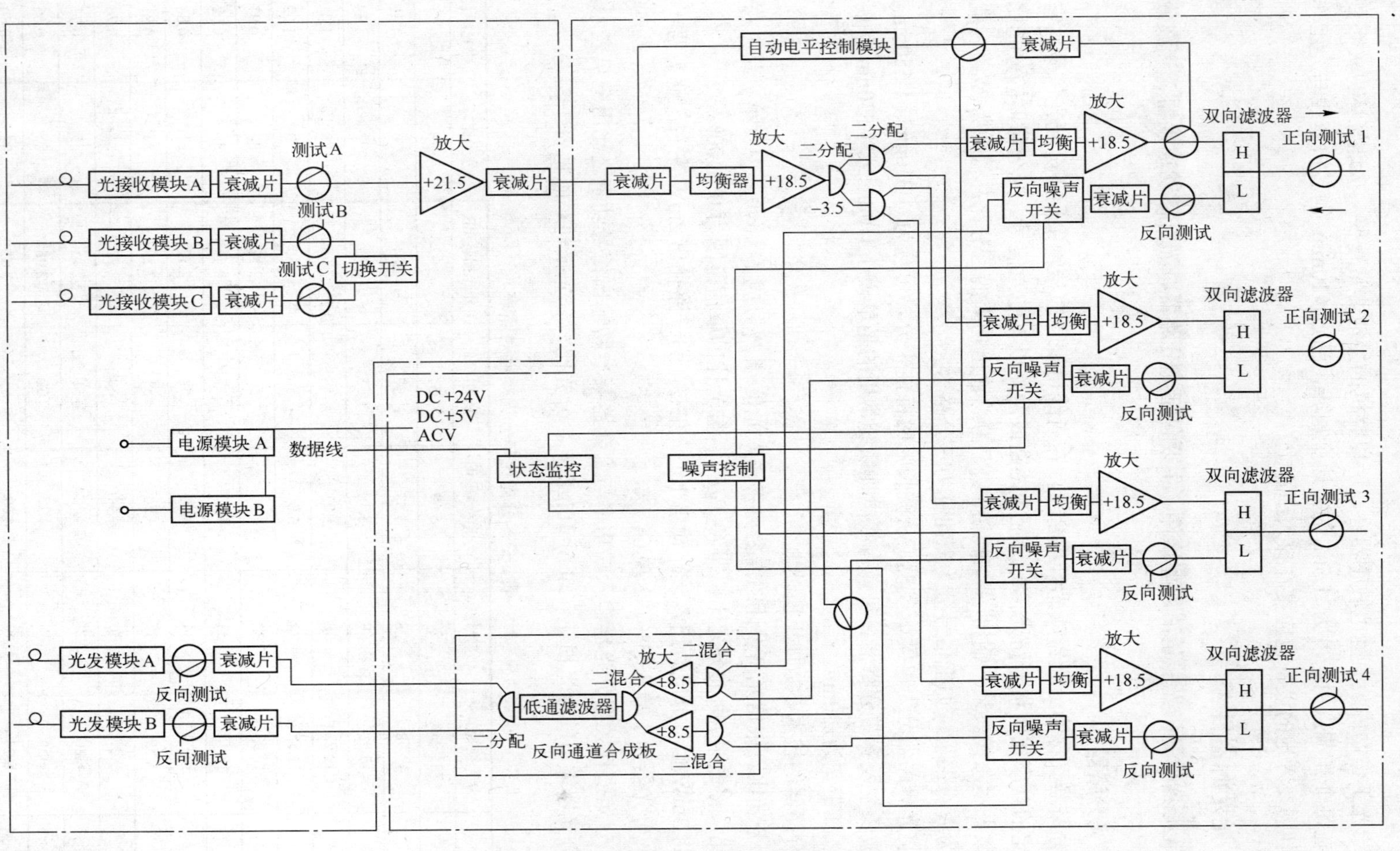

图 3-15　SG2000 光工作站的原理框图

由于光工作站内装有静电敏感器件，所以整机的接地非常重要。接地好坏也关系到避雷效果。在每个光节点用长度为 1.5m 的接地金属棒，通过ϕ10mm 铜芯护套线与光工作站相连，其他需要入地的设备也应接在该入地点上。

3.1.3 光无源器件

光无源器件是指光能量消耗型器件，主要包括光分路器、光纤活动连接器、光波分复用器等。

1．光分路器

光分路器又称为分光器或光纤耦合器，在有线电视光缆传输中用于分配光信号。它能够按照选定的功率比例将一路光信号分配为两路或两路以上的光信号。光分路器的分光比一般用百分数表示，代表某一输出端口的输出功率占总输出功率的百分比。假如为 N 路，就称光分路器为 N 分路器，如把信号分为三路称为三分路器。

可将光分路器分为单模、多模，从波长响应特性来分，可分为 1 310nm、1 550nm 常规型、双波长型及宽带分路器。目前有线电视系统常用的是单模 1 310nm 或 1 550nm 常规型光分路器，其带宽为±20nm。

光分路器的技术参数如下所述。

1）分光比。根据光路设计的需要可将输入光信号 P_{i} 分成 N 路，其中，第 j 路占总信号的百分比，称做第 j 路的分光比，即 $K=P_{\mathrm{i}}/P_{\mathrm{j}}$。 分光比的取值范围为 0～100%。

如将 3mW 信号分成两路，一路输出 1mW 左右，另一路输出 2mW 左右，就需要一个二分光器，分光器为 1 端 33.3%，2 端 66.7%。

2）分光损耗。将分光器输入端功率与分光器某一路输出信号功率之比用分贝表示，称为这一分光器端口的分光损耗，即 $L_{\mathrm{j}}=10\lg P_{\mathrm{i}}/P_{\mathrm{j}}$。分光比与分光损耗对照见表 3-3。

表 3-3　分光比与分光损耗对照表

分光比%	分光损耗/dB	分光比%	分光损耗/dB	分光比%	分光损耗/dB	分光比%	分光损耗/dB
3	15.23	27	5.69	51	2.92	75	1.25
4	13.98	28	5.53	52	2.84	76	1.19
5	13.01	29	5.38	53	2.76	77	1.14
6	12.22	30	5.23	54	2.68	78	1.08
7	11.55	31	5.09	55	2.60	79	1.02
8	10.97	32	4.59	56	2.52	80	0.97
9	10.46	33	4.81	57	2.44	81	0.92
10	10.00	34	4.69	58	2.37	82	0.86
11	9.59	35	4.56	59	2.29	83	0.81
12	9.21	36	4.44	60	2.22	84	0.76
13	8.86	37	4.32	61	2.15	85	0.71
14	8.54	38	4.20	62	2.08	86	0.66
15	8.24	39	4.09	63	2.01	87	0.60
16	7.96	40	3.98	64	1.94	88	0.56
17	7.70	41	3.87	65	1.87	89	0.51

（续）

分光比%	分光损耗/dB	分光比%	分光损耗/dB	分光比%	分光损耗/dB	分光比%	分光损耗/dB
18	7.45	42	3.77	66	1.80	90	0.46
19	7.21	43	3.67	67	1.74	91	0.41
20	6.99	44	3.57	68	1.67	92	0.36
21	6.78	45	3.47	69	1.61	93	0.32
22	6.58	46	3.37	70	1.55	94	0.27
23	6.38	47	3.28	71	1.49	95	0.22
24	6.20	48	3.19	72	1.43	96	0.18
25	6.02	49	3.10	73	1.37	97	0.13
26	5.85	50	3.01	74	1.31	98	0.09

3）附加损耗。光信号通过光分路器分为若干路，但各路输出功率之和并不等于总输出功率，而是小于这个值。这是由于光信号功率在分光器内部分配时，其中一小部分被分光器消耗掉，这一部分损耗称之为附加损耗。

附加损耗可以看做是输入总信号的衰减，附加损耗用 L_e 表示，它决定于光分路器制作工艺水平和光分路器的输出路数。通常合格的光分路器附加损耗值应该小于或等于表 3-4 所列的数值。

表 3-4　分光器的附加损耗值

输出路数	2	3	4	5	6	7	8	9	10	11	12	16
附加损耗/dB	0.20	0.30	0.40	0.45	0.50	0.55	0.60	0.70	0.80	0.90	1.00	1.20

4）插入损耗。插入损耗表示信号从光分路器输入端到某一输出端所受到的损耗，它是分光损耗和附加损耗之和，即 $L_i=L_j+L_e$ 。

16 路 PLC 平面波导型光分路器的外形分别如图 3-16 和图 3-17 所示。

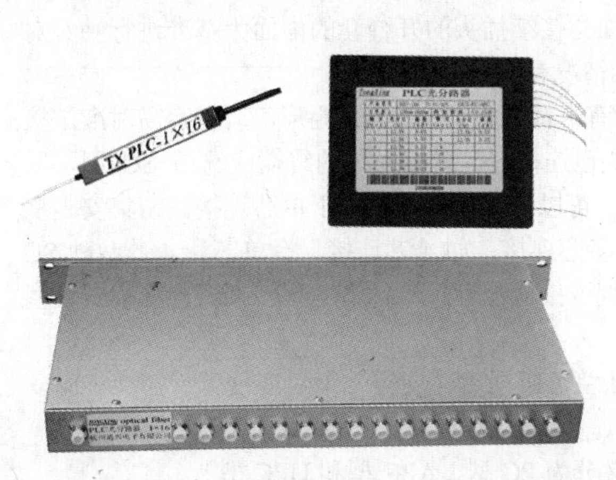

图 3-16　16 路 PLC 平面波导型光分路器的外形图 1

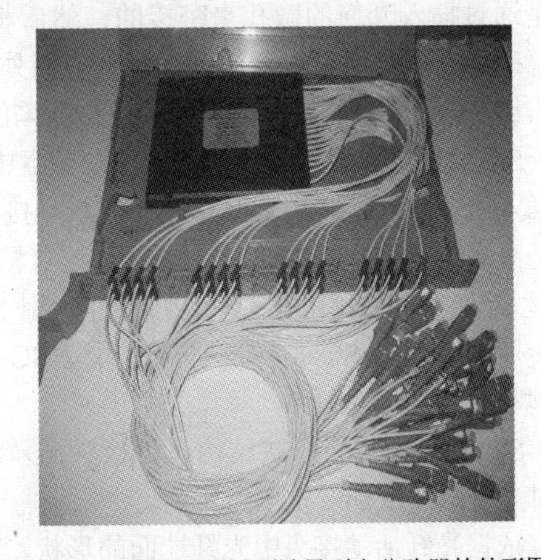

图 3-17　16 路 PLC 平面波导型光分路器的外形图 2

2．光纤活动连接器

光纤活动连接器用于设备（如光端机、光测试仪表等）与光纤之间的连接、光纤与光纤之间的连接，或光纤与其他无源器件的连接，是组成光纤传输系统不可缺少的一种无源器件。对光纤连接器的要求是低的插入损耗和高的反射损耗。

在光路中通常有两种连接方式：光纤与光纤之间采用熔接方式称为固定连接；在光纤与设备、设备与设备之间采用类似插头插座的各种标准的接头进行连接，称为活动连接。常用的连接器件有以下几种。

1）设备与设备之间使用跳线连接。光纤跳线由一段经过加强外封装的光纤和两端已与光纤连好的活动接头构成。两端的活动接头可以是相同型号，也可以是不同型号。

2）光纤与设备之间采用尾纤、尾缆连接。尾纤指一端为活动接头，另一端为光纤的器件；尾缆是将若干根尾纤合在一起，加上外护套制成一端为光纤、另一端为若干个活动接头的器件。

3）光纤与光纤之间使用接续盒实现熔接。接续盒是专门用来保护固定接头的器件。光接续盒外部采用坚固密封的外壳，用于防风、防晒、抗冲击，内部设置有专门固定光缆加强件的装置，以确保接头处具有足够的抗拉强度。内部还专门设置了安放、保护固定接头的热缩管的装置和盘绕纤芯的托板，可将接续好的纤芯分层排列固定。另外，光分路器等小型无源器件也可以被安装到接续盒内。

光纤（缆）活动连接器的品种、型号很多。光纤连接器从光纤结构上分为单芯光纤用连接器和带状芯线用多芯连接器。单芯光纤连接器又有单模光纤和多模光纤用之分，依据光纤活动接头结构和形状，常分为 FC 型、SC 型、ST 型等几种。常用光纤活动连接器的外形如图 3-18 所示。

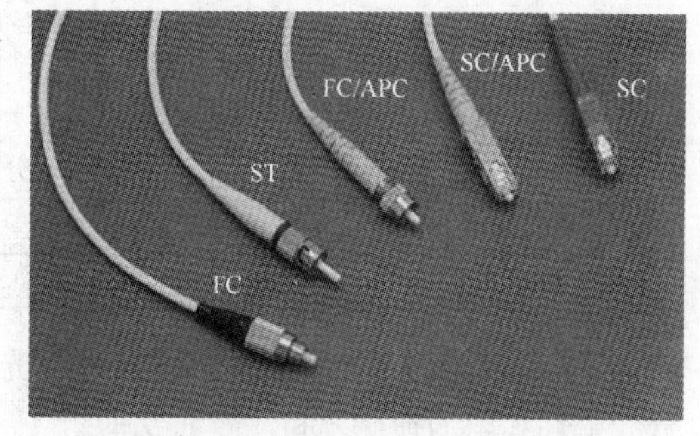

图 3-18　常用光纤活动连接器的外形图

FC 型为圆形螺纹结构，接头插入法兰盘后，插头中的卡锁落入法兰盘的槽中，再用螺纹拧紧，接触的光端面不产生位移。FC 型连接器的光纤是通过插入套筒的微孔来密接的，然后将端面进行研磨、抛光。它靠套筒的高精度圆筒外面与接续插头的开缝套的内面为基准进行轴心对准，比 ST 型卡口式易产生光端口位移缺陷的情况有所改进。

SC 型是矩形塑料插拔式结构，法兰盘中有卡簧，由于 SC 型是矩形，所以容易对准，接头插入法兰盘后，听到卡簧声响，便表示接头已连接好。多根光纤的终端应选用 SC 型，以利于高密度安装。其中通用型 SC 型连接器，可以直接插拔，多用于单芯连接。密集安装型 SC 型连接器，要用工具进行插拔操作，用于多芯连接，如 4 芯连接。有单芯和 4 芯两种 SC 型转换器，单芯 SC 型转换器与通用型 SC 型连接器配套，4 芯 SC 型转换器与密集安装型 SC 型连接器插头配套。

ST 型为圆形卡口式结构，将接头插入法兰盘压紧后，旋转一个角度便可使插头牢固，并对光纤端面施加一定压力压紧。

依据光纤活动接头中光纤端面的形状，又分为 PC 型、APC 型和 UPC 型。

PC 型端面为球面，它使得两个光纤活动接头连接时，接触面集中在中央的光纤部分，一定的轴向力产生很大的轴向压强，反射损耗达 35dB 以上，一般测量仪器上多使用 PC 型接头。

APC 型端面为 8° 斜面，当将两个活接头连接时，光纤的接触面加大，连接更加紧密，反射损耗达 60dB 以上，在有线电视光纤传输中采用最多。

UPC 型采用超平面连接，加工比较精密，两个活接头连接更加方便。

光纤活接头的型号通常表示为 XX/YY，其中 XX 表示光纤活接头的形状，YY 表示光纤端面的形状。例如，FC/APC 型表示光纤端面为斜面的圆形螺纹连接活接头；SC/UPC 型表示光纤端面为超平面的矩形拔插式连接活接头。需要注意的是，型号相同的活接头才能用法兰盘相连接，不同规格活接头会导致很大的接续损耗。不过，为了将不同光设备及各种样式的测量仪器连接，可以做成两端为不同规格型号的，称为光纤跳线，供转接使用，这类光纤跳线均注明两端接头的型号和长度。例如，5m FC/PC—FC/APC 表示跳线长度为 5m，圆形螺纹连接的 PC 型转接成 APC 型的光纤跳线。

3．光波分复用器

光波分复用器又称为光合波/分波器，它是使两个或两个以上波长的光在同一根光纤中传输的无源器件。其作用是将不同波长的光信号复用在同一根光纤中传输或是将它们分离开。光波分复用器主要有光纤型和非光纤型两类。非光纤型包括棱镜色散型、衍射光栅型以及干涉滤光型等。对于光波分复用器， 其一个方向为分波器，另一个方向为合波器。

光波分复用（WDM）器件的性能可用 3 个指标来衡量，即插入损耗、隔离度和信道带宽。插入损耗是指由于 WDM 器件的引入而导致的功率损耗。这些损耗包括 WDM 器件自身的固有损耗以及 WDM 器件与光纤的连接损耗。隔离度是指一个信道耦合到另一个信道中的信号的大小，隔离度越大，耦合过去的信号越小；隔离度越小，耦合过去的信号越大。原则上隔离度大一些好。信道带宽是指分配给某一特定光源的波长的变化，激光器本身也有带宽，因而波分复用中光源的信道带宽应足够宽，即相邻光源之间的间隔足够大才能避免不同光源之间的串扰。对其主要技术要求是，波长隔离度要大于 35dB，插入损耗要小于 0.5dB。

波长为 1 310nm 与波长为 1 500nm 光波分复用器的外形如图 3-19 所示。

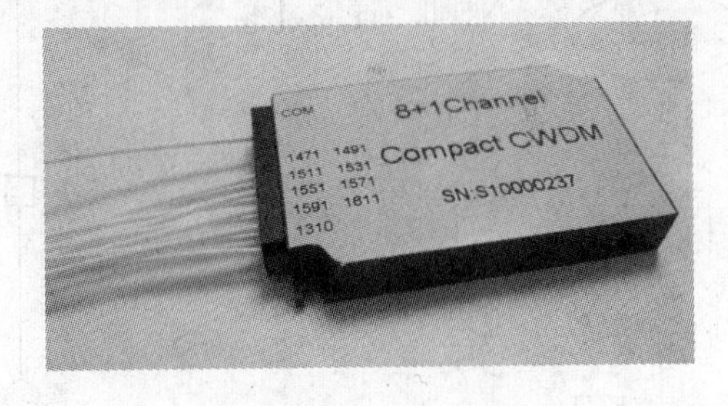

图 3-19　1 310nm/1 500nm 光波分复用器的外形图

3.1.4　光波分复用（WDM）技术

如果在一根光纤上不只传送一个光载波，而同时传送波长不同的多个光载波，那么这种传输方式称为光纤的波分复用（WDM）。这样，就可以在一根光纤上使原来只能传送一个光载波的单一光信道变为同时在单根光纤上传送多个不同波长的光信道，使光纤的传输能力成倍增加。也可以利用不同波长沿不同方向传输，来实现单根光纤的双向（双工）传输，以增加用户接入网中组网的灵活性。

目前使用的光波分复用器主要是无源器件，结构简单，体积小，可靠性高，易与光纤耦合，成本低。波分复用器件（分波/合波器）具有方向的可逆性，即同一个器件可用做合波器，也可用做分波器，因此可以在同一光纤上实现双向传输。

在光的波分复用技术中，各个波长工作的系统是彼此独立的，即各个系统所用的调制方式、传输速率、传送什么信号（是模拟信号或是数字信号），各波长工作系统彼此没有关系，而是互相兼容，本身是透明的，因而在使用上带来很大的方便性和灵活性。

在光的波分复用技术中，必须使用各种波长不同的光源。目前可使用粗调波分复用技术，先将信号调制在 1 310nmDFB 光发射机，其输出光信号通过 1 310/1 550nm 光波分复用器，再与 1 550nm 光信号合并。也可利用高密波分复用（DWDM）技术，将 4 路信号或 8 路信号直接调制波长为 1 550.9nm、1 552.5nm、1 554.1nm 和 1 555.7nm 的 4 个分布式反馈激光器（DFB），由这些激光器输出不同波长的光信号，通过波分复用器进行合并，用一根光纤进行传输。

光的波分复用技术原理框图如图 3-20 所示，在广电网络的应用示意图如图 3-21 所示。

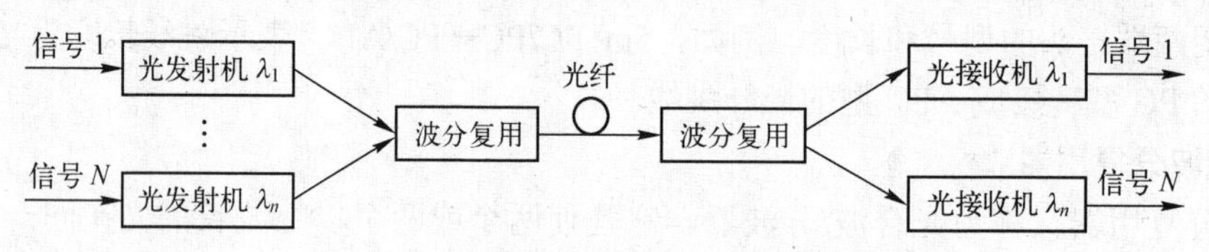

图 3-20　光的波分复用技术原理框图

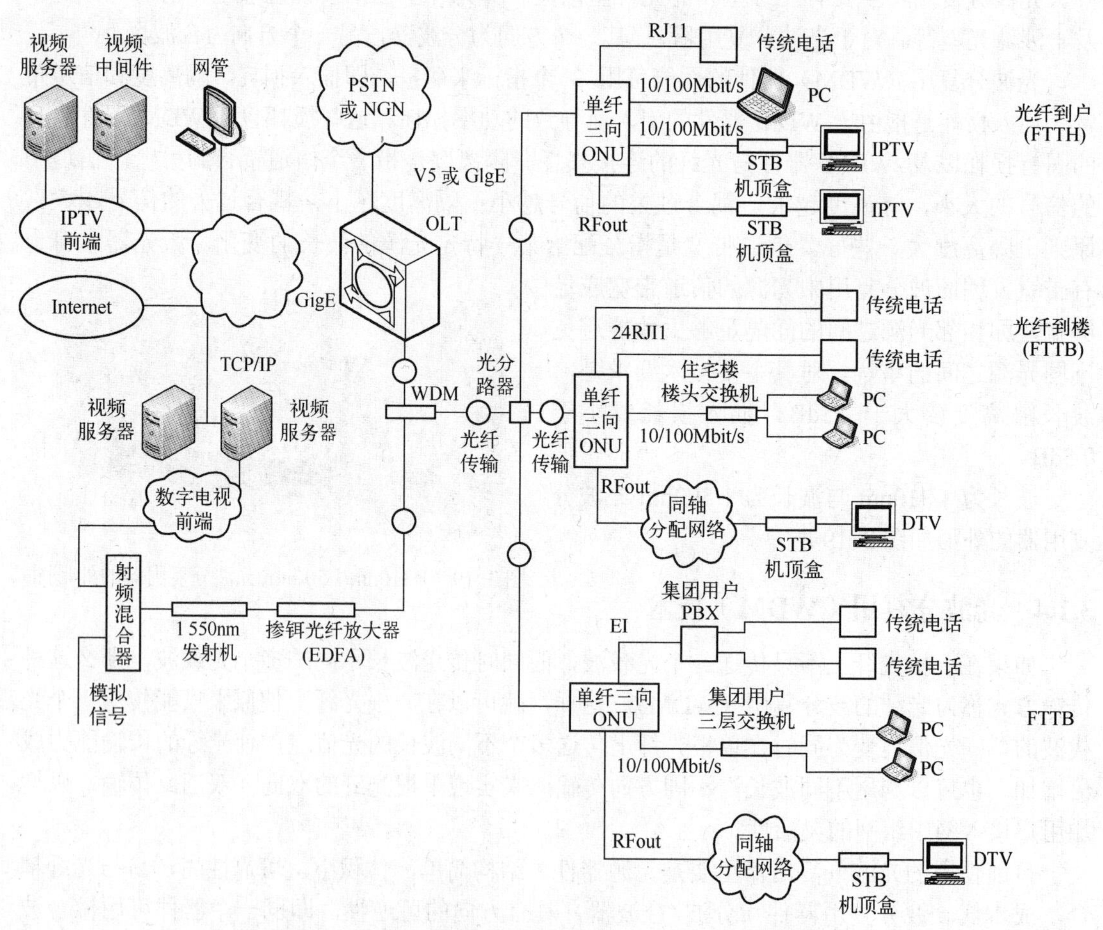

图 3-21　光的波分复用技术在广电网络的应用示意图

IPTV—网络（个人交互式）电视　PSTN—公共电话交换网　NGN—下一代网络　OLT—光线路终端

DTV—数字电视机　STB—数字电视机顶盒

3.1.5 密集波分复用（DWDM）技术

DWDM 技术是由波分复用（WDM）技术发展而来的，它把 1 536.61～1 560.61nm 波长细分成若干个不同波长的光波对信号进行传输，目前已经能分成 64 个，随着技术的不断发展，将来能分更多。据朗讯公司贝尔研究实验室宣称已研制成 128 个不同波长 10Gbit/s 基础速率的 DWDM 系统。日本 NEC 公司也报导实现 132 个不同波长的 DWDM 系统。如果将 8 个波长的光纤载波复用到一根光纤中，那么这样一根光纤的传输容量将从 2.5Gbit/s 提高到 203Gbit/s。目前采用 3DWDM 技术，单根光纤可以传输的数据流量最大达 11Tbit/s，商用的单波长容量基本采用 340Gbit/s 的传输速率，经过密集波分复用的每根光纤实际的传输带宽超过 31Tbit/s。光密集波分复用技术原理框图如图 3-22 所示。波长为 1 500nm 密集型波分复用器的外形如图 3-23 所示。

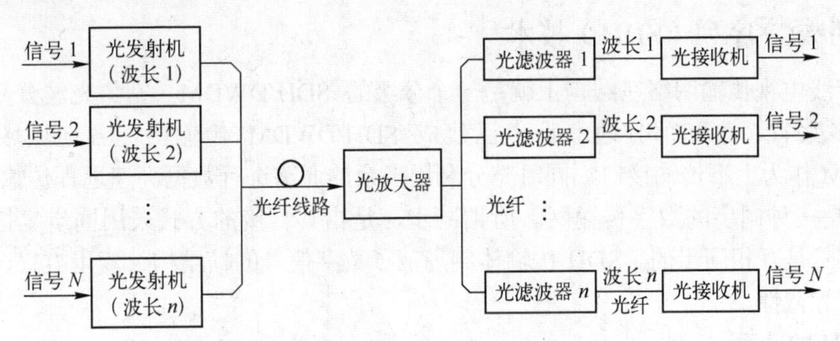

图 3-22 光密集波分复用技术原理框图

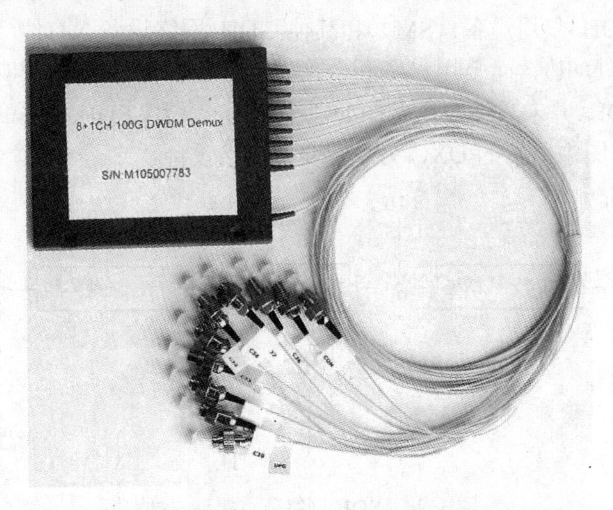

图 3-23 波长为 1 500nm 密集型波分复用器的外形图

DWDM 系统要求激光器、波分/波合器和滤波器等设备的制作工艺更先进、加工更精密，其新技术如下所述。

1）掺铒光纤放大器（EDFA）。EDFA 是 DWDM 系统的核心器件，可参看 3.1.2 节有关内容。

2）光源波长控制。受老化和温度变化的影响，激光光源波长约有 5nm 的变化，要实现波长间隔 0.8nm 的 DWDM 系统显然是不可能的。为此，必须开发精确的波长控制处理技术，确保雷射二极管（Laser Diode，LD）模块有长期的波长稳定性。实际采用可变波长激光器通过波长锁定，使 5nm 的波长变化缩小到±0.05nm，以保证 0.8nm 的信通间隔。

3）窄带光波滤波器。稳定的窄带光分波与合波滤波器无疑是实现 DWDM 系统的必备条件，波长数越多或波长间隔越小，技术难度越大。滤波器的特性应与系统的特性一致。

4）DC 控制可变光衰减器。为适应网络业务量的变化，要求无缝的增减波长数或业务信道数，造成系统承载的光功率变化，这就要求系统有连续的光功率监测器和自动反馈控制性能。

3.1.6 同步数字序列（SDH）技术

我国有线电视传输网络在结构上就是一个分级的 SDH/DWDM（密集光波分复用）传输网，绝大多数省、市和部分地、市也已建成 SDH/DWDM 传输网，各地城域网均应以 SDH/DWDM 作为上下传输接口，同时充分利用多余的通路进行数据高速远程传输。

SDH 是一种同步的数字传输网。所谓同步，是指其复接的方式采用同步复接，其各支路的低速信号是互相同步的。SDH 传输体制规范了数字信号的帧结构、复用方式、传输速率和接口码型等特性。

1．SDH 的速率

SDH 规定了同步复用设备和传输线路接口时的全部速率等级，图 3-24 所示为 SDH 网络节点接口安排。SDH 复用设备（SM）和其他 SDH 网络设备、有线/无线传输系统接口点称为网络节点接口（NNI），而复用设备和外部接入设备（EA）另一接口端的接口信号称为支路信号（TR），SDH 并未具体规定它们的速率，因此采用 SDH 传输时，可以提供各种不同速率的传输通道。图中所示的 DXC 为数字交叉连接设备。

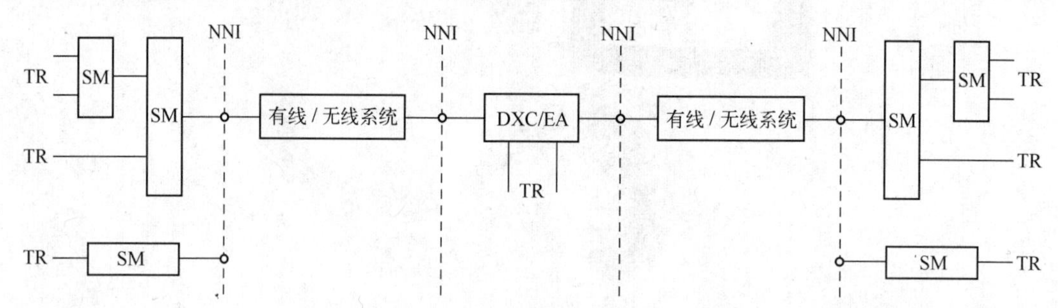

图 3-24　SDH 网络节点接口安排

同步数字序列信号的最基本也是最重要的同步传输模块信号是 STM-1，其速率为 155.520Mbit/s。更高等级的 STM-N 信号是将基本模块信号 STM-1 按同步复用，经字节间插后的结果，其中 N =4、16、64。表 3-5 中列出 ITU-TG.707 建议所规范的标准速率值。从表中可以看出，N =4、16、64 的高阶同步传输模块的速率与 STM-1 成整数倍关系，易于实现同步复用。考虑到微波和卫星通信波道带宽较窄的特点，ITU 无线电委员会（1TU-R）的前身 CCIR 决定，也可使用 51.84Mbit/s 的速率，称为 Sub STM-1。

表 3-5 ITU-TG.707 建议所规范的标准速率值

等 级	Sub STM-1	STM-1	STM-4	STM-16	STM-64
速率/（Mbit/s）	51.480	155.520	622.080	2488.320	9953.280

2．帧结构

电视信号的传送是一帧一帧进行的。在传送每一帧内的像素时，其顺序是从上到下、从左到右，每秒钟传送 25 帧，帧周期为 0.04s。与此相类似，SDH 信息流的传送也是分成一帧一帧的信息块依次传送的。在传送每一个信息块内的信息时，其顺序也是从上到下、从左到右，每秒钟传送 800 帧，帧周期为 125μs。SDH 的帧结构是以字节（B，1B=8bit）为基础的矩形块状帧结构。

STM-N 帧结构由 270N 列、9 行、8 比特字节组成。此处的 N 与 STM-N 的 N 相一致，取值范围为 1、4、16、64…表示此信号由 N 个 STM-1 信号通过字节间插复用而成。对于 STM-1，帧长 $=270\times9\text{B}=2\,430\text{B}$；一帧的比特数 $=270\times9\times8\text{bit}=19\,440\text{bit}$；一帧的时间长度为 125μs，故信息速率为 155.520Mbit/s。字节传输次序是从左向右、从上到下按行进行的。帧结构由信息净负荷（Payload）、段开销（SOH）和管理指针单元（AU-PTR）3 个区域组成。STM-N 帧结构示意图如图 3-25 所示。

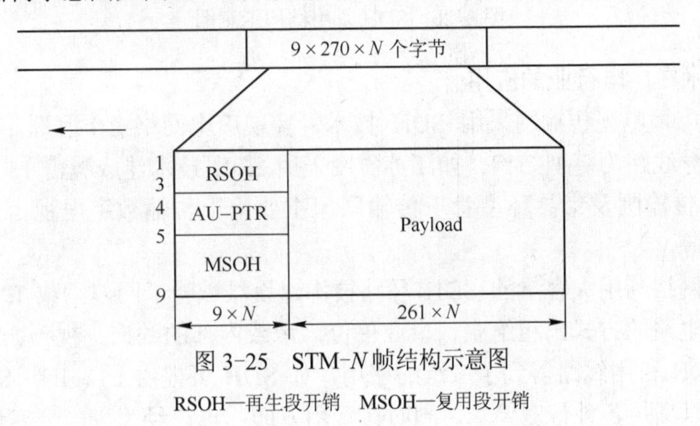

图 3-25 STM-N 帧结构示意图

RSOH—再生段开销 MSOH—复用段开销

3．复用方式

SDH 复用过程是由一些基本复用单元组成若干中间复用步骤进行的。SDH 复用结构示意图如图 3-26 所示。各种业务信号复用进入 STM-N 帧都要经过映射、定位和复用 3 个步骤。各种信号先分别经过码速调整装入相应的标准“容器”C-n（n = 11，12，2，3，4）；由标准容器出来的数字流间插入通道开销 POH 后形成“虚容器”VC-n，这个过程称为映射，在图 3-26 中用虚线表示。其中，VC-11、VC-12、VC-2 称为低阶虚容器；VC-3 和 VC-4 称为高阶虚容器。高阶 VC 在管理单元 AU 中的位置及低阶 VC 在高阶 VC 中的位置由附加在相应管理单元 AU 和支路单元 TU 上的管理单元指针 AU-n PTR 和支路单元指针 TU-n PTR 描述。指针 PTR 是一种指示符，其作用是定位，它的值用来指示 VC 的第一个字节与帧参考点的帧偏差。当发生帧相位偏差、使 VC 第一个字节位置浮动时，指针值也随之调整。对虚容器位置的安排称为定位，在图 3-26 中用点线表示。

TU、AU 单元的主要功能就是进行指针调整。采用净负荷指针技术进行同步信号间的相位校准，既可减小时延和避免滑动，又容易插入和取出同步净负荷，是 SDH 的一项重大革新。

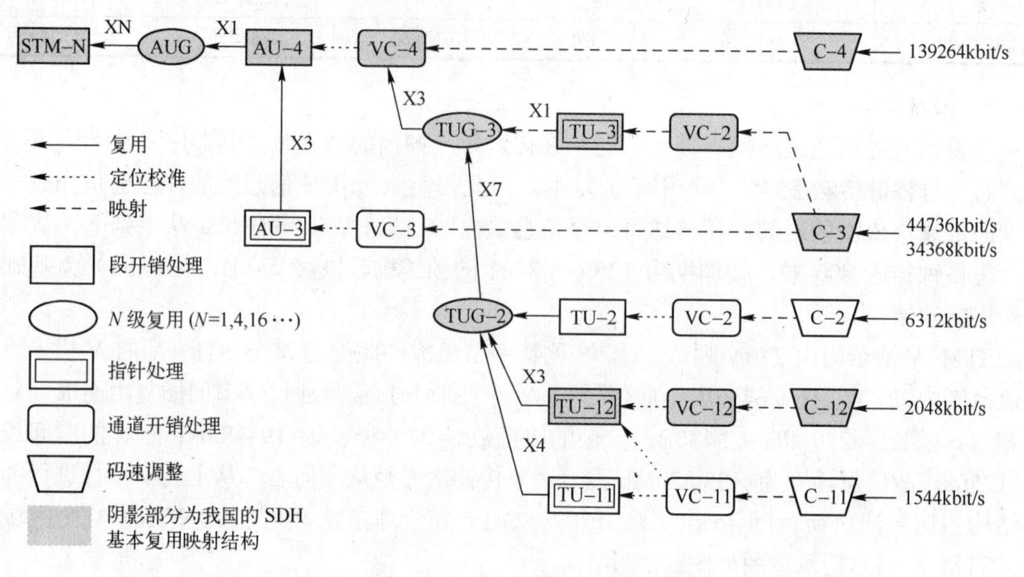

图 3-26　SDH 复用结构示意图

4. SDH 技术在广电行业的应用

全国和省级广播电视传输网采用 SDH 技术，实现广电网络上下互联。国家干线网为多个环形结构、部分线路为链型结构。如江苏省网采用 SDH 技术建成覆盖 13 个省辖市的双环形结构省市骨干传输网及市县环型骨干传输网，主要用于传输数字电视信号、双向互动业务、数据网业务等。

另外，广电网络利用大容量的 SDH 环路技术建设城域骨干网，承载 IP 业务、ATM 业务或直接以租用电路的方式出租给企、事业单位，承载内部的数据、视频、语音及视频点播等业务。其中 SDH 租用线路得到了广泛的应用，如 SDH 可提供 E1、E3、STM-1或 STM-5 等接口，完全可以满足各种带宽要求。同时在费用方面，也已经为大部分客户所接受。

3.2　光缆线路的敷设

3.2.1　光纤的接续与熔接

1. 光纤接续的种类

光纤接续一般分为固定接续（俗称为死接头）和能拆卸的连接器接续（俗称为活接头）两种方式。关于光纤活动连接器，可参看 3.1.3 节的内容。光纤接续的基本要求如下所述。

1）连接损耗。它反映了对光能的损耗，要求小于 0.1dB（活动连接的连接损耗在 0.5dB 以下）。

2）反射损耗。一般要求大于 45dB，甚至达到 60dB。

3）温度特性。在-20～60℃范围内，连接损耗变化小于 0.01dB。

4）机械强度。能满足安装架设要求，接续点易于保护和维护。

光纤的固定接续是光缆线路施工与维护时最常用的接续方法，这种方法的特点是光纤连接后不能拆卸。光纤固定接续有熔接法和非熔接法两种方法。根据光纤不同的轴心对准方法，又可将非熔接法分为 V 形槽法、套管法和松动管法等。

目前，光纤的固定接续大都采用熔接法。这种方法的优点是连接损耗低，安全，可靠，受外界因素的影响小。最大的缺点是需要价格昂贵的熔接机具。

2．光纤的熔接

（1）光纤熔接的常用工具

光纤熔接的常用工有剥纤钳、切割刀和熔接机等，如图 3-27 所示。

图 3-27　光纤熔接的常用工具

剥纤钳用来剥除光纤的涂覆层。厂家在生产光纤时，为了保护裸纤和区分不同的纤芯，都要在裸纤上涂上一层涂料。在熔接时，要把这一层剥离。

切割刀用来切割光纤，以保证光纤的端面平整。如果光纤的端面不平整，则不能熔接，或者接进去后损耗大。所以，切割是光纤端面制备中最为关键的环节，合格的光纤端面是熔接的必要条件，端面质量直接影响到熔接质量。

熔接机用来将两段光缆中需要连接的光纤连接起来，熔接时采用短暂电弧，烧熔两根光纤端面，使之连成一体。这种连接方法接头体积小，机械强度高，光纤接续后性能稳定。

（2）光纤熔接的操作步骤

光纤熔接的操作步骤如下。

1）制作光纤端面。在除去涂覆和切断光纤前，将不同束管、不同颜色的光纤分开，穿好热缩管，先用专用的剥线钳（米勒钳）剥去光纤涂覆层 40mm 长，再用沾染无水酒精的无屑纱布在裸纤上擦拭 1～2 次，清除涂覆碎屑，用力要适度，然后用精密光纤切割刀的切割光纤，要保证光纤轴线与切割刀片垂直，具体操作及调整方法详见各种光纤切割刀的使用说明。对于 0.25mm（外涂层）光纤，切割长度为 8～16mm；对于 0.9mm（外涂层）光纤，切割长度只能是 16mm。为了避免损伤或污染光纤端面，应将光纤立即安放在熔接机内，剥去涂覆层的光纤很脆弱，使用热缩管可以保护熔接后的光纤熔接头。切割光纤的操作如图 3-28 所示。

2）放置光纤。打开防风盖，将制作好端面的光纤放置在 V 形槽上，如图 3-29 所示。最好将光纤端面置于 V 形槽边缘和电极尖部的中间，端面距放电针 0.5～1.5mm。将准备好的另一根光纤也以同样方法安放，小心压上光纤压板，关上防风罩。

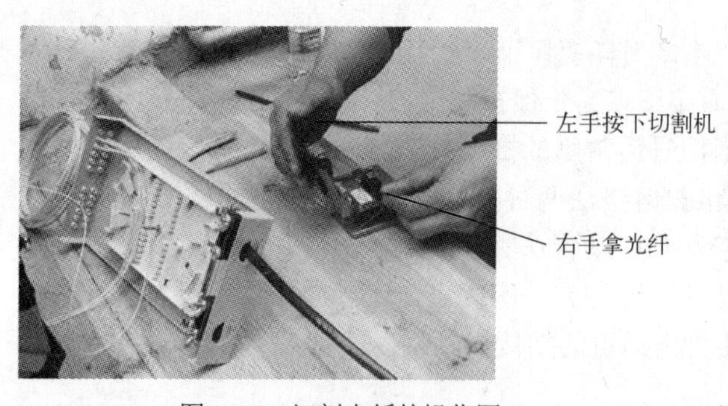

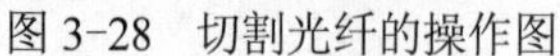

图 3-28　切割光纤的操作图

图 3-29　将制作好端面的光纤放置在 V 形槽上

3）光纤的熔接（如图 3-30 所示）。右手按下熔接机上的〈SET〉键。光纤相向移动，在移动过程中，产生一个短的放电，以清洁光纤表面，在光纤端面之间的间隙合适后熔接机停止相向移动，设定初始间隙，熔接机在熔接前测量并显示切割角度，如图 3-31 所示。在初始间隙被设定完成后，开始执行纤芯或包层对准，然后熔接机减小间隙（最后的间隙设定），高压放电产生的电弧将两根光纤熔接在一起，最后微处理器计算损耗并将数值显示在显示器上，如图 3-32 所示，图 3-36a 显示为 0.01dB，图 3-36b 显示为 0.00dB。一般只需 10 余秒。如果估算的损耗值比预期的要高，就可以再次放电，放电后熔接机仍将计算损耗。如端面不洁或不平整，熔接机就会报警并有错误提示。对熔接损耗不合要求的接头必须重新熔接。图 3-33 所示为熔接机在熔接后显示损耗数值不合要求。在使用中和使用后，要及时清除熔接机中的灰尘，特别是夹具、各镜面和 V 形槽内的粉尘和光纤碎末。

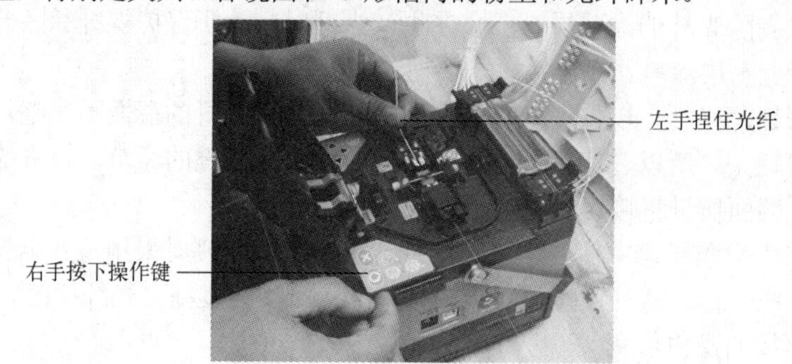

图 3-30　光纤的熔接

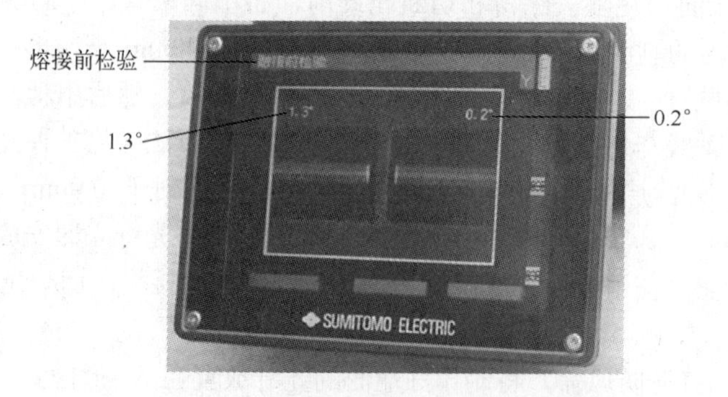

图 3-31　熔接机在熔接前测量并显示切割角度

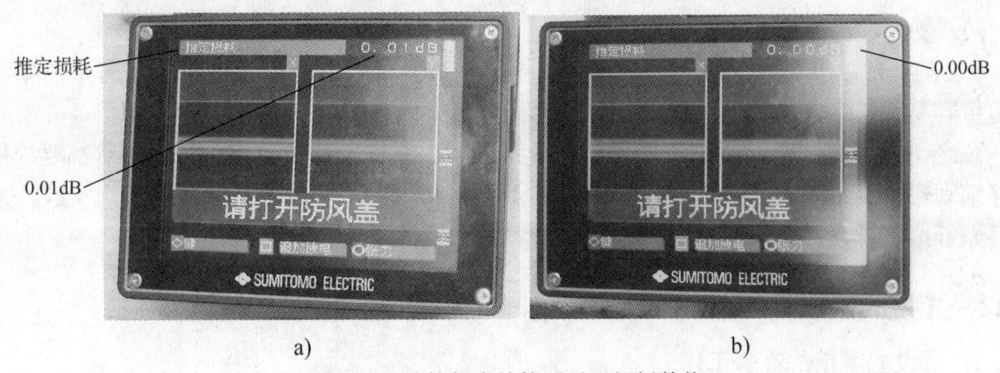

图 3-32　熔接机在熔接后显示损耗数值

a) 0.01dB　b) 0.00dB

图 3-33　熔接机在熔接后显示损耗数值不合要求

（3）降低光纤熔接损耗的措施

降低光纤熔接损耗有以下几点措施。

1）接续光缆应在宽阔整洁的场地中进行，尽量避免在多尘及潮湿的环境中操作；光缆接续部位及工具、材料应保持清洁；必须清洁准备切割的光纤，使之不得有污物。

2）选择合适的熔接程序，没有特殊情况，一般选择用自动熔接程序。每次使用熔接机前，应使熔接机在熔接环境中放置 15min 以上，并开机预热。在使用中和使用后及时去除熔接机中的灰尘，特别是夹具、各镜面型槽内的粉尘和光纤碎末。

3）选用高质量、高精度的切刀。切割时要求操作人员动作要自然、平衡，避免断纤、斜角和毛刺等端面的产生，切割后绝不能再清洁光纤。

4）在光纤端面制作过程中，清洁完后应立即切割，不能停留时间过长，切割完成后也应立即进行熔接，整个过程不能间隔太久。

5）当光纤熔接时，在整个操作过程都要对光纤轻拿轻放，防止误碰其他东西，以造成光纤端面的折断。

6）熔接时要选用优质的热缩管，这一点很重要，但也容易被忽视，尤其不要使用弯曲变形和进了异物的热缩管。

7）光纤收盘工作不容忽视。在将热缩管压入收容盘时，要将热缩管光纤朝上，如果光纤对着凹槽壁，压入时就可能会挤断光纤，应预留最外侧的一槽位，在热缩管固定好后可先从一侧绕起，顺着预留的槽位尽量绕大圈，剩下的光纤再绕小圈，并用胶带将其固定于盘内较宽敞的地方，然后再绕另一侧的光纤。在将所有的光纤都收盘完成后，再仔细地检查一遍，防止遗漏。

8）在封光包时需要注意的是，在紧固螺钉和夹紧部件时，应该对称施加力量，单边施加力量容易引起熔接包变形，造成密封不良甚至塑料件损坏。

总之，光纤熔接是一项技巧性强、质量要求高、细致严谨的工作，各个环节都要求操作者仔细观察、周密考虑、规范操作。只有勤于总结和思考，通过不断的动手操作实践，才能提高光纤熔接质量，降低熔接损耗。

3.2.2 光缆的敷设

1．敷设光缆前的准备工作

1）精确测量路由长度。敷设光缆前首先要对光缆经过的路由长度进行实际测量，精确到 50m 之内，还要加上布放时的自然弯曲和各种预留长度。各种预留还包括插入孔内弯曲、杆上预留、接头两端预留和水平面弧度增长等其他特殊预留。为了使光缆在发生断裂时再接续，应在每几百米处留有一定裕量，裕量长度一般为 1%～5%。

2）画出路径施工图。说明每根电杆或地下管道出口的号码及电杆之间的长度或管道长度，并定出需要留出裕量的长度和位置。这样可有效利用光缆的长度，合理配盘，使熔接点尽量减少。

3）选择合适的光缆接头处。两根光缆接头处最好设在电杆或管道井处（不要在两电杆及管道井间），架空光缆接头应落在电杆旁 0.5～1m，以便于维护。在施工图上应说明熔接点位置，当光缆发生断点（常发生在熔接处）时，便于迅速用仪器找到断点，进行维修。

4）对光缆进行测试。施工前，应先用光时域反射仪（OTDR）对光缆进行测试。检查光缆是否在运输途中受损，光缆的长度和损耗是否符合要求。每盘光缆在出厂时分别标有 A、B 端，用 A 端或 B 端作输入端，其光损是不一样的。因此，需对 A、B 端分别测试。

2．光缆施工的基本要求

1）在敷设光缆前，应根据复测的路由实际长度、全线路敷设环境与敷设方式等具体要求配单个光缆盘，尽量做到光缆整盘配盘，以减少中间接头。

2）为了保证光缆敷设的安全，敷设光缆时应遵守以下原则：光缆的弯曲半径不小于光缆外径的 15 倍，在施工过程中不小于 20 倍；采用牵引方式布放光缆时，牵引力不应超过光缆最大允许张力的 80%，而且主要牵引力应作用在光缆的加强芯上，瞬间最大牵引力不超过允许能力的 100%。

3）由于光缆的盘卷长度在 2～3km 范围内，同时受允许弯曲半径和额定拉力的限制，一般来说，光缆可承受拉力大约在 150～200kg。所以，在施工中应特别注意不能猛拉和有扭结的现象。

4）在布放光缆过程以及安装、回填中均要注意光缆安全，发现护层损伤应及时修复。在布放过程中发现任何情况，应及时测量，确认光缆是否良好。对光缆端头应进行严格的密封、防潮和防水处理。

3．光缆架空敷设

光缆架空主要有钢绞线支承式和自承式两种。有线电视网络基本都是采用钢绞线支承式，即通过杆路吊线来吊挂架设光缆。

光缆架空长期暴露在外界自然环境中，易受环境温度的影响而引起线路传输衰减的变化。因此，在温度变化较明显的地区敷设架空光缆时，必须注意所选光缆的温度特性。对于最低气温在-30℃以下的地区，不宜采用架空敷设方式。

架空敷设一般在水泥电杆或木杆上，先架设钢索吊线，再用电缆挂钩将光缆吊挂在钢索吊线上，有条件的地方可采用螺旋吊挂绑托方式，对于自承式光缆一般不予推行使用。

吊挂架空光缆的敷设方法一般是，在架杆和吊线上预先挂滑轮（一般每 15～20m 挂一个滑轮），并将牵引绳穿放入小滑轮内。然后，做好牵引头，并将牵引绳与光缆连接好，准备布放。

为了避免光缆太长而增加拖缆的拉力，一般把光缆放在两端的中间，向左右两个方向架设。这种方法虽可以减少拖缆的拉力，但却需要把前半卷光缆从盘上放下来。退卷的光缆可按“8”字形方式放在地上，这样拖缆时不会扭结。架设时在光缆的转弯处或地形复杂处，应有专人负责。前后拖缆人员应有双向通信工具进行联络。

杆上光缆伸缩弯的规格示意图如图 3-34 所示。靠杆中心部位应采用聚乙烯波纹管保护，预留长度为 2m（一般不得少于 1.5m）。应注意不能将预留两侧及绑扎部位捆死，以便在气温变化时能自由伸缩，起到保护光缆的作用。在光缆经十字吊线或丁字吊线处，也应安装保护管。

将架空光缆引上时，其安装方法和要求示意图如图 3-35 所示，杆下用钢管（引上保护钢管）保护，防止人为伤害；上吊部位在距杆 30cm 处绑扎，并应留有伸缩弯（伸缩弯要注意其弯曲半径，以确保在气温变化剧烈状态下光缆的安全）。

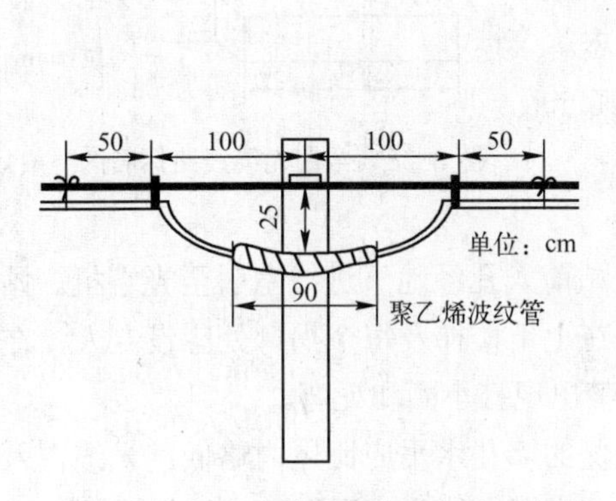

图 3-34　杆上光缆伸缩弯的规格示意图

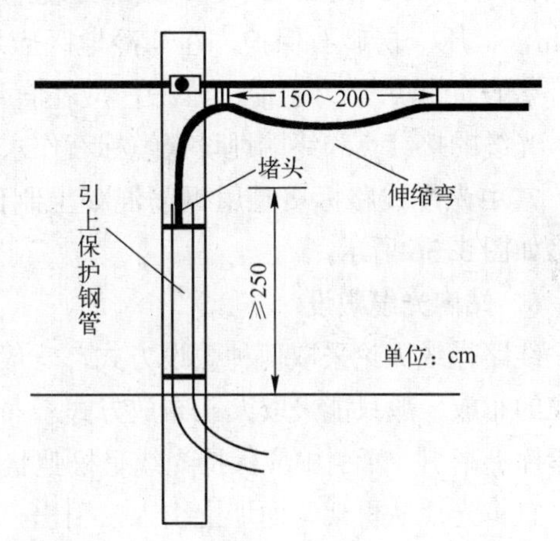

图 3-35　引上光缆的安装方法和要求示意图

架空光缆的固定和架挂，一般使用挂钩。光缆挂钩间距为 50cm，允许偏差应不大于±3cm。挂钩在吊线上的搭扣方向应一致，挂钩托板应俱全，不得有机械损伤。在电杆两侧的第一个挂钩距吊线夹板的距离应为 25cm，允许偏差不大于±2cm。

4．光缆管道敷设

在敷设光缆管道前应先清扫管孔和人孔，在打开人孔时，应在人孔周围插上小红旗的人孔铁栅，夜间应安置红灯以作为警示信号。进入人孔前还必须做好人孔的通风工作，排除人孔内的有害气体。待通风工作进行约 10min 后，才可以下孔工作。下孔后通风设备不要拆除，要在保持通风的状况下进行工作。

光缆敷设入管道是靠牵引绳或铁丝将其拉入的。施工时，要同架空牵引一样，不要将光缆或其中光纤拉断，同时不要划伤外表。为此，牵引力应在规定的数值以下，同时在光缆进、出入孔以及进出入管道处，要加设导向或喇叭口装置，以避免棱角对光缆的阻力和伤害。

由于光缆管道敷设所受到拉力的大小取决于光缆与管道壁的摩擦力，所以一次拉长长度不宜过长，常用的办法为"蛙跳"式敷设法，即牵引几个人孔段后，将光缆引出倒成"8"字，然后再向前敷设。如距离长还可继续将光缆引出倒"8"字，直到整盘光缆布放完毕为止。

对于光缆拐弯处的管道敷设，应采用 PE 软管导向装置。为减少摩擦阻力，还可在光缆表面涂上润滑剂。

5．光缆直埋敷设

光缆直埋的敷设是通过挖沟、开槽，将光缆直接埋入地下的敷设方式。这种方式不需要建筑杆路和地下管道，采用直埋方式可以省去许多不必要的接头。因此，目前长途干线光缆工程大多采用直埋敷设。敷设方法是，先开挖光缆沟，然后布放光缆，最后回填将光缆埋入沟中。

对于采用直埋方式敷设的光缆，应选用专用于直埋式的铠装光缆，根据土质不同埋地深度不得小于 0.8m，一般在 1～1.2m，沟底应平直。紧靠光缆外要用泥土覆盖 10cm，上压一层砖石保护，在寒冷地区应埋在冻土层以下。敷设光缆后，为了便于维护，应在直埋光缆路由沿途、光缆的接续点和终端埋设光缆标石作永久性标志。

常用光缆线路标石是用钢筋混凝土制作的，其一般规格如图 3-36 所示。

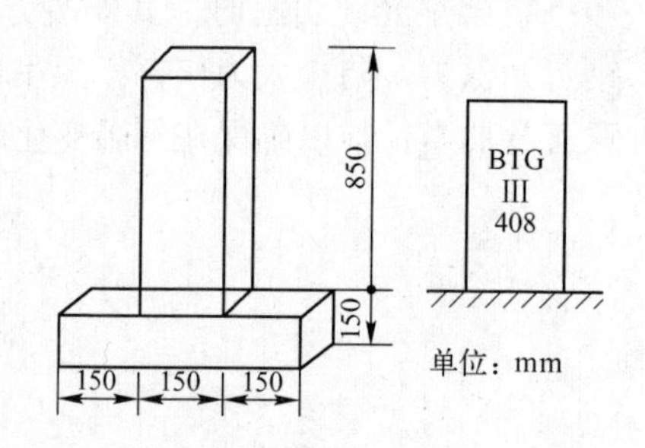

图 3-36　常用光缆线路标石的一般规格

6．站内光缆敷设

线路光缆无论采取何种敷设方式，一般均通过站前人孔经地下进线室引至光端机。站内光缆的布放一般只能采取人工布放方式。布放时，在上下楼梯及每个拐弯处应设专人，在统一指挥下牵引，牵引中应保持光缆呈松弛状态，严禁出现打小圈和死弯。

宜将光缆从机架背面墙上引入、引出，室外一侧的墙孔水平应比屋内略低；光缆在入口处应做成滴水弯，弯度不小于光缆的最小弯曲半径；光缆布线后应采取防水堵缝措施。光缆不得有松动、晃动。在光缆与管道或墙面接触处宜采用保护措施。

应在站内光缆做标记，标明来去方向及端别、芯数，以便识别。光缆在进线室应选择安全的位置，当处于易受外界损伤的位置时应采取加强保护措施。光缆经由走线架、拐弯点（前、后）应予绑扎，上下走道或爬墙的绑扎部位应垫胶管，避免光缆受侧压。

一般规定站内光缆预留 15～20m，通常按进线室和机房各预留一半，并在适当位置固定，对今后可能移动位置的机房应预留足够的接续长度。

光缆在室内的布放要讲究整齐美观，但应注意，保证光缆的松弛状态和足够的转弯半径始终是第一位的，这是光缆与电缆敷设时最重要的区别。光缆布放后，即使不立即接续成端，也要做临时固定，这是为了防止光缆因被拉伸或折弯而造成的机械损伤。

3.2.3 光接收机的安装

光接收机一般都随带有 FC/APC 型尾纤，安装使用时不能随意将 APC 型接头的保护套去掉，以免污染 APC 型接头，严禁用手或其他物品试插 APC 型接头。

模拟电视光纤同轴电缆混合（网）（HFC）传输系统的光接收机分室内和室外两种类型。室内型产品一般被安装在标准机箱内，220V 供电。在前端机房内安装比较简单，只要将光缆终端与带有 APC 型接头的尾纤熔焊接并将接头置于终端盒内保护，再将 APC 型接头与光接收机连接，即可接通整个光链路。反向光接收机因信号需再处理，故只有室内型一种。

室外型光接收机具有防水外壳，需要 60V 交流馈电，安装时应处理好光缆与外壳之间的防水连接。对于室外型光接收机的安装，一般应把其装架在电杆附近的钢索上，也可制作一个专用的较大铁箱，将光接收机、馈电源、稳压电源和电源插入器等放置在一起装在电杆上。作为一个光节点的光接收机 60V 馈电的容量，还应考虑该光节点电缆传输部分分配放大器馈电的容量。对光节点的光接收机安装的位置，一般应放置在该服务区的中心，以便适应随有线电视（电缆电视）（CATV）网络将来开发多功能应用进行网络升级改造的需要。

连接光缆。光缆已预先与光接收机附件的尾纤熔接好，熔接的接头是放置在接头保护盒内的。光接收机附件的尾纤，一般有两根，一根接收下行信号，另一根接收上行信号，只要将尾纤上 APC 型接头与接收机内法兰盘连接即可。

室外型光接收机的供电是通过光接收机 RF 信号输出端的同轴电缆馈入的，只需将 60V 交流电源通过电源插入器，馈入即可供电。

在前端安装反向光接收机时，可将 GX2-RX200B×2 型双路反向光接收机插入设备机架中，用翼型螺钉将其紧固。同时清洁闷头连接器和光纤连接器，测量输入信号，将其连接至输入端口，然后检查射频输出信号。

为了确保每台接收器收到的信号不超过可接受的最高光输入功率，在插入每个 SC/APC 型连接器之前，应借助光功率计，检查光信号电平。该光接收机可接受的光输入功率范围在 -16～0dBm。

将反向光接收机安装到机箱中后，可接通电源进行初始化。GX2-RX200B×2 型接收机的状态发光二极管（LED）将依次显示为红色→黄色→绿色。若 LED 保持绿色，则表示该模块在正常运行状态。

反向光接收机运行正常后，借助业务数据单元（SDU）检查每台接收器接收到的光功率是否在额定范围之内；使用场强仪检查 GX2-RX200B×2 型双路反向光接收机接收模块所占用的插槽是否存在射频信号输出（输出端口位于 GX2 机箱后面板上）。还可选择使用前面板上的测试点来检查输出电平。当将 GX2-RX200B×2 型双路反向光接收机的增益设置为中值（额定）时，得到的射频输出电平高于 52dBmV。

3.2.4 光工作站的安装

下面以 SG2000 光工作站为例，介绍光工作站的安装过程。SG2000 光工作站的外形如图 3-14 所示。

1．安装前的准备工作

安装前的准备工作包括打开机盖，查看是否有异物或脱落元件；将正向四路 RF 输出保险取下；查看交流输入电压是否正常（AC44～90V），将电源模块 60V/90V 跳线设定到合适的位置，如果高于 60V，则跳到 90V 的位置；接通电源，查看电源指示等是否正常，用万用表检测 24V、5V 电压是否正常，若有偏差，则可通过调整 ADJ 稳定 24V 输出。

2．正向调试

用光功率计检测光功率是否符合要求；查看波长选择跳线是否合适，用万用表测量光接收模块 1V/mW、1V/A 测试点是否正常。（dBm＝10lgmW）

光输入功率的范围设在-4.0～+2.0dBm；光输入功率最大值为+3dBm。

电流测试点：这个测试点可监视集成在光接收机放大器部分的电流。其额定刻度因子是 1.0V/A。当模块工作在通常条件下时，放大模块电流测试点电压在 0.150V 和 0.350V（放大模块电流在 150～350mA）之间。

接收机模块（SG2-LR）最小输出电平值见表 3-6。

表 3-6　接收机模块（SG2-LR）最小输出电平值

光输入电平/dBm	77 频道时的输出电平/dBmV	110 频道时的输出电平/dBmV
2.00	29.2	27.6
1.50	28.2	26.6
1.00	27.2	25.6
0.50	26.2	24.6
0.00	25.2	23.6
−0.50	24.2	22.6
−1.00	23.2	21.6
−1.50	22.2	20.6
−2.00	21.2	19.6
−2.50	20.2	18.6
−3.00	19.2	17.6
−3.50	18.2	16.6
−4.00	17.2	15.6

调整 RF 输出电平：在插入温度补偿控制（TCU）板的情况下，将主板中间部位的 MNU/AUTO 跳线接到 MNU 位置。顺时针旋转其增益电位器至 RF 输出最大，再反方向回调 4dB（GaAs 模块为 5dB）；若输出电平过高，则可加输出衰减（输出衰减要小于 15dB）；倘若仍不能满足输出要求，则可将多余衰减加在极间，或视合适的 RF 输出电平需求按表 3-6 配置衰减。然将跳线跳至 AUTO 位置，调整 TCU 板上的增益旋钮，使电平回到需要的值。

3．反向调试

如果使用单一发射机（SG2-IFPT 或 SG2-DFPT），就必须将其安装在位置 A 上。有一个 JXP-15A（15dB）衰减片，也必须将其安装在 B 发射机位的衰减片装置中，以终接反向路径合成板（SG2-RPM/C）来的信号。 安装 B 发射模块也需要在输出端加 5dB 衰减。

检验位于光发模块顶部面板的绿色 LED（ON）是否点亮，以确认其功能状态。

SG2-IFPT 的电压测试点为 1.0V/mW，其值应在 0.375～0.425V（光功率 0.375～0.425mW）之间；电流测试点为 1.0V/A，其值介于 4～90mV（激光器电流 4～90mA）之间；反向输入总功率为 28dBm；信道功率为 18dBm。

注意：在四路反向中各有一个噪声开关，噪声开关有 3 种状态，即开、-6dB、关（-40dB），当噪声开关不用时插入 2dB 衰减。

因为光工作站长期处于通电工作状态，特别是在夏季积温会很高，所以应把光工作站置于通风良好的环境中。如果把光工作站置于野外密封的箱体内，则箱体应有足够的通风措施，必要时可用小风扇进行排风，以确保散热效果。

由于光工作站内装有静电敏感器件，所以整机的接地非常重要。接地好坏也关系到避雷效果。在每个光节点用长度为 1.5m 的接地金属棒，通过 Φ10mm 铜芯护套线与光工作站相连，其他需要入地的设备也应被接在该入地点。

3.3 广电宽带接入网的方式

有线电视网络基本结构模型通常由城域网、接入网和用户端等几部分组成。其逻辑分层结构如图 3-37 所示。

图 3-37　有线电视网络逻辑分层结构图

STB—机顶盒　CPE—用户端设备

接入网系统是有线电视网络的主要一环，是整个网络体系中直接与用户连接的部分。一般来说，接入网系统是指从分前端的信号分配点到系统输出口之间的传输分配网络，其主要功能是将传输网传送来的信号分配到千家万户，同时将用户端需要回传的信号汇聚到分前端。接入网有两种基本结构：一种是基于光纤和同轴电缆的双向数据传输网络；另一种是基于光纤和五类线的双向数据传输网络。

目前，有线电视接入网主要有 4 种方式，即光纤同轴电缆混合（网）+线缆调制解调器终端系统（HFC+CMTS）、以太网无源光网络+以太数据通过同轴电缆传输（EPON+ EoC）、光纤到楼宇+以太网无源光网络+局域网（FTTB+EPON+LAN）、光纤到户（FTTH）。

3.3.1 HFC+CMTS 接入

在双向 HFC 接入网中，光纤网络回传采用的方式是空间分割方式，即利用两根光纤，一根正向传输下行电视信号，另一根反向传输各种上行信息，该传输方式简单、方便。在同轴电缆网中，一般采用频率分割方式传输上行信息，它可把不同的信息内容分成正向和反向传输，在频率上分成两个频段，如现行网络的 5～65MHz 频段传输上行信息，而 65～862MHz 传送下行电视信号，双向 HFC 接入网络的结构示意图如图 3-38 所示。

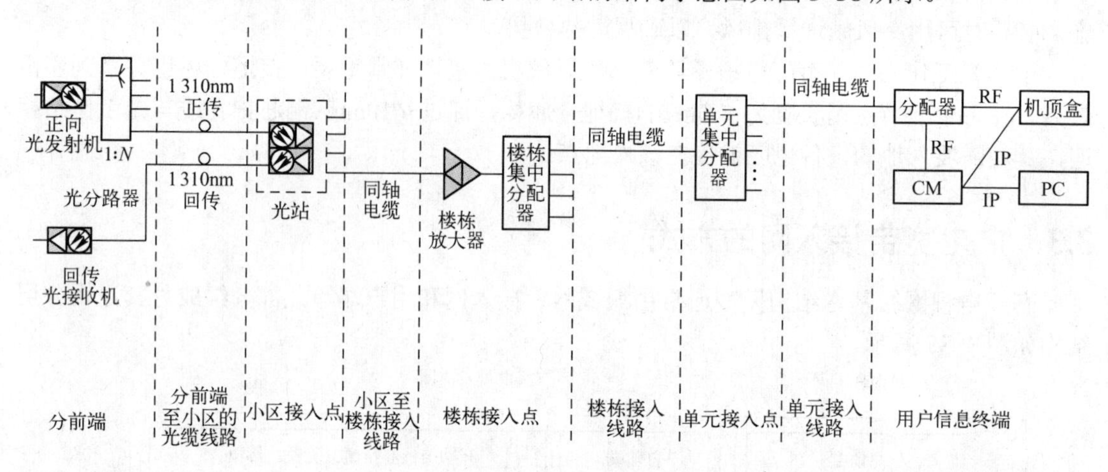

图 3-38　双向 HFC 接入网络的结构示意图

由图 3-38 可知，双向 HFC 接入网由分前端、分前端至小区的光缆线路、小区接入点、小区至楼栋接入线路、楼栋接入点、楼栋接入线路至用户终端接入线路、用户信息终端组成。其中分前端至小区接入线路占用两芯双向光纤通道；小区接入点放置光站，实现正向和回传的 1 310nm 波长光信号，进行光电和电光转换；小区至楼栋接入线路采用 75-9 铝管以上同轴电缆；楼栋接入点放置楼栋设备箱，箱内配置双向电缆放大器；楼栋接入点至用户信息终端线路采用 75-7 以上同轴电缆敷设；用户信息终端部署数字电视机顶盒接收广播式或交互式数字电视信号，并可通过线缆调制解调器（Cable Modem，CM）向用户提供数据业务。随着三网融合的推进和光缆线路的延伸，有的地方将光工作站放在楼栋接入点，小区至楼栋接入线路也采用光纤通道，这就是后面介绍的光纤到大楼（FTTB）。

双向 HFC 接入网的主要设备是前端的 CMTS 与用户终端的 CM，CM 通常有两个接口，一个接 HFC 端口，另一个接计算机。利用 CM 接入 Internet 可以实现 10～40Mbit/s 的带宽，下载速度可以轻松超过 100kbit/s，有时甚至可以高达 300kbit/s，用它可以非常舒心地享受宽带多媒体业务，而且 CM 可以绑定独立的 IP 地址。

Cable Modem 的主要功能是将数字信号调制到射频以及将射频信号中的数字信息解调出来。除此之外，Cable Modem 还提供标准的以太网接口，部分地完成网桥、路由器、网卡和集线器的功能，因此，要比传统的调制解调器（Modem）复杂得多。

Cable Modem 与传统的 Modem 在原理上都是将数据进行调制后在电缆的一个频率范围内传输，接收时进行解调，不同之处在于前者是通过 CATV 的某个传输频带进行调制解调的，而后者的传输介质在用户与交换机之间是独立的，即用户独享通信介质。Cable Modem 属于共享介质系统，其他空闲频段仍然可用于有线电视信号的传输。Cable Modem 提供双向信道：从计算机终端到网络方向称为上行信道，从网络到计算机终端方向称为下行信道。根据 GY5075-2005《城市有线广播电视网络设计规范》，其上、下行信道频带划分见表 3-7。

表 3-7　上、下行信道频带划分

波段	频率范围/MHz		业务内容
R	5～65	5～25	网络设备状态监控和按次付费电视等上行业务
		25～65	高速数据通信和语音通信业务
X	65～87		过渡带
FM	87～108		广播业务
A	110～1000		模拟电视、数字电视和数据业务

注：1. 数字电视、数据业务可在模拟频道里安排；2. 调频及数字广播在 87～108MHz 频率范围内配置，载频间隔不小于 400kHz；3. 110～550MHz 模拟电视频道用；4. 550～862MHz 数字电视和下行数据业务用。

上行信道的带宽一般在 200kbit/s～2Mbit/s，最高可达到 10Mbit/s。上行信道采用的载波频率范围在 5～40MHz。由于这一频段易受家用电器噪声的干扰，信道环境较差，所以一般采用较可行的 QPSK 调制方式。

下行信道的带宽一般在 3～10Mbit/s，但理论上最高传输速率可达到 36Mbit/s。下行信道采用的载波频率范围在 42～750MHz，一般将数字信号调制到一个 6MHz 的电视载波上，典型的调制方式有 QPSK 和 64QAM 等，前者可提供 10Mbit/s 带宽，后者可提供 36Mbit/s 带宽。

Cable Modem 本身不单纯是调制解调器，它集 Modem、调谐器、加/解密设备、桥接器、网络接口卡、简单网络管理协议（SNMP）代理和以太网集线器的功能于一身。它无需拨号上网，不占用电话线，可永久连接。服务商的设备同用户的 Modem 之间建立了一个虚拟专网（VLAN）连接，大多数的 Cable Modem 提供一个标准的 10Base—T 以太网接口，同用户的 PC 设备或局域网集线器相连。目前 Cable Modem 还没有统一的国际标准，认同比较高的两个标准是 MCNS 标准和 IEEE802.14 标准。

双向 HFC 接入网中的用户终端盒应具备抗高压冲击能力，有较好的屏蔽作用，能严格防止外界电磁波的干扰，交互式用户盒为无源设备，一般有 4 个端口，其一是信号输入（IN）端口，TV 插孔与电视机 RF 端相连，它可接收 168～750MHz 范围内的全部电视节目；FM 插孔是供调频收音机接收调频信号用的端口，它的频率范围在 87～108MHz 范围内；第 4 个端口（DATA）与用户的数字交换设备相连，如 Cable Modem 机顶盒等，便于用户与 CATV 双向网在 5～165MHz 频率范围内进行数据交换，双向网用户家中的设备由电话机、计算机、电视机、Cable Modem 和双向终端用户盒组成。

双向 HFC 接入网技术是建立在有线电缆数据服务接口规范（DOCSIS）之上的，目前已是 DOCSIS3.0 系统，是较为成熟稳定可靠的接入技术，在全球成功商用十几年，目前仍在发展之中。其最大的特点是有一个完整的规范体系，因此产品系列非常完整、标准统一、互通性非常好，能更好地承载各种各样的业务。DOCSIS3.0 又增加了“频道捆绑”技术，上、下行速率大幅度提高，完全满足今后一段时期内各种业务对带宽的需求。

3.3.2　EPON+EoC 接入

以太网无源光网络（Ethernet Passive Optical Network，EPON）是一种新兴的光纤接入技术，采用点到多点的用户网络拓扑结构，利用光纤实现视频、语音和数据的全业务接入。其特点是：使用无源的信号传输介质，在提高可靠性的同时，最长传输距离可达 20km；采用点到多点的结构，使用多点控制协议（MPCP）进行管理。EPON 系统在接入网链路中增加了光线路终端（OLT）、光分配网络节点（ODN）和光网络单元（ONU）等功能实体，通过光纤与终端设备相连，其典型拓扑结构为树形。EPON 解决方案示意图如图 3-39 所示。

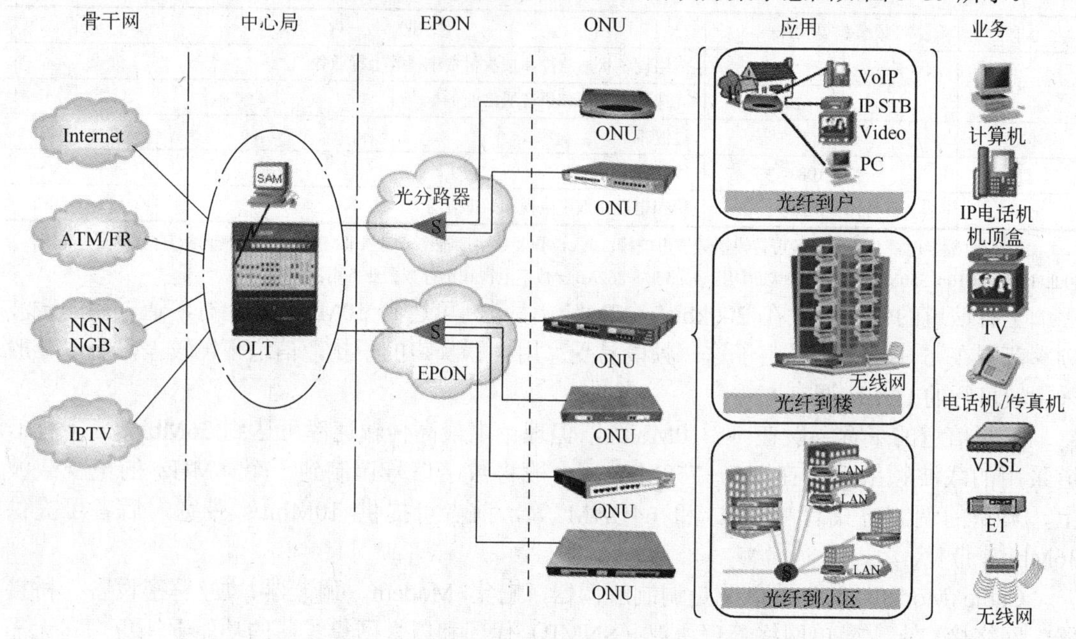

图 3-39　EPON 解决方案示意图

NGN—下一代网络　NGB—下一代广播电视（网）　VDSL—超高速数字用户环路　E1—以太网交换机 1

将 OLT 放在中心机房，将 ONU 放在网络接口单元附近或与其合为一体。无源分光器（POS）是连接 OLT 和 *n* 个 ONU（*n* 可为 8、16、32）的无源设备，它的功能是分发下行数据并集中上行数据。EPON 中使用单芯光纤，在一根芯上转送上下行两个波（上行波长为 1 310nm，下行波长为 1 490nm，另外还可以在这个纤芯上、下行叠加 1 550nm 的波长，来传递数字电视信号）。

OLT 既是一个交换机或路由器，又是一个多业务提供平台，它提供面向无源光纤网络的光纤接口（PON 接口）。根据以太网向城域和广域发展的趋势，OLT 上将提供多个 1Gbit/s 和 10Gbit/s 的以太接口，可以支持波分复用（WDM）传输。OLT 还支持异步传输模式（Asynchronous Transfer Mode，ATM）、帧中继（Frame Relay，FR）以及 OC3/12/48/192 等速率的同步光纤网络（SONET）的连接。如果需要支持传统的时分复用（Time Division Multiplex，TDM）语音，普通电话线和其他类型的 TDM 通信（T1/E1）就可以被复用连接到出接口。OLT 除了提供网络集中和接入的功能外，还可以针对用户的 QoS/服务水平协议（Service Level Agreement，SLA）的不同要求进行带宽、网络安全和管理配置。

在下行方向，IP 数据、语音和视频等多种业务由位于中心局的 OLT，采用广播方式，通过光分配节点（Optical Distribution Node，ODN）中的 1∶*N* 无源分光器分配到 PON 上的所有 ONU 单元。在上行方向，来自各个 ONU 的多种业务信息互不干扰地通过 ODN 中的 1∶*N* 无源分光器耦合到同一根光纤，最终送到位于局端 OLT 接收端。

EoC（Ethernet over Coax）是基于有线电视同轴电缆网使用以太网协议的接入技术。其基本原理是采用特定的介质转换技术（主要包括阻抗变换、平衡/不平衡变换等），将符合 802.3 系列标准的数据信号通过入户同轴电缆传输。该技术可以充分利用有线电视网络已有的入户同轴电缆资源，解决最后 100m 的接入问题。根据介质转换技术的不同，EoC 技术又分为有源 EoC 技术和无源 EoC 技术。

无源 EoC 传输技术是利用有线电视信号在 111～860MHz 频率范围内进行传输，基带数据信号在 0～20MHz 频率范围内传输的特性，采用二/四变换、高/低通滤波等技术，把电视信号与数据信号通过合路器映射到入户同轴电缆，并传送到用户家中，在用户端再通过分离器将电视信号与数据信号分离，分别传送到不同终端。该系统可为每个用户提供 10Mbit/s 全双工带宽。无源 EoC 接入技术对现有的有线电视网络系统改造工作量较小，无需增加额外的有源设备，安装使用方便，运营维护成本低，是一种经济的用户接入技术。

有源 EoC（网络示意图如图 3-40 所示）是将数据信号调制到适合有线电视同轴电缆网传输的某一频段上，然后将有线电视信号和调制后的数据信号混合传输。有源 EoC 传输速率较高，对现有的 HFC 网络不进行大的改造，适合广电的各种形式楼栋的分配网络，可利用 HFC 网络现有的同轴电缆室内电视网络，无需新建网络和二次室内布线。

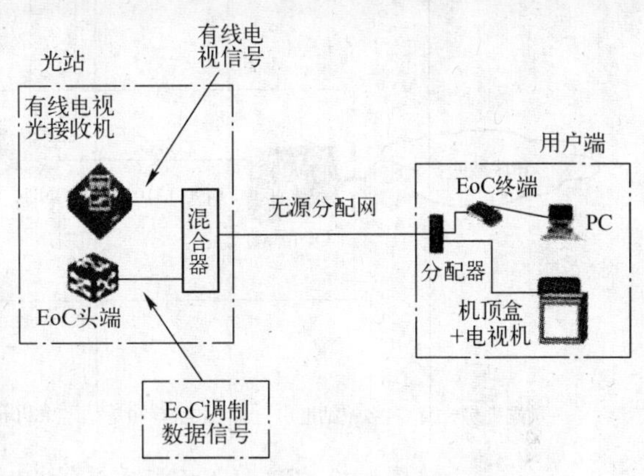

图 3-40　有源 EoC 网络示意图

采用低频 EoC 技术，是达到光节点覆盖光节点到用户采用无源同轴网络来传输的目的，从而降低了设备维护成本，提高了网络的可靠性。对现有的同轴电缆分配网络基本不进行改动，对放大器等设备进行无源低频旁路，以提供低频通道。

EPON+EoC 接入网络结构示意图如图 3-41 所示。EPON+EoC 在农村有线电视网双向化改造的网络拓扑结构如图 3-42 所示。

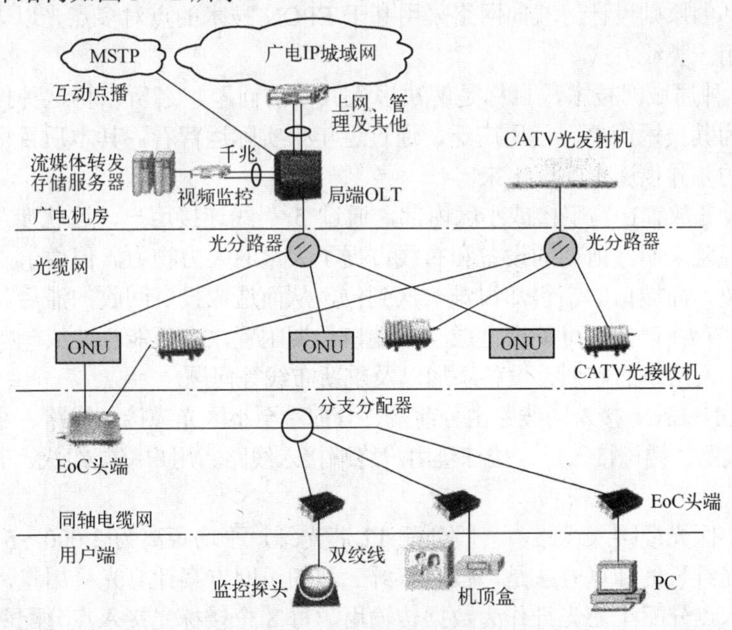

图 3-41　EPON+EoC 接入网络结构示意图

MSTP—基于 SDH 的多业务传送平台

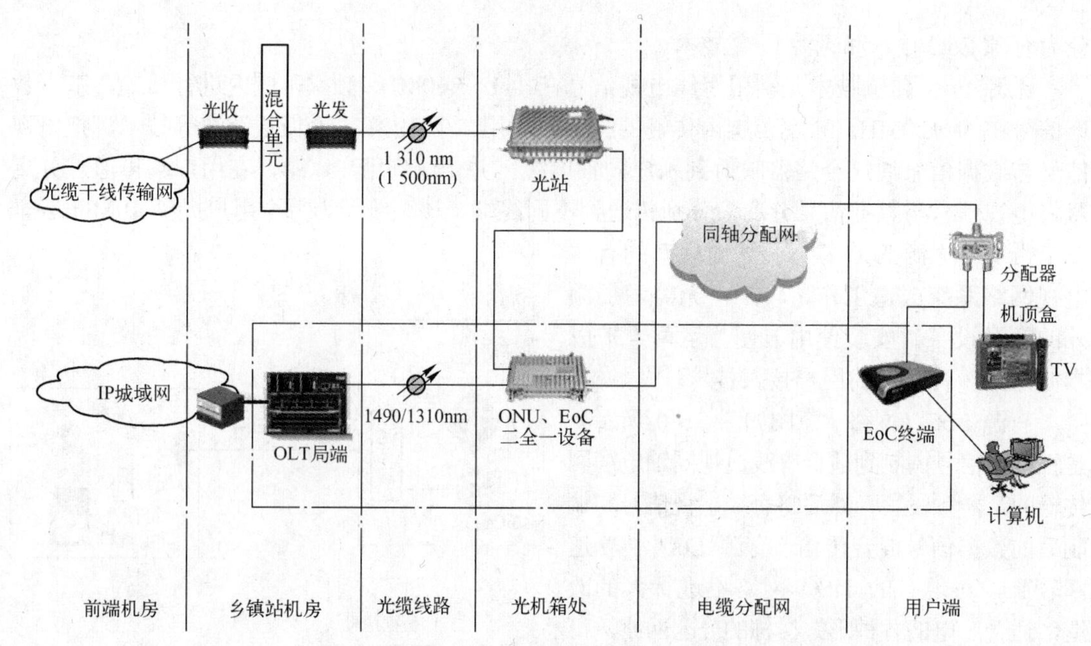

图 3-42　EPON+EoC 在农村有线电视网双向化改造的网络拓扑结构图

3.3.3　FTTB+ EPON+LAN 接入

FTTB+EPON+LAN 接入网是采用“光纤到楼、光机直带用户、EPON 传输、同轴电缆 5 类线复合电缆入户、以太网接入”的网络结构。HFC 网络传输系统采用 860MHz 频带，拓扑结构为光链路，采用一级 1 550nm 环形光链路、二级 1 310nm 或 1 550nm 星形光链路的结构，楼栋以下接入网采用光接收机直接通过同轴电缆覆盖用户，同轴电缆网络采取“单向传输、集中接入”的原则设计。双向网络采用基于 EPON 技术的点对多点光以太网传输技术，楼栋至用户采用 5 类线方式。

LAN 是一种局域网技术，目标是解决多人共享的问题，之所以将这种技术引入到接入网中来，是因为其技术简单、使用广泛。通过近年来实际运营看，其本质目标定位与需要运营接入网需求的差异也逐步凸现出来。

将 LAN 设备放置在写字楼或小区内部，通过 5 类线连接用户，这就涉及楼内布线工程的投资问题。经验表明，前期的设备和布线占据了大量的人力物力，但由于 LAN 接入前期的部署一次到位，而端口的销售却很难一次到位，从而造成投资回收的滞后。此外，对用户数量的预测往往存在误差，可能会造成一些端口长期闲置，也可能会造成一些区域端口数不足，扩容又会涉及网络的规划、设备添加以及重新布线等问题。

FTTB+EPON+LAN 接入网线路由分前端、分前端至小区光缆接入线路、小区接入点、小区至楼栋接入线路、楼栋接入点、楼栋至用户终端接入线路、用户终端组成。其结构示意图如图 3-43 所示。

分前端至小区光缆接入线路，一般分配 12 芯光纤，平均距离为 3 000～5 000m。分前端至小区接入点光纤量的计算方法是，按照双纤三波的组网方案计算光纤用量。每 60 户作为一个楼栋光接入点分配 1 芯光纤作为数据传输用，每 8 个楼栋光接入点分配两芯作为数字电视信号传输用，按 20%计算冗余，最后按 4 的倍数取值。对于一个 500 户小区，数据传输使用 8 芯，数字电视使用两芯，冗余两芯，共计 12 芯。

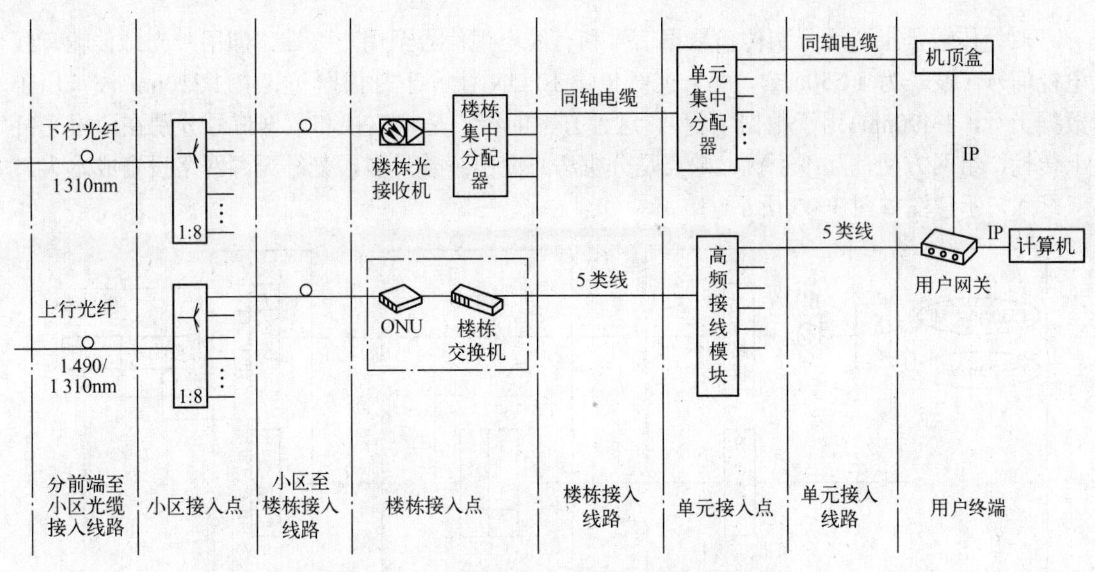

图 3-43　FTTB+EPON+LAN 接入网结构示意图

3.3.4　FTTH 接入

光纤到户（FTTH）接入是采用一根光纤直接入户的形式。这种方式不仅可提供户均高带宽的接入，而且有很强的业务拓展性。对于新建设的小区，宜采用 FTTH 接入方案施工。光纤直接入户，网络上没有任何室外有源设备，在用户端直接接收信号，摒弃了传统的同轴电缆。该种方案在传输方面安全可靠，在用户接收方面效率最高，是一种最为合理的接入方案。

FTTH 接入主要包括单纤三波和双纤传输方式。其中单纤三波是指将波长为 1 310nm 和 1 490nm 传输数据信号以及波长为 1 550nm 传输有线电视信号，通过 OLT 合波器将数据信号和有线电视信号合并在一根光纤中传输。在 ONU 接收端通过分波器分离出数据和有线电视信号，通过与电视连接的 RF 接入电视机，将数据信号送入计算机。这种方案的优点是分机房光缆出纤数量少，可以节省光纤无源网络（ODN）的投资成本。单纤三波入户示意图如图 3-44 所示。

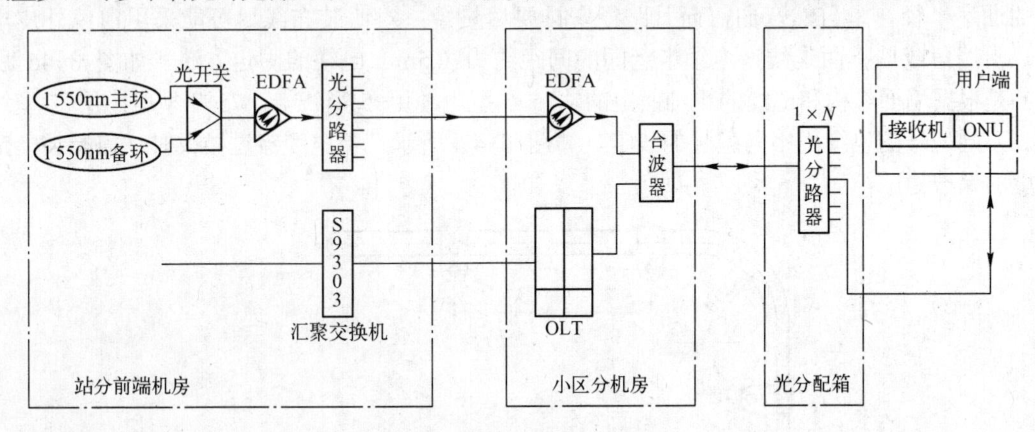

图 3-44　单纤三波入户示意图

EDFA—掺铒光纤放大器

双纤传输是指两纤分别传输数据信号和有线电视信号至用户终端，即用一光纤传输有线电视信号（波长为 1 550nm），另一光纤传输 EPON 上、下行数据（其中 1 310nm 波长用于数据上行，1 490nm 用于数据下行）。这种方案的特点是将电视和数据信号分别在两根光纤上传输，组网方便，互不干扰。缺点是分机房光缆出纤数量多，光纤无源网络投资成本大。双纤入户示意图如图 3-45 所示。

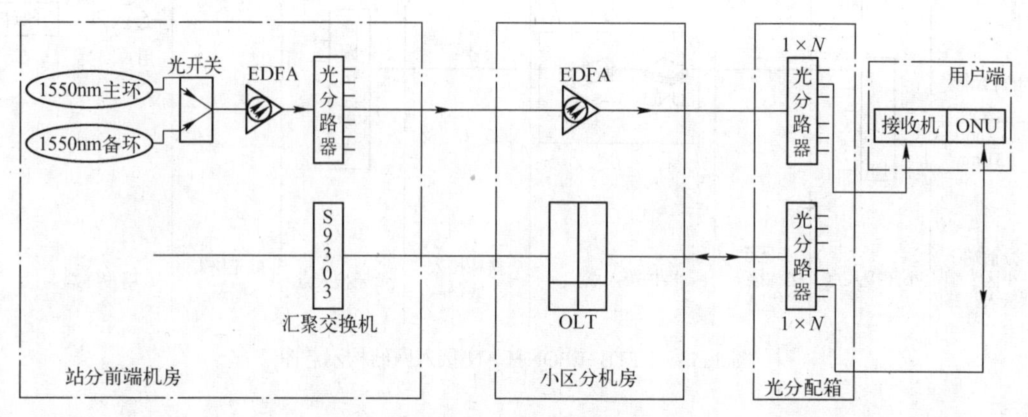

图 3-45 双纤入户示意图

3.4 广电宽带接入网的敷设

3.4.1 室内线缆的敷设方法

广电宽带接入网室内线缆的敷设方法与电力线相似，有明线敷设与暗线敷设两种。一般说来，对于新建楼房或房屋装修安装有线电视，宜采用暗线敷设；而对于旧房安装有线电视，则宜采用明线敷设。

1．明线敷设

明线敷设应注意以下事项：对明装布线要求排理整齐，横平竖直，电缆转弯时，要有一定的曲率半径，呈自然弯曲，而且路径安排要尽量短；对明装布线尽可能采用白色外皮电缆，沿墙角或墙下面走线；电缆卡之间的间距约为 0.5m。电缆的固定方法（如图 3-46 所示）是根据墙面结构和电缆的粗细而定的，75-5 型电缆用-5 型线卡，75-7 型电缆用-7 型线卡。不同型号的电缆用不同型号的线卡，如图 3-47 所示。当电缆穿过楼板时，需配装一定高度的保护管。

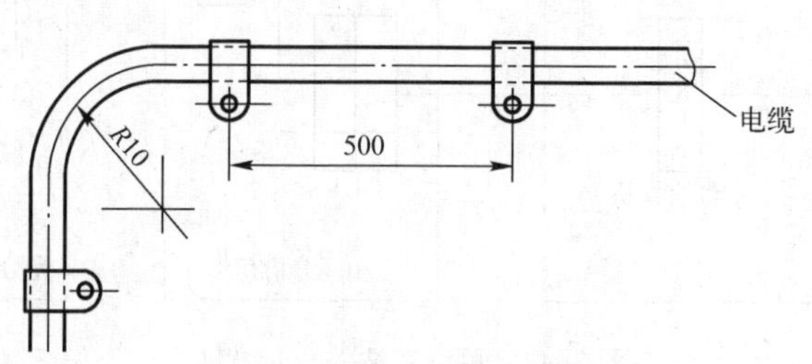

图 3-46 电缆的固定方法

注：10R—同轴电缆的最小弯曲半径应是 10 倍同轴电缆半径，如同轴电缆半径为 2cm，则最小弯曲半径应是 20cm。

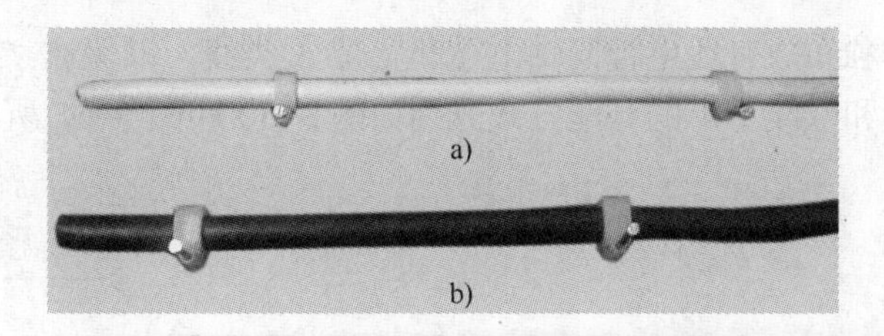

图 3-47　不同型号的电缆用不同型号的线卡

a) 75-5 型电缆　b) 75-7 型电缆

2．暗线敷设

有线电视同轴电缆的暗线敷设是将同轴电缆穿在预埋的塑料管道内。在电缆暗线敷设时，除了电视机的引线外，在房屋内是看不到有线电视电缆的。有线电视的管线设计应符合有关建筑设计标准，不同的房屋建筑其管线设计会不大相同。对于大板结构建筑管道敷设，可事先预埋浇注在混凝土内，而砖结构建筑的管道是在土建施工时将管道预埋在墙中。这两种情况分别如图 3-48 和图 3-49 所示。因此，施工时必须按照设计的要求敷设电缆。

图 3-48　将管道事先预埋浇注在混凝土内

图 3-49　将管道预埋在墙中

在管线布线时应注意以下事项：电缆管线在大于 25m 及转弯时，应在管道中间及拐角处配装预埋盒，以利电缆顺利穿过；埋入的管道内要穿进细铁丝，以便拉入电缆；管道口要用软物堵上，勿使泥浆进入管内；布管线或电缆在竖井内敷设时，要求强电源线和有线电视电缆分开走线，以避免强电流对有线电视信号的干扰；当用两根电缆穿管时，保护管内径应大于最粗电缆直径的 3 倍；当用 3 根电缆穿管时，保护管内径应大于最粗电缆直径的 3.2 倍；布线电缆的两端应留有一条的余量，并要求在端口做上标记。

3.4.2　敷设室内线缆的注意事项

1．选择正规专业线缆和器件

在进行家庭装修或改造时，应选择具有入网许可证的正规厂家生产的合格产品。线缆要求外皮光滑、手感饱满、柔韧；有线电视 75-5 型同轴电缆应选用芯线直径为 1mm、屏蔽网网数不少于 64 编的双屏蔽物理发泡电缆或 RG6 四屏蔽射频电缆；应选用外皮带有 CAT5 或 CAT5e 字样的宽带数据网线，避免买到假 5 类线或者 3 类线，对于分配器、终端盒等应选用高隔离、高屏蔽的优质器件。

2．采用星形布线方法

室内布线应采用星形集中分配方式，配线箱至客厅、主卧、次卧、书房、餐厅、厨房和卫生间等处应分别单独布放有线电视同轴电缆和宽带 5 类线，以保证家庭中各个居室都留有接口。采用单线星形和双线星形的分配方式分别如图 3-50 和图 3-51 所示。室内线缆布线示意图如图 3-52 所示。

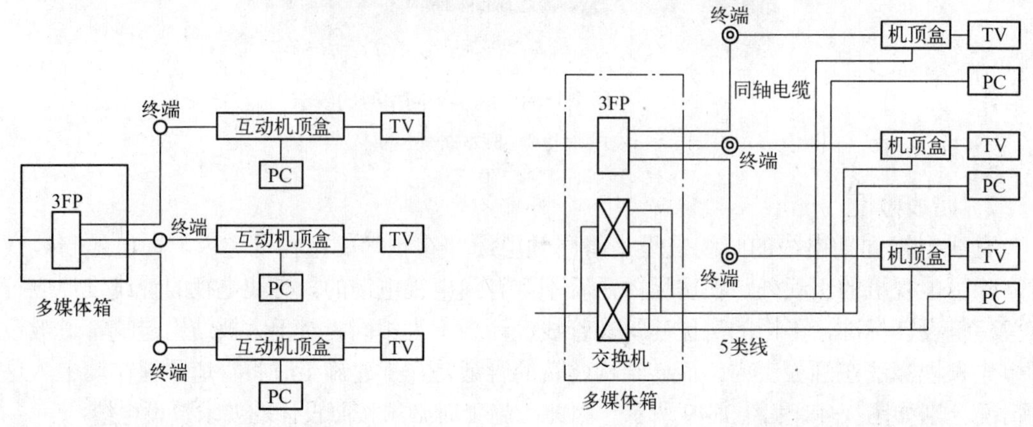

图 3-50　采用单线星形分配方式　　图 3-51　采用双线星形分配方式

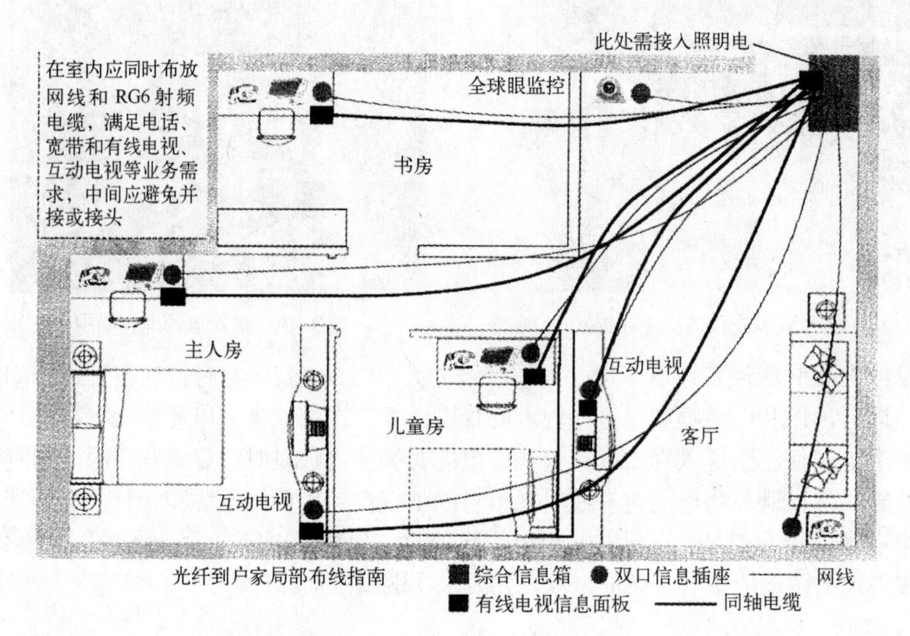

图 3-52　室内线缆布线示意图

3．线缆入户处安装多媒体信息分配箱

根据房子结构和有线电视进户线的情况确定接入点位置，放置一只多媒体信息分配箱（又称为多媒体信息接入箱），建议其尺寸规格不小于 35cm×25cm×20cm（长×宽×高），以便能容纳有线电视分配器、小信号放大器、电缆调制解调器、交换机或路由器等设备，如图 3-53 所示。箱体内必须预留电源插座，并具备一定的通风散热条件。多媒体信息分配箱为有线电视信号和宽带数据信号接入分配的汇聚点，有线电视入户线进入分配箱后，通过分配器输出多路电视信号；宽带数据 5 类线入户后，通过路由器或交换机输出多路宽带信号供各个居室、客厅、书房、餐厅和卫生间等使用。

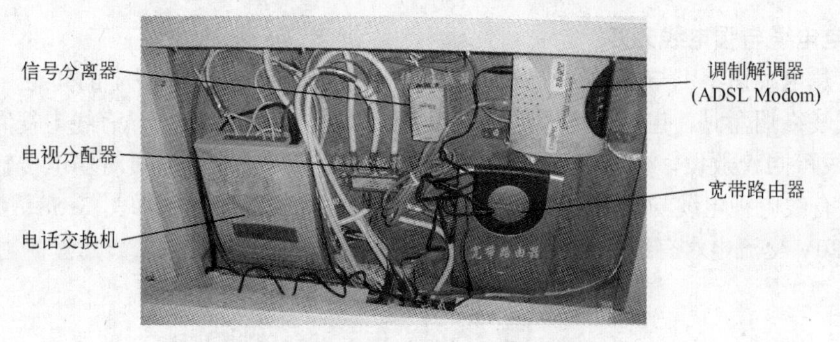

图 3-53　多媒体信息分配箱内设备

4．注意电缆的连接

在有线电视系统中，电缆的接头问题往往被人们所忽视，一个电缆接头有多个接触点，任何一处接触不良都可能导致故障发生。

室内电缆的连接通常用电缆芯线代替 F 头插针，正确的做法是，先将屏蔽网翻包在护套外，再把 F 头尾部伸进铝塑复合膜与屏蔽网之间，然后，用平口钳将金属套箍夹紧。屏蔽网与 F 头的连接方式如图 3-54 所示。

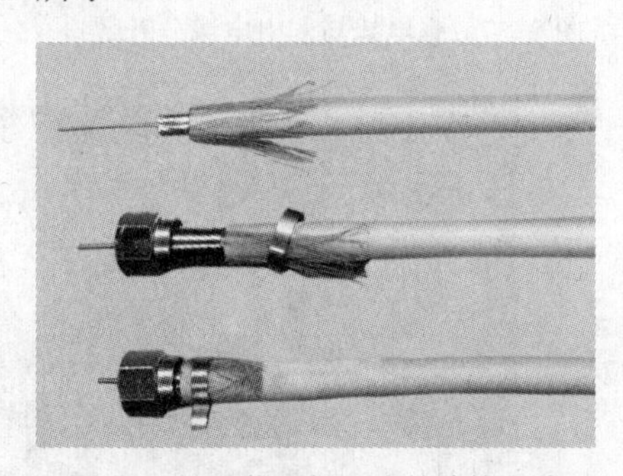

图 3-54　屏蔽网与 F 头的连接方式

目前某些电工不熟悉同轴电缆的特性与连接方法，将电力线的连接方法用在同轴电缆的连接上，虽然内导体与内导体绞接，外导体与外导体绞接（有的外导体没有绞接）信号能通过，但这样做相当两根同轴电缆并接，破坏了同轴电缆的特性阻抗，如图 3-55 所示。因此，当将同轴电缆连接时，一定要使用 F 型连接器。当需要连接两根同轴电缆时，应使用专用的对接头（或称为直通接头），如图 3-56 所示；当需要连接同轴电缆支线或分出用户线时，一定要使用分支、分配器。

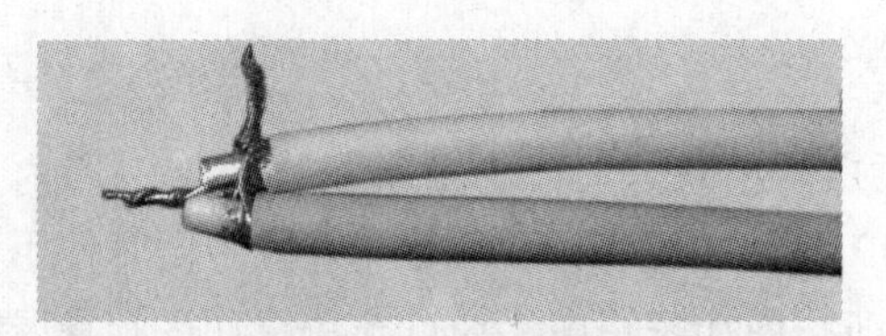

图 3-55　两根同轴电缆不正确的连接方法

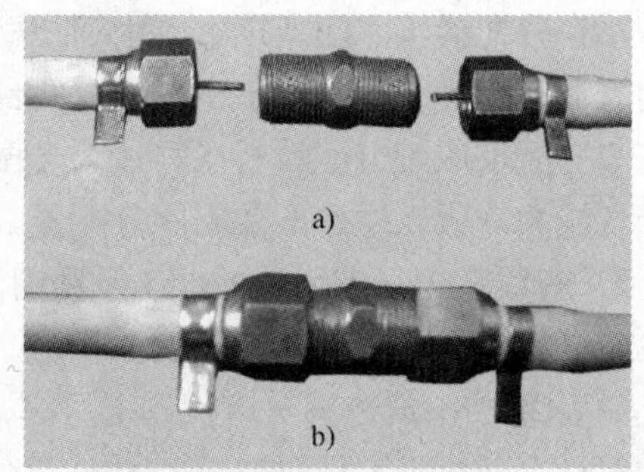

图 3-56　两根同轴电缆使用对接头的连接方法
a) 连接前　b) 连接后

5．弱电电缆与强电线分开

弱电信息电缆切不可与电源线同管敷设，它们之间应保持 20cm 以上的间距，如图 3-57 所示。当安装终端盒时，也不能太靠近用电设备，以免产生电源干扰。有线电视同轴电缆与宽带 5 类线可同管敷设，但管线内不得有任何接头。有些非专业人员对弱电传输知识不了解，通常将有线电视电缆与照明电线同管铺设，或将它们捆在一起（如图 3-58 所示），这样容易引起 220V 交流电对有线电视信号的干扰。

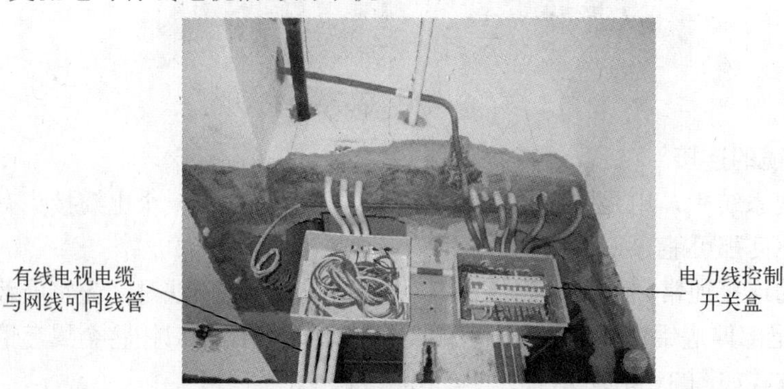

图 3-57　强电线与弱电电缆分开敷设

图 3-58　将有线电视电缆与电力线捆在一起

3.4.3　室内线缆器材的安装

1．分配器的安装和选择

在安装分配器时，应注意其输入端（IN）和输出端（OUT）不能接错，进线（总线）电缆应接在分配器输入端（IN），到其他房间的电缆应接在分配器的输出端（OUT）。千万不能使用三通或直接绞接。对于室内只有两台电视机，装一只二分配器就行了，有 3 台电视机只要将二分配换成三分配就行了，因为分配器的固有损耗与分配口的多少有关，分配口越多信号损耗越大，所以尽量不要用四分配器。

2．有线宽带（有线通）CM 及路由器的安装

有线双向网络前端采用 CMTS 同轴电缆入户，用户只有一台计算机固定在书房内使用，只要将 CM 放在书房连接到书房终端面板 DP 口，即可上网。如果用户家中同时使用多台计算机上网，将 CM 放在多媒体信息分配箱，在箱内加装路由器通过 5 类线连接到各房间网线面板，再通过网线将各台计算机与网线面板连接即可。

3．用户终端盒的安装

用户终端盒通常被安装固定在用户电视机所在房间的墙上，通过一根电缆（用户线）和分支器的支路输出端相连。三网融合应选用双向用户终端盒，其外形如图 3-59a 所示，其内部是一个分配隔离器，其结构如图 3-59b 所示。

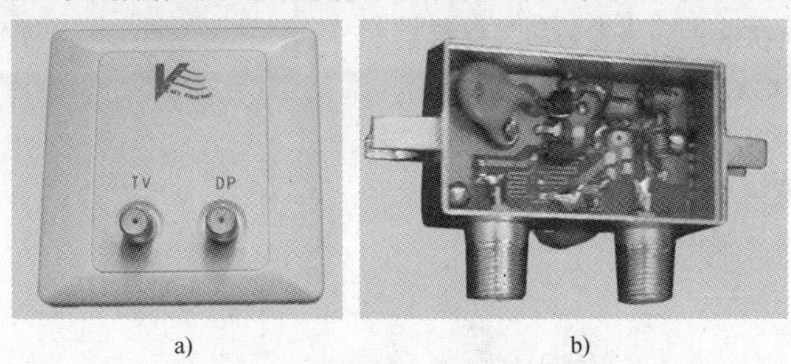

a)　　　　　　　　b)

图 3-59　双向用户终端盒外形图

a) 外形　b) 内部结构

双向用户终端盒的电视（TV）口接数字电视机顶盒观看高清数字电视节目，数据（DP）口用来接入有线宽带信号。

安装用户盒时，电缆屏蔽层不要留太长，并且要压紧，以防止与芯线短路；芯线不能太长，以防止与电路板短路，也不能太短而造成与压接螺钉接触不良，并且压接芯线时不要太紧，以防芯线被压断，对这些情况如果不加以注意，就可能会引起信号电平变化。

安装用户终端盒的应符合以下几点要求。

1）明装用户电缆应从门框上端钻孔进入住户，用塑料钉卡钉牢，卡距应小于 0.4m，布线要横平竖直，弯曲自然，符合弯曲半径要求。

2）用户终端盒与电缆的连接方式如图 3-60 所示。明装电缆转弯处应有弧度，电缆在用户终端盒外面应留有余线，余线应被固定成 U 型。

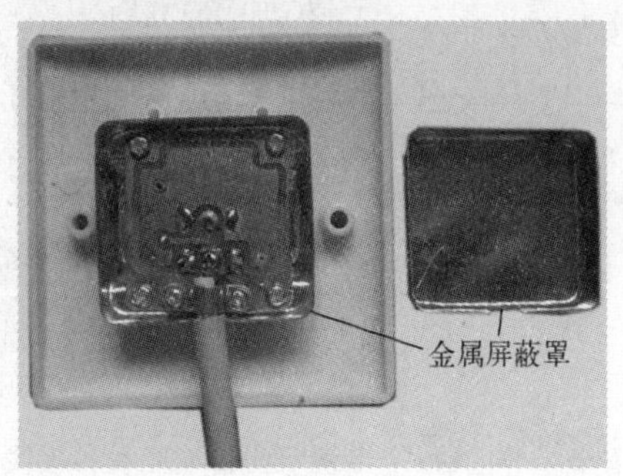

图 3-60　用户终端盒与电缆的连接方式

3）用户终端盒应距地 0.3～1.5m 位置被牢固安装，不得松动、歪斜。用户盒到电视机之间的连线不宜超过 5m。

3.5　实训 3　认识与了解数字电视双向传输光设备

1. 实训目的

1）认识和了解数字电视双向传输光设备的基本组成和基本功能。

2）熟悉光发射机、反向光接收机、光工作站的主要作用。

3）初步掌握数字电视双向传输光设备系统的调试。

2. 实训器材

1）GX2-HSG112A 光传输平台（含电源、控制模块） 1套

2）GX2-LM1000B8 正向光发射机（模块） 1台

3）GX2-RX200BX2 反向光接收机（模块） 1台

4）SG2000 野外光工作站（四端口） 1台

5）DS5112 可变频反向回传信号源 1台

6）DS1121 手持场强仪 两台

7）光功率计 1台

3. 实训原理

实训原理可参考本章相关部分，这里不再赘述。图 3-61 所示为简洁教学用的有线数字电视双向传输光设备原理图。

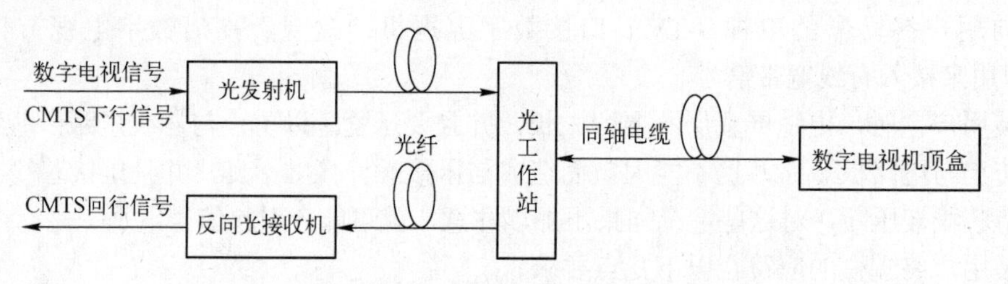

图 3-61　有线数字电视双向传输光设备原理图

4. 实训步骤

根据图 3-62 所示的接线图连接设备。

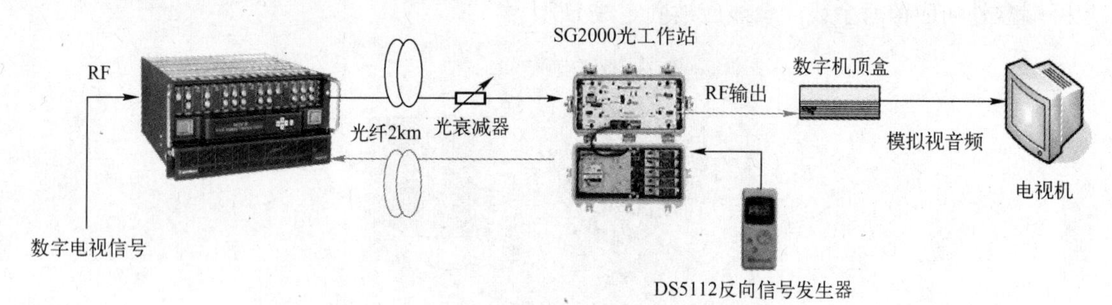

图 3-62　有线数字电视双向传输光设备接线图

1）安装与调试 GX2-LM1000 正向光发射机。

2）安装与调试 GX2-RX200BX2 双路反向光接收机。

3）安装与调试 SG2000 光工作站，调试时要分别进行正向调试和反向调试。

4）数字电视双向传输光设备的调试。

① 正向链路的调试。将场强仪接入正向光发 LM1000 射频检测口，调整数字电视输入信号电平，使场强仪读数为 55dBμV；将光功率计接入光工作站 SG2000 光纤输入处，调整光衰减器使输入光功率在 0～-1dBm 左右；将场强仪分别接入 SG2000 四路输出测试口，分

别调整相应输出衰减，使场强仪读数为 88dBμV（实际输出电平为 108dBμV）。

② 反向链路的调试。将 DS5112 可变频反向回传信号源设置为 98dBμV@50MHz，接入 SG2000 反向信号注入口（20dB 衰减）。选取合适的信号电平注入点（光站的主输出口或主输出检测口）

$$注入电平=88\text{dB}\mu\text{V}-10\times\lg(10)=78\text{dB}\mu\text{V}$$

将场强仪接入 RX200 检测口，调整衰减参数使反向光接收机的输出电平至 100dBμV（检测口 20dB 衰减），场强仪实际读数为 120dBμV。

5. 实训报告

1）画出本实训的数字电视双向光传输设备的框图，并简述各部分的功能和特点。

2）叙述光发射机、反向光接收机、光工作站的主要作用。

3）简述数字电视双向光传输设备正、反向调试过程及要点。

3.6 习题

1．光纤的传输特性是什么？

2．光有源器件与无源器件主要有哪些？

3．什么是光波分复用（WDM）与密集波分复用（DWDM）？

4．SDH 技术在广电传输网中的应用如何？

5．降低光纤熔接损耗有哪些措施？

6．什么是广电宽带接入网？它主要有哪几种形式？

7．广电宽带接入网的敷设方法有哪几种？施工中应注意哪些事项？

8．怎样安装用户终端盒？

第 4 章　卫星数字电视的接收与安装调试技术

本章要点

- 熟悉卫星接收天线主要技术参数，掌握天线的安装调试方法。
- 熟悉高频头的作用，掌握高频头的选用。
- 熟悉卫星数字电视接收机的组成及其工作原理。
- 掌握中星 9 号直播卫星的接收与调试。
- 熟悉一锅多星的接收方法。

4.1　卫星电视接收天线的安装与调试

卫星数字电视接收设备分室外单元和室内单元。卫星电视接收系统（无论是转播接收还是直接收看）主要由卫星接收天线、高频头和卫星数字电视接收机组成。将卫星接收天线与高频头安装在室外，称为室外单元；将卫星数字电视接收机放在室内，称为室内单元。接收天线处于接收系统的最前端，其作用是将来自卫星转发器的微弱超高频电磁波加以聚集，并转换成波导中的电磁波，通过波导将电磁波还原为高频电流送给高频头。卫星接收天线技术指标的高低对整个系统的接收效果产生决定性的影响。

4.1.1　天线的主要技术参数

衡量一副天线的好坏，要用天线的参数来描述。天线的主要参数包括方向性、增益、噪声温度、阻抗与驻波比以及频带宽度等。

1. 天线的方向性

天线的方向性是描述天线在不同方向的不同特性。对于发射天线，在不同方向上辐射电磁波的能量不同；对于接收天线，对来自空间不同方向、强度相同的电磁波相对接收的能力不同。不同形式的天线，其方向性也不相同。天线的方向性可用方向性图、方向系数或波瓣宽度（辐射宽度）来表示。引向天线的方向性如图 4-1 所示。

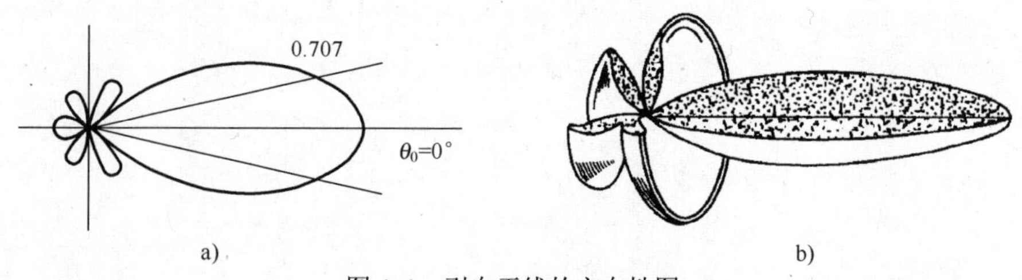

图 4-1　引向天线的方向性图

a) 水平方向性图　b) 空间立体方向性图

天线的中心波瓣就是主波瓣，其余都是旁瓣。主波瓣含有最大辐射方向的波瓣，在这个方向上天线有最好的辐射特性，天线接收的信号主要来自主波瓣，主波瓣宽度表示其能接收的信号角度范围，其定义为功率下降到一半（即-3dB）时主波瓣的宽度。天线的波瓣宽度示意图如图 4-2 所示。

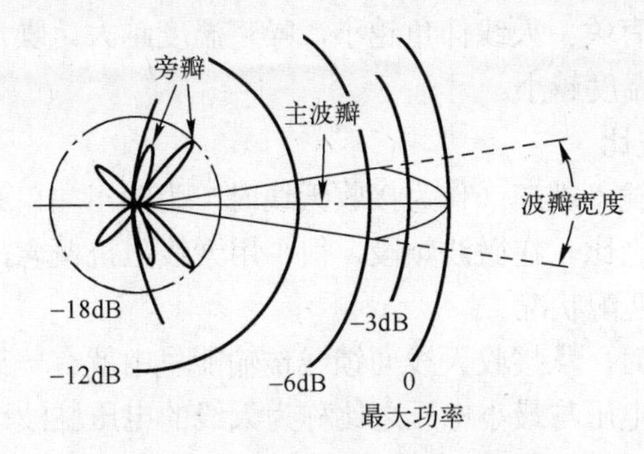

图 4-2　天线的波瓣宽度示意图

波瓣宽度与天线口径、信号频率成反比：口径越大，波瓣宽度越小；信号频率越高，波瓣宽度也越小。接收信号越弱，对天线增益的要求越高。

2．天线的增益

天线的增益与放大器的增益不同，它不是把输入信号放大，而是描述定向天线辐射或接收电磁波的能力比标准天线大的程度。定向天线的增益定义为，在电磁波场强相等的条件下，定向天线在最大接收方向（即主瓣最大值方向）向匹配负载输出的有用电视信号功率与放在该处的无损耗全向天线（标准天线）向匹配负载输出的有用电视信号功率之比，或两者电平之差，常用符号 G 来表示。定向天线的增益越大，它的方向性越强。

卫星抛物面天线增益（单位为 dB）是反映天线方向性和效率的一个重要参数。它的计算公式为

$$G=(\pi D/\lambda)^2\eta=10\lg[(\pi D/\lambda)^2\eta]$$

式中，λ 为工作波长（m）；D 为天线直径（m）；η 为天线效率。

天线效率是指天线实际向匹配负载输出的最大功率与假定天线无损耗时向匹配负载输出的最大功率之比。可见，天线的增益与效率成正比，与天线口径的平方成正比，与工作波长的平方成反比。同一个天线，使用的频率越高（波长越短），其增益就越大。不同天线的效率也不相同，如：网状普通抛物面天线的效率约为 0.5；板状抛物面天线的效率一般为 0.6；卡塞格伦天线的效率为 0.7；偏馈天线的效率为 0.75。

3．天线的噪声温度

除了天线增益外，天线的噪声温度对整个接收系统的性能也有重要的影响，因为它将使系统的载噪比下降。因此，为了全面地衡量天线的综合性能，通常采用天线的品质因素来表示天线的性能。天线的品质因素定义为

$$Q=G_a/T_a$$

式中，G_a 为天线的增益，T_a 为天线的噪声温度。

这里所说的噪声温度不是指天线自身的物理温度，而是一个等效噪声温度。其值等于噪声温度的电阻向接收设备输送的噪声功率所产生的温度噪声。温度越高，天线输出的噪声越

大。噪声温度和噪声系数的物理本质是一样的，它们都表示设备本身产生噪声的能力，不过噪声温度一般用在低噪声器件中，噪声温度的计算单位是 K。对于 C 频段天线，天线的噪声温度一般取 20～40K。

卫星电视接收天线在接收正常信号时也会接收到一些杂波，天线噪声不仅与频率和仰角有关，而且与地面反射波有关。天线仰角越小，噪声温度越大。噪声温度还与天线的口径有关，天线口径越大，噪声温度越小。

4．天线的阻抗与驻波比

天线阻抗是指从天线输入端口（作为接收天线时，为输出端口）看向天线的输入阻抗，它是天线输入电压与电流之比。在微波频段，很少用天线阻抗概念，而用反射系数或驻波比来表示天线与馈线的阻抗匹配状况。

当天线与馈线不匹配时，从接收天线向馈线传输能量中就有一部分被反射，在天线中形成驻波，这个驻波的最大电压与最小电压之比称为天线的电压驻波比，它决定于天线的输入阻抗与电缆特性阻抗的匹配程度。当天线输入阻抗严格等于电缆特性阻抗时，实现完全匹配，驻波比为 1，从天线向电缆传输的信号能量最大。电压驻波比越大，阻抗越不匹配，天线向电缆传输的效率越低。

天线的电压驻波比不仅与天线本身的性质有关，而且与使用的电缆和阻抗匹配器的性质有关。天线系统匹配越好，电压驻波比越接近 1。

5．频带宽度

天线的频带宽度是指天线的增益、方向性系数、输入阻抗等电气特性满足规定要求时，向馈线输送的功率为中心频率处输出功率 1/2 时所对应的两个频率之差。天线的频带宽度也称为天线的通频带。

用户 VHF 频段无线电视台信号使用的单频道八木天线，要求其频带宽度为 8MHz；接收 13～24 频道的多路微波天线，接收频率范围为 470～566MHz，频带宽度应为 96MHz。

接收卫星电视广播信号要求接收天线具有高增益、高效率、低噪声、宽频带、天线指向调整范围宽等特性。

6．卫星电视接收天线的主要性能要求

卫星电视接收天线性能的优劣直接影响着接收系统的性能。卫星电视接收天线的主要性能包括方向性、增益、效率、阻抗与噪声温度等。C 波段天线的接收频段为 3.7～4.2GHz。不同口径的天线具有不同的天线增益，如天线口径为 1.2m 的天线增益应大于或等于 30.9dB；天线口径为 3m 的天线增益应大于或等于 39.3dB；天线口径为 4.5m 的天线增益应大于或等于 43.2dB。上述 3 种天线的天线效率分别为 50%、55%和 60%。

Ku 波段天线的接收频段为 10.95～12.75GHz，与 C 波段相同口径的天线，其天线增益比 C 波段天线的天线增益高，如天线口径为 1.2m 的天线增益应大于或等于 40.9dB；天线口径为 3m 的天线增益应大于或等于 49.1dB；天线口径为 4.5m 的天线增益应大于或等于 52.7dB，大约高 10dB。上述 3 种天线的天线效率分别为 56%、58%和 60%。

4.1.2 抛物面天线

卫星接收天线通常采用面天线，其工作原理则是利用高频无线电波的似光传播特性来接收电磁波能量的。通过增大天线的面积，可提高所截获电磁波的能量，从而获得足够强的接收信号。面天线一般由反射面、馈源和支架等部分组成。按照反射面与馈源所处相对位置的不同，可分为前馈天线、后馈天线和偏馈天线 3 种。

1．前馈式抛物面天线

前馈式抛物面天线的结构简图如图 4-3 所示。图 4-4 所示为前馈式抛物面天线的实物图。

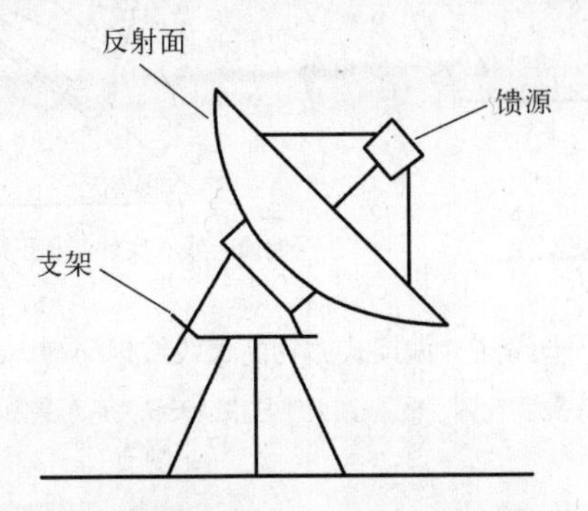

图 4-3　前馈式抛物面天线的结构简图

图 4-4　前馈式抛物面天线的实物图

抛物面天线的焦距与口径之比（f/D）称为抛物面天线的焦距口径比。根据 f/D 值的大小不同，将抛物面天线分为长焦距（$f/D>1/4$）、中焦距（$f/D=1/4$）和短焦距（$f/D<1/4$）3 种天线。用于卫星接收的抛物面天线的 f/D 一般为 0.38～0.42。

前馈式抛物面天线的优点是，馈源对空中电磁波的遮挡小，结构简单，成本低，安装调试容易。但是大口径的前馈式抛物面天线具有如下缺点：安装调试高频头不方便，而且高频头位于抛物面焦点处，太阳光有时被聚焦到高频头上，使高频头的温度升高，降低了信号的信噪比，对高频头的可靠性和寿命也有一定的影响。所以，在工程应用中，当天线口径 $D<5$m 时，通常使用前馈式抛物面天线，口径再大时，应采用后馈式结构。

2．偏馈式抛物面天线

偏馈式抛物面天线适用于小口径天线的场合，且特别适合接收 Ku 波段的卫星电视信号，其结构简图如图 4-5a 所示。图 4-5b 所示为偏馈天线与正馈天线关系示意图。图 4-6 为偏馈式抛物面天线的实物图。偏馈式抛物面天线的反射面是在某一参数的抛物面上非顶点处截取一块曲面构成的，将馈源安装在原抛物面的焦点上，口面对准反射面。由于馈源的安装位置不在反射面的中心法线上，所以被称为偏馈式天线。正是因为馈源不在反射面与卫星的连线上，才避免了馈源对电磁波的遮挡，所以这种天线的效率最高。

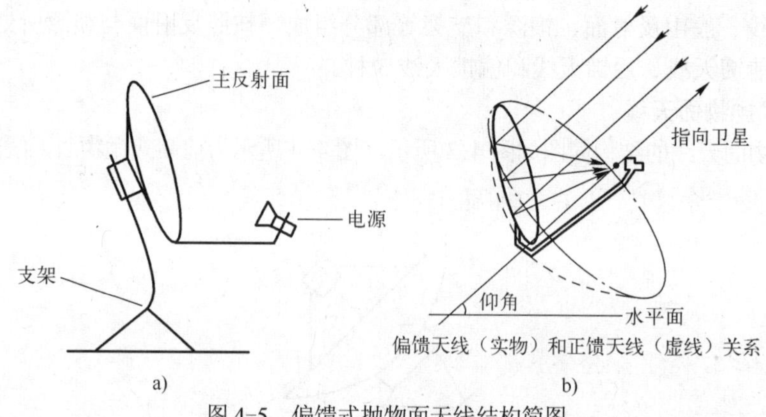

图 4-5　偏馈式抛物面天线结构简图

a) 结构简图　b) 偏馈天线与正馈天线关系示意图

a)　b)

图 4-6　偏馈式抛物面天线的实物图

a) 安装在房顶上的偏馈式天线　b) 安装在阳台上的偏馈式天线

偏馈式天线具有以下优点：由于不存在口面遮挡的问题，使天线的旁瓣特性较好，噪声系数较小，阻抗不受反射波影响，具有较好的驻波系数，效率高。

这种天线的缺点是极化隔离性较差，结构不对称，加工难度大。

4.1.3　天线的馈源与极化

1. 馈源

在卫星电视接收天线中，馈源作为天线的初级辐射器，是天线的心脏，其作用是对经反射面反射来的电磁波进行整理，使其极化方向一致，并进行阻抗变换，使馈源中由圆波导传播的电磁波能够变换成高频头中由矩形波导传播的电磁波，从而提高天线的效率。

根据天线结构的不同，可将馈源分为两大类，一类是前馈型馈源，适合于普通前馈式抛物面天线使用，常用的前馈型馈源有环形槽馈源和单环槽馈源；另一类为后馈型馈源，适合与卡塞格伦天线配套使用，常用的后馈型馈源有圆锥喇叭馈源、阶梯喇叭馈源、变张角喇叭馈源和圆锥介质加载喇叭馈源等。下面介绍环形槽馈源的结构。

环形槽馈源由带环形槽的主波导、介质移相器和圆一矩波导变换器 3 部分构成。

主波导是直径为（0.6～1.1）λ（λ为接收电波的波长）的一段圆波导，在其外端口配有一个具有 3～4 圈环形纹槽的空心圆盘，这个空心圆盘称为波导环（或称为扼流槽），它的作用将在下面介绍。

介质移相器是由移相介质片按一定方向插入在圆波导中构成，当传输电波经过介质片时，改变一定的相移量，从而使电波完成极化的变换作用。

圆一矩波导变换器是由圆波导向矩形波导过渡的过渡波导段，通过它完成电波的阻抗变换和模式转换。

环形槽馈源是一种大张角喇叭，对于不同 f/D 大小的天线，可以配用不同口径的环形槽馈源，以提供不同的照射张角。这种馈源的优点是，方向图等化良好，而且波束宽度几乎不变，极化变动容易实现，结构简单，加工容易，尺寸小，对电波遮挡小。4 环形纹槽的馈源盘如图 4-7a 所示。3 环形纹槽的馈源盘如图 4-7b 所示。

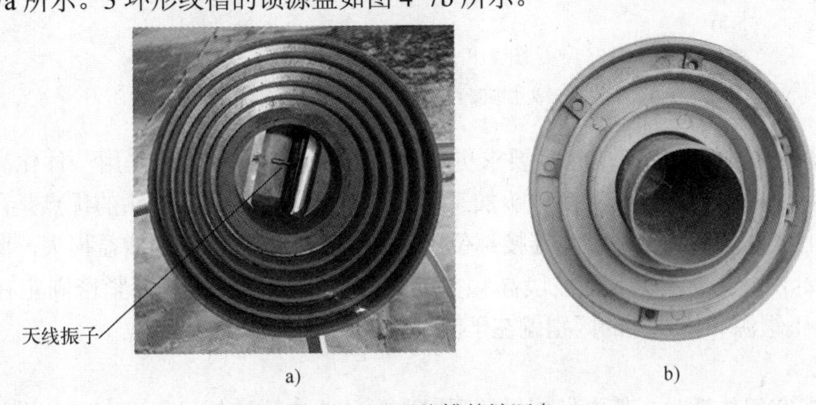

图 4-7　环形纹槽的馈源盘

a) 4 环形纹槽的馈源盘　b) 3 环形纹槽的馈源盘

2．波导管

波导由矩形或圆柱形单一金属管构成，又称为波导管。电磁波沿波导管传播。对波导管的内表面光洁度要求很高，以保证导电性能良好。一体化馈源的波导管全段是圆形的，C 波段分体结构馈源波导管内置天线的一段是矩形波导，另一端是圆形，中间采用变形波导给予过渡。

为了改善波导管的效率，在波导管的开口端加装固定的波导环（或称扼流槽），它的作用是保证工作电波的正常传输，抑制非工作电波的入侵和干扰。在 C 波段一般采用正馈式（馈源在抛物面天线中心聚焦馈电），所加装的波导环好比一个盘，所以又称为馈源盘或称馈源环，这个馈源环可以是双环的也可以是 3 环的。由于环间间距不同和环槽的深度不同，所以可分为高效馈源和普通馈源。馈源效率的高低主要取决于馈源环。调节馈源环卡在波导管的深浅程度，便可调节天线的接收范围。

馈源的微波波导管中内置有天线振子，如图 4-8a 所示。它的作用是将抛物面天线（实质上应该是天线的反射面）反射过来的电磁波聚焦到馈源内置天线上，并耦合到高频头的高放电路。

馈源中的天线振子属于线性单谐振天线的对称型半波天线，它的长度应该是接收电波波长的 1/4 左右，比如 C 波段的频率范围是 3.7～4.2GHz，对应的波长λ=7.143～8.108cm，实际天线振子在谐振工作总要比$\lambda/4$ 的整数倍略短，因此，C 波段馈源中内置天线长度应在

1.5188～1.824cm；Ku 波段的频率范围是 11.7～12.75GHz，对应的波长λ=2.353～2.546cm，天线振子长度实际为 5～5.77mm。

单极化馈源中只有一个振子天线，在双极化馈源中就应该有两个相同振子天线。中间还有一个横棒，为隔离针，起极化隔离作用，如图 4-8a 所示。

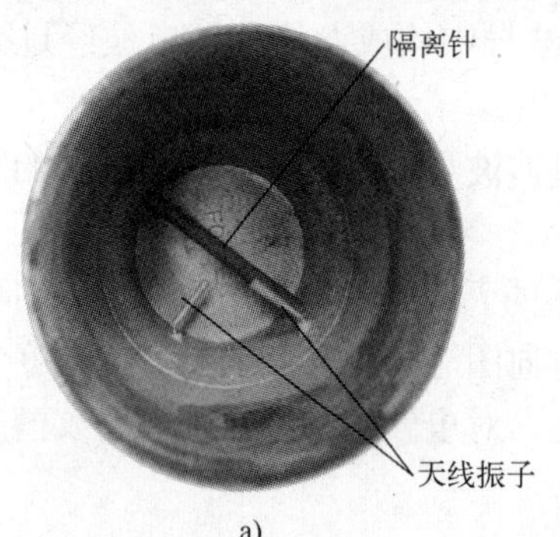

a)

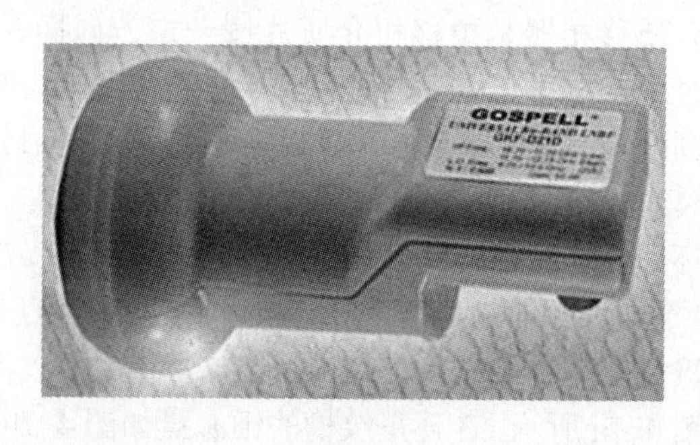

b)

图 4-8　一体化高频头

a) 一体化高频头中馈源的波导管　b) Ku 波段一体化高频头

Ku 波段接收对馈源系统的精度要求更加严格，目前 Ku 波段均采用一体化高频头，如图 4-8b 所示，即将馈源系统和高频头加工在一起。采用一体化高频头的优点是，能够彻底地避免传统上分体式高频头与馈源连接部位因机械加工误差而引起的增益损失，此外安装方便，性能稳定，一致性好。Ku 波段高频头的馈源是梯形多环式，并紧密固定在波导管周围。Ku 波段正馈源和偏馈源的区别就在于波纹槽的结构不同。

3．极化

电磁波在空间传播时，其电场矢量的瞬时取向称为电磁波的极化方向。如果将电磁波在传播过程中电场矢量描出的轨迹，沿电磁波传播的方向看去为一条直线，则这种电磁波称为线极化波。轨迹的直线平行于地平面称为水平极化波；垂直于地平面称为垂直极化波；当与地平面呈其他角度时，称为斜极化波。如果将电场矢量描出的轨迹，沿电磁波传播的方向看去，构成一个顺时针旋转的圆，则称为右旋圆极化波（简称为右旋极化波）；构成一个逆时针旋转的圆，则称为左旋圆极化波（简称为左旋极化波）。

一个线极化波可以分解成为两个极化方向相反的圆极化波，同样，一个圆极化波也可以分解成为极化方向相互垂直的两个线极化波。电磁波的极化特性决定于发射天线与馈源的结构。接收天线的馈源的极化方式必须与所接收的电磁波的极化方向相匹配，否则，天线效率将会下降。如果采用水平极化天线接收垂直极化波，或采用左旋极化大线接收右旋极化波，则接收不到信号。这是由于天线的极化方向与接收电磁波的极化方向相互正交的缘故。目前许多卫星电视广播利用这一特性，实现极化复用，在一个频道带宽内传输极化方向正交的两套电视节目。当采用线极化天线接收圆极化电磁波，或采用圆极化天线接收线极化电磁波时，信号要衰减 3dB。这是由于只能接收到分解成两个正交分量的其中一个分量的缘故。

4.1.4　卫星电视接收天线的选择

当选择天线时，主要考虑天线的电性能与机械性能两方面因素。对于电性能方面，主要考虑天线的效率。相同口径的天线，如果其效率不同，则接收效果可能大不相同。选择效率高的天线，可以在保证其增益满足设计要求的前提下，减小口径，从而减小天线的占用空间。对于机械性能方面，主要考虑天线的抗风能力。机械结构合理的天线，其机械强度大、不易变形，一经安装固定完毕，就坚固可靠，并能抗击大风的袭击，从而保证系统长期稳定工作。

表 4-1 和表 4-2 是中卫科技股份有限公司南京分公司生产的卫星接收天线的产品参数。表 4-1 为中卫偏馈天线的规格参数。表 4-2 为中卫正馈天线的规格参数。供选购时参考（表中数据来自厂方提供的产品说明书）。

表 4-1　中卫偏馈天线的规格参数

规格	偏焦角/（°）	盘面口径/cm	焦距/ cm	C 波段增益（4.0GHz）/dB	Ku 波段增益（12.5GHz）/dB	焦距/直径比	净重/kg
S035	24.62	35.0×38.5	21		32.08	0.6	2.2
S040	24.62	40.0×44.0	24		33.32	0.6	3.0
S045	24.62	45.0×49.5	27		34.23	0.6	4.0
S050	22.5	51.0×55	30.6		35.2	0.6	4.5
S055	24.62	55.0×61.4	33		35.83	0.6	5.0
S060	22.75	60.0×65.0	39.3		36.67	0.65	5.5
S065	24.62	65.0×72.62	39		37.44	0.6	7.0
S075	22.75	75.0×81.3	49.2		38.52	0.65	7.8
S080	24.62	80.0×89.4	48		39.16	0.6	8.5
S085	24.62	85.0×93.5	51		39.44	0.6	9.0
S090	24.62	90.0×99	54		40.32	0.6	11
S100	24.62	100×110	60		41.02	0.6	13
S120	24.62	120×132	72	32.78	43.32	0.6	17
S150	24.62	150×165	90	34.72	44.26	0.6	37.5

注：天线效率为 75%。

表 4-2　中卫正馈天线的规格参数

规格	片数	盘面口径/cm	焦距/cm	C 波段增益（4.0GHz）/dB	Ku 波段增益（12.5GHz）/dB	焦距/直径比	净重/kg
P0901	1	90	40	31.7	39.6	0.45	10
P1201	1	120	45.6	32.67	42.32	0.38	18.5
P1356	6	135	51.3	33.39	43.04	0.38	17
P1501	1	150	57	34.31	44.26	0.38	27
P1506	6	150	57	34.20	43.93	0.38	21.5
P1651	1	165	62	35.55	45.08	0.37	30
P1656	6	165	62.7	35.13	44.78	0.38	24
P1801	1	180	68.2	36.36	46.76	0.37	38
P1806	6	180	68.2	35.89	45.54	0.38	29
P2106	6	210	79.8	37.23	47.28	0.38	45
P2406	6	240	91.2	38.39	48.04	0.38	62.5
P3209	9	320	112	40.89	50.66	0.35	166
P420A	10	420	147	43.76	53.01	0.35	366

注：天线效率为 70%～75%。

4.1.5　卫星电视接收天线的安装调试

1．天线安装地点的选择

设置卫星电视系统天线应考虑视野条件、电磁干扰、交通、管理、地质和气象条件等因素，选出最佳位置。否则将影响接收效果。一般应注意以下几点。

1）视野广阔。在接收点的正前方应无树木、高山、铁塔、高大建筑及高压线等的遮挡。

2）避免干扰。接收点要求远离高压线和公路，其距离不小于 200m。此外，雷达站、差转台、微波站、飞机航道等设备的高频辐射也可能对卫星接收设备产生干扰。

3）避开风口。接收点应选择风力小、地质条件好的位置。避开山顶、高楼顶等风力负荷大的风口区，防止天线在风力荷载作用下，发生位移或损坏。只要能满足条件要求，建在地面比建在屋顶好，除地面风力小外，干扰屏蔽、避雷都比屋顶为好。

4）避开雷击。接收点应避开雷击多发地点，在多雷雨地区，卫星天线的架设位置应要采取多种避雷措施。

5）便于管理。从天线处的高频头到卫星电视接收机的电视信号电缆通常不应该超过 30m，以减少因传输线过长而造成的信号损耗。传输线的选择应考虑采用性能较好的同轴电缆，离接收点较远的最好采用 75—7 或 75—9 的物理发泡电缆，电缆接头处要做好防水处理。

2．卫星接收天线的安装

安装天线时一般按厂家提供的结构图安装。各厂家的天线结构基本相同，其反射板有整体成型和分瓣两种，脚架主要有立柱脚架和三角脚架两种（立柱脚架较为常见）。

在安装 C 波段正馈双极化单输出一体化高频头时，应注意将标有“0”刻度垂直于地面。

3．接收天线对星调试

下面以用户较多的中星 9 号 Ku 天线为例进行介绍。

卫星接收天线的方位角是以正南方向为标准，将卫星天线的指向偏东或偏西调整一个角度。至于到底是偏东还是偏西，取决于接收地与欲接收卫星之间的经度关系，以我们所在的北半球为例，若接收地经度大于欲接收卫星经度，则方位角应向南偏西转过某个角度；反之，则应向东转过某个角度。

以湖南东部某地为例。东经为 113.32°，接收中星 6B 卫星（115.5° E）的方位角为 175.3°，即正南偏东 4.7°；接收中星 9 号卫星（92.2° E）的方位角为 220.83°，即正南偏西 40.38°。正南方向用指南针来测定，但是由于地理南极和地磁场南极并非完全重合，所以选好方位角之后还得做一些修正才有可能接收到最强的卫星信号。

天线仰角的粗调可以用一个量角器、直尺和有重锤的细长线制作仰角测量仪。量角器、直尺可从文具店买学生尺规套装，内有三角板、半圆量器等，在量角器与直尺上钻个小孔，然后穿一根细线，在细线的另一端挂个金属物。当测量时，用一根长绳将天线口径分成两个半圆，把测量仪的始边靠在天线口径的绳上，调整天线的仰角，使重锤线所指示的角度等于天线的仰角，天线仰角的测量方法如图 4-9 所示。

图 4-9　天线仰角的测量方法

各地接收中星 9 号直播卫星的方位角及仰角可在中九联盟网“中星 9 号技术”栏目中下载“中星 9 号直播卫星仰角方位角计算软件”的压缩文件，解压缩后，出现寻星计算程序VER1.1 文件夹，在文件夹中打开程序，输入所在的县市名，便可在表中自动得出所在地的方位角、仰角与极化角。

在将接收天线和高频头安装调试好后，将连接高频头馈线的另一头接到接收机的卫星输入口上，接好后，打开卫星接收机电源开关，调到电视机 AV 界面，便会出现村村通工程的开机画面。随后便会跳出 001 错误，说明卫星天线方位没有对准。

此时按遥控器上的菜单键，输入默认密码 4 个 0，进入系统设置。用遥控器上的上下键，选择安装与信号检测，按住遥控器上的确认键，此时画面右侧会显示出信号强度与信号质量。如果天线的角度不对，接收机就只会显示信号强度，并以红色显示相应的百分数，中星 9 号直播卫星的专用接收机出现信号质量为 0 的提示信息，如图 4-10 所示。图中显示信号强度为 60，信号质量为 0，这就说明高频头与接收机连接良好。

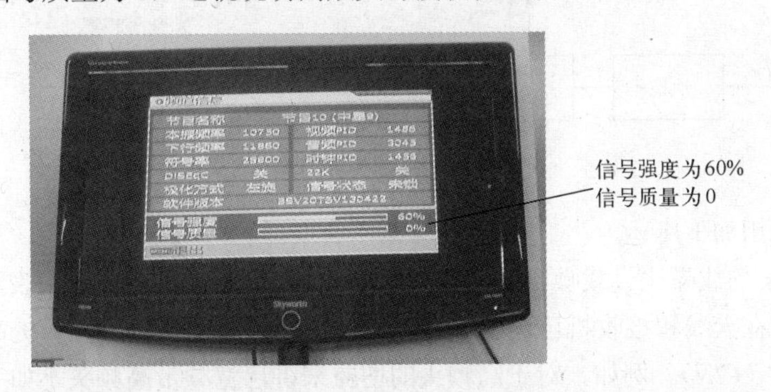

图 4-10　中星 9 号直播卫星的专用接收机出现信号质量为 0 的提示信息

此时可以细调天线的方位和仰角了。此时红色显示信号质量由 0 开始变化，在没有收到信号前，信号质量条为红色，图 4-11 显示其信号强度为 90，中星 9 号直播卫星的专用接收机出现信号质量为 83 的提示信息。

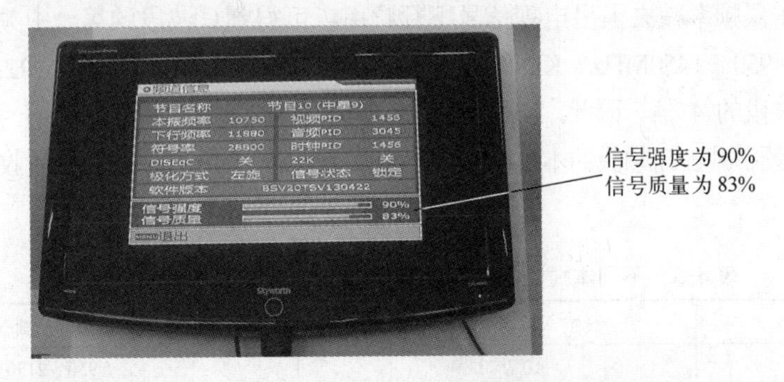

图 4-11　中星 9 号直播卫星的专用接收机出现信号质量为 83 的提示信息

直至信号强度和信号质量条由红变绿为止，说明已经收到卫星数字电视节目。然后再微调天线的方位和仰角，使二者的数值最大，就说明已经对准卫星。在调试过程中，当信号质量条由红变绿的时候，机顶盒前面的信号指示灯也会锁定，可以观看节目，一般可以把信号质量调整到最大，使 观看节目的效果更加稳定。

4.2 高频头

4.2.1 高频头的作用与组成

高频头（LNB）又称为低噪声放大变频器，安装在卫星电视接收天线上，属室外单元。它由波导微带转换器、微波低噪声宽带放大器、微波混频器、第一本振和第一中频前置放大器组成。其电路框图如图 4-12 所示。高频头常与馈源组成一体化结构（LNBF），以便于安装、调试与使用。

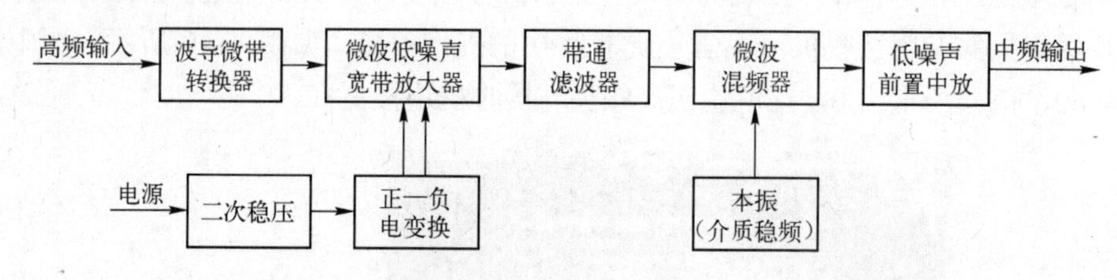

图 4-12 高频头电路框图

高频头的作用如下所述。

1）提高系统的载噪比。载噪比是用载波电平 C 和噪声电平 N 之比来表示卫星电视接收系统的信噪比。在天线和接收机已选定的情况下，选用合适的高频头，可提高接收机解调输入信号的载噪比（C/N）。例如，对于高频头的增益来讲，宽频带高频头不如窄频带高频头，双本振高频头不如单本振高频头。

2）进行频率变换。由天线接收下来的高频卫星电视信号经高频放大器放大后送入混频器中，同时本机振荡器产生的高频信号也送入混频器中。两个不同频率的信号在混频器内进行混频差拍，产生第一中频信号。C 波段高频头的本振频率一般是 5.15GHz，卫星电视高频信号一般是 3.7～4.2GHz，本振频率减去卫星电视信号下行频率，可得到C 波段的第一中频频率，即 5.15-（3.7～4.2）GHz=950～1450MHz。Ku 波段卫星电视信号的下行频率为 10.7～12.75GHz，带宽为 20.5GHz，是C 波段的 4 倍。因此，Ku 波段的高频头本振频率有几种，它的第一中频频率等于卫星电视信号下行频率减去高频头的本振频率。不同本振频率的 Ku 波段高频头接收的频率和中频范围见表 4-3。

表 4-3 不同本振频率的 Ku 波段高频头接收的频率和中频范围

本振频率/GHz	输入频率范围/GHz	输出中频范围/MHz
9.75	10.7～11.9	950～2150
10.25	11.2～12.4	950～2150
10.75	11.7～12.75	950～2000
11.25	12.2～12.75	950～1500
11.3	12.25～12.75	950～1450

4.2.2 高频头的选用

在选购高频头时除应注意分清波段外，还应注意极化方式与本振频率及其主要性能指标。

1．分清波段

先要弄清所接收的卫星电视节目是处于 C 波段还是 Ku 波段，C 波段的节目要用 C 波段的高频头接收；同样道理，Ku 波段的高频头只能接收 Ku 波段的电视节目。

目前广播卫星 Ku 波段的频率范围在 10.75～12.75GHz，有 2GHz 的频宽，而目前供应的高频头的常见频率范围有 5 种之多，在选购高频头时，就可根据自己要收视卫星的各组转发器的下行频率范围来选择，或者多备几只不同频率范围的高频头，以适应收视的需要。

当使用双本振 Ku 波段高频头时，对卫星数字电视接收机的 0/22kHz 参数应进行相应的设定，才能在切换节目时自动选取正确的本振频率。

2．注意极化方式与本振频率

当购买高频头时，要注意高频头的极化方式与本振频率，单极化的高频头只能接收水平或垂直极化的电视节目中的一个，而双极化高频头可同时接收。目前 LNBF 大多是双极性的。C 波段的本振频率一般为 5150MHz，Ku 波段的高频头的本振频率有 5 种，购买时要看清。

一般来讲，单极化单输出高频头比双极性单输出高频头有更高的增益，单波段高频头比 C/Ku 复合头有更高的增益。因此，在采用复合高频头选择接收天线时，应注意比一般的配置提高一个档次，如原来采用 1.5m 的天线，则需要改用 1.8m 的天线。

3．注意主要性能指标

应选择噪声温度低、本振相位噪声小、本振频率稳定度高及动态增益大的高频头。在接收卫星数字信号时，本振相位噪声和本振频率稳定度对接收信号的质量至关重要。一些质量差的高频头在使用中会产生信号不稳、若隐若现，有的频段好，有的频段差，甚至收不到一些频段的现象。

4.3 卫星数字电视接收机

卫星数字电视接收机是将卫星传输的数字电视信号，经过信道解码、信源解码，将传送的数字码流转换到压缩前的形式，再经 D-A 转换和视频编码后送到普通电视接收机。现在卫星数字电视接收机，集成芯片数量越来越小，功能越来越完善，集成度越来越高，并由单一收看电视节目，向交互式电视、IP 广播服务等多功能方面发展。

4.3.1 卫星数字电视接收机的组成与工作原理

1．卫星数字电视接收机的硬件组成

卫星数字电视接收机的功能框图如图 4-13 所示。由图可知，一个典型的卫星数字电视接收机包括一体化调谐器、MPEG-2 传输流解复用电路、MPEG-2 音频/视频解码电路和模拟音频/视频信号处理等电路。

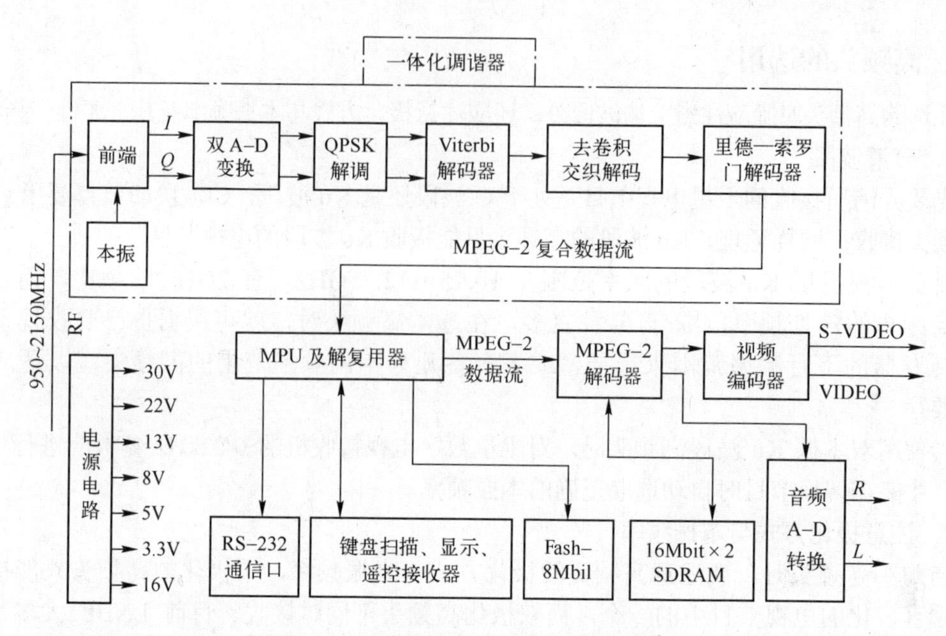

图 4-13　卫星数字电视接收机的功能框图

（1）一体化调谐器

调谐器第二本机振荡的可变频率范围在 1429.5～2629.5MHz，它与输入的第一中频 950～2150MHz 的 RF 信号差频后，形成第二中频 479.5MHz，其带宽一般设定为 36MHz，然后再进行零中频变换，即第三本机振荡频率为 479.5MHz。经 90° 相移器正交相干分离出 I 与 Q 基带模拟信号。Q 信号超前 I 信号 90°，且当第一中频输入为 951MHz 时，I/Q 输出频率为 1MHz。调谐器一般采用载波跟踪锁相环技术，以确保 479.5MHz 载波频率的精确性。解调出来的模拟基带 I/Q 信号送至信道解调集成电路（STV0299），经由 A-D 转换、QPSK 解调、Viterbi 解码、解交织、RS 解码、能量解扰，最后生成 8 位 TS 流，其取样频率一般为 54MHz，即主频 27MHz 的两倍。一体化高频调谐器一般采用 2 级自动增益控制，以使其控制范围在 50～70dB。它将 I/Q 基带信号模量与一个可编阈值进行比对，其差值经积分后，变换成脉冲信号，以调制信号驱动自动增益控制（AGC）输出。经简单模拟滤波器滤波后控制模/数转换器（ADC）变换前的放大器增益，其数字奈奎斯特滤波器所采用的滚降值为 0.35，在芯片内还没有偏移删除，用以抑制 I 信号和 Q 信号的残留直流分量。一体化调谐器的详细介绍见 5.2 节。

（2）解复用模块

TS 码流是一种多路节目数据包（包含视频、音频和数据信息），按 MPEG-2 标准复接而成的数据流。因此，在解码前，要先对 TS 流进行解复用，根据所要收视节目的包识别符（PID）提取出相应的视频、音频和数据包，恢复出符合 MPEG-2 标准的打包的节目基本流（PES）。

解复用芯片内部集成了 32 个用户可编程的 PID 滤波器。其中一个用于视频 PID，另一个用于音频 PID，余下的 30 个可用于节目特殊信息（PSI）、服务信息（SI）和专用数据的滤波。PID 处理分两个步骤。

1）PID 预处理。仅进行 PID 匹配选择，过滤掉那些与 PID 值不匹配的包，挑出所需收视节目的数据包。

2）PID 后处理。进行传输流（TS）层错误检查（包括包丢失、PID 不连续性等），同时滤除传输包的包头和调整段，找出有效载荷，按一定次序连接，组合成 PES 流。

系统时钟为 27MHz，由压控振荡器（VCXO）产生，通过提取码流中的节目时钟基准（PCR）控制锁相环（PLL）环路，使综合接收解码器（IRD）的系统时钟和输入节目的时钟同步。

芯片内部还嵌有[精简指令系统计算机（RISC）]CPU，它具有很强处理能力，与系统软件一起，能处理 IRD 复杂的系统任务。例如，传输字幕、屏幕显示（OSD）、图文电视和电子节目指导（EPG）等。

动态随机存储器（DRAM）控制器支持 16Mbit DRAM。由 CPU、传输和其他功能所共同分享。解复用芯片有 CL9110、ST20-TP2、L64108 等。

（3）MPEG-2 解码模块

PES 数据包送到 MPEG-2 解码器芯片解压缩，生成符合 CCIR601 格式的视频数据流和 PCM 音频数据流，分别送到视频编码器和音频数-模转换器（DAC），按一定电视制式（PAL 或 NTSC）生成模拟电视信号，供电视机接收。

目前开发的 MPEG-2 解码模块将系统解复用模块集成到一起，有时称为单片机，如 ST 公司（意法半导体公司）的 STi5500、STi5505、STi5518，富士通公司的 MB87L2250，LSI 公司的 SC2000、SC2005 等。北京海尔公司也成功研制了 MPEG-2 解码芯片，命名为“爱国者一号”与“爱国者二号”。

IRD 的附加功能模块包括条件接收模块、IC 卡接口、视/音频输出接口、数据流接口、遥控器和电源等部分。

（4）控制电路

由主 CPU、程序存储器（EPROM 或 FLASH）、数据存储器（DRAM，SDRAM）、总线驱动器和各种接口电路组成的控制电路是卫星数字电视接收机的控制中心，其主要的作用是控制和协调各部分电路的工作，完成整机系统的初始化和测试、安全处理、通信口协议处理及 PSI 表的管理等任务，按照设计的程序完成机器的各种功能，以及通过操作面板接口和红外线（IR）遥控器接口与使用者进行人机对话。

某些机器的主 CPU 为单独的 32bit 或 16bit 高性能 CPU。某些机器（如 LSI）采用嵌入式 32bit CPU，该 CPU 兼容于 MOTOROLA68340，包含内部总线和外部总线，外部总线有 24bit 地址线、16bit 数据线以及读/写、片选和中断等控制信号线。主 CPU 主要用于系统控制和传输码流的输入输出控制。程序存储器通常采用 4Mbit 或 8Mbit FLASH，内装用于实现机器各种控制功能的软件。数据存储器通常采用 4Mbit DRAM 和 16Mbit SDRAM，也有采用两片 16Mbit SDRAM 的，分别用来存储各种控制数据和传输码流，并可用做解码时的帧缓冲器和各种数据缓冲器。主 CPU 还通过 I^2C 总线直接与 QPSK 解调器、E^2PROM 和视频编码器相接，控制这几部分电路实现各自的功能。

控制电路还包括各种接口电路，如操作面板接口、IR 遥控器接口、IC 卡接口和 RS-232 接口等，分别与操作面板、IR 遥控器、IC 卡座等相接。操作显示面板由键盘和数码显示器组成。键盘作为人机接口，供人们利用按键或遥控器对机器进行人工控制。显示器主要用来显示机器正在接收的频道号。

（5）视频编码器

视频编码器是一种高性能的 PAL/NTSC 编码器，其作用是将由视频解码器输入的 4:2:2 格式的视频数据进行 D–A 转换，按照 ITU–R601 建议的要求，将视频信号变换成符合 NTSC 或 PAL 制式的模拟电视信号，并以复合视频广播信号（CVBS）或 S 视频信号输出。常用的视频编码器有 BT864、BT866、ADV7171 和 SAA7121 等。

（6）音频数–模（D–A）转换器

音频解码器通过数字音频接口传送以下几种信号给音频数–模转换电路：位时钟信号（BCLK）、左右声道时钟信号（LRCK）和声音数字信号（ADATA）。音频数–模转换电路在时钟信号的控制下，将声音数字信号 ADATA 转换成两路模拟音频信号输出，同时还输出一个与取样频率有关的系统时钟信号。常用的音频数–模转换电路有多种，如 TDAl305、TDAl311、HT82V731 和 PCMl723E 等。

大多数卫星数字电视接收机的音频 D–A 转换器都采用 PCMl723E，这是一种具有可编程序锁相环（PLL）的立体声数–模转换器，其作用是将由音视解码器输出的 PCM 音频数据转换成具有左、右声道的模拟立体声音频信号。PCMl723E 包括串行输入音频数据接口、具有功能控制的 8 倍过采样数字滤波器、多电平△Σ 调制器、数–模转换器（DAC）、模拟低通滤波器、模式控制单元和可编程序 PLL 系统等。

（7）电源电路

卫星数字电视接收机的电源通常采用脉宽调制式开关稳压电源。这种电源具有功耗小、转换效率高、工作可靠、保护完善和稳压范围宽等特点。该电路主要由输入滤波电路、逆变器、脉宽调制电路、保护电路和输出电路等部分组成。

电源是卫星数字电视接收机的重要组成部分，也是卫星数字电视接收机发生故障较多的部位。目前卫星数字电视接收机多采用开关电源，从开关电源的发展过程看，已从单纯的分立元件发展为由控制集成电路与场效应开关管为主要元件组成的开关电源，再发展到引脚极少的由单片集成电路构成的开关电源。其中采用分立元件的开关电源电路结构复杂，元件较多，增加了生产成本，目前已很少采用。最典型的由控制集成块与场效应开关管组成的开关电源是由 UC3842 或 TDA4605 与场效应开关管构成的，这种电路流行的时间较长，也较容易查找到电路图等相关资料。近年来控制型集成电路日趋成熟．控制功能更趋完善，且电路简单，应用也越来越广，比较典型的专用电源控制集成块主要有 TOP 系列、××0380R、TEA1523 三种。

2．卫星数字电视接收机的软件组成

卫星数字电视接收机是由硬件和软件组成的，其软件的基本结构如图 4–14 所示。

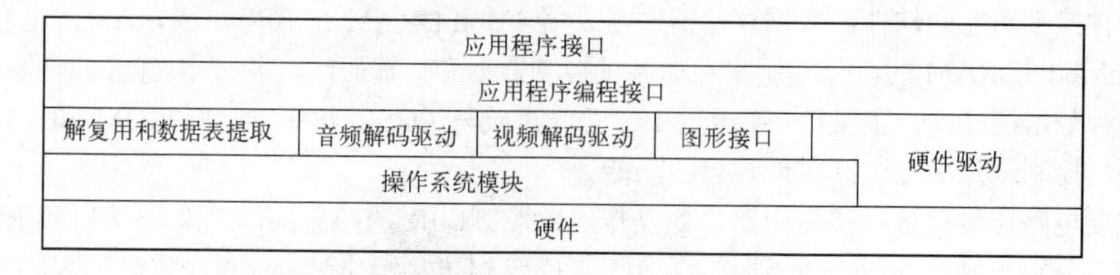

图 4–14　卫星数字电视接收机软件的基本结构图

操作系统一般采用实时操作系统，它主要完成进程调度、中断管理、内存分配、进程间通信、异常处理、时钟提取等工作；硬件驱动部分提供外围硬件设备的驱动程序；图形接口主要用于完成图形显示功能，以便于为用户提供友好的图形界面；音频解码和视频解码驱动用于控制音频解码和视频解码硬件的工作；解复用和数据表提取模块主要控制对码流的解复用和数据表提取操作；应用程序接口将所有与硬件相关的程序集合到一个统一的接口上，并且提供一些与硬件无关的公用处理程序，比如网络协议、图形格式分析和业务信息数据表分析等；应用程度编程接口为应用程序提供了一个公共的编程接口，把应用程序与硬件屏蔽开，使得应用程序与硬件无关，目的是便于实现对应用程序的修改与更新。

4.3.2 一体化调谐解调器

目前大多数卫星数字电视接收机都采用将调谐器和解调器封装在一起的一体化调谐解调器，如日本夏普公司生产的 BS2F7HZ1175、BS2F7HZ1170、BS2F7HZ0184、F7VG0186，韩国三星公司生产的 TBMU3031 IML 及韩国 LG 公司生产的 TDQB-S001F 等。国内成都旭光科技有限公司生产的一体化调谐解调器 DSQ-3W2001 型是仿制 LG 公司的 TDQB-S001F 型。

卫星数字电视接收机中的一体化调谐解调器与有线数字电视机顶盒中的一体化调谐解调器不同之处有两点，第一是接收信号的频率不同，有线数字电视机顶盒中调谐器接收信号的频率较低（48～860MHz）、频带较窄（812MHz），中频频率为 36MHz；而卫星数字电视接收机中的一体化调谐器接收信号的频率为 950～2150MHz，频带为 1200MHz，中频频率为 479.5MHz。第二是解调器不同，有线数字电视机顶盒中解调器采用 QAM 解调，考虑数字电视与模拟电视同缆传输，一体化调谐解调器设有射频输入、输出端；而卫星数字电视接收机中采用 QPSK 解调器，一体化调谐解调器没有两个卫星信号接收端。

目前有些卫星数字电视接收机采用板载调谐器，即将调谐器安装在主板上，如同洲 CDVB3188C 型、卓异 5518E 型及高斯贝尔 GDB-848C 型等。这款调谐器一般有两种，一种使用的是 ZARLINK（也称为卓联公司）的全套设计，其中包括调谐器芯片 ZLl0036 和解调器芯片 ZL10313。同洲 CDVB3188C 型与卓异 5518E 型卫星数字电视接收机采用这种板载调谐器，其内部电路结构简单，如图 4-15 所示。板载调谐器如图 4-16 所示。

图 4-15 同洲 CDVB3188C 型卫星数字电视接收机内部电路结构图

图 4-16 板载调谐器

还有一种调谐器采用 MAX2118 型芯片与 GX1101 型芯片组合，如高斯贝尔 GDB-848C 型卫星数字电视接收机。在 Maxim Integrated Products 公司的 MAX2118 型卫星调谐器芯片大小为 6mm×6mm 大小的芯片中，采用体积很小的 40 引脚薄型 QFN 封装。该芯片无需 30V 直流电源以及变容二极管、分立电感和电容，简化了外围电路。芯片的工作电压为 5V，工作温度为 0～85℃。MAX2118 使用宽带 I/Q 下变频器将 L 波段的卫星电视信号直接转换为基带信号，工作频率范围在 925～2175MHz，比常见的 950～2150MHz 要更宽一些。芯片包括大于 79dB 的增益控制范围低噪声放大器、I/Q 下变频混频器及增益与截止频率可控制的基带低通滤波器。MAX2118 是现有直播卫星电视产品中功能最多的器件，由于该系列产品既提供单端输出又可提供差分基带输出，因此可以与所有 QPSK/8PSK 解调器兼容。

4.4 "村村通"直播卫星电视的接收

4.4.1 中星 9 号直播卫星简介

中星 9 号直播卫星是 2008 年 6 月 9 日发射成功的，6 月 20 日经过 4 次变轨，成功定点于东经 92.2°。7 月 3 日轨道测试完成，7 月 8 日通过国家广电总局的验收，并于 7 月中旬开始正式提供直播到户的卫星电视服务。它是一颗大功率、高可靠、长寿命的广播电视直播卫星。

在中星 9 号直播卫星上装载有 22 个 Ku 转发器，功率为 10 700W，设计寿命为 15 年。

在《中国广播电视直播卫星"村村通"系统技术体制 白皮书》上推荐了各地接收天线的配置。考虑各种因素最恶劣的情况，在上行 99.99%可用度，下行 99.5%、下行 99.9%、下行 99.99%可用度情况下，全国主要地区单收站天线口径配置参考如表 4-4 所示。

表 4-4 全国主要地区单收站天线口径配置参考表

城市名称	下行 99.5%可用度/m	下行 99.9%可用度/m	下行 99.99%可用度/m	城市名称	下行 99.5%可用度/m	下行 99.9%可用度/m	下行 99.99%可用度/m
北京	0.30	0.45	0.75	昆明	0.35	0.45	0.60
天津	0.35	0.45	0.90	成都	0.35	0.45	0.75
沈阳	0.40	0.60	1.20	重庆	0.35	0.45	0.90
长春	0.40	0.60	1.00	贵阳	0.40	0.45	1.00
哈尔滨	0.40	0.60	1.00	南宁	0.35	0.45	1.20
呼和浩特	0.30	0.45	0.45	长沙	0.40	0.60	1.20
				广州	0.35	0.45	1.20
石家庄	0.30	0.45	0.65	福州	0.35	0.45	1.00
太原	0.30	0.45	0.45	南昌	0.35	0.45	1.20
西安	0.35	0.45	0.60	郑州	0.35	0.45	0.90
银川	0.35	0.45	0.60	合肥	0.35	0.45	0.90
兰州	0.35	0.45	0.45	杭州	0.30	0.45	0.90
西宁	0.35	0.45	0.45	上海	0.30	0.45	1.00
乌鲁木齐	0.35	0.45	0.45	南京	0.30	0.45	0.90
				济南	0.30	0.45	1.00
拉萨	0.35	0.45	0.45	香港	0.30	0.50	1.80
武汉	0.35	0.45	1.20	台北	0.40	0.60	3.00

“村村通”第二期工程采用 NDS 加密传输。2009 年 8 月 13 日，国家广电总局科技司向各省、自治区、直辖市广播影视局（厅），新疆生产建设兵团广播电视局，总局直属有关单位发出《广电总局科技司关于发布<卫星直播系统综合接收解码器（加密标清基本型）技术要求和测量方法（暂行）>的通知》。

2010 年 3 月 11 日，国家广电总局科技司向各相关企业发出《广电总局科技司关于对直播卫星信道解调芯片和机顶盒进行检查的通知》。通知说，从 2009 年 7 月 22 日起，直播卫星传输技术规范按照《先进广播系统—卫星传输系统帧结构、信道编码及调制：安全模式》（GD/JN01—2009）执行，之前执行的相关技术规范《先进卫星广播系统—帧结构、信道编码及调制》（GD/JN01—2007）自同日起停止使用。

目前使用中星 9 号直播卫星的转发器为 3A、4A、5A、6A 和 7B、8B、9B、10B 转发器，转发器带宽为 36MHz。下行中心频率为 11.84GHz、11.88GHz、11.92GHz、11.96GHz、12.02GHz、12.06GHz、12.10GHz、12.14GHz，第一期下行极化为左旋圆极化，第二期下行极化为右旋圆极化。信号采用 QPSK 方式调制、信道编码率为 3/4、滚降系数为 0.25、符号率为 28.8Msps。

4.4.2 中星 9 号直播卫星专用接收机

中星 9 号直播卫星专用接收机按其生产时间大致分为 3 种（或称三代）。2008 年 7 月第一期“村村通”工程只使用了 4 个转发器，免费传送 45 套电视节目及 43 套广播节目，因此第一代直播卫星“村村通”专用接收机暂不预置条件接收系统，能够正常收看数据广播信息，并实现电子节目指南和机顶盒软件升级功能。

高斯贝尔 ABS-208 型第一代中星 9 号 ABS-S 专用接收机的外形和背面分别如图 4-17、图 4-18 所示。

图 4-17 高斯贝尔 ABS-208 型中星 9 号 ABS-S 专用接收机的外形图

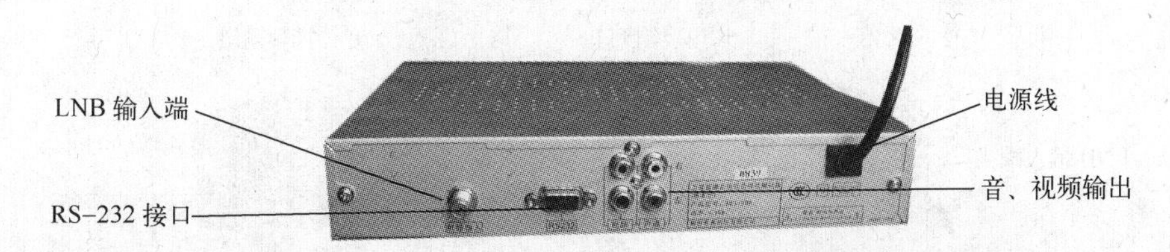

图 4-18 高斯贝尔 ABS-208 型中星 9 号 ABS-S 专用接收机的背面图

第一代中星 9 号直播卫星专用接收机是免费接收的，不需要使用智能卡，内部也没有读卡电路。如高斯贝尔 ABS-208 型第一代中星 9 号 ABS-S 专用接收机内部由一体化调谐解调器、电源电路板、主电路板和操作显示面板组成，其内部电路结构如图 4-19 所示。

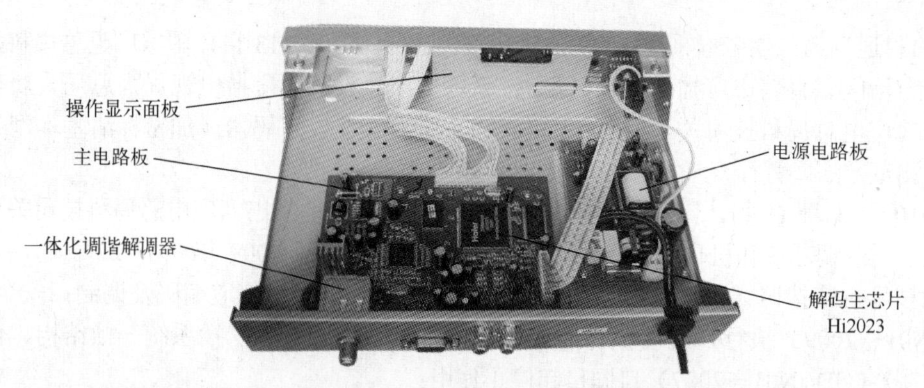

图 4-19　高斯贝尔 ABS-208 型中星 9 号 ABS-S 专用接收机内部电路结构图

其中电源电路主要由交流输入电路、整流滤波电路、开关变压器、脉宽控制器及输出整流滤波电路等组成。

主电路板是该机的核心部件，由一体化调谐解调器、MPEG-2 解码芯片、数据存储器、视频编码器、音频 D-A 和外围接口等组成，其中解码芯片采用海尔 Hi2023。

第二代中星 9 号直播卫星专用接收机是按照 GD/J027—2009《卫星直播系统综合接收解码器（加密标清基本型）技术要求和测量方法（暂行）》生产的。该技术文件主要根据加密接收的需要，增加了解密技术要求，要求能够对加密节目进行解密，并应符合 GY/Z 174-2001 的要求；要求在版本信息中增加有条件接收（CA）信息；根据 CA 的安全需要对软件升级的技术要求进行了修订。第二代"村村通" 直播卫星专用机顶盒采用 NDS 加密传输，用户要使用插卡的直播卫星机顶盒，长虹 S6800LN-CA02 型直播卫星专用接收机的外形和背面分别如图 4-20、图 4-21 所示。

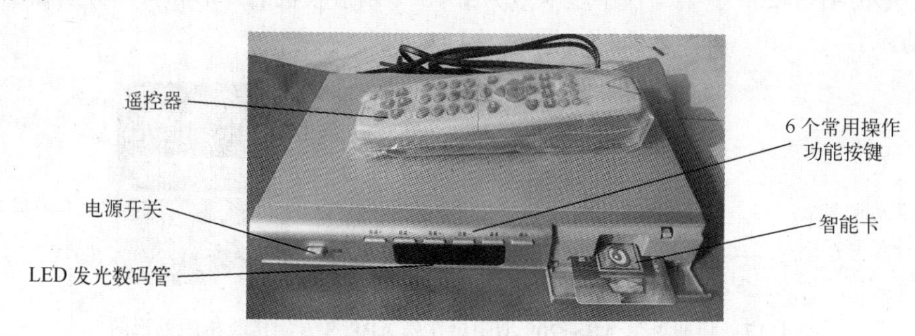

图 4-20　长虹 S6800LN-CA02 型直播卫星专用接收机的外形图

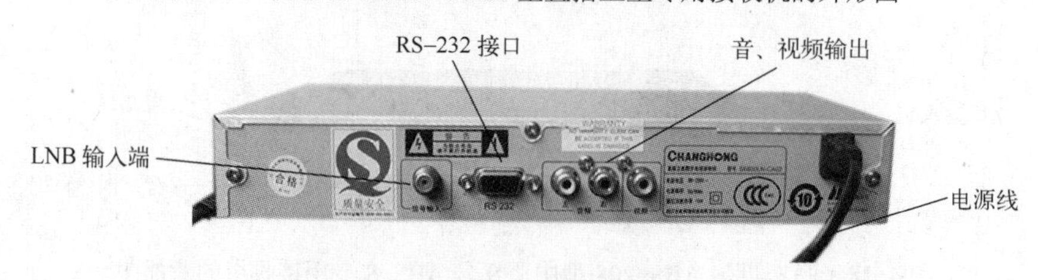

图 4-21　长虹 S6800LN-CA02 型直播卫星专用接收机的背面图

第二代中星 9 号直播卫星专用接收机采用 NDS 加密传输，用户要使用插卡的直播卫星机顶盒，机顶盒内部增加了读卡电路。长虹 S6800LN-CA02 型直播卫星专用接收机的内部电路结构如图 4-22 所示。

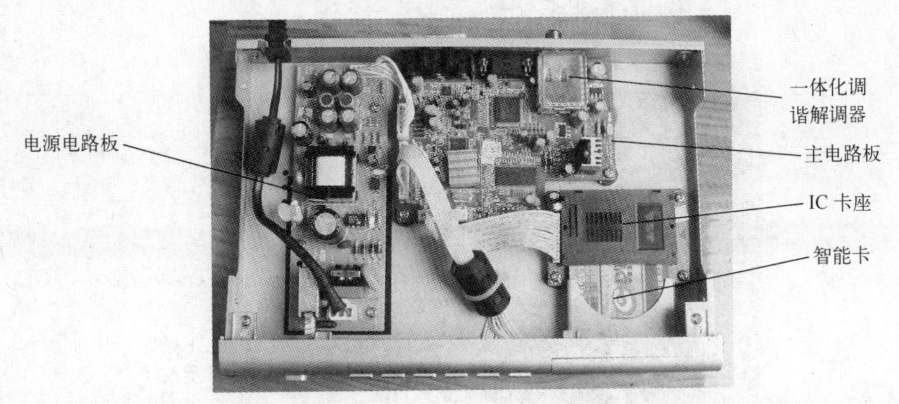

图 4-22　长虹 S6800LN-CA02 型直播卫星专用接收机的内部电路结构图

中星 9 号直播卫星从 2011 年 10 月 1 日起定位于公益化运营。第三代“村村通”直播卫星专用接收机具有“双模”功能，除了接收直播卫星信号外，还能免费接收当地无线发射的地面数字电视节目，如接收本市、本县无线发射的 6 套地面数字电视节目。

第三代“村村通”直播卫星专用接收机的外形和背面分别如图 4-23、图 4-24 所示。

图 4-23　第三代“村村通”直播卫星专用接收机的外形图

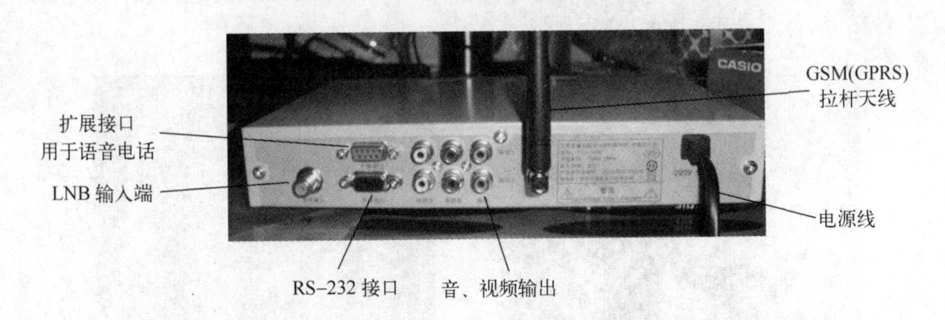

图 4-24　第三代“村村通”直播卫星专用接收机的背面图

第三代中星 9 号直播卫星专用接收机可免费接收直播卫星传输的 25 套电视节目，包括中央电视台 1～16 套、中国教育电视台第 1 套、本省 1 套卫视以及 7 套少数民族语言电视节目；免费接收直播卫星传输的 17 套广播节目，包括中央人民广播电台全部 13 套节目；在机顶盒内置了一个小扬声器，第三代“村村通”直播卫星专用接收机的盖板如图 4-25 所示。用户不开电视机，直接用机顶盒就可收听广播节目。

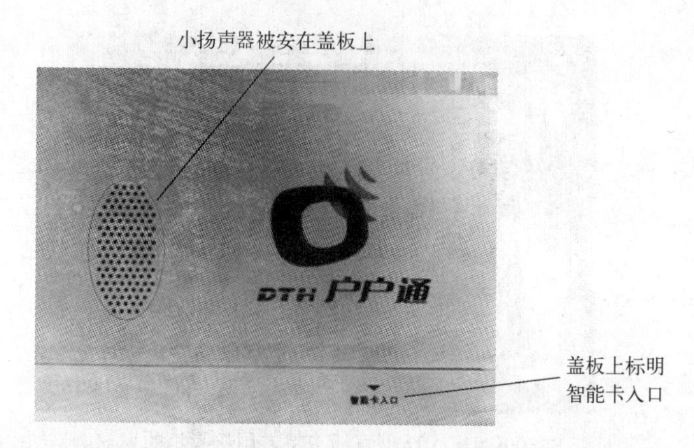

图 4-25　第三代“村村通”直播卫星专用接收机的盖板

另外，第三代中星 9 号直播卫星专用接收机具有“双模”功能，除接收直播卫星信号外，还能免费接收当地无线发射的地面数字电视节目；专用接收机具有应急广播功能，在发生重大自然灾害时，专用接收机不论是在开机或关机状态都可自动接收应急广播信号，并发出报警声音。机顶盒上还外接了一个电话机，可以通过移动通信网接听和打电话，这样在一个专用接收机上实现了广播、电视、电话多个功能。

专用接收机还具有数据回传功能，用户通过专用接收机可以自动回传操作遥控器的数据，可用于开展收视率调查，下一步也可以开展双向视频点播服务，还可以免费浏览查看新闻时事以及涉及农业的气象、科技农贸等综合信息服务。

4.4.3　中星 9 号直播卫星的接收与调试

由于中星 9 号采用 ABS-S 卫星数字电视专用接收机接收，所以必须要有一台中星 9 号直播卫星的专用接收机。在全国范围内均可以用 45cm 以内的天线满意接收，中星 9 号接收天线如图 4-26 所示。

a)

b)

图 4-26　中星 9 号接收天线

a) 安装在内蒙古草原上的接收天线　b) 放在地面上的接收天线

在安装卫星接收天线时，可参看生产厂家提供的安装图，按照步骤安装即可。如果对原有的 Ku 波段天线要重新安装圆极化的高频头（因原来接收通信卫星上的高频头是线极化的），加上 ABS-S 卫星数字电视专用接收机，就可以成功收视中星 9 号的直播卫星节目。这里需强调的是高频头的选用，因为 ABS-S 数字电视接收机内置只有 4 组接收参数，且高频头本振默认为 10.750GHz，而没有高频头本振设置这一项，所以一定要选用 10.750GHz 本振的高频头，最好还是左旋极化的高频头，如果手头没有，则可以用相近本振值的高频头来进行改制，如 10.678GHz、10.600GHz 的都可以。

调试中星 9 号 Ku 天线的具体方法参看前面 4.1.5 的介绍。

中星 9 号直播卫星（92.2° E）广播电视节目表（截止时间：2014 年 9 月 16 日）如表 4-5 所示。

表 4-5　中星 9 号直播卫星（92.2° E）广播电视节目表（截止时间：2014 年 9 月 16 日）

转发器	接收参数			电视节目/广播节目	备注
	下行频率/MHz	极化方式	符号率/Msps		
3A	11840	左旋圆极化	28.80	测试、CCTV-2 HD（测试）、CCTV-7 HD（测试）、CCTV-9 HD（测试）	ABS-S 第三代机
4A	11880			辽宁、黑龙江、浙江、东南卫视。	ABS-S 第一代机
5A	11920			吉林、广东、广西、东南、陕西、农林、贵州、云南、四川、甘肃、宁夏、兵团卫视。中国之声、经济之声、音乐之声、都市之声、中华之声、神州之声、华夏之声、民族之声、乡村之声、吉林新闻综合广播加、福建新闻综合广播、广东新闻广播、广西综合广播、四川综合广播、贵州综合广播、云南新闻广播、陕西新闻广播、宁夏新闻广播	ABS-S /NDS 第二、三代插卡机
6A	11960			内蒙古卫视（汉语）、内蒙古（蒙语）、延边卫视、康巴卫视（藏语）、西藏卫视（汉语）、西藏（藏语）、青海卫视（汉语）、青海（藏语）、新疆卫视（汉语）、新疆（维语）、新疆（哈语）。 西藏汉语广播、西藏藏语广播、西藏康巴广播、青海安多藏语广播、内蒙古新闻综合广播。	ABS-S /NDS 第二、三代插卡机
6B	11980	右旋圆极化	28.80	新疆维语综艺、新疆哈语综艺、新疆维语经济生活、新疆少儿频道。 CCTV-3、CCTV-4、CCTV-5、CCTV-6、CCTV-8、CCTV-9、CCTV-11、CCTV-15 （新疆汉语新闻广播、新疆维语综合广播、新疆哈语广播、新疆蒙柯语广播、新疆维语文艺广播）	ABS-S /NDS 第二代插卡机 ABS-S /NDS 第三代插卡机
7B	12020			CCTV-1、CCTV-2、CCTV-7、CCTV-10、CCTV-12、CCTV-13、CCTV-14、CETV-1、北京、天津、东方、重庆、三沙卫视。（天津新闻广播、北京新闻广播）	ABS-S /NDS 第二、三代插卡机
8B	12060			河北、山西、辽宁、黑龙江、江苏、浙江、安徽、江西、山东、河南、湖北、湖南卫视。（文艺之声、老年之声、藏语广播、娱乐广播、维语广播、英语综合广播、国际流行音乐广播、环球资讯广播。 河北综合广播、辽宁综合广播、黑龙江新闻广播、江苏新闻综合广播、浙江综合广播、安徽综合广播、江西新闻综合广播、山东综合广播、河南新闻广播、湖南综合广播）	ABS-S /NDS 第二、三代插卡机 ABS-S /NDS 第三代插卡机
9B	12100			CCTV-1、CCTV-2、CCTV-7、CCTV-10、康巴卫视（藏语）、CCTV-12、CCTV-13、CCTV-14、西藏卫视（汉语）、西藏（藏语）、新疆卫视（汉语）、新疆（维语）、新疆（哈语）、新疆维语综艺、新疆哈语综艺、新疆维语经济生活、新疆少儿、青海综合、内蒙古卫视（汉语）、内蒙古（蒙语）、西藏康巴（藏语）。（西藏汉语广播、西藏藏语广播、新疆汉语新闻、新疆维语综合、新疆哈语广播、新疆维语文艺广播、新疆蒙柯语广播。）	ABS-S 第一代机
10B	12140			河北、山西、吉林、云南、安徽、重庆、江西、湖北、河南、湖南、广西、宁夏、四川、兵团、贵州、延边（朝鲜语）、甘肃、农林卫视、CETV-1。 陕西卫视。 （中国之声、经济之声、音乐之声、民族之声、安多藏语、新闻综合藏语）	ABS-S 第一代机

4.4.4 中星 9 号专用机顶盒的序列号与软件升级

1. 序列号

随着“中星 9 号”直播卫星的开播，市面上也出现了各种品牌的直播卫星专用接收机。直播卫星专用接收机一般应该具有制造商标识、硬件标识、软件版本和机器序列号等完整的参数标识，这可通过输入安装密码 0000 在专用机的“系统设置”界面下的“版本信息”中看到。中星 9 号专用机顶盒的序列号如图 4-27 所示。

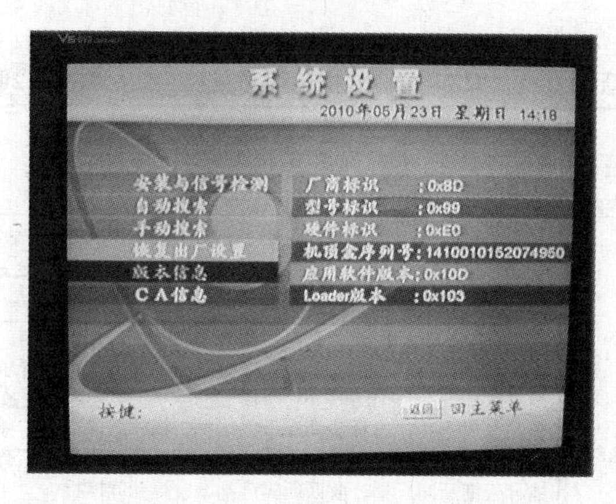

图 4-27　中星 9 号专用机顶盒的序列号

“中星 9 号”直播卫星专用机顶盒对空中升级的要求是，专用机顶盒的版本信息和卫星信号发送更新信息中的厂家标识、硬件标识与机器序列号等信息一致，并且软件版本号低于更新信息中的软件版本号，专用机顶盒序列号在当前要求升级的范围内，机器才能进行空中升级。

目前，市面上一些未通过认证的专用机顶盒（或称山寨机）是没有序列号的，即“版本信息”界面上的机顶盒列号为 FFF（业内俗称 F 机），中星 9 号山寨机的外形如图 4-28 所示。没有序列号就如同没有身份证一样，是一个“黑户”，是无法享受空中升级服务的。

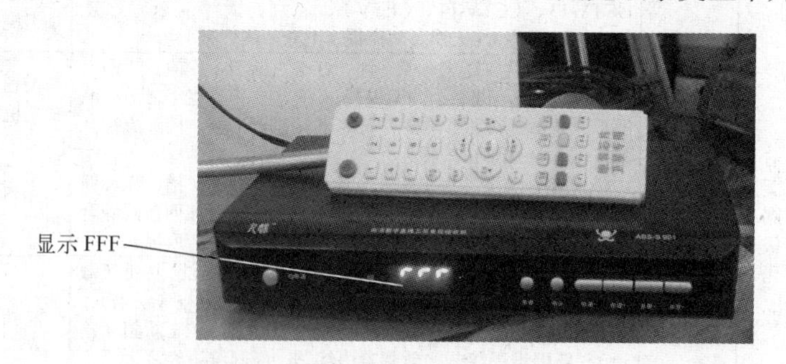

图 4-28　中星 9 号山寨机的外形图

2. 软件升级

2010 年 7 月 18 日晚，国家广电总局第 16 次对中星 9 号直播卫星进行空中软件升级，中星 9 号直播卫星频繁进行升级其目的是整理并规范中星 9 号直播卫星市场，通过技术手段将山寨机以及有生产许可证厂家的灰色中星 9 号直播卫星专用机顶盒予以控制。（注：第一期“村村通”中标的直播卫星机顶盒只有 366 万台，而山寨机顶盒或灰色机顶盒达 4 000 多万台）这些没有序列号的机顶盒只能收看到以少数民族卫视台为主的 12 套节目，无法正常收看到 46 套卫视节目。

中星 9 号直播卫星专用机顶盒实现空中软件升级的原理如下。

中星 9 号卫星前端机房将每个生产厂家的密码加密为升级文件，通过中星 9 号直播卫星发送信息。当直播卫星用户家中的中 9 专用机顶盒收到相对应的升级信息时，首先要对升级信息解密才能继续下载软件进行正常升级。这时，山寨机顶盒及灰色机顶盒没有解密密码，故无法解密最初的升级信息，被拦截在强制升级程序的大门外，自然无法进行正常升级。

软件升级目前有 4 种办法。一是直播卫星的空中升级；二是通过电脑与软件工具对机顶盒进行串口或数据线升级；三是通过直播卫星专用机顶盒与其他中星 9 号直播卫星专用机顶盒直接串口或数据线进行升级；四是通过 USB 接口直接升级。

4.5 一锅多星的接收方法

一锅多星的接收是指在一面卫星电视接收天线上（俗称为锅）安装多个高频头，达到用一台卫星电视接收机接收多个卫星上电视节目（简称为一锅多星）的目的。

4.5.1 一锅多星的接收要点

1. 选择好接收器材

一锅多星接收是属于非正常个体接收，因而要求尽可能地消除一切引起信号衰减的因素，将信号损耗降至最低限度。可见，接收器材的质量对一锅多星接收的影响很大。因此，要在器材选择时就加以重视。这样在调试过程中，就可减少问题的出现，易于成功。具体要求如下。

1）天线口径要大。当天线口径对覆盖接收点的信号场强刚过门限时，要实现一锅多星接收是不可能的。这是因为一锅多星接收不仅使副星的天线有效使用面积相对缩小（与主星经度跨度的大小有关，跨度越大，天线可用的有效面积越小），而且对主星（天线直对的星）也存在一定的影响（主要是副星馈源的遮挡）。按目前卫视下行信号场强测算，通常在主、副星跨度小于 10° 时，天线口径不得小于 1.5m。

2）馈源支撑杆刚度要大。当多星接收时，通常是在天线馈源支撑杆上加装多只馈源。随着馈源数量的增多，重量也随之增加，支撑杆的变形将导致高频头（LNB）中心位置发生变化，偏离焦点。特别是风雨交加的时候，会使信号断断续续。目前市售的小口径天线馈源支撑杆多是铁皮卷的，最好用合适的钢管加工取而代之。若安装的馈源较多，则还需增加 1～2 根支撑杆，以确保馈源的稳定。

3）LNB 的噪声温度 K 要低。LNB 噪声温度 K（Ku 头为 dB）值的大小，体现为接收卫视信号的灵敏度。其值越小，在相同条件下接收同一卫视信号的灵敏度越高。通常是 C 头选 17° K，Ku 头选 0.8dB 以下，并要求是名牌、正品，最好是先通过单星接收验证。

4）附属器材的质量要好。因为多星接收要增加 0/22 kHz、DiSEqC 转换开关，每增加一个开关，至少要有 3dB 的信号损失，所以，接收机的门限越低越好。对高频头转换开关也应严格挑选，最好使用 PBI、ASK、佳讯等名厂的产品，质量有保证，在调试过程中会少走弯路。甚至连天线、馈线、F 头等都不能马虎，越是正规厂家的产品，调试也就越方便，调试过程中出现的问题也会越少。

2．了解掌握欲接收的卫星参数

在选择好接收器材后，要了解和掌握欲接收卫星的参数。首先，要了解卫星信号的强弱。卫视信号的强弱，对一锅多星接收的成功与否起着决定性的作用。要知道，对于接收点欲接收卫视信号覆盖场强的强弱，除可到网上去查看外，最可靠的办法是进行单星接收实验。不仅单星接收要正常，而且还要有一定余量（通常是过门限值后的 3dB 以上）。如要求风雨天都能正常接收，则余量还要更大些。其次，一锅多星接收卫星间的经度跨度要小。在经单星接收确认、并有相当大的余量后，对于一锅多星接收应该没有问题。但是星与星之间的跨度不能过大，过大会相对缩小天线的可用面积，将使接收信号的强度大减。第三，卫星电视节目参数要新。调试中，不管天线口径有多大，高频头灵敏度有多高，都要求预置（输入）卫星电视接收机的节目参数（下行频率、极化方式和符号率）一定要新，这样才能确保收到。

3．高频头的间距离要近

在一锅多星接收实践中获知，高频头与高频头的间距大小，对调试成功与否有着举足轻重的作用。一般要求馈源口的间距小于 5mm。通常要对馈源盘作适当的加工处理，这样才能有效利用天线的可用面积。

一锅多星接收最好选择其中信号比较弱的卫星作为主接收卫星，信号较强的卫星作兼接收卫星。调试时，应先将主接收卫星调整至最佳状态后再去调整兼接收卫星。最好以强信号为引导，寻到卫星后再用较弱的信号精调，寻到信号后要及时固定高频头。因目前无成品多星接收高频头固定夹具出售，故只能自己动手就地取材，用铁、铝等制品改制。

下面以站在接收天线后面、与天线接收面同方向为例来说明兼收卫星的高频头位置。我国处于北半球，如果兼收卫星位于主收卫星的左边，也就是兼收卫星的经度比主收卫星大，那么根据电波反射原理，由于入射角增大，反射角也增大，所以兼收卫星电视信号应聚焦于主收高频头的右边。同理，若兼收卫星位于主收卫星的右边，则兼收卫星的高频头就应在主收高频头的左边。

4．安装调试要细心、耐心

对于主接收卫星的调整，与单个卫星接收没有多大区别，一般卫视发烧友都不陌生，信号也较容易捕捉，但兼接收卫星的调整就不同了，高频头等的安装调试稍有失误有可能就接收不到信号，因此必须要细心。在寻星过程中，要克服急躁情绪和急于求成的心理，动作要缓慢，给卫星数字电视接收机留有充分的数据运算时间。对于较弱的卫星电视信号，有时还需要反复调整，才能达到最佳状态。

4.5.2　一锅多星的接收方案

1．一锅双星的接收

接收地点：东经 118.14°、北纬 47.35°。

接收卫星：鑫诺 3 号（125.0° E）和中星 6B（115.5° E）。

接收器材：1.5m 铝板天线，普斯 900 C 波段高频头，嘉顿单极化 C 波段高频头，DT—

101 微型卫星数字电视接收机和 7in 液晶显示器。

安装调试步骤如下。

1）先用 0.9m 斯威克偏馈天线、中卫偏置馈源、PBI Turbo-1800 C 波段高频头对鑫诺 3 号（125.0° E）和中星 6B（115.5° E）两星进行试收。从接收效果看，鑫诺 3 号卫星信号要比中星 6B 信号强，可全部接收鑫诺 3 号的信号，而中星 6B 除了河南卫视节目外其余全部可以正常收视。为了达到收视效果，决定用 1.5m 天线进行双星接收，以中星 6B 为主星，鑫诺 3 号为副星。

2）在原来接收 134° E 亚太 6 号卫星的 1.5m 铝板天线上安装普斯 900 C 波段高频头，连接 DT-101 微型卫星数字电视接收机和 7in 液晶显示器等寻星器材，在卫星数字电视接收机中输入 115.5° E 中星 6B 的福建卫视节目参数，下行频率为 3706MHz、极化方式为 H、符号率为 4.420Mbit/s，将天线向西转动，很快就捕捉到了信号，然后输入信号偏弱的河南卫视节目参数，下行频率为 3854MHz、极化方式为 V、符号率为 4.420Mbit/s，细调天线仰角和高频头极化角，使接收机显示的信号质量最大后锁定天线。

3）用电缆连接卫星数字电视接收机与嘉顿单极化 C 波段高频头，在卫星数字电视接收机中输入鑫诺 3 号卫星上黑龙江卫视节目参数，下行频率为 3893MHz、极化方式为 H、符号率为 6.880Mbit/s，手拿嘉顿单极化头在普斯高频头西侧慢慢移动，在距普斯高频头 8～9cm 偏下方处接收到了信号，用铅笔在支撑杆和主焦馈源盘相对位置处做好标记，根据两个高频头间的距离截取一段铝条将嘉顿单极化头固定在主焦馈源盘上，在卫星数字电视接收机中依次输入鑫诺 3 号卫星上其他各组参数，试收并细调嘉顿单极化位置，使该星各节目均能正常接收。最后用一只 22kHz 切换开关与接收机连接，并在接收机中删除重复的节目，这样就成功接收到两星上免费的卫视节目了。

2．一锅三星的接收

接收地点：东经 115.9°、北纬 36.8°。

接收卫星：亚洲 3S（105.5° E）、鑫诺 3 号（125.0° E）和中星 6B（115.5° E）。

接收器材：1.5m 超维天线，高斯贝尔 C 波段高频头 3 只，嘉顿单极化 C 波段高频头，科海 518 型卫星数字电视接收机和四端口 DISEQC 开关 1 只，其中，将中星 6B 接端口 1，将亚洲 3S 接端口 2，将鑫诺三号接端口 3，端口 4 为空。

安装调试步骤如下。

1）先连接好 3 只高频头、四端口 DISEQC 开关、卫星数字电视接收机和馈线，然后以中星 6B 为主星，按照网上查到的中星 6B 卫星的方位角、仰角和极化角，用指南针将天线调到正南偏西 0.8°，再将仰角调整到 47.3°，高频头极化角-0.3°，加以大致定位。在输入中央一台参数，即下行频率为 3840MHz、极化方式为 H、符号率为 27.500Mbit/s 后，结果很快闪出信号。微调天线和高频头，信号质量达 65%以上，然后将各部位紧固好。

2）打开亚洲 3S 卫星上的凤凰卫视节目单作信号引导，下行频率为 4000MHz、极化方式为 H、符号率为 26.840Mbit/s，借助以往经验，手持高频头在主高频头右侧大约 10cm 偏上 3cm 处仔细寻找，很快闪出信号，在此位置先将高频头用自制夹具固定，再仔细调整，信号质量达到 45%以上，然后紧固。

3）打开增加节目菜单，输入鑫诺 3 号中央一台参数，即下行频率为 4080MHz、极化方式为 H、符号率为 27.500Mbit/s。手拿另一高频头在主高频头左侧大约 10cm 偏上 3cm 处进行寻找，很快找到信号。在此位置先用自制夹具固定好高频头，再仔细调整，信号质量达55%以上，然后紧固。至此，一锅三星接收取得成功。

4）打开卫星数字电视接收机自动搜索功能，将 3 颗卫星上节目分别搜索一遍，待 3 颗星节目全部下载成功后再编辑节目，删除境外和重复节目，这样近百套精彩的中文节目便可随意观赏。

3. 一锅五星的接收

接收地点：东经 118.8°、北纬 23.3°。

接收卫星：中星 6B（115.5° E）、亚洲 3S（105.5° E）、鑫诺 3 号（125.0° E）、亚洲 5 号（138.0° E）和马布海 2 号（146.0° E）。

接收器材：杂牌 1.5m 天线 1 面，亚视达 HIC-5288 卫星数字电视接收机 4 台，佳讯四切一开关 1 只，视贝 22kHz 开关 1 只，大拇指双本振四输出 C 波段高频头 1 只，大拇指单本振 C 波段高频头两只，PBI Ku 波段高频头 1 只，百昌 525Ku 波段高频头 1 只，双星夹具两只，加长夹具 1 只，Ku 夹具两只。

安装调试步骤如下。

1）以 115.5° E 中星 6B 为主星，先把中星 6B 卫星信号调到最佳，把各处的螺钉固定好、固定牢，以免在调副星偏焦时松动。接着调试 125° E 鑫诺三号，用信号强的云南卫视节目寻星，下行频率为 3922MHz、极化方式为 H、符号率为 7.250Mbit/s，在主星高频头右边 6.5cm 处，很快就找到了卫星电视信号，经过微调，把信号调到最佳。其中云南卫视节目信号质量高达 66%，其他卫视节目信号质量都在 50%左右。再把双星夹具的螺钉固定好，固定牢。

2）试收 105.5° E 亚洲 3S，输入下行频率为 4000MHz、极化方式为 H、符号率为 26.840Mpbs 寻找卫星信号，经过几分钟的调试，在主焦左边为 6.5cm 处找到凤凰卫视的信号，信号质量只能在 35%～38%间跳动，图像还有马赛克。再经过半个多小时的微调，总算把信号质量调到了 38%～40%，图像已经可以收看，但是如果经过四切一开关，又不能正常收看了。于是找来 40 余张 VCD 旧光盘，用透明胶在卫星接收天线边沿一周粘上光盘，再在锅中心点粘上一片。经过处理后，凤凰卫视信号质量一下子升到 45%。再重新查看中星 6B、鑫诺三号的卫星电视信号，几乎每套节目的信号质量都上升了 5%～10%。

3）用合金管固定支撑好 125° E 鑫诺 3 号 C 波段高频头，注意查看 125° E 鑫诺 3 号卫星信号的变化。再把加长夹具套在 125° E 鑫诺 3 号 C 波段高频头上，另一边的 C 波段高频头夹具换上 Ku 波段高频头小夹具，然后认真寻找 134° E 亚太 6 号卫星的信号。输入下行频率为 12275MHz、极化方式为 V、符号率为 27.50Mbit/s 寻找卫星信号，经过 30 多分钟的调试和微调，信号质量上升到 61%。打开自动搜索功能搜索一遍，免费台太少了，只好舍弃。紧接着调试 138° E 卫星，因为有 134° E 卫星的经验，10min 左右便找到了信号，查看长城平台的 11 套节目信号，其信号质量只有 11%，接收机已锁定。经过几分钟微调，下行频率为 12646MHz、极化方式为 V、符号率为 22.423Mbit/s 的信号质量上升到 71%，长城平台其他信号质量已上升到 50%，又是一颗强信号卫星。经过自动搜索，35 套免费节目顺利下载。最后将卫星夹具和各处螺钉固定好，固定牢。在收看 146° E 卫星节目时，只用了几分钟的时间，在 138° E 卫星 Ku 波段高频头处 5cm 处便找到了信号，而且是共用一条加长卫星夹具的合金管，经过 10min 微调，所有信号达到最佳，然后紧固 146° E 卫星夹具的各处螺钉。146° E 卫星上节目信号质量在 40%～71%。

4）调好卫星后，接下来连接 22kHz 开关、四切一开关，115.5° E 中星 6B 接端口 1，将 125° E 鑫诺 3 号接 22kHz 开关的关，将 138° E 接 22kHz 开关的开，然后接入端口 2，105.5° E 亚洲 3S 接入端口 3，146° E 接入端口 4，最后把 115.5° E 中星 68 双本振其他 3 个输出口分别接在其他 3 台接收机上，然后打开 4 台接收机，看看收视效果。因为其他 3 台机只收看 115.5° E 中星 6B，所以 4 台接收机换台都很顺畅，没有任何干扰。

4. 一锅多星接收中高频头的安装图

图 4-29 至图 4-32 所示是一锅多星接收中高频头的安装图。

图 4-29　一锅双星接收中高频头安装方案

图 4-30　一锅三星接收中高频头安装方案

图 4-31　一锅四星接收中高频头安装方案

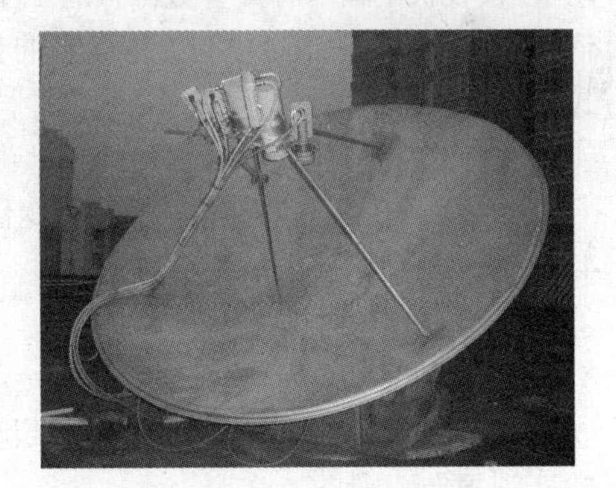

图 4-32　一锅五星接收中高频头安装方案

4.6　实训 4　卫星接收天线的安装与调试

1. 实训目的

1）认识和了解卫星接收设备的作用。

2）掌握卫星接收天线的安装步骤。

3）掌握卫星接收天线的调试方法。

2. 实训器材

1）卫星接收天线（正馈天线或偏馈天线） 1套

2）高频头（C波段或Ku波段） 1只

3）卫星数字电视接收机（配带音、视频连线，射频连线） 1台

4）74-5型同轴电缆10～20m、74-5型F电缆接头 2或3只

5）电视机或监视器 1台

6）自制仰角测试仪 1只

7）指南针 1只

8）电源线较长的电源插座 1个

9）常用安装工具，如螺钉旋具、钳子、电工刀等 1套

3. 实训原理

可参考本书第5章的内容，这里不再赘述。

4. 实训步骤

1）因地制宜正确选择天线安装地点。

2）按天线生产厂家提供的结构图安装卫星接收天线。

3）接收天线对星调试。

① 准备工作。掌握卫星电视节目源信息；掌握当地接收卫星的方位角、仰角与极化角；查看天线的聚焦情况；做好连接电缆接头。

② 粗调仰角与方位角。对于正馈天线一般先调仰角，后调方位角；对于偏馈天线一般先调方位角，后调仰角。调方位角可用指南针，先找到正南方；调仰角用自制的仰角测试仪。

③ 在接收机中输入有关参数。接通卫星数字电视接收机与电视机的电源，打开相关菜单。依次输入欲接收的卫星电视下行信号的有关参数，如本振频率、下行频率、符码率和极化方式等。

④ 进行仰角、方位角与极化角细调。当进行仰角、方位角与极化角细调时，要一边调试，一边观看信号质量与信号强度的指示变化，使其达到最大值。

4）调试结束后的工作。

① 将仰角调节螺杆的螺母固紧。

② 将主柱的底板螺母固紧。

③ 有条件时，在高频头的电缆接头上要涂上防水胶，将螺母固紧后涂上防锈油或油漆。

5. 实训报告

1）总结安装卫星接收天线的步骤及注意事项。

2）总结调试卫星接收天线的方法及注意事项。

4.7 实训5 熟悉专业型数字卫星解码器的使用

1. 实训目的

1）认识和了解MPEG-2专业型数字卫星解码器的主要功能和主要技术参数。

2）熟悉专业型数字卫星解码器的实际操作及参数设置。

2. 实训器材

1）DTH-3000P 数字卫星解码器（QPSK 及 ASI 输入，视、音频及 ASI 输出） 1 台

2）码流播放机（ASI 输出） 1 台

3）卫星接收天线（包括 LNB） 1 套

4）DTU-225 码流分析仪（含笔记本电脑） 1 套

5）监视器（视、音频输入） 1 台

3. 实训原理

参考本章相关内容，这里不再赘述。专业型数字卫星解码器的前面板和后面板分别如图 4-33～图 4-34 所示。

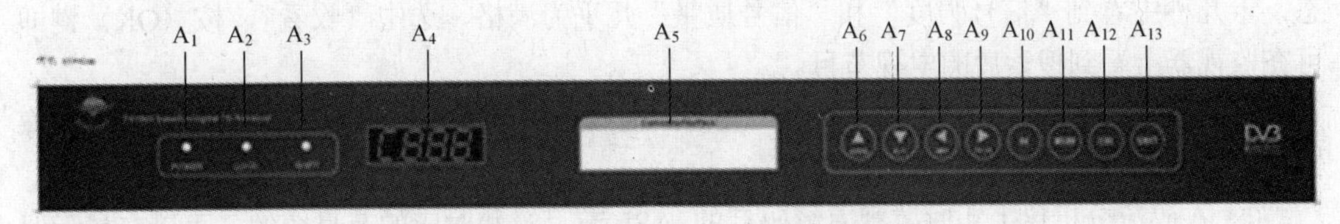

图 4-33 专业型数字卫星解码器的前面板

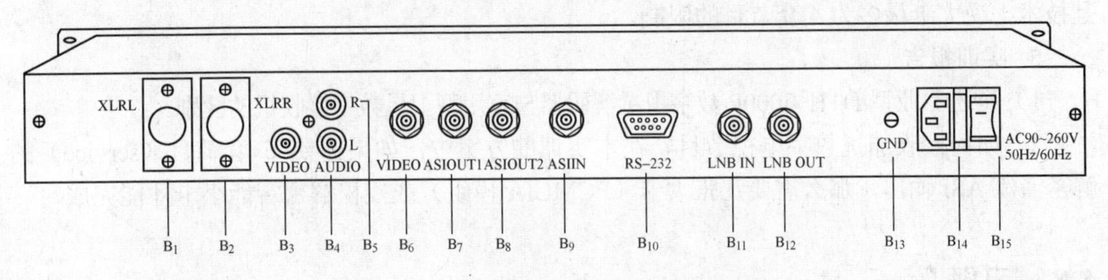

图 4-34 专业型数字卫星解码器的后面板

4. 实训步骤

1）熟悉 DTH-3000P 数字卫星解码器面板上按键的功能和使用方法。

2）根据图 4-35 所示的数字卫星解码器测试连线图的连接设备，将卫星天线高频头通过同轴电缆连接到卫星解码器的 RF 输入端；或者用码流播放机输出的 TS 码流，接到专业型卫星解码器的 ASI 输入端，即可进行相关操作。

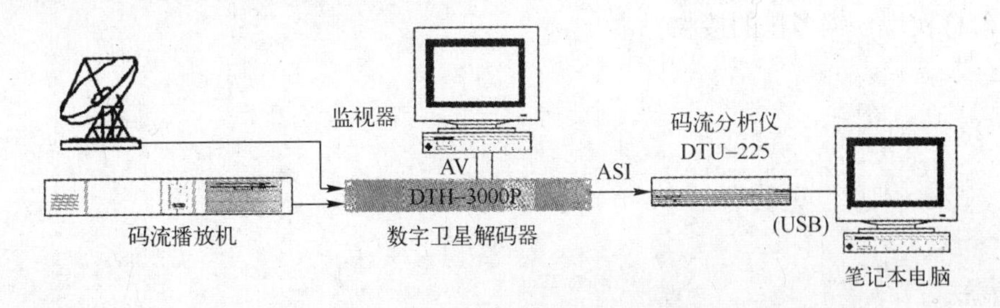

图 4-35 数字卫星解码器测试连线图

3）根据 DTH-3000P 数字卫星解码器的使用说明书，进行设备的相关设置。具体如“菜单操作”、“天线设置”、“频道搜索”等。

4）用码流播放机分别输出加密码流，送入 DTH-3000P 数字卫星解码器。本机可将码流中的多路节目进行解扰，从而可输出含有多路解扰的 ASI 码流和视频图像。

本实训选用了 Irdeto（爱迪德）公司的 6 套节目 SAMRD 授权解密智能小卡（Smart Card）和具备 4 套节目解密能力的 PCMCIA 大卡，本机将输出“透明”的 TS 码流信号。

① 在插槽 1 中插入 Irdeto 的大卡和相应的小卡。

② 按遥控器上的“MENU”键可进入 4 个主菜单，选中“选项菜单”进入“系统设置”中的下拉菜单，选中“信号源来源”为“ASI”；对于 ASI 输出是否解扰，选中“解扰”，对于 ASI 输出封包格式选择“Bypass”（对原数据包不作转换），按“Esc”键存储退出。

③ 选中“频道设置”中“频道搜索”下拉菜单中的“搜寻”，按“OK”键进入搜寻状态，十几秒中看到“信号强度”和“信号质量”几乎为满格，选中“收看”，按〈OK〉键即可在监视器上看到搜索后的电视节目。

④ 可以尝试将小卡从插槽中抽出，会看到监视器上的图像立即消失，插回小卡后图像恢复为正常。

⑤ 在码流分析仪上实时监视着解码后的 ASI 节目流和对应的节目图像，可以在显示器上看到 AV 音视频解码成功是 6 套节目，但是 ASI 输出清流解码成功只有其中的 4 套，原因是技术上受大卡最多为 4 套节目的限制。

5. 实训报告

1）简述专业型 DTH-3000P 数字卫星解码器与家用型卫星数字接收机的区别。

2）如何接收加扰数字电视节目？在本实训的方案中，如果需要 6 套节目（service）的解密清流 ASI 输出，那么需要几张大卡（PCMCIA 模组）或授权解密智能小卡才能完成？

4.8 习题

1. 卫星电视接收天线有哪几种？其基本工作原理如何？
2. 怎样选择、安装与调整卫星电视接收天线？
3. 高频头的作用如何？怎样选用高频头？
4. 画出卫星数字电视接收机的组成框图。
5. 简述 3 代中星 9 号直播卫星接收机的差异。
6. 怎样实现一锅多星的接收？

第5章　有线数字电视的接收与安装调试技术

本章要点

- 熟悉有线数字电视机顶盒的组成，了解常见的几种有线数字电视机顶盒。
- 熟悉有线数字电视机顶盒的选型与使用。
- 熟悉有线数字电视机顶盒背面接口的作用。
- 掌握有线数字电视机顶盒的安装与调试。

5.1　有线数字电视机顶盒的种类与组成

5.1.1　有线数字电视机顶盒的种类

按有线数字电视机顶盒的功能不同，一般可将其分为基本型、经济型、增强型与交互式有线数字电视机顶盒 4 种。按数字电视图像清晰度不同，一般可将其分为标准清晰度有线数字电视机顶盒和高清晰度有线数字电视机顶盒。

基本型数字电视机顶盒可以有加密或没有加密，主要以接收基本的付费数字电视节目为主，有非常简单的中间件（内置式中间件）。基本型数字电视机顶盒满足大多数用户需求，并且具有良好的性能价格比。主要功能有：支持基本的数字音视频和数字音频广播接收；集成有条件接收系统；具有中文电子节目指南（EPG）和二级以上字库；支持软件在线更新功能；支持复合视频（CVBS）输出，具有音频输出处理功能（单声道、立体声和双声道）。在有线数字电视整体转换过程中，为兼顾广大农村用户，生产厂家在基本型的基础上，推出了经济型。经济型有线数字电视机顶盒在单向网络基础上即可开展业务，只提供传统收视功能，不提供数据广播、准视频点播（NVOD）等增值业务，但是因其业务简单，运行稳定，价格低廉，所以被部分网络运营商所青睐，已成为开拓农村数字电视机顶盒市场的主要机型。

增强型有线数字电视机顶盒在基本型数字电视机顶盒的基础上，增加了基本中间件软件系统。基本中间件可以实现数据信息浏览、准视频点播、实时股票接收等多种应用。增强型数字电视机顶盒已经超越了以观看数字电视为主的需求，增加了多种增值业务，且具有可升级性，价格容易被接受，对今后的应用发展、业务开发也没有限制。新增功能有：集成基本中间件系统；支持数据广播、实时股票等数据信息接收功能；支持 NVOD 点播功能；具有多种游戏；具有音频输出处理功能（单声道、立体声和双声道）；具有 Y / C、复合视频（CVBS）、Y / C_b / C_r 输出（可选功能）；具有逐行扫描输出（可选功能）；可支持 Modem 电话拨号回传方式。基本型、经济型和增强型有线电视机顶盒的主要功能如表 5-1 所示。

表 5-1　基本型、经济型、增强型有线电视机顶盒的主要功能

序　号	项　目	机顶盒的主要功能		
		基本型	经济型	增强型
1	开机画面	图片开机画面	图片开机画面	动态开机画面
2	点播电视（NVOD）	有	无	无
3	VOD	无	无	有
4	EPG	有	有	有
5	数据广播	有	无	有
6	在线游戏	无	无	有
7	FLASH 广告	无	无	有
8	网页浏览	无	无	有
9	在线升级	有	有	有
10	条件接收	有	有	有

交互式有线数字电视机顶盒可从过去的“播什么就看什么”变为“想看什么节目就点看什么节目”。用户由过去的切换频道方式变为方便地从电子菜单上点选节目。在有线数字电视机顶盒的标准中，除了可以收看数字电视节目以外，还提供了其他数据传输的能力，因此可以实现电子节目指南、信息浏览、视频点播等功能。

有线数字电视机顶盒的技术发展趋势主要是双向（交互式）与高清，因此有线数字电视机顶盒将在以下几个方面得到发展。

在硬件部分，机顶盒的 CPU 越来越强大、存储器容量越来越大、活动图像专家组（MPEG）解码器将支持同时解码多个高清晰度电视（HDTV）的节目、图形功能越来越强大，将从简单的屏幕显示（OSD），发展到强大的 2D、3D 图形引擎，电缆调制解调器功能更加完善，以支持高速 Internet 接入和电子邮件，并将 Web 页面与视频有机地融合。

在软件方面，标准化的中间件产品将得到进一步发展，用户将可以共享丰富的应用软件。

在外部接口方面，可以利用有线数字电视机顶盒建立家庭网络，将机顶盒与 PC、打印机、DVD 机等数字设备连接起来，并通过内置的电缆调制解调器与 Internet 相连，真正地成为信息家电。

在应用方面，有线数字电视机顶盒将支持越来越多的应用，并且，下载的应用将越来越多。这些应用包括电子节目指南、按次付费观看、立即按次付费观看、准视频点播、数据广播、Internet 接入、电子邮件、视频点播以及 IP 电话和可视电话等。当然，还会有许多其他新的应用。

5.1.2　基本型有线数字电视机顶盒的组成

基本型有线数字电视机顶盒的硬件组成一般由主板、开关电源板、智能卡插卡板和显示操作板 4 个部分组成，其组成框图如图 5-1 所示。

一体化调谐器（高频头）接收来自有线电视网络的射频信号，并下变频为中频信号，经过正交调幅（QAM）解调器进行解调，输出包含音、视频和其他数据信息的传输码流（TS）。传输码流中一般包含多个音、视频流及其一些数据信息。解复用器接收传输码流，从中抽出一个节目的分组基本码流（PES）数据，包括视频 PES 和音频 PES，送入专用的解码器和相应的解析软件中，完成数字音视频信号的还原。其中将视频分组基本码流送入

MPEG-2 视频解码器模块进行解码，然后输出到 PAL/NTSC 编码器，编码成模拟电视信号，再经视频输出电路输出。将音频 PES 送入音频解码模块进行解码，输出脉冲编码调制（PCM）音频数据到 D-A 变换器，变换成立体声模拟音频信号，经音频输出电路输出。

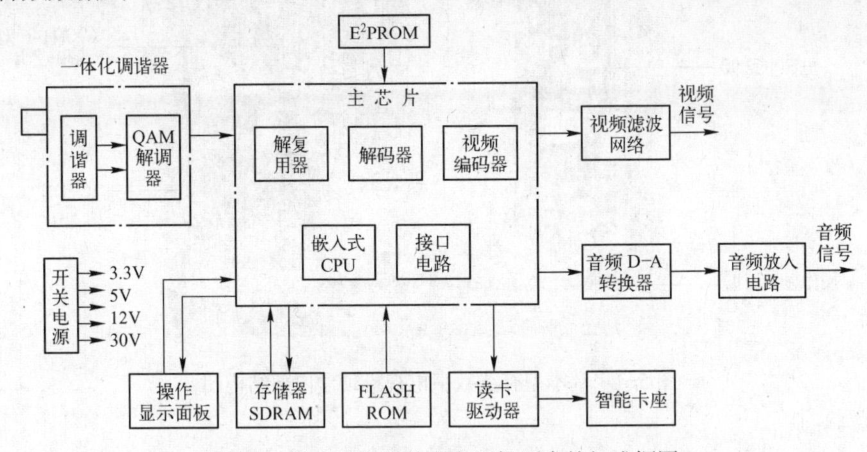

图 5-1　基本型有线数字电视机顶盒的组成框图

SDRAM—同步动态随机存取存储器

对于付费电视，智能卡模块先对含有识别用户和进行记账功能的智能卡进行读卡，确认用户身份后，再对音视频节目流实施解扰，以保证合法用户正常收看。

有线数字电视机顶盒在接收数字电视的同时，还可以接收 MPEG-2 传输码流中所携带的数据，并可以将数据或者音视频数据转发给其他设备使用，因此，有线数字电视机顶盒通常还提供了丰富的外部接口，例如：RS-232 接口、以太网接口、高速串行接口 IEEE1394、通用串行接口 USB 以及 IDE 接口等。通过 USB 口可以实现和数码相机的连接，通过 IDE 接口可以挂接硬盘实现节目存储。

基本型有线数字电视机顶盒的外形如图 5-2 所示，其背面接口如图 5-3 所示，其内部电路结构如图 5-4 所示。

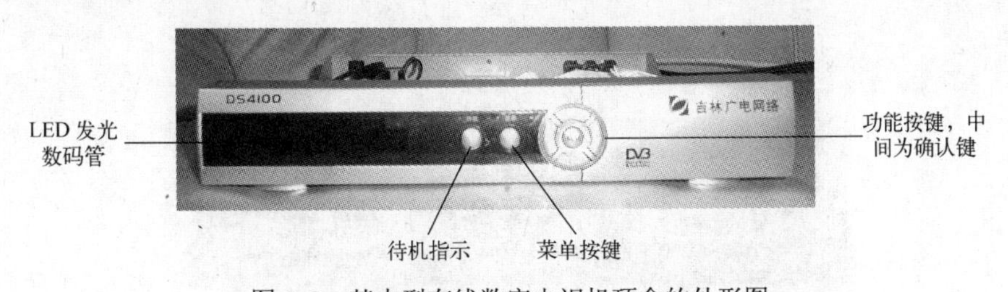

图 5-2　基本型有线数字电视机顶盒的外形图

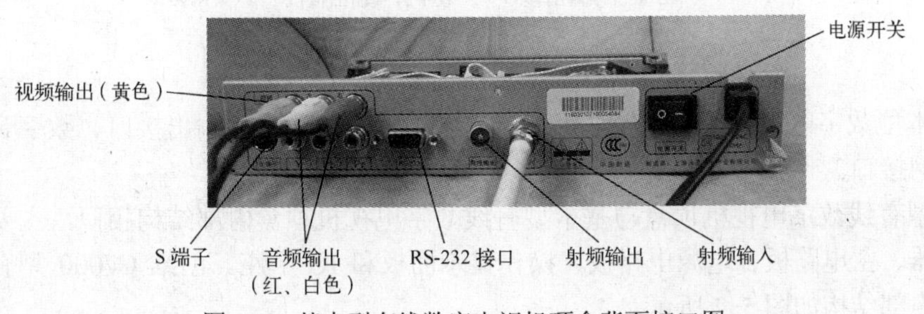

图 5-3　基本型有线数字电视机顶盒背面接口图

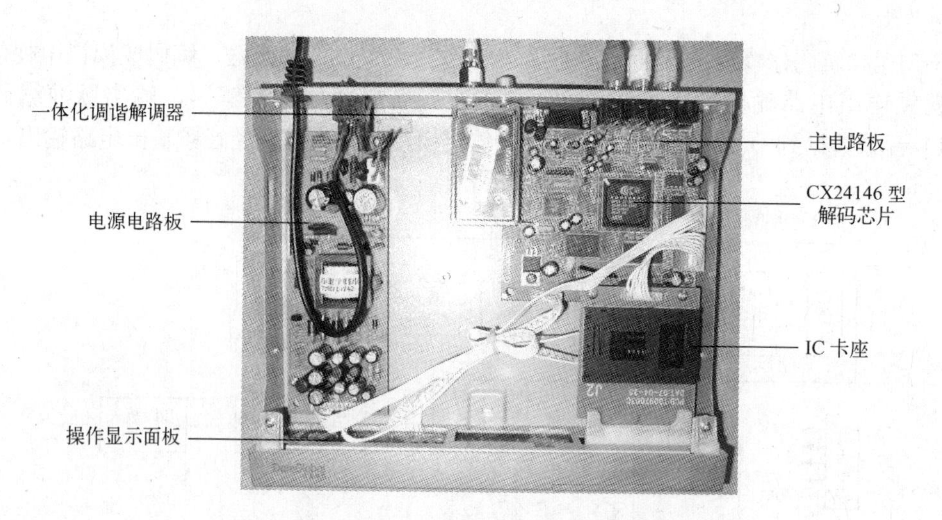

图 5-4　基本型有线数字电视机顶盒内部结构图

5.1.3　增强型有线数字电视机顶盒的组成

增强型数字电视机顶盒在基本型数字电视机顶盒基础上增加了基本中间件软件系统。基本中间件可以实现数据信息浏览、准视频点播、实时股票接收等多种应用。如创维 C7000 型增强型有线数字电视机顶盒整机外形和背面接口分别如图 5-5 和图 5-6 所示。

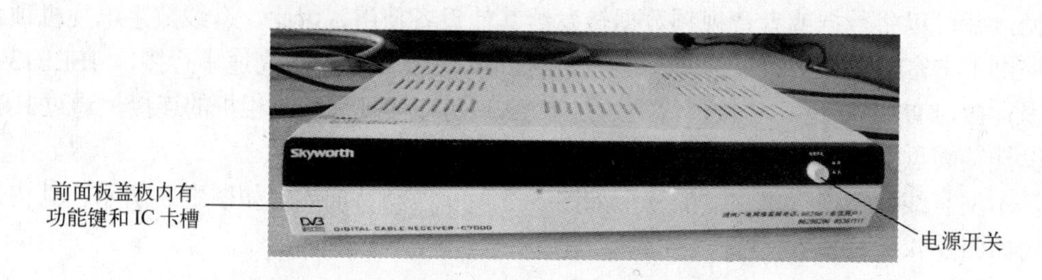

图 5-5　增强型有线数字电视机顶盒整机外形图

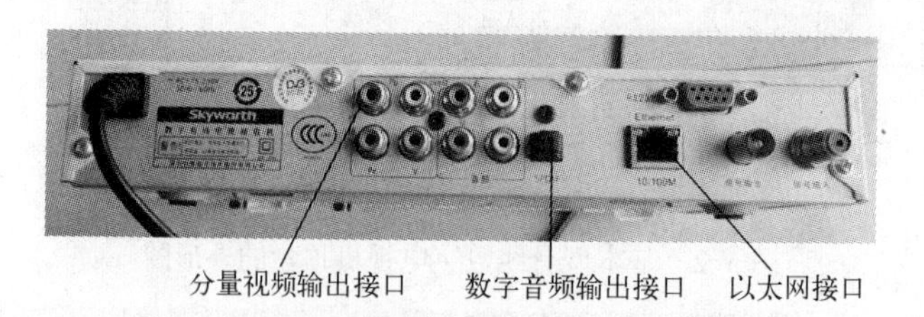

图 5-6　增强型有线数字电视机顶盒背面接口图

与基本型数字电视机顶盒比较，可以看出增强型有分量视频输出接口、数字音频输出接口和以太网接口。

增强型有线数字电视机顶盒与基本型有线数字电视机顶盒内部结构相似，主要有一体化调谐解调器、主电路板、电源电路板、操作显示面板和 IC 卡座。创维 C7000 型有线数字电视机顶盒内部结构如图 5-7 所示。

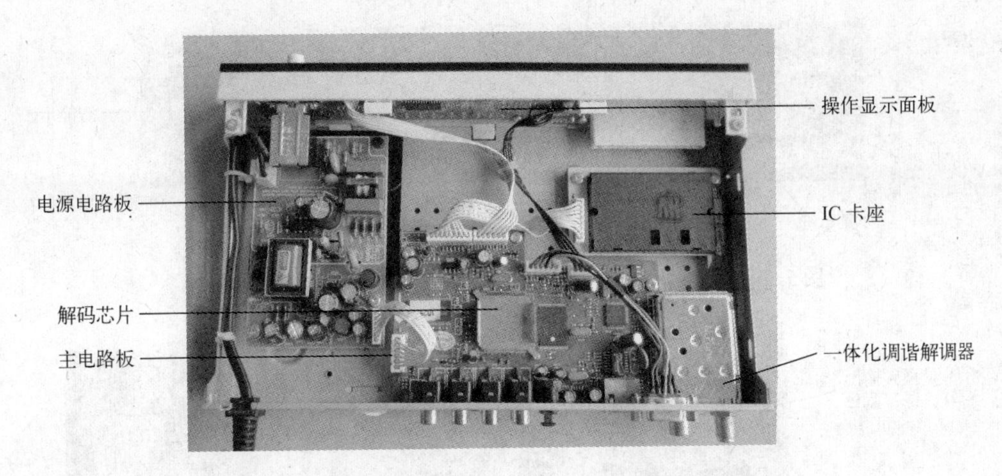

图 5-7　创维 C7000 型有线数字电视机顶盒内部结构图

增强型有线数字电视机顶盒与基本型有线数字电视机顶盒内部结构的不同之处在主电路板，创维 C7000 型有线数字电视机顶盒的主电路板如图 5-8 所示。由图可知，分量视频输出接口、数字音频输出接口和以太网接口均与主电路板相连接。

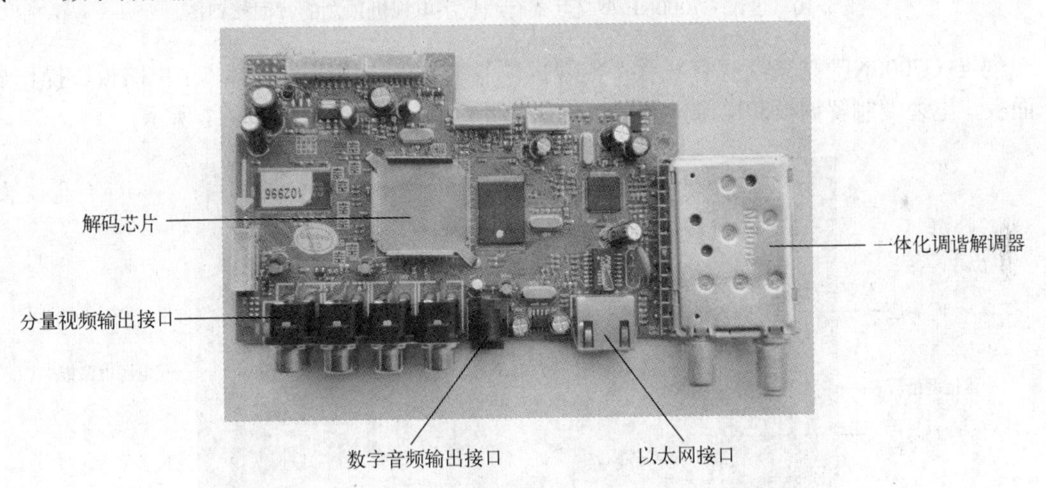

图 5-8　创维 C7000 型有线数字电视机顶盒的主电路板

5.1.4　交互式有线数字电视机顶盒的组成

交互式有线数字电视机顶盒是在增强型数字电视机顶盒的基础上增加了电缆调制解调器（CM）、硬盘，支持 MPEG-2 媒体流处理，通过周围的网关可以与各用户联网。通过交互式数字电视机顶盒，用户不仅可在普通电视机上收看图像清晰的电视节目，还能进行视频点播（VOD），接收电子节目指南（EPG）、服务导航、天气预报、TV 新闻杂志、短信息服务、股市行情、电子邮件、网站广播、电子游戏及家庭购物等多种增值业务。

创维 C7000NE 型交互式有线数字电视机顶盒的外形与背面接口分别如图 5-9、图 5-10 所示。在数字电视机顶盒的背面有一个以太网接口。

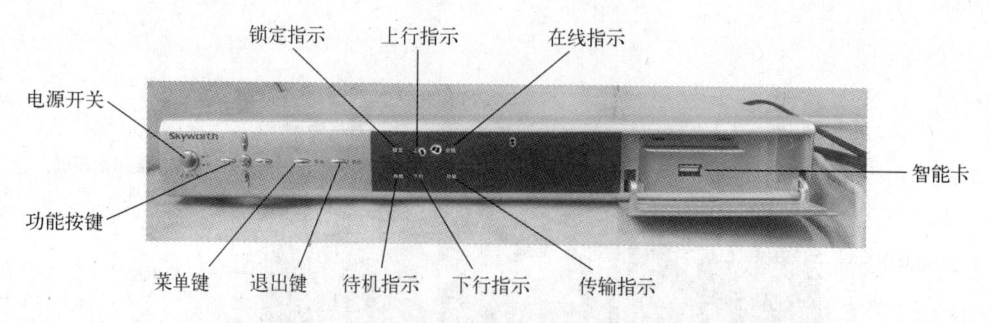

图 5-9　创维 C7000NE 型交互式有线数字电视机顶盒的外形图

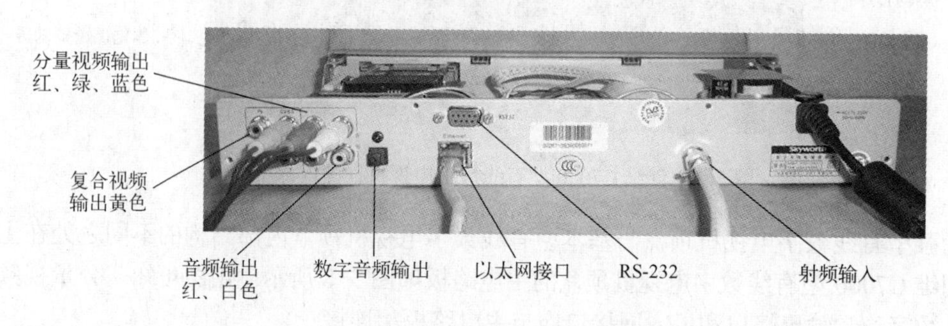

图 5-10　创维 C7000NE 型交互式有线数字电视机顶盒的背面接口图

创维 C7000NE 型交互式有线数字电视机顶盒主要由一体化调谐器、主电路板、操作显示面板、电缆调制解调板和电源电路板等构成。其内部电路结构如图 5-11 所示。

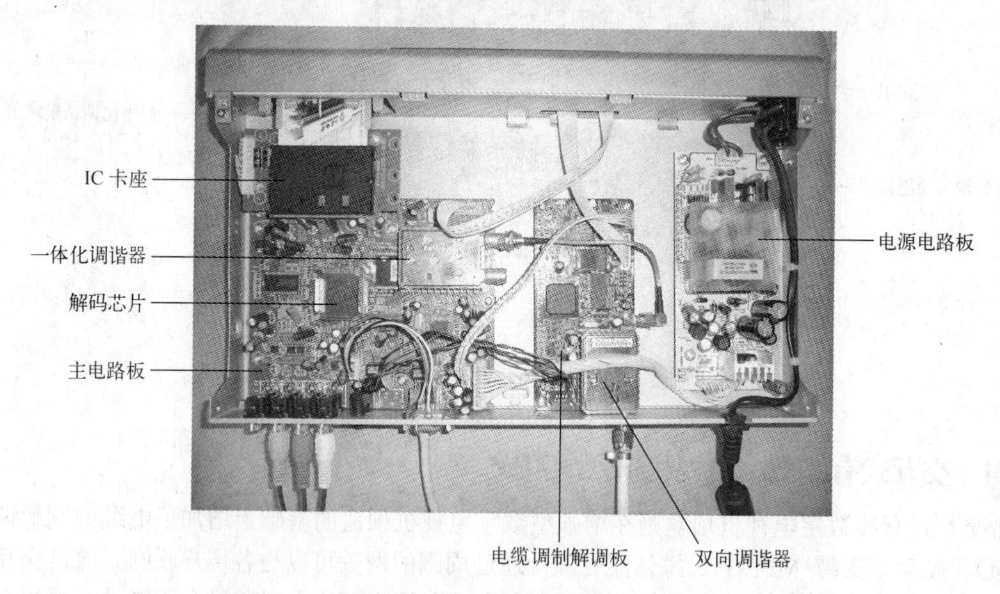

图 5-11　创维 C7000NE 型交互式有线数字电视机顶盒的内部电路结构

交互式有线数字电视机顶盒是用户由单一的被动看电视，向双向互动用电视转变的终端设备。用户通过交互式有线数字电视机顶盒除了能收看普通的数字电视节目外，还可以利用机顶盒的回传功能，用遥控器单击相应菜单上的节目提示，便可实现影视点播、新闻时移、频道回看、电视购物、卡拉 OK、在线游戏以及标准的 Web 冲浪和 E-mail 等多种功能。

5.1.5 高清有线数字电视机顶盒的组成

高清有线数字电视机顶盒就是接收有线电视网络传输的高清数字电视节目，经过信道解调、信源解码，将传送的高清电视节目的数字码流转换到压缩前的形式，再经 D-A 转换和视频编码后送到高清电视接收机，供用户收看高清数字电视节目。

同洲 CDVBC8800 型高清有线数字电视机顶盒是单向高清机顶盒，它采用超低门限的全频段高频头和 ATi 公司的 XILLEON™225 高清解码芯片，可以接收有线电视网络传输的高清数字电视节目及加密的节目，支持各种主流 CA 系统的加密方式；具有强大的用户管理功能，让成人和未成年人的收视权限得到了更好的分配，支持程序远程升级；具有功能强大的电子节目指南，可以方便用户了解一段时间内的电视节目信息。其前面板与后面板分别如图 5-12、图 5-13 所示。

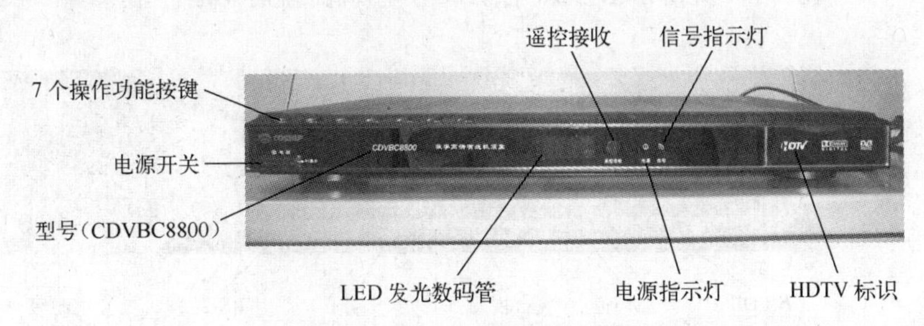

图 5-12　同洲 CDVBC8800 型高清有线数字电视机顶盒前面板

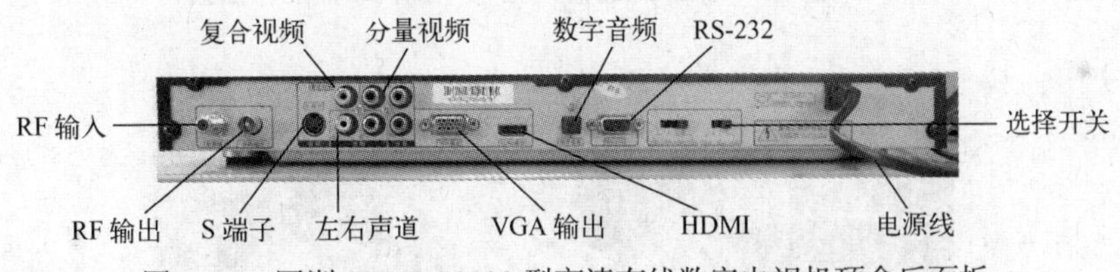

图 5-13　同洲 CDVBC8800 型高清有线数字电视机顶盒后面板

HDMI—高清晰多媒体接口

5.2 几种有线数字电视机顶盒的介绍

有线数字电视机顶盒的硬件部分主要由主电路板、操作显示面板、IC 卡座和电源电路板等构成，其中主电路板上有一体化调谐器、解复用解码芯片、程序存储器、数据存储器、E^2PROM 存储器、视频放大器、音频放大器、智能卡电路和网络电路；操作显示面板主要由 LED 数码显示器、操作按键、红外遥控接收器及其驱动电路构成。

5.2.1 采用 STi5105 方案的有线数字电视机顶盒

采用 STi5105(STx5105)方案的代表机型有深圳同洲 AnySight108 型交互式有线数字电视机顶盒、创维 C7000NE 型交互式有线数字电视机顶盒、创维 C7000 型增强型有线数字电视机顶盒、海尔 HDVB-3000CS 有线数字电视机顶盒和九州 DVB-5028 型有线数字电视机顶盒。九州 DVB-5028 型有线数字电视机顶盒的整机外形如图 5-14 所示，其背面接口如图 5-15 所示，其内部电路结构如图 5-16 所示。

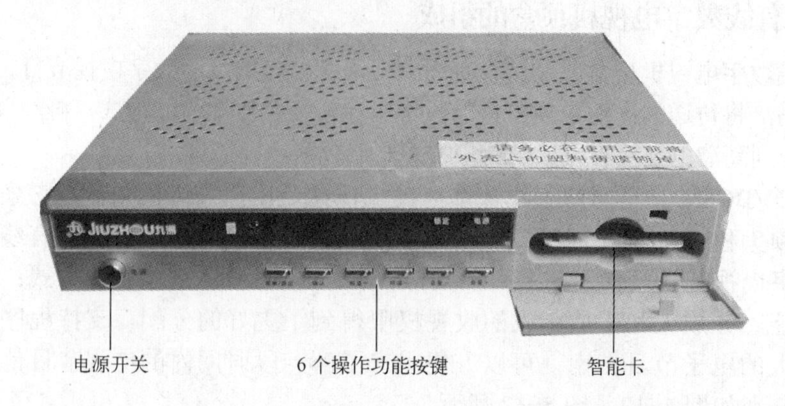

图 5-14　九州 DVB-5028 型有线数字电视机顶盒的整机外形图

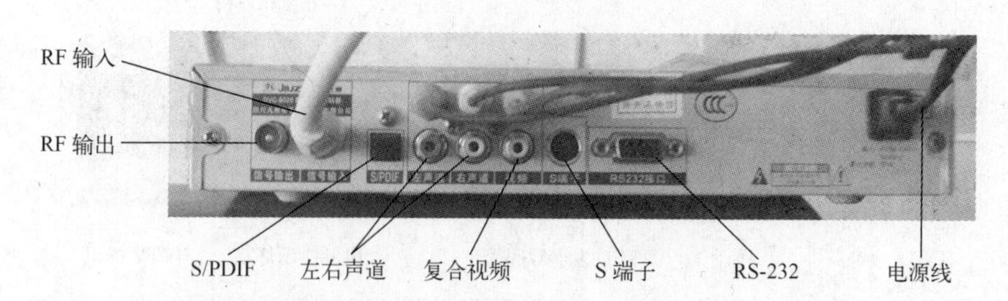

图 5-15　九州 DVB-5028 型有线数字电视机顶盒的背面接口

图 5-16　九州 DVB-5028 型有线数字电视机顶盒的内部电路结构图

STi5105 芯片中采用 ST 公司 ST20 32Bit CPU，它是第二代 MPEG 解码器件，符合 DVB-C/MPEG-2 标准，并且支持 16\32\64\128\256QAM 等不同的调制方式、支持 EPG 功

能、支持 S-VHS 视频输出、支持 YPbPr 分量，PAL/NTSC 自动识别、通过 RS-232 串口实现软件的本地升级，具有高保真立体声输出功能，零功耗环通功能、NIT 表自动搜索功能，内置国标二级中文字库、LNB 电源短路保护，可以存储的频道数为 800 个，还可存储 800 个可编辑的广播节目。

5.2.2 采用 STi5197 方案的有线数字电视机顶盒

STi5197 是意法半导体公司新一代高性价比的单片 MPEG 解码芯片，芯片采用 CMOS 65nm 工艺，ST40-C1 CPU，工作频率达 350MHz；内部集成 DVB-CI、QAM 解调、Ethernet MAC、USB2.0 HOST 功能；具备硬件安全系统；兼容目前世界上最新的高级 CA 安全规范，完全满足 NDS、NAGRA、CONAX 等公司的最新 CA 要求。采用 STi5197 方案的代表机型有四川九州生产的 DVC-5068 型有线数字电视机顶盒，该机顶盒内部电路框图如图 5-17 所示，其主电路板上如图 5-18 所示。

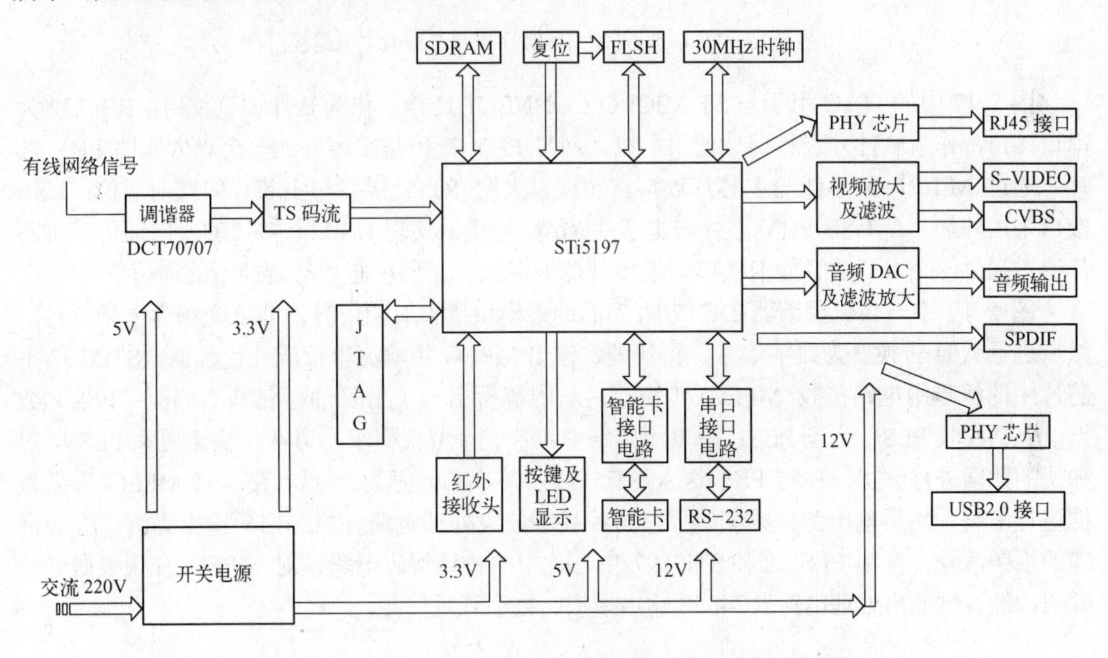

图 5-17　DVC-5068 型有线数字电视机顶盒内部电路框图

在图 5-17 中，调谐器可以采用 UNTUNE 公司的 CD1616、DCT70707 或者 ALPS 的 C01A 高频头，以完成射频信号下变频为中频信号；开关电源输出稳定的 3.3V、5V、12V 直流电压，给主板、面板和硬盘供电；STi5197 是机顶盒的主芯片，完成 TS 流的解复用及 TS 音视频解码，以及以太网 MAC、USB HOST 等整机的大部分功能；E^2PROM 用于存储节目参数信息，采取按位擦写方式；30MHz 时钟电路为主芯片提供 30MHz 的时钟频率；SDRAM 为动态存储器，存储系统工作过程中的各种数据。FLASH 为外部内存，作为程序数据存储器；采用专门的复位电路，给主芯片、FLASH、网口 PHY 芯片等提供复位信号；音频输出电路对主芯片输出的音频模拟信号通过运算放大电路进行放大输出；视频输出电路采用专用的滤波放大芯片对主芯片解码出的视频信号进行放大滤波输出；采用红色和绿色 LED 作为电源和信号锁定的指示，使用 4 位 7 段的数码显示管作为频道等其他功能的显示；显示通过软件动态扫描方式实现。

图 5-18 DVC-5068 型有线数字电视机顶盒主电路板

图 5-17 中的 JTAG 用于与 ST MICRO CONNECT 连接，作为软件调试使用；RS-232 为串口接口，作为软件升级和调试使用；以太网口 PHY 接口是采用外加一个以太网的 PHY 芯片，通过 MII/RMII 总线与主芯片连接，实现以大网 RJ45 接口与主芯片的双向通信；USB 接口采用外加一个 USB PHY 芯片与主芯片 MAC 连接，实现 USB2.0 接口的双向通信；主芯片通过提供一个专门的智能卡接口，连接外部卡座板，实现主芯片与智能卡的通信。

图 5-17 中一体化调谐器 DCT70707 的调谐模块接收射频信号，并下变频为中频信号，然后进行 A/D 转换变为数字信号，再解调，输出 MPEG 传输流串行或并行数据。STi5197 主芯片中的解复用电路接收 MPEG 传输流，从中解析出一个节目的打包基本码流（PES）数据，包括视频 PES、音频 PES。解复用电路中包含一个解扰引擎，可在传输流层和 PES 层对加扰的数据进行解扰。视频 PES 送入 STi5197 主芯片中的视频解码电路，对 MPEG 视频数据进行解码，然后输出到视频编码器，再经视频放大处理电路 FMS6146 输出高清、标清格式的视频信号。音频 PES 送入 STi5197 主芯片中的音频解码电路，对 MPEG 音频数据进行解码，经音频输出处理电路 RC4558 输出模拟、数字音频信号。

5.2.3 采用 QAMi5516 方案的有线数字电视机顶盒

QAMi5516 是法国著名的芯片厂商 ST 公司最新推出的一款专门针对中、低端市场的高性价比有线数字电视（DVB-C）机顶盒单芯片。该芯片除了传统的音频、视频解码功能以外，还具有很强的扩展能力、增强型图形处理功能和提高音视频质量的后处理功能。同时，由于将 QAM 解调器和 MPEG 解码器集成在了一起，因而降低了硬件芯片组的成本，简化了电路设计，提高了产品的可靠性和性价比。

采用 ST 公司的 QAMi5516 解码芯片的机顶盒有同洲 CDVBC5680M、长虹 DY6000C、DVB-C2088B、九洲 DVC-2018DN、浙江大华科技的 DH-STB100 基本型有线数字电视机顶盒和 DH-STB100B 小精灵有线数字电视机顶盒。采用 QAMi5516 解码芯片设计的有线数字电视机顶盒硬件框图如图 5-19 所示。

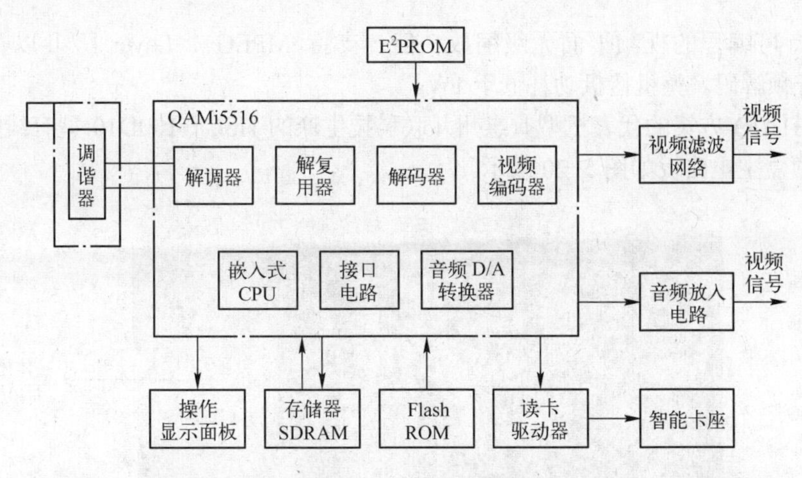

图 5-19　由 QAMi5516 解码芯片设计的有线数字电视机顶盒硬件框图

调谐器（Tuner）接收来自有线电视网络的射频信号，由内部变频电路将射频信号变换为一个中心频率为 43.75MHz 的中频信号，并通过中频输入端（IFIN）输入到 QAMi5516 内部的 QAM 解调器，完成信号的定时恢复、载波恢复、数据成型、自适应均衡和维特比解码（Viterbi）、解交织、RS 解码和去随机化，最后将得到的符合 MPEG-2 标准的传输码流（TS）经过 TSOUT 串/并口输出，完成信道解码。

信道解码器输出的 TS 流经解复用，形成音频和视频 PES 分组数据，通过 A/V 接口输出给 MPEG-2 解码器，MPEG-2 解码器将 PES 分组进行解码，输出两组数字视频和数字音频信号：一组数字视频和数字音频信号直接输出，另一组中的数字视频信号送到视频编码器中，被转换成全电视信号（CVBS）或 S 端子信号（Y/C）；数字音频信号送到音频 DAC 中，转换成立体声模拟信号，完成信源解码。

QAMi5516 芯片是一款高集成度、高性价比的解调解码单芯片，它内部集成了 32 位 ST20 CPU、QAM 解调器、音频/视频 MPEG-2 解码器、显示及图像处理功能和各种系统外设接口等。除了具有有线数字电视机顶盒的全部基本功能外，它还可以运行中间件，以实现数字电视营运商的增值服务，同时具有以太网接口、USB 接口等丰富的外设接口，不仅为实现增值服务建立了很好的硬件环境，而且也能够满足用户上网浏览、电子商务以及查询电子节目指南等方面的需求。

5.2.4　采用 Hi3110Q 方案的有线数字电视机顶盒

Hi3110Q 是深圳市海思半导体有限公司 2009 年推出的高性能、低成本的机顶盒解调解码主芯片。该芯片具有 QAM 解调能力和 RS 前向纠错功能，完成有线电视信号从中频采样到 MPEG-2 传输码流输出的完整处理，为有线数字电视机顶盒提供解决方案。

Hi3110Q 内置 ARM926EJ 处理器内核，主频高达 252MHz，CPU 处理能力高达 270MIPS；MDDRC 接口可选择支持 SDRAM/DDR 存储方式，为用户提供更多的灵活度；SSMC 接口可以支持 FLASH 以及 ISA 总线外段的扩展。存储器最小支持 2MByte FLASH、8MByte SDRAM；操作系统包含了 TCP/IP 协议，支持板级外扩以太网接口、USB2.0 接口。

Hi3110Q 支持 MPEG-2 MP@ML 规格视频解码，向下兼容 MPEG-1 码流，具有多级容错能力；支持可编程的视频平面无级缩放功能；支持 MPEG-1 LayerⅠ/Ⅱ以及 MPEG-2 LayerⅠ/Ⅱ音频解码。整机待机功耗低于 1W。

采用 Hi3110Q 方案的代表机型有惠州九联科技生产的 HSC-1100D10 型有线数字电视机顶盒，该机顶盒主电路板如图 5-20 所示。

图 5-20 HSC-1100D10 型有线数字电视机顶盒主电路板

5.3 有线数字电视机顶盒的安装与调试

5.3.1 有线数字电视机顶盒的选型

综合各地经验，在选择有线数字电视机顶盒时，应注意以下几点。

1. 预留互动接口

我国有线数字电视整体转换工作是一项庞大的系统工程和社会工程，在这项工程中，数字电视机顶盒的选型至关重要。因数字电视整体转换不单是向老百姓多传几十套电视节目，它还将向用户提供阳光政务、资讯广场、互动电视、高清电视、电子节目预告、电视广播和电视股票分析等先进功能，所以当前在选择数字电视机顶盒时，应预留互动接口，只要用户需要就可以轻易地升级为互动电视。

2. 兼顾中间件和 CA 的选择

数字电视机顶盒不同于普通家用电器产品，它在整个有线数字电视系统的投资比例最大，在中间件和 CA（条件接收）系统被选定以后，数字电视机顶盒的选择变数并不大。也就是说，它的选择要兼顾中间件和 CA 的选择。CA 的集成时间大约为半年，这就意味着，选择数字电视机顶盒时，首先要尽快确定中间件和 CA，其次要选择有足够技术实力的数字电视机顶盒提供商，以保证其集成进度和产品质量。

中间件的作用是使数字电视机顶盒基本的和通用的功能以应用程序接口 API 的形式提供给机顶盒生产厂家，以实现数字电视交互式功能的标准化，同时使服务项目（以应用程序的形式通过传输信道）下载到用户终端机顶盒的数据量减小到最低限度。中间件产品一般由非节目提供商和机顶盒厂家的第三方提供，对于使节目提供商制作节目和厂家生产机顶盒的进一步简化和标准化都是非常有利的。

条件接收系统要解决两个问题，即如何从用户处收取费用和如何阻止用户收看那些未经授权的付费频道。条件接收系统是一个综合性的系统，它集成了多种先进的技术，所涉及的技术包括系统调度管理、网络技术数字压缩编码、加解扰算法、加解密算法、复用器技术、调制解调技术、机顶盒技术以及智能卡技术等，同时也涉及用户管理、节目管理和收费管理等数据应用技术。其中，CA 系统的性能和安全性是整个系统尤为关键的问题。衡量一个条件接收系统好坏的重要指标在于系统功能的完整性、用户使用规模及系统的安全稳定。

3．考虑主要硬件的选择

主要硬件的选择包括高频头、主芯片、内存等，选择目标是要达到最高性价比及最佳业务扩容。增强型数字电视机顶盒要支持数据广播功能，配置不能太低。

1）高频头的选择。高频头与数字电视机顶盒的网络适应能力密切相关，但有些高频头抗干扰性能较差，不太适应我国国情。宜采用抗干扰性能较强的产品。

2）主芯片的选择。主芯片的核心为 CPU，所以主芯片的性能取决于 CPU 的性能，而 CPU 的主频决定了 CPU 的性能，主频越高，CPU 的性能越高，主芯片的性能越高。CPU 的速度与运行其上的业务系统有着必然联系，如果需要在一个数字电视机顶盒中运行 HTML 浏览器，那么对 CPU 的最低要求为每秒钟发送 100 万条指令。目前宜采用 STQAMi5516 的主芯片，因该芯片的主频大于 150MHz，可满足浏览数据广播的一般要求。

3）内存的选择。数字电视机顶盒的功能越强大，其内存容量要求越大。一般情况下，数字电视机顶盒的视音频解码系统驱动程序约占 1.5～2MB FLASH 空间，菜单约占几十 KB～几 MB 空间，数据广播约占 4MB 空间，CA、Loader 约占 1MB 空间。一般宜选择 8MB FLASH。通常情况下，信道解调占 1MB SDRAM 空间，视音频解码及系统驱动程序约占 6～8MB 空间，机顶盒菜单占用的空间为几百 KB～几 MB，数据广播一般占用的空间为 6～8MB 以上。一般宜选择 24MB SDRAM。事实上，数字电视机顶盒仅有菜单占用 8～32KB 空间，在选择 E^2PROM 时应不小于 16KB。

4．注意输出端口的配接

在第一章中曾介绍过数字高清晰度电视机的输入端口。有线数字电视机顶盒由于分基本型、增强型及交互式数字机顶盒 3 种，其输出端口也不一致。在选择输出端口时，要与连接的电视机相匹配。基本型的有线数字电视机顶盒要选择有复合视频输出、S 端子输出端口和数字音频端口与电视机、音响连接，选择 RS-232 串口与计算机连接，USB-2.0 接口适用低速数据传输。双模数字电视机顶盒或交互式数字电视机顶盒除选择以上端口外，还要选择有色差分量的输出端口（YPbPr），与高清晰度电视机连接，选择以太网口（RJ-45）进行数据传输，并要注意数字电视机顶盒本身软件上所提供的功能是否完善。

5.3.2 对网络环境要求

根据《有线数字电视机顶盒频道配置指导性意见》的技术要求，将有线数字电视机顶盒的频道优先配置在 B 波段（233～463MHz）的高段，处在单向 550MHz 有线电视网络系统内。在这一频带内，有模拟电视节目、数据业务、音频广播等业务，拥塞在 550MHz 以下的频带内共缆传输，加之前端、网络设备质量及传输系统的电磁兼容性问题，有线数字电视机顶盒的频道易受频率为 327～383MHz 的航空导航及固定、移动通信等外部干扰，造成网络系统指标劣化，因此，在安装有线数字电视机顶盒时，不容忽视输入机顶盒的数字电视节目的中心频率及有关频道。

模拟电视随着信号弱或载噪比降低，出现雪花或图像模糊的故障现象，但不管怎样，屏幕上总有等次不同的图像存在。与模拟电视信号传输不同的是，当数字电视信号在传输过程中有一突变时，在突变之前几乎无故障，并与传输距离无关，终端的图像质量与前端基本一样。但是一过突变（门限）点，屏幕就由出现马赛克到无图像。数字电视的突变点为：调制误差速率比（MER）为 23.4dB，相当于模拟电视载噪比 39dB；误码比率（BER）从 $10E^{-9}$ 跳变到 $10E^{-7}$ 以下。当有线数字电视机顶盒的 MER 为 22dB（相当于此时模拟电视信号载噪比 C/N 为 36 dB）时，有线数字电视机顶盒无法对 64QAM 的数字机顶盒信号进行解调，将产生所谓的悬崖效应，出现黑屏故障。

数字电视是将 4～6 套节目压缩编码打包后在 1 套模拟电视节目的 8MHz 带宽内传输的，其特点是，在同一个包中，若有 1 套节目正常，则其余几套也正常；若有一套不正常，则其余几套也肯定不正常。也就是说，数字电视的故障现象是随着传输包的信号质量来体现的，它的图像现象只有 3 种，即很清晰（DVD 效果）、无图像（包括黑屏）、马赛克（包括停顿、死机）。

有线数字电视信号劣变的原因如下所述。

1）模拟电视与数字电视混合传输相互间的串扰。

2）传输网络中放大器的非线性失真。

3）传输电缆、分支分配器及连接器的屏蔽性能降低。

4）外界电磁波骚扰及电源谐波注入。

因此，在安装有线数字电视机顶盒时，应使用户终端的技术指标达到以下标准。

1）平均功率 47～67dBμV。

2）相邻数字频道≤3dBμV、任意数字频道≤13 dBμV。

3）C/N≥31dBμV。

4）MER≥30dB。

5）EVM≤1.6%。

6）BER≤10^{-4}（RS 纠前）。

5.3.3 安装调试的注意事项

对于有线数字电视机顶盒的安装调试，除注意安装的网络环境外，还应注意以下几点。

1．有线数字电视机顶盒背面接口的作用

有线数字电视机顶盒的背面接口如图 5-3、图 5-6、图 5-10、图 5-13 和图 5-15 所示。背面接口主要有以下几种。

1）RF 输入接口（又称为射频输入接口）。它接收有线电视传输网络送来的 RF 电视信号。

2）环路输出接口。由机顶盒内部的二分配输出一路有线电视网络送来的 RF 电视信号，供其他机顶盒或电视机用。

3）AV 输出接口。由数字电视机顶盒输出模拟的音、视频信号给电视机。其中视频信号是复合视频信号，它包含了亮度、色度和同步信号。通常用莲花插座，标明的黄色端口就是视频信号输出端；音频信号分左、右声道，通常用红色和白色的莲花插座。

4）S 视频信号（S-Video）接口。S 视频信号（S-Video）接口可说是 AV 接口的改革，在信号传输方面不再将亮度与色度混合输出，而是分离进行信号传送，所以又称为二分量视频接口，或称为 Y/C 输入接口。与 AV 接口相比，S 视频信号接口将亮度和色度分离，故图像质量优于复合视频信号，色度对亮度的串扰现象也消失，同时可以避免设备内信号干扰而产生的图声失真，能够有效地提高画质的清晰度。但 S 端子仍要将色度与亮度两路信号混合成一路色度信号进行成像，所以说仍然存在着画质损失的情况。虽然 S 端子不是最好的，但在一般情况下 AV 信号为 640 线，而 S 端子可达 1024 线。S 端口用 4 芯圆形插头，有些计算机的显卡上也有 S 端口输出。用 S 端子收看电视节目要用一根 S 视频信号连接线插入电视机的 S 接口中。

5）逐行色差信号（$Y/P_b/P_r$）接口。色差信号也称为分量信号，同时传送 3 路信号：Y 是亮度信号，只包含黑白图像信息；P_b 是 B-Y 信号，即蓝色信号与亮度信号的差，P_r 是 R-Y 信号，即红色信号与亮度信号的差。色差信号实际也是亮色分离信号，也用莲花插座（RCA 插座），用绿、红、蓝标识，其中绿色端口代表 Y 信号，如图 5-3 所示。逐行色差信号对应的是逐行扫描信号，包含在 Y 里的行同步信号频率为 31kHz，而前述的几种视频信号行频都只是 15kHz。对于逐行色差信号需配具有逐行显示功能的设备。图像质量高于隔行色差信号，主要表现在图像更稳定，但只是有倍频的彩色电视机才有这种端口，现在都习惯称之为逐行扫描数字高清电视机。

6）VGA 接口。VGA 接口又称为（S-DUB），这是源于计算机输入接口。目前多数电视机基本上配置了 VGA 接口，它可直接将高清数字电视机顶盒输出的 VGA 信号输送到高清电视机的 VGA 口。VGA 接口采用非对称分布的 15pin 连接方式，分成 3 排，每排 5 个，VGA 接口的实物外观如图 5-13 所示。它包含了总线（I^2C）汇流排，因此主机和显示设备之间可以协商，并自动确定使用最佳显示格式，实现“随插即用”。VGA 接口适宜应用于显像管电视机，若用于平板电视显示设备，则转换过程的图像损失会使显示效果略微下降。

7）高清晰度多媒体接口（HDMI）。HDMI 接口的英文全称是 Hi-Defintion Multimedia Interface。它可以提供高达 5Gbit/s 的数据传输带宽，可以传送无压缩的音频信号及高分辨率视频信号，同时，无需在信号传送前进行数/模或者模/数转换，可以保证最高质量的影音信号传送。应用 HDMI 的好处是：只需要一条 HDMI 线，便可以同时传送影音信号，而不需要多条线材来连接；同时，由于无需进行数/模或者模/数转换，所以能取得更高的音频和视频传输质量。对用户而言，HDMI 技术不仅能提供清晰的画质，而且音频/视频采用同一电缆，大大简化了家庭影院系统的安装。高清数字电视机主要由这一接口实现全数字化的视音频信号的输出。

8）数字音频接口。数字音频接口简称 S/PDIF，可以传输线性脉冲编码调制（LPCM）码流和数字影院系统（DTS）这类环绕声压缩音频信号。从传输介质上划分，可将它分为同轴和光纤两种。数字音频接口采用阻抗为 75Ω的同轴电缆为传输媒介，其优点是阻抗恒定，传输频带较宽。采用光纤传输虽然具有可靠性能强的优点，但工作频带较窄，时基误差率较高。相比之下数字同轴传输的时基误差是最小的，这一传输方式对音质有较好的表现。

9）以太网接口。以太网接口是与室外的以太网连接，利用以太网交换技术、再用路由器+交换机+第五类线方式将用户连成一个局域网，再与主干网相连，实现双向互传信息。

以太网是目前应用最广泛的局域网络传输方式，普遍实用的协议已经从 IEEE802.3 的

10Base-T 转向快速以太网 100Base-T 和吉比特以太网 1000Base-T。以太网的帧格式与 IP 是一致的，特别适合于传输 IP 数据。如果接入网采用以太网，则将形成从局域网、接入网、城域网到广域网全部是以太网的结构，实现各网之间无缝连接，中间不需要任何格式转换，这将提高运行效率，方便管理，降低成本，满足高速 Internet 服务、分组话音和视频服务的要求。

10）RS-232 接口。RS-232 接口是目前最常用的串行通信接口，电视机通过这个接口可对电视机内部的软件进行维护和升级。

2．有线数字电视机顶盒与电视机的正确连线

1）有线数字电视机顶盒与普通电视机的连接步骤如下。

① 将有线电视用户终端盒输出信号（45～870MHz）接到有线数电视机顶盒的信号输入口，同轴电缆的连接头一定要插紧。

② 连接视频线。如果彩色电视机有 S 端子视频输入接口，就最好用 S 接口连接线把彩色电视机和数字电视机顶盒连接起来，这样画质会更优秀；如果彩色电视机没有 S 端子视频输入接口，那么就用视频连接线，一头接到数字电视机顶盒的 VIDEO 视频输出接口，另一头接到电视机的 VIDEO 输入接口上。

③ 连接音频线。如果要连接音响系统，就可把数字电视机顶盒上的那组数字音频输出接口选用数字电缆线与音响设备的数字音频输入口相连，然后把机顶盒上的那组立体声音频输出接口用连接线接到彩色电视机的 AUDIO 输入接口上；如果不需要连接音响系统，就可把数字电视机顶盒上的那组立体声音频输出接口用连线接到彩色电视机的 AUDIO 输入接口上。

④ 如使用 RS-232 输出端子，就选用计算机专用连接线，与计算机 RS-232 输入口相连。

⑤ 当使用 China Crypt 条件接收卡时，应将智能卡插入 IC 卡插口中，此时条件接收界面出现 PIN 设置、成人级设置、收视记录和电子信箱 4 个选项。有关具体操作方法读者可参阅有线数字电视机顶盒的说明书。

2）对于有线高清晰度数字电视机顶盒与高清晰度电视机的连接，要注意高清晰度数字电视机顶盒与高清电视机的接口要一致。有线高清晰度数字电视机顶盒背面的输出接口主要有高清晰度数字多媒体接口（HDMI）、YPbPr 模拟分量视频信号接口、S 视频信号接口、AV 信号接口等，如图 5-13 所示。

高清晰度数字电视机背面的输入接口主要也有高清晰度数字多媒体接口（HDMI）、YPbPr 模拟分量视频信号接口、AV 信号接口等，如图 5-21 所示。

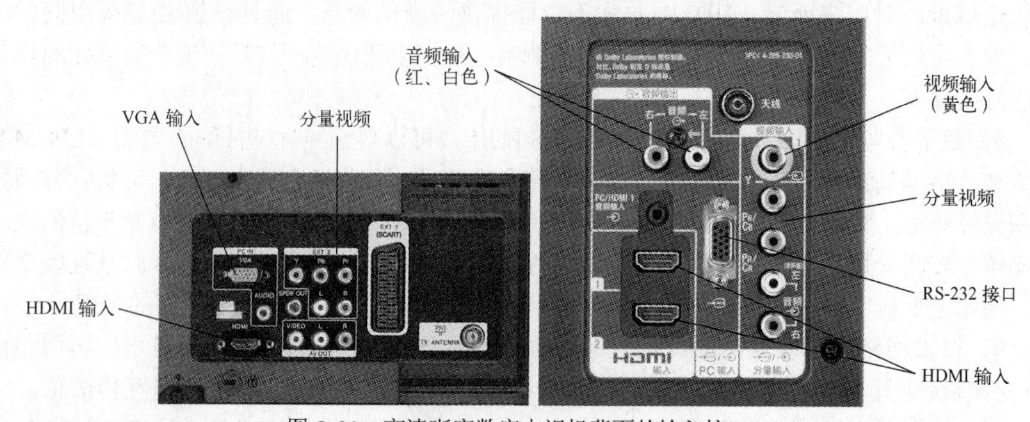

图 5-21　高清晰度数字电视机背面的输入接口

其中，通过 HDMI 接口用一条连线就能将高清晰度数字电视机顶盒输出的数码视频和数码音频接入高清晰度数字电视机中。该接口是以无压缩技术传送全数码信号的，最高传输速度是 3.95Gbit/s，并支持 8 声道 96kHz 或单声道的 192kHz 数码音频传送，是目前兼容优质的音影的最佳方式。

有线高清晰度数字电视机顶盒与高清晰度数字电视机的连接除用 HDMI 接口外，还可以用其他接口连接，其连接示意图如图 5-22 所示。

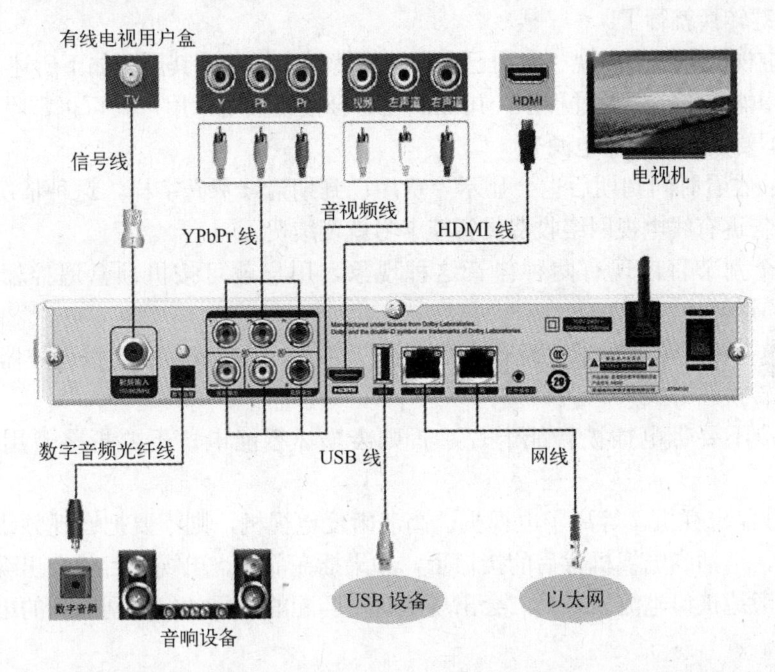

图 5-22　有线高清晰度数字电视机顶盒与高清晰度数字电视机的连接示意图

3. 有线数字电视机顶盒的调试步骤

将有线数字电视机顶盒与电视机连接好后，可进行调试。下面以创维 6000 型有线数字电视机顶盒为例，介绍有线数字电视机顶盒的调试步骤。

1）将机顶盒起动完毕，电视画面上将提示“当前节目列表为空，是否进行自动搜台”。

2）按〈确认〉键搜索，不搜索按〈退出〉键。搜索完毕将提示“搜索完毕，按退出键退出”。所有搜索到的节目将被保存，此时电视画面停留在电视节目 1 上。

3）如果不进行节目的搜索，就可退出到主菜单界面。

4）在主菜单下找到下级“节目管理”菜单。有 3 种搜索方法，即自动、全频道和手工搜台。

5）在主菜单下找到下级“系统设置”菜单→“恢复出厂设置”，将节目全部清空。分别用 3 种搜索方法进行节目的搜索。

6）在主菜单下找到下级“节目管理”菜单→“编辑节目表”，移动上下键选定 323MHz 频点中的 CCTV1 节目，按遥控器的黄色键，待删除标志出现后，按〈退出〉键→按“确认”删除节目。关闭主电源，重新启动机顶盒，在“节目管理”菜单→“手工搜台”中，确认起始、终止频率均为 323MHz，调制 64QAM，符号率为 6.875。移动上下键到“开始搜索”→按“确认”进行搜索。可以在表单中看到 CCTV1 被添加，排列在节目列表的最后位置。注：各地有线电视网络的节目安排不一致，323MHz 频点只是举例说明。

7）将智能卡拔出后，提示“E04——请插入智能卡”，插入智能卡，显示“E07——正在检测智能卡”。从检测智能卡到图声正常出现，大约为 3s。

4．其他注意事项

1）有个别用户的电视机在转换到“视频”状态时出现黑白图像，用户用电视机遥控器上的〈SYS〉键转换就行了。

2）如果电视机屏幕上出现“费用已到期请续费”字样，则其原因如下所述。

① 用户智能卡正在授权过程中，10min 左右会授权成功，用户就可正常收看电视节目。(这期间用户不要关断机顶盒电源)。

② 用户的收看时间到期后也会显示“费用已到期请续费”字样，这种情况用户可带上身份证或直接告诉有线电视网络收费员智能卡号就可续费了。

③ 如果个别节目出现有两种伴音这种现象，用户就可按机顶盒遥控器上的〈声道 R\L〉键进行声道转换。

④ 如果电视机屏幕上显示“没有广播节目”字样，用户就可直接按遥控器上的“电视/广播”键进行转换。

3）请用户不要带电插拔智能卡片，否则会损坏智能卡。不要折叠及用水清洁智能卡。

4）若是液晶电视机、等离子电视机、高清晰度电视机，则不要把音视频线插在电视机旁边的接口上，请插到电视机背后的接口上，如果插在前面，电视节目就会出现电流声，这是因为电视机旁边接口电流衰减大，会出现阻抗不匹配的现象（但个别品牌的电视机不会出现这种情况）。

5）机顶盒上不要覆盖一些不利于散热的物品（如装饰布）。

6）当长期不用机顶盒时，对它也应保持待机状态，因待机状态下可保持智能卡授权和接收公共邮件，且系统可自动升级。

5.3.4 交互式有线数字电视机顶盒的安装

1．安装前的准备工作

安装交互式有线数字电视机顶盒前要做以下几项准备工作。

1）确认有线电视网络环境。在安装交互式有线数字电视机顶盒前，首先要确认用户所在的有线电视网络覆盖区域是否为已开通双向有线电视的网络和双向有线电视网络结构，是双向光纤同轴电缆混合网还是以太无源光网络。如果是 EPON，则应选择安装基本型交互式有线数字电视机顶盒。

2）要测试下行数字电视信号电平和上行数据信号电平，以保证有足够的电平进入有线数字电视机顶盒，使它能正常稳定工作。如果用户信号电平不够，则要排除网络故障，保证用户信号电平达到 47～67dBμV，与数字频道相邻之间的最大电平差小于 3dB。

3）要对用户室内线路进行调试或整改。检查原有的有线电视布线方式是否为并联方式，如果不是并联方式，则应首先将接线方式改为并联方式，如图 5-23、图 5-24 所示。

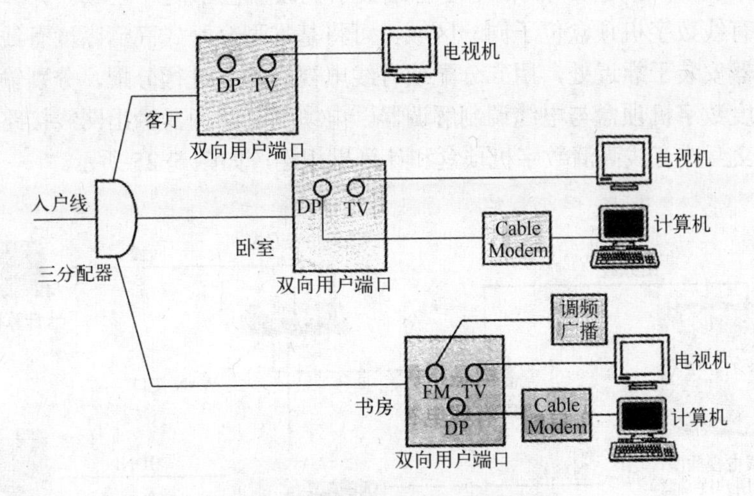

图 5-23　用分配器输出的并联方式

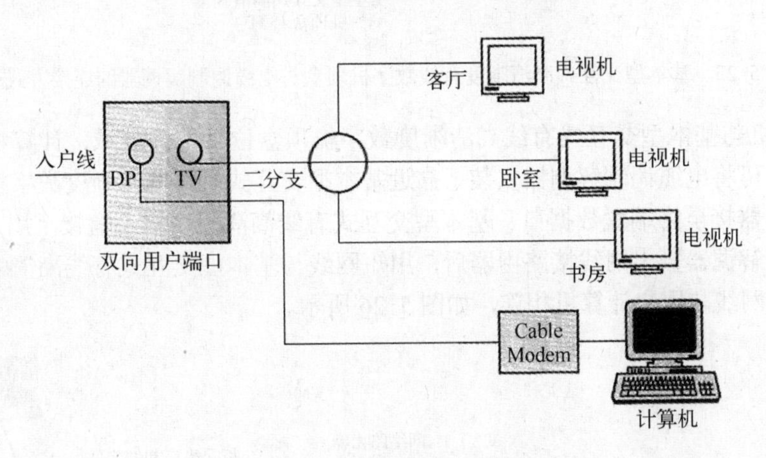

图 5-24　用分支器输出的并联方式

2．分清机顶盒的种类

交互式有线高清晰度数字电视机顶盒根据回传信道的不同，一般分为双向 HFC 网络和 EPON 网络两种；根据其内部结构的不同，又分为基本型交互式有线高清晰度数字电视机顶盒和增强型交互式有线高清晰度数字电视机顶盒两种，其中增强型交互式有线高清晰度数字电视机顶盒内置电缆调制解调器等。基本型交互式有线高清晰度数字机顶盒要实现互动电视点播功能，需增加外置设备如 Cable Modem、EPON（ONU 或 EOC 终端等）、ADSL 或 LAN 等接入方式的终端。增强型交互式高清有线数字机顶盒通常已内置提供回传通道的设备，可直接安装在 CMTS＋Cable Modem 组网方式的 HFC 双向有线电视网络中。

3．与电缆调制解调器的连接

当采用基本型交互式高清晰度有线数字电视机顶盒开通交互业务时，要安装外置电缆调制解调器或利用已有电缆调制解调器提供点播用回传通道。一般情况，多数安装交互式高清晰度机顶盒的区域在客厅，而使用计算机的区域在书房或卧室，电缆调制解调器作为家庭上网的网关设备只能位于一处，因此需要根据实际情况进行安装。

1）计算机与基本型交互式高清晰度有线数字机顶盒位于同一区域。计算机与基本型交互式高清晰度有线数字机顶盒位于同一区域，可将基本型交互式高清晰度有线数字机顶盒及电缆调制解调器安装于靠近处，用二分配或有线电视终端盒进行分配，分别输入基本型交互式有线高清晰度数字机顶盒与电缆调制解调器。电缆调制解调器输出网线接路由器后，用短网线与基本型交互式有线高清数字机顶盒和计算机相连，如图 5-25 所示。

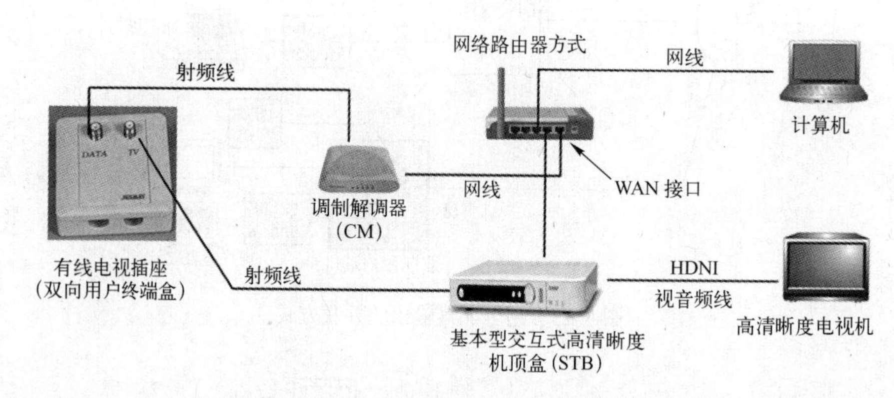

图 5-25　基本型交互式高清晰度有线数字机顶盒与电缆调制解调器的连接方式一

2）计算机与基本型交互式有线高清晰度数字机顶盒位于不同区域，计算机处无有线电视信号接入。可将电缆调制解调器安装于靠近基本型交互式有线高清晰度数字机顶盒处，将电缆调制解调器接至终端盒数据口、基本型交互式有线高清数字机顶盒接至用户终端盒 TV 口。电缆调制解调器输出网线接路由器后，用短网线与基本型交互式有线高清晰度数字机顶盒相连，布长网线与用户计算机相连，如图 5-26 所示。

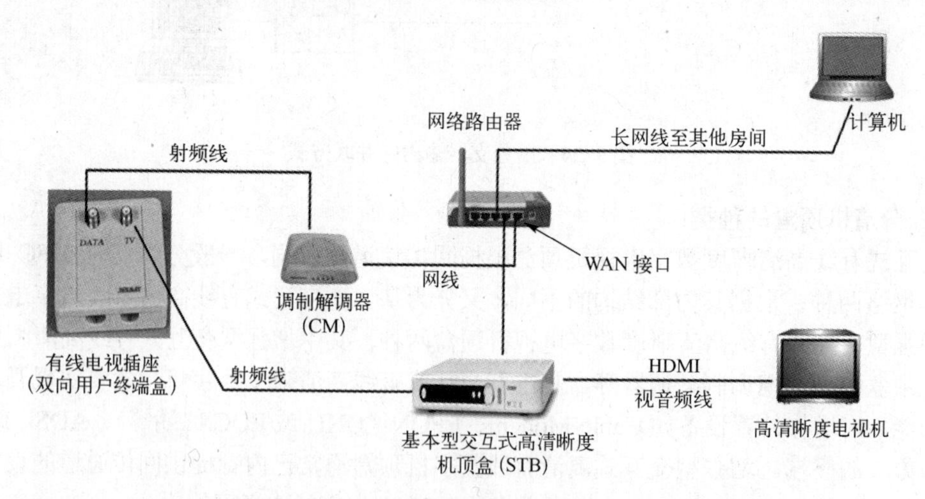

图 5-26　基本型交互式有线高清晰度数字电视机顶盒与电缆调制解调器的连接方式二

3）计算机与基本型交互式有线高清晰度数字机顶盒位于不同区域，但计算机处有有线电视信号接入。可将电缆调制解调器安装于靠近计算机处。在将电缆调制解调器输出网线接路由器后，用短网线与计算机相连，用长网线与基本型交互式有线高清晰度数字机顶盒相连，如图 5-27 所示。

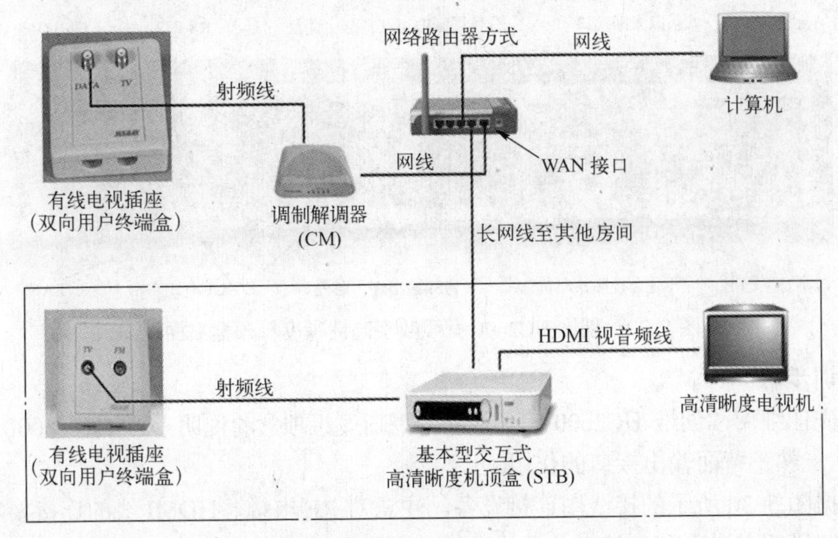

图 5-27　基本型交互式有线高清晰度数字电视机顶盒与电缆调制解调器的连接方式三

5.4　实训 6　有线数字电视机顶盒的安装与调试

1．实训目的

1）了解有线数字机顶盒的工作原理、主要电性能指标及系统硬软件结构。

2）掌握机顶盒出错信息提示的含意及故障鉴定排查的方法。

3）掌握机顶盒用户接收端安装调试与使用方法。

4）掌握机顶盒信号接口与计算机、彩色电视机连接的方法。

5）了解机顶盒串口升级的方法。

2．实训器材

1）创维 HC2600 有线数字高清晰度数字电视机顶盒　1 台

2）带 CVBS、Y\C、S-VIDEO、HDMI 接口监视电视机　1 台

3）RF 馈线、AV 线×2、S 端子线、HDMI、AC3 光纤连接线　1 套

4）智能卡　1 张

3．实训原理

关于实训原理请参考本书有关章节，这里不再赘述。创维 HC2600 有线数字高清晰度机顶盒前、后面板分别如图 5-28 和图 5-29 所示。

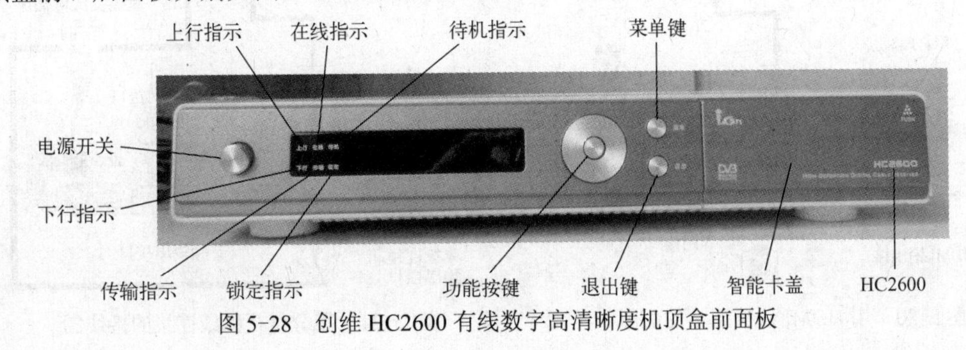

图 5-28　创维 HC2600 有线数字高清晰度机顶盒前面板

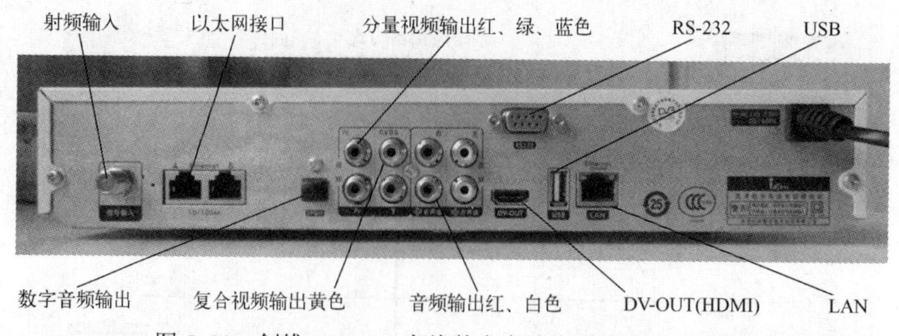

图 5-29　创维 HC2600 有线数字高清晰度机顶盒后面板

4. 实训步骤

1）首先仔细阅读创维 HC2600 有线数字高清晰度机顶盒的说明书，了解 6000 型机顶盒的使用方法，熟悉背面输出接口的作用。

2）根据图 5-30 所示的接线图连接设备，注意对 RF 电缆、HDMI 线的连接要牢靠。

3）按照说明书进入节目搜索的操作，搜索完成后观看节目接收的质量。

4）进行工厂设置的操作，清空节目后进行全自动搜索，观察搜索进度，比较物理搜索与表格搜索的不同之处。

5）进行节目编辑的操作，删除一套节目后重新起动机器进行手动搜索操作（设置当前节目的中心频点、符号率），添加被删除的节目。

6）观看节目时进行智能卡的热插拔操作，记录智能卡读节目的时间。

7）打开机顶盒，认识电源模块、智能卡插槽组件、主芯片和同步动态随机存取存储器 DDR3 SDRAM、闪存 FLASH、高频头等器件。

8）根据图 5-31 所示的接线图，用分量视频输出（红、绿、蓝色线）连接设备，观看接收高清晰度电视节目的效果，并比较用 HDMI 线连接收看高清晰度电视节目的效果。

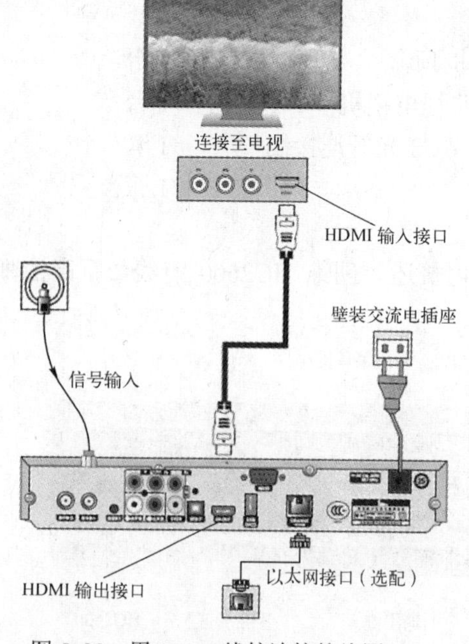

图 5-30　用 HDMI 线接连接的线图

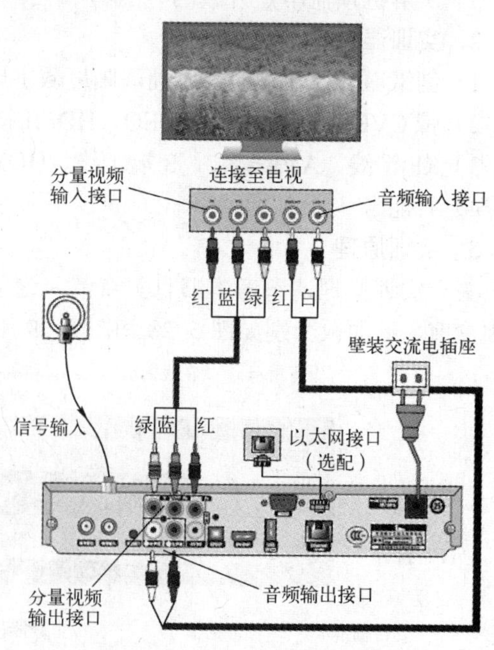

图 5-31　用分量视频线连接的接线图

9）用计算机连接机顶盒 RS-232 接口，进行软件升级的演示（选项）。

5．实训报告

1）画出创维 HC2600 型有线高清晰度数字电视机顶盒的结构图，并说明各模块的作用。

2）简述交互式数字电视机顶盒的工作原理，并画出信号流程图。

3）总结数字电视机顶盒的安装调试方法及操作使用方法。

4）实地考察数字电视机顶盒的安装调试流程，写出实验室数字电视机顶盒安装调试与实际情况的差异和心得体会。

5.5 习题

1．简述有线数字电视机顶盒的种类与组成。

2．简述交互式有线数字电视机顶盒的特点及作用。

3．选用有线数字电视机顶盒应注意哪几点？

4．安装有线数字电视机顶盒时应注意哪些问题？

第6章　有线数字电视传输网络与用户终端的维护检修技术

本章要点

- 熟悉常用仪器仪表的使用。
- 熟悉传输网络的日常维护。
- 掌握有线传输网络常见故障的分析与检修方法。
- 掌握有线数字电视机顶盒常见故障的检修方法。

6.1　常用仪器仪表的使用

在有线电视网络的维护与检修过程中，需要使用一些测试仪器与仪表，如万用表、场强仪、有线电视分析仪、光功率计、光时域反射计、熔接机和扫频仪等。熟悉这些仪器、仪表的用途、工作原理及使用注意事项，可以更好地发挥它们的作用，有利于快速、准确地判断仪器仪表故障发生的部位和原因。

6.1.1　光功率计的使用

光功率计是测量光纤输入、输出光功率的重要仪表。对于某些仪表，它还能测试光纤的衰耗和反射损耗。

1．光功率计的结构

光功率计的结构如图6-1所示。光功率计是由光功率计主机和光接收部分的传感器组成的。对于测量不同波长的光信号，要选择与光接收器件波长特性相适应的传感器。光接收器件的波长特性虽然比较宽，但由于在波长范围内的灵敏度也有变化，所以应对测量的波长进行校正。当光功率存在时间上波动时，所用的光功率计还应具有对多次测量进行平均化处理的功能。

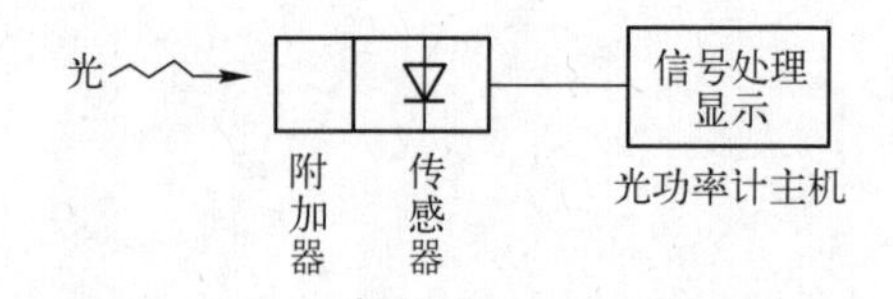

图6-1　光功率计的结构图

2．DS3026光功率计的使用

下面以常用的DS3026光功率计为例介绍光功率计的操作应用。

（1）DS3026光功率计面板图

DS3026光功率计面板示意图如图6-2a所示，其实物图如图6-2b所示，其液晶显示屏示意图如图 6-3 所示。

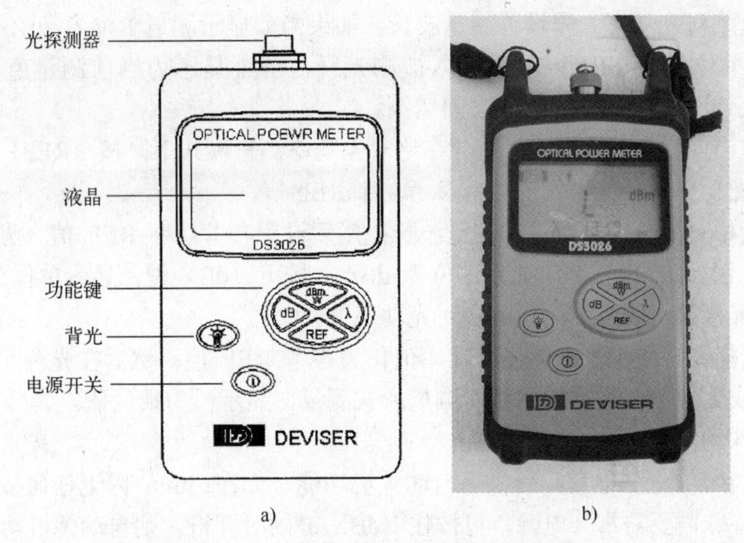

图 6-2 DS3026 光功率计面板示意图

a) 示意图 b) 实物图

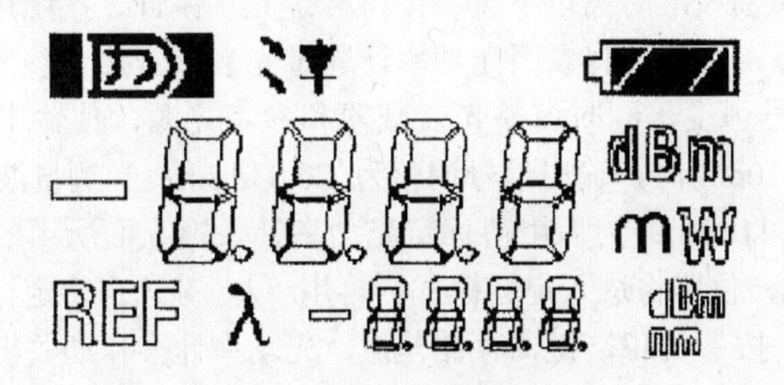

图 6-3 DS3026 光功率液晶显示屏示意图

（2）各功能键作用

测量波长切换键。按下此键，即可测量波长在 1 310 nm 和 1 550nm 之间切换。

显示单位切换键（在说明书中此键以 dBm/W 描述）。在绝对测量模式下按此键，测量显示单位在 dBm 和 mW 之间切换；在相对测量模式下按此键，将回到绝对测量模式。

参考功率存储键。在 dBm 测量模式下按此键，测量值将作为参考功率被存储，按任何键将返回波长模式。

绝对/相对测量模式切换键。在 dBm 测量模式下按此键一下，进入相对测量模式，测量将显示 dB 值。

绝对测量模式：显示值为被测系统的绝对测量值，以 dBm 为单位。

相对测量模式：显示值为被测系统的绝对测量值减去 REF 的差值，以 dB 为单位。

背光开关键。按下此键即打开，松手即关掉。

电源开关键。

（3）使用说明

1）进行测量波长的选择。使用波长键进行切换，开机后默认为 1 310nm。DS3026 光功率计面板实物图如图 6-2b 所示。

2）测量绝对光功率。先设置测量波长，如果当前显示测量单位为 dB，按下〈dBm/w〉键，使显示单位变为 dBm；然后接入被测光纤，屏幕显示为当前测量值。按〈dBm/W〉键，可使显示单位在 dBm 和 mW 之间切换。

3）设置当前参考功率 REF 值。在绝对光功率测量模式下，按〈REF〉键一次，即可将当前测量的光功率值存储，作为当前参考功率 REF 值。

4）测量相对光功率。先设置测量波长；然后设置参考功率 REF 值（见上述设置当前参考功率 REF 值），再设置测量显示单位为 dBm，按下〈dB〉键，显示单位变为 dB；最后接入被测光，屏幕显示为当前测量的相对光功率值。

5）测量损耗。先把光源输出光功率值作为参考 REF 值；然后在光源和光功率计之间接入待测光纤或无源器件；最后用相对测量方式测量，显示值为损耗值。

（4）特殊功能

本仪器为节约电池电量，提供了自动关机功能，如在 5min 内无任何按键操作，则自动断电；如因特殊需要需常开电源，可按住〈dB〉键同时开机，则自动关机功能被取消。

本仪器提供了重新定标功能。在光功率计使用较长时间后，若出现计量不准的情况，则可使用此功能对光功率计进行重新校准。

对光功率计进行重新校准时需以下设备：待标定光功率计、参照用光功率计、光源、光衰减器。具体操作如下：用户先将参照光功率计通过光衰减器接至参考光源；接着用参照光功率计测量输出光信号强度，同时调整光衰减器和参考光源，使输出信号强度满足以下要求：当测量波长为 1 310nm 时，输出信号调整为-20.03dBm；当测量波长为 1 550nm 时，输出信号强度调整为-20.11dBm；然后用待标定光功率计替换上面所用的参考光功率计，按住〈dBm/W〉键同时开机，仪器将进入定标模式；再用〈λ〉键选定待定标波长，此时光功率计屏幕显示本机测量值，按下〈dB〉键，存储差值，光功率计会自动关机，定标完成。

用户可重复上述操作对另外波长定标，如用户不满意，则可重复操作，直至用户认可为止。

6.1.2 光时域反射仪的使用

光时域反射仪（OTDR）是光缆线路工程施工和维护工作中常用的光纤测试仪表，可测量光纤的插入损耗、反射损耗、光纤链路损耗、光纤的长度和光纤的后向散射曲线。OTDR 具有功能多、体积小、操作简便、可重复测量且不需要其他仪表配合等特点以及可自动存储测试结果、自带打印机等优点。

1．OTDR 的内部结构

OTDR 由光发射机、光接收机、光分路器、信号处理器和显示器等几大部分组成。OTDR 利用其激光光源向被测光纤发送一光脉冲，光脉冲在光纤本身及各特征点上会有光信号反射回 OTDR。反射回的光信号又通过一个定向耦合器耦合到 OTDR 的光接收机，并在这里转换成电信号，最终在显示器上显示出结果曲线。光时域反射仪的内部结构框图如图 6-4 所示。JDSU MTS-2000/4000 型光时域反射仪如图 6-5 所示。

1）光发射机。光发射机是一个脉冲激光光源，根据测试的需要，它可以发射一个或多个可预先设置宽度和重复频率的激光脉冲。对于多波长的 OTDR，常具有 850nm、 1 300nm

和 1 550nm 等多个激光光源。

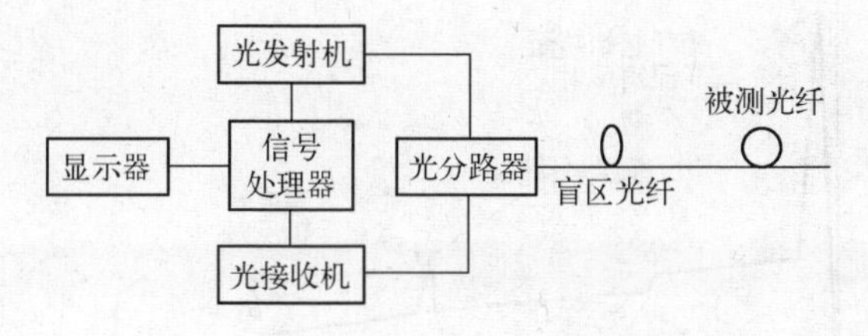

图 6-4　光时域反射仪的内部结构框图

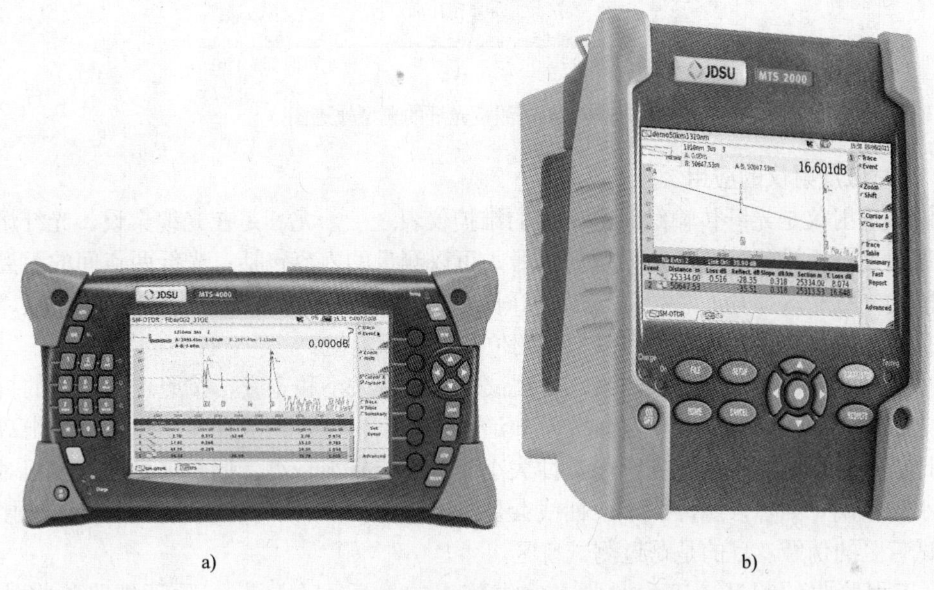

a)　　　　b)

图 6-5　JDSU MTS-2000/4000 型光时域反射仪

a) JDSU MTS-4000 型光时域反射仪　b) JDSU MTS-2000 型光时域反射仪

2）光分路器。也称为光耦合器，它起到分离发送光和接收光的作用，将光源输出的光耦合到光纤，并将从光纤返回来的背向散射光和反射光耦合到接收机（光探测器）。

3）光接收机。实际是用光电二极管制成的探测器，检测从光纤返回的光。

4）盲区光纤。为了减小 OTDR 连接处初始反射对测量结果的影响，通常在 OTDR 连接器和被测光纤之间接入一段“过渡光纤”，这一段过渡光纤称为盲区光纤。对盲区光纤与被测光纤必须采用熔接连接。

2．OTDR 测试轨迹图的含义

OTDR 测量光纤的典型轨迹如图 6-6 所示。图中横轴为距离（时间），纵轴为光纤损耗 dB 值。其中：*a* 点是光纤的输入端，是耦合设备与光纤输入端面的菲涅耳反射峰，此处光信号最强；*b* 点有一个突降，说明此处有一接头或者其他缺陷引起的高损耗；*c* 点有一个上升的菲涅耳反射峰，说明此处有光纤断裂的情况；*d* 点有一个较大的突降，说明光缆由于外因或者缺陷引起的异常损耗；*e* 点的菲涅耳反射峰说明光纤在此处断开或者是光纤的终点。*a* 点与纵轴之间的距离为 OTDR 的测试盲区，近几年生产的 OTDR 测试盲区较小，一般为几十 m。

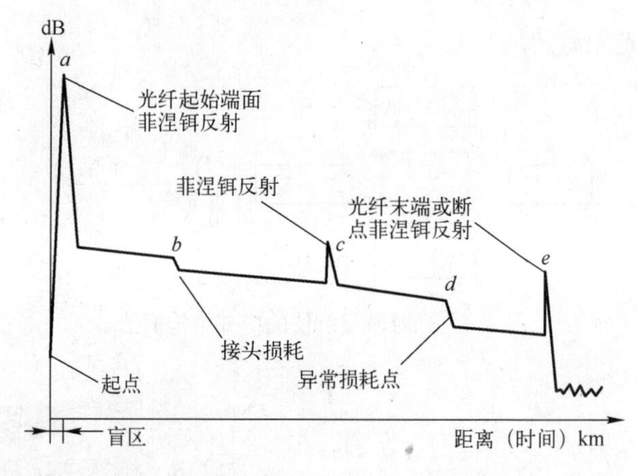

图 6-6　OTDR 测量光纤的典型轨迹图

3．光时域反射仪的应用

光时域反射仪是光纤传输线路最常用的维护仪表之一，尤其是在光缆架设、光纤熔接完工后测试通过分析设备发光的后向散射信号，可以测量的内容包括：光纤两点间的距离；任意两点间的光纤平均损耗、总损耗、沿光纤长度的损耗分布；光纤接续点的接头损耗、反射损耗及反射系数；判断光纤断裂点或损坏的位置；故障定位。

为了测试准确，要适当选择 OTDR 测试仪的脉冲大小和宽度，按照厂方给出的折射率指标设定。在判断故障点时，如果预先不知道光缆长度，可以先放在自动位置，找出故障点的大概地点，然后放在手动位置，将脉冲大小和宽度选择小一点，但要与光缆长度相对应。脉宽越小越精确。当然，脉冲太小，曲线会显示出现噪波，所以要选择适当。还要加接一段超过测试盲区的伪纤，目的是跨过测试盲区。

1）工程验收的测试。工程验收是光缆施工的最后一个环节，除了杆路验收外，用 OTDR 测试仪测试光纤链路损耗最能说明光缆施工质量的好坏。施工好的光缆工程，OTDR 测试图整体显得平滑，各段斜率一致，更无断点。最后验证整个光纤链路损耗是否在设计范围之内。施工完成后，对于每芯光纤，还要用 OTDR 测试仪和打印机打印出 OTDR 测试图作为资料保存起来，为以后光缆线路维护做准备。

2）光缆线路故障点的测量。随着光缆线路的大量敷设和使用，光纤传输系统的可靠性和安全性越来越受到维护人员的关注，如何精确地将故障点定位就显得十分重要。当遇到自然灾害或外界施工等外力影响造成光缆线路阻断时，维修人员根据 OTDR 测试提供的位置和光缆线路的异常现象，比较容易找到故障点。但如果是隐性故障，如光产品上的微小缺陷、安装过程中的不规范施工、使用维护上的疏忽等，就很难从路由上的异常现象找到故障点，这时就必须根据 OTDR 测出的故障点到测试点的距离，再与原始测试资料进行核对，分析整条光缆链路的传输曲线，确定是否有使性能下降的问题点（例如光缆过度弯曲、外力拖拽光缆、连接器或光纤不洁、熔接问题等），然后进行距离定位，彻底排除存在的隐藏故障。

3）断点的测试。当判断断点时，如果断点不在接续盒处，就可将近处接续盒打开，接上 OTDR 测试仪，测试故障点距测试点的准确距离，利用光缆上的米标很容易找出故障点。当利用光缆外皮米标查找故障时，对层绞式光缆还有一个绞合率问题，那就是光缆的长度和光纤的长度并不相等，光纤的长度大约是光缆长度的 1.005 倍。这种方法只适用于光缆长度大于 OTDR 测试仪的量程距离。

4）高损耗点的测试。根据经验，高损耗点主要是光缆在架设过程中打折或光缆受外力影响造成的，如遇打折，就要用手顺其反方向校正，还不能解决时，只有将高损耗点断开，加接续盒。在使用 OTDR 测试仪时，会发现对同一接续点从两个方向测试，接头损耗相差很大，这是由于光缆的模场直径影响它的后向散射，因此在接头两边的光纤可能会产生不同的后向散射，从而遮蔽接头的真实损耗。如果从两个方向测量接头的损耗，并求出这两个结果的平均值，便可消除单向 OTDR 测量的人为因素误差。由此看来，仅从一个方向测量接头损耗，其结果并不十分准确。

5）光纤接续损耗的测试。当使用 OTDR 测试光纤接续损耗时，1 550mn 的波长对光纤弯曲的损耗较 1 310nm 敏感，所以测试光纤接续损耗应选择 1 550nm 的波长，以便观察光缆敷设和光纤接续中是否会因光纤弯曲过度而造成损耗增大。用 OTDR 监测光纤接续，常用的有以下两种方法。

第一种方法是前向单程测试法。用 OTDR 在光纤接续方向前一个接头点进行测试，采用这种方法监测，测试点与接续点始终只隔一盘光缆长度，测试接头衰耗较为准确，测试速度较快，大部分情况下能较为准确的取得光纤接续的损耗值，采用这种方法的缺点是所测得的损耗值全部是单向测试数据，不能全面、精确地反映光纤接续的真正损耗值。

第二种方法是前向双程测试法。OTDR 测试点与接续点的位置仍与前向单程监测布置一样，但需在接续方向的最始端做环回，即在接续方向的始端将每组束管内的光纤分别两两短接，组成环回回路。由于增加了环回点，所以用 OTDR 测试可以测出接续损耗的双向值。用 OTDR 前向双程测试光纤，两方向测试的结果有时会不同，主要原因是光纤芯径和相对折射率均不相同（即将不同品牌或不同批次的光纤熔接），这样不仅会造成熔接损耗增加，而且会造成 OTDR 两个方向的测量值相差很大。当两根被熔接的光纤的模场直径不同时，因为小模场直径光纤传导瑞利散射光的能力比大模场直径光纤强，所以当将这两种直径的光纤熔接时，若从小模场直径光纤向大模场直径光纤方向测试时，熔接损耗可能是负值（即虚假增益），反之，则出现高损耗值。这是一种表面现象，是由于不同模场直径对瑞利散射光传导能力不同所造成的测量上的缺陷，它并非熔接点的实际损耗，在从两个不同方向测试并取平均值后，所得的损耗才是熔接点的真正损耗。比如，在一个接头从 A 到 B 测得的损耗为 0.18dB，而从 B 到 A 测得的损耗为-0.12dB，在将双向测试取平均值后，实际上此头的损耗为 [0.18+ (-0.12)]/2=0.03dB，但如果从单向值 0.18dB 来判断，就会误认为接续不合格，掐断重接，所以双向测试能避免这种误判情况的发生。

上述这两种光纤接续损耗的测试方法是目前通常采用的测试方法，根据不同的现场情况和实际要求，可以采用不同的测试方法。

4．OTDR 的测试调整

在使用 OTDR 过程中，适当调整以下测试选项，可以保证测试精度，提高测试效率。

1）波长。选择不同的光源波长，可使测试得出光纤对应不同波长的光损耗特性。

2）量程。量程是指屏幕上显示的最大距离。调整适合的量程，一是可使 OTDR 光源输出功率适应被测光纤实际长度的要求，提高灵敏度；二是可以将 OTDR 扫描轨迹图局部放大，提高分辨率，便于查看分析。

3）扫描时间。扫描时间的长短与测试精度的高低有关，在满足测试要求的情况下，将时间调到最小，可提高工作效率，特别是在需测试纤芯数量较多时。

4）脉宽。窄脉宽适合测试距离较短的光缆，并且盲区较小；宽脉宽适合测试距离较远的光缆。选择不同的脉宽，得到的轨迹图的细节显示程度是不一样的，例如采用较小脉宽对远距离光纤进行测试时，光纤末端菲涅耳反射峰及陡降在轨迹图上的显示不明显，难以分辨故障情况，将脉宽调大后，情形就会变得很清楚。

6.1.3 数字电视测试仪的使用

数字电视测试仪的品种及型号很多，下面以天津市德力电子仪器有限公司生产的DS2300Q /DS2100 /DS1883E 系列数字电视测试仪为例，介绍数字电视测试仪的使用。

1．外形

DS2300Q/DS2100 系列为手持机产品，DS1883E 系列为便携机产品，它们是德力公司专门为有线数字电视系统维护而设计的测量仪器，全新的界面和简易的操作，使维护测试更简捷。DS2100 系列的外形如图 6-7 所示。DS1883E 系列的外形如图 6-8 所示。

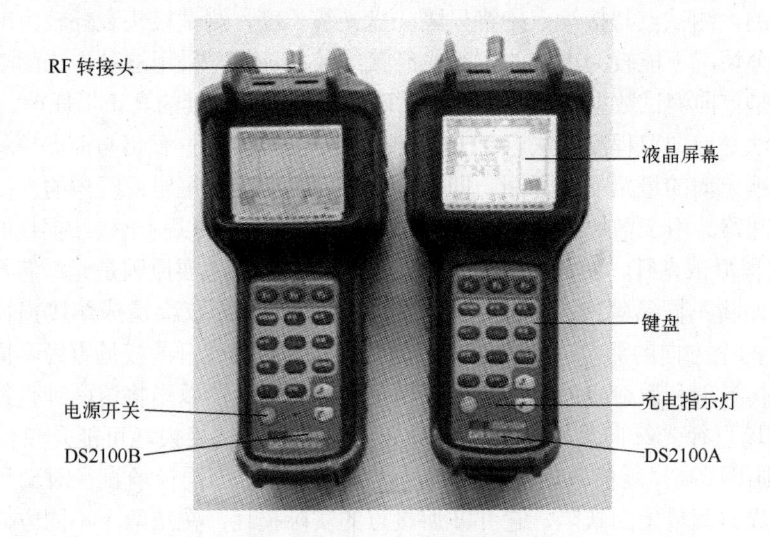

图 6-7　DS2100 系列的外形图

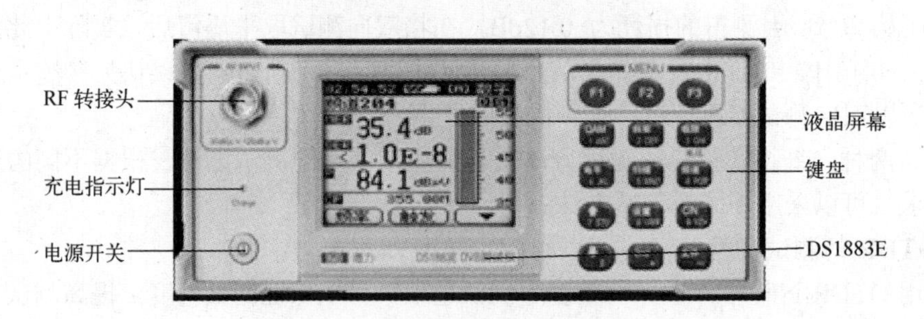

图 6-8　DS1883E 系列的外形图

2．键盘

图 6-9a 所示为 DS2100A 型的键盘图，DS1883E 的键盘按键位置有所变动，如图 6-9b 所示。

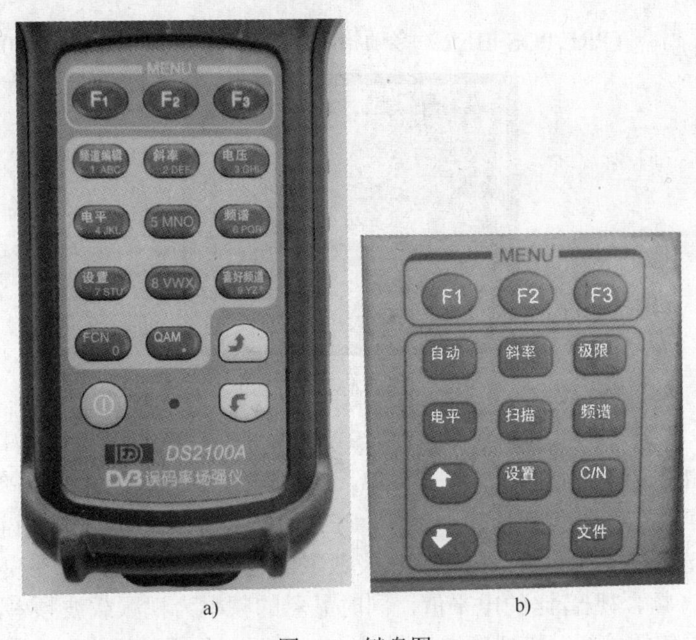

a) b)

图 6-9 键盘图

a) DS2100A 型 b) DS1883E 型

键盘图上按键的功能如下。

1）〈F1〉、〈F2〉、〈F3〉 键盘顶部的 3 个按键。这 3 个按键对应于液晶显示时在屏幕底部显示的 3 个功能。

2）〈QAM〉 键。按此键进入数字 QAM 信号分析功能。按此键两次进入星座图测试功能。

3）〈HUM〉 键。按此键进入测试功能。

4）喜好频道按键。按此键进入喜好频道编辑测试功能。

5）电压（自动）按键。按此键进入电压测试功能，按此键两次进入自动测试功能。

6）斜率按键。按此键进入斜率测量功能。

7）电平按键。按此键进入频率频道电平测试及数字信道功率检测模式。

8）扫描按键。按此键进入频道扫描模式。

9）频谱按键。按此键进入频率频谱扫描模式。

10）文件按键。按此键进入文件保存、编辑功能。

11）设置按键。按此键可以进入设置模式。

12）〈FCN〉 键。按此键进入第二功能模式，可以输入数字或字符。

13）〈↑〉、〈↓〉 符号为上、下键。

3. 使用方法

DS2300Q /DS2100 /DS1883E 系列数字电视测试仪的使用方法详见德力电子仪器有限公司提供的使用说明书。使用仪器前，需先创建用户频道表，该过程自动选择用户频道表中的有效频道，以便提高日后测量时的工作效率。下面主要介绍数字电视的指标测量和电平测试。

按〈QAM〉键，进入数字频道的测量模式，按〈FCN〉键输入频道号。

在 QAM 功能下可以测量信道功率（POW）、带内平坦度（FLT）、调制误差率（MER）、纠错前/后-比特误码率（PRE/POS-BER）多项指标。QAM 测量功能如图 6-10 所示。

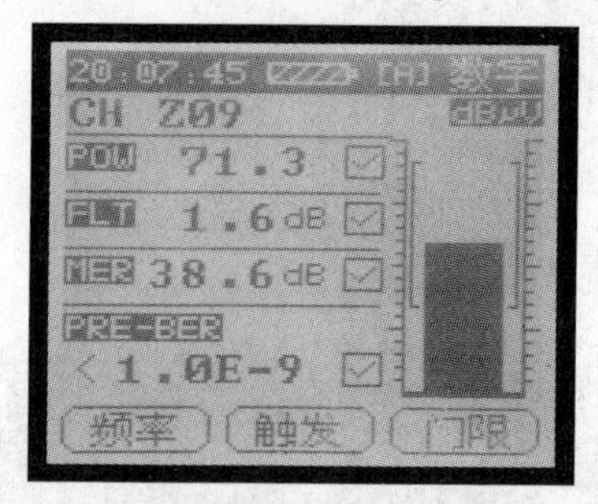

图 6-10 QAM 测量功能

在图 6-10 中显示 Z09 频道（注：是增补 9 频道）的 POW 为 71.3dBμV，FLT（带内平坦度）为 1.6dB，MER（调制误差比）为 38.6dB，PRE-BER（纠错前比特误码率）为 1.0E10^{-9}，[注：应为 1.0×10^{-9}，IEC 标准规定的用户终端 BER 的技术指标≤10^{-4}（RS 纠前）]。

按下电平按键可进入频率频道电平测试及数字信道功率检测模式。在模拟频道模式下，可以测量视频、音频、视/音比的电平值，同时显示的频率为视频载波频率，在屏幕的右上方会显示当前电平值的单位。模拟频道如图 6-11a 所示。如果频道类型为数字频道，此界面就为测试数字频道的平均功率，如图 6-11b 所示。通过按〈↑〉、〈↓〉键可以按频道顺序调节被测频道，此时频道号、频道类型及标志都会显示在屏幕上。若要观测某个频道，则可以按〈FCN〉键直接输入要测量的频道号。

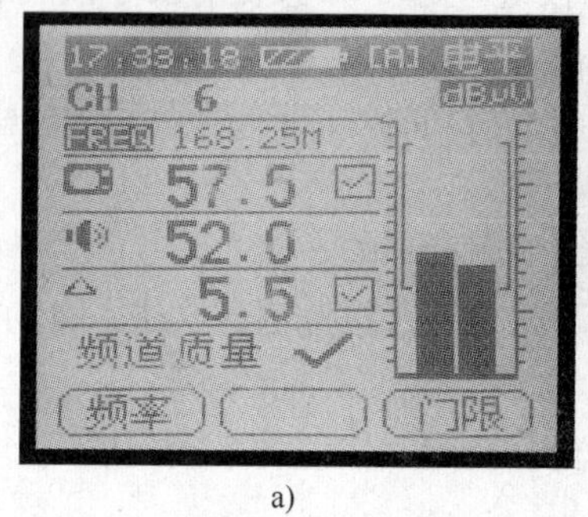

a)

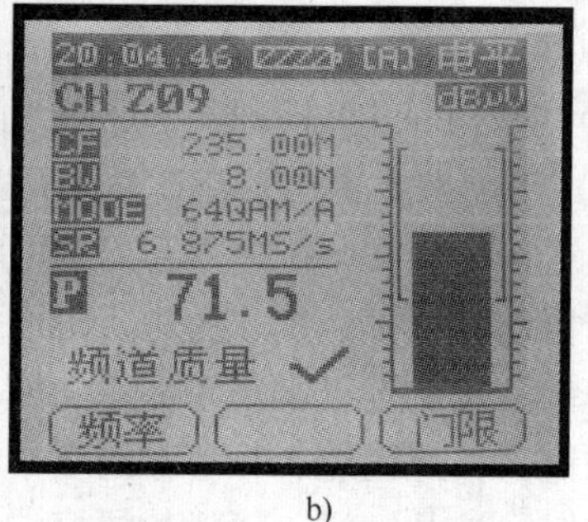

b)

图 6-11 电平测量
a) 模拟频道 b) 数字频道

在图 6-11a 中显示 6 频道的图像载波频率为 168.25MHz，电平为 57.5dBμV，伴音载波电平为 52.0dBμV，视音比为 5.3dB；在图 6-11b 中显示 Z09 频道，即增补 09 频道，中心频率为 235MHz，带宽为 8MHz，类型为 64QAM，码率为 6.875MS/s（注：正确单位是 MSPS）、平均功率为 71.5dBμV。

6.2 有线传输网络的日常维护

6.2.1 有线传输网络的周期测试

有线电视传输网络的周期测试分为月测试和年度测试两种。指标测试按照 GY/T221-2006《有线数字电视系统技术要求和测量方法》和 GY/T121-1995《有线电视系统测量方法》进行。

为防止因传输网络的维护工作而造成传输信号中断或劣化，维护工作必须按照操作流程进行。信号测试应在设备的测试端口进行。当维护操作比较复杂或必须中断传输信号时，应事先制订周密的工作计划和防护措施。

1．月测试的内容

按月测试的内容有：射频电平、载噪比（C/N）、交扰调制比（C/CM）、载波复合三次差拍比（C/CTB）、微分增益（DG）、微分相位（DP）、色度/亮度时延差（Δt）、频道内频率响应、回波值。数字电视 TS 流监测频道电平、调制误差率（MER）。

2．年终测试的内容

年终测试的内容有：电性能指标为系统输出口电平（dBμV）、系统输出口频道间载波电平差、频道内幅度/频率特性（dB）、载噪比（dB）、载波互调比（dB）、载波复合三次差拍比（dB）、交扰调制比（dB）、载波交流声比（%）、载波复合二次差拍比（dB）、交扰调制比（dB）、载波交流声比（%）、载波复合二次差拍比（dB）、色度/亮度时延差（ns）、回波值（%）、微分增益（%）、微分相位（度）等 13 项。光链路性能指标测试光端机的输入和输出光功率。数字电视 24h BER 测试。

有线数字电视系统传输指标的测量主要以采用 DVB-C QAM 分析仪为主要测量仪器，它能较全面地测量该系统主要的传输指标。这种测量方法简单实用，只需将测量系统直接与分析仪相连，如常用 HP 8594Q DVB-C QAM 分析仪。

当有线数字电视传输网络选择 HFC+CMTS 技术时，通常用德力电子仪器有限公司的 DS2500C 有线数字电视综合测试仪测量下行通道的平均功率、星座图、MER、比特误码率（BER）、信噪比（SNR）。

当有线数字电视传输网络选择 EPON+EOC 技术时，通常采用山东信通电器有限公司的 ST323 EPCN 测试仪，它可以测试 EOC 网络中线路衰减、TX/RX 速率、当前接收数据帧数量，可以仿真 EOC 终端进行 Ping、Ipconfig、Tracert、Route 测试，还具有 FTP 客户端，可以进行下载文件测试，并可以通过 IE 浏览器上网浏览网页。

6.2.2 光缆网络的维护

光缆网络应遵循“技术维护为主，故障抢修为辅”的原则。技术维护分为设备维护和线路维护两个部分，其主要任务是达到线路和设备的性能符合指标要求，使系统正常运行。

1．线路定期维护

光缆线路的主要功能是传输光信号，其敷设方式分为地埋和架空两种。架空光缆由于费用低而常被采用，但容易被人为破坏和受环境条件影响而损坏。下面主要介绍架空光缆的技术维护。

1）定期巡查光缆干线线路，每月至少一次徒步巡线，重要路段要重点巡查，主要检查光缆的垂度是否过大、挂钩的间隔密度是否合适、吊线与其他线路交叉处的防护装置是否符合规定以及是否存在其他影响网络运行的安全隐患。

2）检修、加固水泥杆和拉线，清理吊线上的吊挂物。

3）吊线维修。检查吊线终结、吊线保护装置及吊线的锈蚀情况，严重锈蚀的部分应予以更换；检查吊线垂度，当发现明显下落时，应调整垂度；整理、添补或更换缺损、锈蚀的挂钩。

4）检查光缆干线的防雷设施，定期进行测试、检修，以保证性能良好。

5）检查预留光缆盘绕半径是否符合规定、捆扎是否牢固；检查光缆接头盒的防水性能、固定是否牢靠。

6）清理外力影响，剪除影响光缆的树枝，清除光缆及吊线上的杂物；检查光缆、吊线与电力线、电信线路及其他建筑物平行接近或交叉的间距是否符合规定。对不符合要求的部位应及时处理。

7）用光时域反射仪对整条光缆干线进行衰减特性、熔接头损耗和光链路损耗的测试，对损耗超标的熔接点要重新熔接。

8）维护资料存档保留。巡查整改结束后应填写《有线网络隐患排查整改记录表》（见表6-1）。所有记录表格应包括书面文档和电子文档各一份。在维护数据记录填写完成后应指定专人存档保管。

表 6-1　有线网络隐患排查整改记录表

线路巡查日期	
参加巡查人员	
发现故障隐患现象	
发现故障地点	
巡查处理过程	
有待解决的问题及整改意见	

2．线路突发性抢修

线路突发性抢修是指对在系统运行过程中设备出现故障或光缆受到建筑施工人员或车辆碰撞损坏进行抢修。对于突发性抢修，要求维护人员在系统出现故障时保持清醒冷静，应首先根据故障现象和告警指示对故障进行判断分析，利用监控系统或借助光功率计、光时域反射仪等检测仪器对故障进行快速定位，尽快找出故障原因，力争用最短时间排除故障，快速恢复网络运行。

3．设备维护

光缆网络传输设备主要有光发射机、光放大器、光工作站和光接收机。光发射机属前端设备，其维护分为周、月、季、年维护 4 个等级，请参看本书 2.4 节“有线数字电视前端系统的维护检修”的内容。

光接收机的功能是进行光电转换，并对射频信号进行放大，一般将它安装在野外，工作环境较差，因而更要注意维护。维护步骤如下。

1）检查光接收机的输入功率是否正常。正常的光信号功率应在 0～-2dBm 之间。若接收光功率过低，则应该检查前端的下行光发射机、光分路器或相关光缆连接部分。当下行接收光功率大于 0dBm 时，应该增加光衰减器，以调整到合适的位置。

2）检查光接收机的射频输出电平是否正常。若射频输出电平值低于正常值，则应该对光电转换器、前级射频放大器、末级射频放大器、级间衰减器进行检查，以排除故障。当检查无明显损坏部件时，可更换整机。对于个别光传输系统，有可能是由于下行光发射机调制度不足引起的故障。

3）当光接收机的输入功率、射频输出电平均正常而出现各输出端口的幅频特性异常时，可按说明书调整均衡器、响应均衡器，以排除故障。

4）检查光纤尾纤和光接收机有无进水，光接收机里的尾纤有无受压、受牵引和过度弯曲，光纤连接器是否松动和洁净。

5）检查光接收机的供电电压是否正常（最好配备不间断电源 UPS）、电缆接头接触是否良好。

6）检测光接收机的接地电阻是否符合要求。

对光放大器而言，主要是进行输出光功率的检查。当输入光功率在光放大器的标称输入范围内时，用校准后的光功率计对其输出光功率进行测量。正确时输出光功率在设备的标称范围内。当输出光功率严重低于标称光功率时，只能更换同规格的新设备以排除故障。若具备网管功能的光放大器，则可以通过设备管理功能查看其相关参数，以了解故障的大致部位。

6.2.3 电缆网络的维护

电缆网络主要是用户分配网，其技术维护分为线路维护和设备维护两个部分。

1．日常检测

电缆网络的日常检测内容如下所述。

1）系统出口检测。每 500 户左右（或者每一个光节点覆盖区）设置一个检测点，应将检测点设在末级分配放大器输出端或系统末端输出口。每月巡检一次光节点的输入光功率、输出射频信号电平、用户终端电平、载噪比、MER 和 BER，并做好记录，与前次测量进行对比，以便掌握系统的运行状况。

2）支线和分支线放大器检测。支线和分支线放大器每半年测试一次输入电平、输出电平、频响、自动增益控制（AGC）工作电压和电源电压等基本电性能指标。

3）电缆传输网络要注意检查线路器件的防水、防止电线碰搭在电缆线上以及防雷接地措施。

4）线路供电设备指标检测。线路供电器每半年测试一次输入电压、输出电压、负载电流和外壳接地电阻。对于不间断电源，还应增测蓄电池电压、逆变控制电流和欠电压保护电压。

2．线路维护

电缆网络的线路维护方法与光缆线路的维护相似，主要检查架空和附墙的电缆线路。读者可参考光缆线路维护的有关内容。

3．设备维护

1）检查双向宽带放大器。对双向宽带放大器的检查，重点是检查上、下行输入、输出电平、频响等。前级送来的射频电平值应该≥72dBμV。若低于此标称值，则应检查前级电缆传输网络；在输入电平正常时，输出电平应该符合设计输出电平的要求。若低于此值，则应该检查设备的各级衰减器、均衡器的设置、有源放大部件的工作状态。若不能排除故障，则应更换新设备；当输入电平为平坦时，输出信号的平坦度应为±0.75dB，若平坦度不满足此要求，则可通过改变均衡器、响应均衡器来进行调整。若调整不成功，则应更换设备。

对于双向宽带放大器的上行输入、输出电平值，应该按照双向网络设计值来测试。

2）检查供电器、电源插入器、过电分配器、分支器。

① 对供电器的检查，重点是检查输出电压值，正常的输出电压值应该在交流 60V±10%范围内。检查时，应该检查测量输出的交流电压值。若此值不正常，则应该更换供电器。

② 对电源插入器，重点是检查射频端口的插入损耗和带内平坦度。插入损耗值一般≤1.5dB，带内平坦度在±0.75dB 内。

③ 对过电分支器、分配器，重点是检查其插入损耗和带内平坦度。具体技术指标以设备要求为准。

3）检查分配器、分支器、用户终端盒和高通滤波器。对分配器、分支器、用户终端盒和高通滤波器等无源器件，重点是检查插入损耗、相互隔离度、端口反射和抑制等参数。

6.3 有线传输网络常见故障分析与检修

6.3.1 传输网络故障的检修方法

在确定了故障发生的大致范围后，需进一步查清故障发生的具体原因或故障发生于哪一个设备、设施或器件中，此时常用的检修方法有顺查法、逆查法、测量检查法、替换检查法和统计分析法。

1．顺查法

顺查法就是沿着信号传输方向，顺着电缆或光缆及其彼此相连接的设备、设施、器件依次进行检查。首先，直观检查它们有无机械损伤及其他异常现象，如发现电缆扭伤或断裂，设备、设施或器件损坏、接线断开等不正常情况，应及时修理；然后，利用监视器或场强仪依次监视或测量传输信号在什么地方中断、减弱或明显质量变坏，这样便不难查出故障发生的具体部位和原因。显然，顺查法适用于检修整个系统或较多用户发生故障的情况。

2．逆查法

逆查法就是从发生故障的用户开始，沿着信号传输的反方向，顺着电缆及其彼此相连接的设备、设施、器件依次进行检查，与顺查法相似。但这里强调的是，如果监视或测量传输信号在某地地方恢复正常，那么故障就发生在离此最靠近的设备、设施或器件中。逆查法适用于检修个别用户或少量用户发生故障的情况。在通过顺查法或逆查法确定了发生故障的设备、设施、器件或某一段传输电缆后，往往需要作进一步检查，以彻底弄清故障原因，再视具体情况，采取相应措施。这时采用的方法多是下面介绍的测量检查法和替换检查法。

3．测量检查法

测量检查法是利用仪器、仪表（有线电视网络检修中使用的仪器、仪表主要是场强仪、光功率计、光时域反射仪和万用电表等），测量信号电平、直流或交流工作电压、电流值、网络电阻值及光信号输入功率，并与以往的记录或生产厂家提供的数值相比较，如存在着较大差异，则可断定故障所在或造成故障的具体原因。显然，这种方法最适用于检查光接收机、放大器、供电器、分支器和分配器等设备的具体损坏原因。

4．替换检查法

替换检查法是对怀疑有故障的设备、器件使用同规格的性能良好的设备、器件进行替换，或者对怀疑接触不良的接插件、接头重新进行装配或更换，看故障是否消除，以证实该设备、器件或接插件、接头是否有故障。替换检查法最适于对系统进行应急检修。这里强调指出的是，如对有源设备、器件进行替换，则应在切断电源的情况下进行；对新更换的设备、器件通电之前，要仔细检查各种连线是否正确，电源电压是否合适。另外，要注意将新换设备、器件的工作状态调整到额定工作状态或原始记录状态，以满足系统要求。

5．统计分析法

统计分析方法是一种解决各种系统故障的有效快速的方法。该方法在每次日常的维修和检测之后都会根据故障发生的内容、现象、发生规律及解决方法做一个统计，并将各种故障信息按照不同的类别进行分析归类，最后形成文档保存。这样，当每次故障发生时，都会首先对照故障统计文档中的记载，看看以前是否发生过类似的故障，如果有，则按照前次的解决方法迅速排查修复；如果没有，则将这次的现象、故障内容以及维修方法记载入相应的类别。这就是故障统计分析方法。

该方法的好处在于，它不但可以使维修人员迅速地掌握故障发生的情况，而且可以迅速地找到合适的维修方法，尽快地完成维修任务。

该方法要求每次维修都填写《维修情况登记表》（见表 6-2）。根据登记表归纳，计算故障概率；统计总结出常出现故障的部位、原因及规律，区分人为故障和自然故障，以便及早采取措施，杜绝故障隐患，防患于未然，最大限度地降低故障率。

表 6-2　维修情况登记表

故障发现时间	年　月　日　时　分	出 发 时 间	
故障现象			
故障地点			
维修人员			
维修过程及故障原因			
故障损坏及更换器件		维修后效果	
故障修复后时间	年　月　日　时　分	故障修理所用时间	时　分

尽管传输网络维修工作是一项较为复杂的系统工程，但只要维修人员能摸清情况、深入分析、认真检查，采用恰当的检修方法，在较短的时间内彻底排除故障还是可以实现的。

6.3.2　有线电视网络传输码流易受干扰的频点与频段

1．无线电通信频段

我国无线电规划 400～470MHz 为空中无线电通信频段，无线电导航、卫星移动、地球探测、对讲机、集群通信等都在此频段中。如果有线数字电视网络中传输码流的频点在 400MHz 以上，那么无线电工作频率势必在不同程度上干扰这些频点。

2．有线电视增补频段

增补频段是国家无线电广播频段以外专供有线电视广播系统使用的频段。当有线电视系统传输频道低于 30 套节目时，非线性失真指标交扰调制和相互调制对传输质量的影响较大；而传输频道超过 30 套时，非线性失真指标的 CTB 和 CSO 就成为影响系统传输质量的主要因素，而且工作频道越多，非线性失真指标越难保证。目前有线电视系统工作频带宽在 49～750MHz 带宽中，共用了 59 个模拟频道，其中传输数字电视节目信的频道多为增补频道。如某地数字电视平台的工作频段是 283～435MHz，其中 427MHz、435MHz 频率正好在整个工作频带的中间段，低端与高端间的差拍极易落在这些频道中，是使工作在这几个频点的数字电视频道性能指标容易差的原因之一。

为了保证数字电视节目的传输质量，在安排数字电视频道时，一般不宜采用 427MHz、435MHz 这两个中心频率，而应使数字电视节目的工作频段远离无线电业务工作区，以保证整个数字电视节目的正常传输，不受无线电波干扰。

【例 6-1】 某小区用户反映 363MHz 频点（增补 25 频道中心频率）的 7 套数字电视节目经常出现黑屏及花屏。

分析与检修：经技术人员测试，发现前端机房及其他小区的信号正常，而在有故障的小区附近，存在 363MHz 频点上的无线电干扰，这种干扰串入到有线电视网络，影响用户收视效果。在找不到无线电干扰源的情况下，只有更换数字电视频道的中心频率，避开无线电干扰源的频率来排除故障。

【例 6-2】 某用户反映，新购买的车在家中车库里无法实现遥控开关门。

分析与检修：国家分配给“汽车遥控及防盗系统”的频率固定在 314～315MHz 及 433～434MHz，与有线电视工作频率重合，如因有线电视线路老化等问题导致信号外泄，就会干扰汽车遥控及防盗系统。

维修人员赶到现场发现，车库门距光节点安装箱有 20m 左右的距离，车子钥匙靠近车门时遥控正常，而稍微离远一点就不正常，把光节点安装箱的电源关掉，遥控恢复正常，说明确实是由光节点安装箱内设备引起遥控器的非正常使用。

经检查，光节点安装箱采用全金属封闭，并且已接地，光接收机、ONU 及 EoC 等设备盖子合的严实，不存在信号外泄的可能。接收机有 4 路有线电视信号输出，在断开某路信号线时，遥控器突然能正常工作了，判断问题就出在这路信号上。经查找，该路 75-9 型同轴电缆部分有开裂现象，正好经过车库，有线电视信号外泄导致同频干扰，影响车子遥控器的使用。维修人员对线路进行更换，故障排除。

检修小结：车库门距光节点安装箱只有 20m 左右，开裂的同轴电缆外泄信号较强，干扰了汽车遥控器。

上述两例说明，有线电视网络传输码流容易受外界同频率信号的干扰，反过来，如果有线电视网络外泄信号较强，就会干扰同频率的其他电器设备。

6.3.3 有线数字电视的故障现象

模拟电视主要的故障现象除无信号、无图像外，还有重影（阻抗不匹配）、雪花、图像模糊（信号弱或载噪比低）、网纹、斜纹、雨刷、滚道（非线性失真）等，但不管怎样，屏幕上总有等次不同的图像存在。模拟电视这些故障现象在有线数字电视中均不会出现。

数字电视是将 4～6 套节目压缩编码打包后在 1 套模拟电视节目的 8MHz 带宽内传输，其特点是，在同一个包中，只要有 1 套节目正常则其余几套也正常；有一套不正常，则其余几套也肯定不正常。也就是说，数字电视的故障现象是随着传输包的信号质量来体现的，它的图像现象只有 3 种，即很清晰（DVD 效果）、无图像（包括黑屏）、马赛克（包括停顿、死机）。

6.3.4 光缆传输网络常见故障分析与检修

光缆传输网络有以下几种常见故障。

1．光纤活接头的故障

光发射机的输出、光分路器的输入和输出以及光接收机的输入，都用活接头连接，这很方便。但是如果活接头的规格型号不符，就会产生较大的光信号损失，甚至不能进行传输。另外，活接头处必须清洁无灰尘，否则也会影响正常传输。活接头与法兰的连接必须要可靠。插拔活接头时用力要轻，不能用力过大。在安装调试和维修时，必须加以注意。

【例 6-3】 测某小区光分路器的输出光功率低。在某小区维护时，旋下机房来的电视信号跳线（FC/APC），测得光功率为 8dBm 左右，再接上原光分路器输入，测输出光功率仅为-14dBm 左右（正常在-2dBm 左右）。

分析与检修：首先用无水乙醇棉球擦拭电视信号跳线和光分路器输入、输出跳线的 FC/APC 头，并更换 FC/APC 法兰，重新测量仍为-14dBm。将电视信号跳线直接接入光功率计测量还是 8dBm。撤下光分路器，用一根 FC/APC 跳线与电视信号跳线法兰对接，接上光功率计测量，为-4dBm 左右，更换跳线和法兰仍为-4dBm。旋下电视信号跳线仔细查看，发现 FC/APC 头中间的瓷体明显松动，更换此跳线，故障排除。

维修小结：瓷体在一拔一插过程中操作不当，致使松动，而之所以接入光功率计测量正常，是因为光功率计测量端口与法兰结构不同，中间的管座明显偏长，松动的瓷体能得到较好的固定。

【例 6-4】 用户反映有线电视信号弱，有很多雪花，图像质量差。

分析与检修：到光工作站测试有线电视信号，发现此处的光接收机主输出端信号只有 50dB，而正常时送出为 96dB。观察发现此台光接收机的光接收功率状态指示灯只亮两盏绿灯，而平时亮 5 盏绿灯。将尾纤接头拧下，用新买的无水酒精清洗尾纤接头与光纤连接器座，待酒精挥发后，重新套接上，这时亮了 5 盏绿灯，测试其信号也达到正常值，消除了故障。由于上次用过期的劣质酒精擦拭尾纤接头，套接时又不是很紧，因此产生这种故障。

【例 6-5】 某光节点覆盖区大部分用户数字电视节目出现马赛克现象。

分析与检修：维修人员到达现场测量用户家里信号，发现信号电平正常，误码率偏高，到该覆盖区光节点测量光纤信号，输入光功率为-0.4 dBm，输入光功率正常，维修人员怀疑光接收机损坏，但更换后故障依旧，随怀疑前端机房有问题，到前端机房查找该路光纤跳线，发现连接光分路器一端的 FC/APC 端口不干净，用酒精棉球擦拭 FC/APC 跳线端口后接入光分路器，该覆盖区用户信号恢复正常。

维修小结：由于前端机房光纤跳线接头沾有灰尘或污物，降低了信号载噪比，增大了误码率，所以导致用户信号不正常。

2．光纤的故障

光纤材料比较脆，不能折。当光纤受到较大外力的压迫或弯曲的角度过小时，都会增加传输损耗。因此在施工安装时必须十分仔细，千万不能马虎草率。在光缆之间的连接处，要将熔接好的光纤固定在光缆接头盒里。为了防止故障，必须注意以下 3 点：首先，必须将光缆的头端在接头盒中牢靠固定，不能有松动，否则会弄断光纤；其次在盘纤时，纤的转弯弧度不能太小，也不能拉得太紧，并用胶布将纤固定好；再次，对接头盒必须密封防水，如果接头盒进水，就会锈蚀接头盒内的金属紧固件，光缆头就会松脱。

【例 6-6】 某村用户反映电视画面有雪花噪声。

分析与检修：维修人员用 OTDR 测试从某镇到该村的光链路，发现在 1.33 km 处，4 芯光纤中第 1、2 号纤衰减过大，根据资料确定此处有一接续盒，到现场打开接续盒，发现第 1、2 号纤卡在盘纤盒的一个小螺丝上，形成约 60º 锐角，分析可能是夏天盘纤时盘了小圈，冬天光纤纵向收缩，造成信号衰减过大，将光纤重新盘绕后，故障消失。

【例 6-7】 某光节点所覆盖区域用户均无信号。

分析与检修：出现这种故障的原因有几种可能，即光接收机断电、光接收机损坏或光传输附件故障。

在该光节点处，首先检查电源，测集中供电器输出电压正常；测光接收机，无射频信号输出。然后用光功率计测该接收机输入光功率，光功率计无功率显示，而前端及其他光节点工作均正常，可见故障出在从前端到该节点处的光链路上。打开终端盒，发现光纤已折断。经分析，这是由于余留光纤在终端盒中盘弯半径过小所致。重新熔接光纤，仔细盘好，排除了故障。

检修小结：由于光纤是由二氧化硅加工而成，它脆而易断，所以在施工中不能对光缆进行弯折，并避免光纤的扭曲。在将光纤熔接好后盘纤时，要注意光纤盘弯的曲率半径不能过小，以避免断纤。

3．光分路器的故障

对于光传输网络，需要将光信号进行耦合、分支、分配，这就需要用光分路器来实现。光分路器又称为分光器，是光纤链路中最重要的无源器件之一。一般使用的光分路器都是 1×2、1×3 以及由它们组成的 1 ×*N* 光分路器。

【例 6-8】 某光节点下第三级放大器用户有时图像出现定格花瓶，声音断断续续。

分析与检修：维修人员到多数用户家观察，发现有时大多数台都不能正常收看电视节目，但第一级和第二级放大器的用户都能正常收看。用数字场强仪查看第三级放大器信号，发现有时载噪比在 35～24dB 之间变化，误码率也在变化，电平信号变化小，只有 3dB 左右，维修人员以为第三级放大器损坏，但换一只新放大器故障还是一样，查输入信号载噪比和误码率都在变化，不稳定。

维修人员再查上级指标，发现第一级放大器有故障时载噪比在 37～28dB 变化，第二级在 36～27dB 变化，光接收机有故障时载噪比在 37～29dB 变化，电平信号在 96～95dB 变化，维修人员以为光接收机有问题，又换掉光接收机，但故障还是一样。检查使用同一个光分路器的各光点正常。

最后，维修人员只好去机房，用一个正常光发射机下的光分路器的一个相近的光分比接口，与有故障的光节点的接口对换，在原光节点上用场强仪检测载噪比为 36dB，不再变化，误码率也正常，判断是机房光分路器接口损坏，更换一个同光分比的光分路器后，故障排除。

【例 6-9】 某乡镇广电站反映有 5 个行政村光节点的电平下降，下降最大的达到 70dB 左右，其中两个行政村不能正常收看。

分析与检修：到现场了解情况后，回机房查看这 5 个行政村的光节点是同一台光发射机输出的光信号，估计是光发射机或光分路器损坏，用一台同功率正常的光发机与这台光发机对换，在故障点测光接点的电平，所测电平与原来基本一样，故判断是光分路器引起的，后用一相近 5 路光分路器换掉怀疑有故障的光分路器，5 个行政村的光节点电平恢复正常，故障排除。

检修小结：在没有光检测设备时，用分析法加代换法可快速查明故障原因，非常有效。

【例 6-10】 某小区用户反映数字电视很多频道出现马赛克现象。

分析与检修：维修人员对小区入户信号进行测试，发现用户的入户信号电平正常，随即又测试了几个频点数字信号参数，MER 正常，而 BER 偏高，然后逐级排查，最后测到光工作站上发现还是这个现象。初步判定是光工作站故障，但更换了光工作站再进行测试还是出现同样的问题，测量光功率完全符合要求，然后对小区前端机房的光接收机和光发射机进行测试，发现 MER、BER 都正常。经过分析，确定问题大致出现在光链路上，随即对该小区的所有光工作站进行测量，发现有的点是好的，而有的点也是 BER 略高，对不好的光节点进行归纳，发现这些点都是从一个光分路器分出去的，更换光分路器之后，故障被排除。

4．光缆线路故障

对于光缆线路故障点的修复，根据故障点位置的不同，修复的方法也不同。

1）故障在接头盒内的修复。如果故障在接头盒内，其修复方法就较为简单。松开接头点附近的余留光缆，将接头盒外部及余留光缆做清洁处理。前端建立 OTDR 远端监测。将接头盒两侧光缆在操作台上作临时绑扎固定，打开接头盒，寻找光纤故障点。

接头盒内最常见的故障现象如下。

① 余纤盘放收容时发生跳纤，跳纤易导致跳纤在收容盘边缘或盘上螺钉处被压，严重时会压伤或压断。当压断处未发生位移时，测试到的该处连接损耗偏大，随着时间延长、环境变化，会使得该处的断点显露出来。

② 当接头盒内的余纤在盘放收容时，出现局部弯曲半径过小或光纤扭绞严重，易产生较大的弯曲损耗和静态疲劳。在 1 550nm 波长测试时，接头损耗显著增大。

③ 热缩保护管的热缩效果不好，热缩保护管未能对裸纤段实施有效保护，在外部因素影响下发生断纤。

④ 当制备光纤端面时，裸纤太长或者对热缩保护管加热时光纤的保护位置不当，都会造成一部分裸纤在保护管之外，在接头盒受外力作用时引起裸纤断裂。

⑤ 当剥除涂覆层时使裸纤受伤，长时间使用后使损伤扩大，使得接头损耗增大，严重时会造成断纤。

⑥ 接头盒进水，导致光纤损耗增大，甚至发生断纤。

在 OTDR 的监测下，利用接头盒内的余纤重新制作端面和熔接，并用热缩保护管予以增强保护后重新盘纤。用 OTDR 进行中继段全程衰耗测试，测试合格后装好接头盒并固定。整理现场，修复完毕。

【例 6-11】 光接收机输出的信号画面背景有噪波点。

分析与检修：用场强仪测得光接收机输出电平为 72dB（偏低）。用光功率计测得光接收机输入光功率为-13dB，而正常输入光功率应为 0 ～-3dB，说明输入的光功率严重下降，使光接收机解调后输出信号的信噪比及其他性能指标严重下降，从而引发上述故障。用酒精清洗光纤活动接头无效，而光发射机传送到其他区域的光信号均正常。怀疑故障出在此路光纤上。据用户反映，一到阴雨天就发生故障，故障持续几星期后会自动消失。该路光纤中间只有一个光纤续接盒，检查此盒时，发现盒内有积水，排放积水并将盒内水汽烘干后，故障被排除。

检修小结：由于光纤续接盒内在雨天进水后，使里面湿度变大，水汽渗入光纤接头处，使光信号传输时造成相当程度的衰损，增大了光链路损耗，从而使该光接收机输入功率下降，所以引发上述故障。将光续接盒重新密封，并做防水处理后不再发生此故障。

2）故障在接头坑内而不在盒内的修复。当线路故障在接头处而不在盒内时，要充分利用接头点预留的光缆，取掉原接头，重新做接续。当预留的光缆长度不够用时，按非接头部位的修复处理。

【例 6-12】 一个光节点的用户出现严重雪花点。

分析与检修：光发射机输出经光分路器，送到若干个光节点。一个光节点的用户出现严重雪花点，而其他光节点正常，说明光发射机输出正常，故障发生在 FC / APC 活动连接头或光路熔接头处，传输损耗增大，光接收机输出电平低，导致用户出现严重雪花点。

用光功率计测光节点输入端的光功率为 0.1545mW，低于正常值 0.6309mW，表明光纤、光缆传输链路损耗严重增大，造成光接收机输入的光功率减少，输出电平下降。接着用光时域反射计测试，根据测试结果推断光缆 5km 处熔接盒有故障。实地查看，发现熔接头盒密封胶脱落，熔接头盒护套损坏，盒内不清洁，潮湿度大。更换熔接头盒，重新熔接，故障被排除。

3）故障在非接头部位的修复。当光缆故障不在接头处时，故障点的修复需根据现场情况、故障位置、光缆故障范围、线路衰耗预留值以及修理的费时程度等多方面因素综合考虑。

通常对故障在非接头部位的处理方法有以下两种。

① 利用线路上光缆的预留进行修复。这种修复方式适用于光缆故障点附近有预留且预留缆放出比较容易的情况。例如，对架空光缆线路故障的修复，就非常适合采用此种方法。直埋光缆是否利用余缆修理，取决于故障点的位置及放出余缆的难易程度。

利用线路上光缆的预留进行修复的方法，不增加光缆线路的长度，但要增加一个接头。所以当进行光缆线路工程设计时，在一些特殊地点、危险地段和经过适当距离后需要做一定的光缆预留。因此，在实际中应用中较多使用这种方法。

② 更换光缆进行修复。当光缆受损为一个较长的段落或者原盘长光缆出现特性劣化等需要更换光缆处理时，可进行更换光缆修复。在更换光缆时，最好采用与故障缆同一厂家、同一型号的光缆。

更换光缆可以是更换整盘长光缆，也可以是更换一段光缆。前一种方式不增加接头的数量，不会增加线路段的总衰耗，但施工工作量较大，需要光缆的长度较长。后一种方式一般会增加两个接头，但可以节省光缆，减少修复工作量。考虑到以后测试时两点分辨率的要求，更换光缆的最小长度一般应大于 100m。

4）尾纤常见故障的修复。 维修实践证明，尾纤的常见故障有以下 3 种。

① 尾纤头不清洁，导致光接收机的光信号输入电平低于−3dB，因而其输出的射频信号电平偏低，在电视接收机上的表现是画面背景雪花杂波干扰严重。光接收机的光信号输入电平可用光功率计测量，其输出的射频信号电平可用场强仪测量。

尾纤头不清洁的修复方法是，在接入光接收机之前，用脱脂药棉蘸上无水酒精反复擦拭尾纤头，将灰尘擦净晾干后接到光接收机上即可。

② 尾纤盘绕不良，导致光接收机无射频信号输出。尾纤的盘绕应很规则，既不能盘绕得太松垮，也不能太紧密。另外，尾纤不能拐硬弯或受到挤压，应使其处于不受任何应力的状态下，才能正常地传输光信号。

③ 尾纤与光纤之间熔接不良。当将光纤与尾纤熔接时，其衰耗值应当能从熔接机上看出来，一般当大于 0.1dB 时，应重新熔接。也有这种情况，刚熔接时虽存有某些缺陷，但衰耗值还不算大。随着时间的推移，其衰耗值越来越大，最终影响到光信号的正常传输，导致光接收机因收不到光信号而无射频信号输出。

如上所述，尾纤头不清洁和盘绕不良均能影响光信号的正常传输，导致光接收机无射频信号输出。因此，当发现光接收机无信号输出时，应按照先易后难的原则，先排除尾纤头不清 洁的故障，再排除尾纤盘绕不良的故障，若仍不能解决问题，则可怀疑是否由尾纤熔接不良所致。因为光纤熔接不仅需要价值昂贵的熔接机，而且操作起来相当麻烦，所以具体熔接之前，最好再检查一下前端光发射机和光分路器是否正常。若正常，则再用 OTDR 测量一下，当确定属尾纤熔接不良时，应拔断熔接点重新熔接。

【例 6-13】 某光节点用户反映信号质量变差，低频信号全部有“雪花”，高频信号几乎无法收看。

分析与检修：经检查发现，该处的光接收机输出电平降低，用光功率计测光接收机光功率，输入由原来的-2.1dBm 降为-6.9dBm，由于光接收机无问题，所以怀疑故障发生在尾纤接头。

首先用无水酒精将尾纤头清洗后，光功率变化不大，为-6.7dBm，这说明故障不在尾纤头上，而可能在光缆或附件上，而且说明光缆损耗增大。用 OTDR 测试，显示出“大台阶”，故障地点在光缆接头盒处，打开光缆接头盒，发现接头盒有进水现象，接头盒密封不好，同时又发现固定光纤的塑料扎带处光纤明显受力扭曲。将进水清除，小心打开塑料扎带，将光纤松开，重新盘绕固定，用 OTDR 测试，“大台阶”消失，恢复后，测光接收机光功率输出达到原设计指标的-2.1dBm，故障被排除。

【例 6-14】 尾纤头不清洁，造成光接收机输出信号电平低。

分析与检修：用光功率计测量尾纤头为-4.5dB（有线电视光功率标准为 0～-3dB），再用场强仪测光接收机输出信号电平在 48dB 左右，明显不正常。后经检查发现，连接光接收机的尾纤头有灰尘污垢，用酒精棉球将尾纤头上的灰尘污垢擦拭干净后，再将尾纤接到光接收机上，用场强仪测得光接收机的输出为 98dB，属正常，故障被排除。

检修小结：这例故障的原因是由于技术人员在尾纤与光接收机的连接过程中粗心大意所致，在检修过程中应重视尾纤的盘绕是否正确，当尾纤出现直径小于 2cm 的弯曲时，会引起较大的衰耗。另外，在连接时一定要确保尾纤头的清洁，这样才能避免故障发生。

5．其他故障

为了维护方便，常将光缆干线架设在公路边，有的车辆会影响干线的安全。所以，首先架设干线离公路应保持适当距离；其次，不能将光缆架设在农户或企业的烟囱上方，以避免烫坏光缆。

【例 6-15】 某小区用户多次反映电视晚间不清，第二天上午逐渐变好。

分析与检修：该小区的信号由一台光接收机提供，前面有一光节点。白天对小区的主线路进行检查，没有发现问题，测试光接收机的输入光功率、输出信号场强、供电电压，均正常，用户图像也很好，振动光接收机、供电器及线缆也均正常。到了夜间故障又出现，第二天又对小区进行检查仍未发现问题。同一光节点，其他信号都正常惟独这个小区信号不好，分析故障出在光节点与光接收机之间，可能与温度有关。晚间故障再次出现，对光节点检查测试。打开接续盒，发现通往该小区的光纤盘绕过紧，重新对光纤进行盘绕，这时光接收机输出正常，小区信号恢复正常。事后总结故障原因是，光纤受挤压变形和受环境温度变化的影响，使得光信号不能正常传输。

【例 6-16】 某村全部用户出现马赛克现象。

分析与检修：维修人员到该村的光节点位置，检测光接收机输出信号只有 81dBμV，检测发现光节点光信号输出功率为-11dBm，到该乡镇机房检测，发现在离乡镇机房 4.2km 处有段光缆打折，仔细检查发现该段光缆有枪孔，在对该处光缆进行重新割接后，信号恢复正常，故障被排除。

维修小结：该处光缆被枪击后，虽然没有击中光纤，但由于子弹剧烈的冲击力，光纤束管被严重挤压变形，导致光纤发生打折现象，致使输送到该村光节点的光功率降低，光接收机输出信号不正常。

6.3.5 光接收机常见故障分析与检修

1．光接收机无输入光功率

光接收机无输入光功率的情况一般是光缆被意外挖断、刮断或连接光接收机的尾纤被扯断。

【例 6-17】 某村全村无信号。

分析与检修：检测光接收机电源正常，而显示光功率大小的发光二极管不亮，用光功率机检测不到光功率，经光时域反射仪检测故障点离此为 2km 处，查看图样，确定故障点在线杆上的光缆交接箱。打开交接箱后发现里面有一根光纤断了，仔细检查是夹住光缆的线夹松动，光缆向下移位，导致盘在法兰盘里的光纤被扯断，重新熔接后，光机输入光功率恢复正常，故障被排除。

2．光接收机输入光功率过高或过低

对送入光接收机光信号的大小有较严格的要求，这在接收机的说明书上有详细说明。输入光功率过高会导致电视出现马赛克，严重时会出现黑屏，这是由于输入光功率过高超出了光接收机的正常工作范围，导致信号失真，光接收机长时间工作在这种状态易导致光电转换模块损坏。按照光接收机的使用说明，要求光功率在-5～+1dBmW，通常把输入光功率控制在-2～-1dBmW。如果输入光功率过高，就可取一小段 75-5 型同轴电缆，把尾缆缠绕在这一段电缆上，缠绕的圈数视实际情况而定，最后用绝缘胶布固定，这样可降低光功率，使光机在正常范围内工作。

光功率低会造成光接收机输出电平低，信号指标变差，用户电视出现马赛克，出现这种现象一般是由于光纤接头脏了。光纤接头不洁净对输出电平影响很大，遇到这种情况可使用脱脂棉蘸无水酒精，轻轻擦拭光纤头端面，待酒精挥发后即可。注意在清洁时，严禁用口对准光纤端面吹气，更不要用眼睛直视光输出端口。

3．无射频电视信号输出

对于光接收机无射频输出的现象，除了光缆或尾纤（包括尾纤头脏污）故障外，常见原因是其电源供给部分故障，直接原因多是滤波电容器击穿、厚膜损坏等，导致光接收机不工作。另外，若在一场暴风雨之后光接收机突然无射频信号输出，则有可能是遭雷击所致。雷击轻时只损坏放电管，重时往往将电源变压器、整流管、滤波电容击穿，甚至将印制电路铜箔烧毁。此时只能视具体情况，采取更换或修复等措施。

在光接收机中，射频放大部分放大模块损坏、耦合电容失效或开路、调控部分增益控制电位器或均衡器损坏、输出端口接插件严重氧化导致开路等均会造成无射频信号输出。此时应按照先易后难、先外面后内部的原则仔细查找检修。

顺便指出，有些型号的光接收机设有主、备两个光电转换模块和两个 LED 指示灯以及两个射频输出口，通过转换开关进行控制。当只安装使用一个光电转换模块时，光信号输入及本机的射频信号输出口必须一一对应，否则也会造成无射频信号输出。

【例 6-18】 有台室内光接收机无输出电平，电源指示灯不亮。

分析与检修：电源指示灯不亮，无输出电平，故障在室内供电设备或光接收机元器件损坏。

先检查室内交流稳压器，输出电压表指示为 0，查稳压电源的熔丝烧断，断开稳压电源的负载，换上同规格的熔丝，电压表指示为 220V。说明故障在光接收机电源部分。如果在保修期内，就应送回原厂检修。如已超过保修期，则可检修光接收机电源整流部分。整流部分短路现象有变压器初级短路、桥式整流二极管击穿短路、滤波电容击穿、稳压电路中元器件短路。短路故障检修方法：用万用表测元件对地电阻值，测量结果为 0，再仔细检查，发现两只整流二极管损坏，更换同型号的整流二极管，故障被排除。

【例 6-19】 有台室内光接收机无输出电平，电源指示灯亮。

分析与检修：光接收机电源指示灯亮，说明交流供电正常，故障可能是光节点盒或熔接头盒有故障。

遇到这种故障，可先询问前端光发射机工作是否正常，如果正常，就检查光节点盒是否有光功率输入，用光功率计测接入光接收机输入端内 FC/APC 尾纤头，测得光功率为 0（正常为 0.6309mW = -2dBm 左右），这说明光接收机无光功率输入。再用光功率计测量光节点盒输入端为 0，可判定故障出在熔接头盒内光纤与光缆断裂。沿线查看，行至 2.4km 处，发现路面上的熔接头盒内光纤光缆拉断，经调查是大吊车超高行驶撞断。然后采用自动熔接机进行光纤熔接。经检测这次熔接的接头损耗为 0.2dB，测量光接收机输入端的光功率为 0.8661mW，故障被排除。

4．输出的射频电视信号电平低

输出的射频电视信号电平低，导致电视画面背景“雪花”杂波干扰严重。细分又有 3 种情况：一是高、低频端信号电平均弱；二是高频端信号基本正常，低频端信号电平低；三是低频端信号基本正常，高频端信号电平偏低。对第一种情况可认为是，其无射频电视信号输出的较轻反应，因此可按上述无射频信号输出的检修思路去做。在光信号传输链路方面，造成的原因还有光缆接续盒（俗称为熔接包）内湿度太大，甚至积水，前端光发送机输出的光信号弱等。另外，光接收机输出的射频电视信号有时呈规律性减弱。曾检修过这样的故障，每逢白天输出信号弱，晚上逐渐恢复正常。经仔细检查发现，某处光缆接续盒中光纤因盘绕不规则而受挤压变形，当环境温度变化较大时，致使其形状略有变化，从而影响了光信号的正常传输。顺便指出，在有线电视系统前端机房，如果输入到光发送机的射频电视信号电平较小，同样会引起有线电视终端电视画面质量下降、背景雪花杂波干扰严重的现象，而此时若测光接收机的射频信号输出电平，则并无显著变化。

高频端信号正常、低频端信号电平偏低，多是射频信号传输通道中输出口接插件接触不良、均衡电路接触不良或开路所致。

低频端信号正常、高频端信号电平偏低，多是射频放大电路中的放大模块性能变差，高频磁心器件的 Q 值下降、光接收机内湿度太大或进水（指室外光接收机）所致。对性能变差的模块和 Q 值降低的线圈只能更换新品；接收机内湿度太大或进水，自然晾干后应加强密封措施，并应经常检查。

【例 6-20】 光接收机所带用户电视屏幕出现严重雪花点。

分析与检修：报修用户都由一台光接收机传输信号，用光功率计测量尾纤头功率低于正常值 0～3dB，用场强仪测量光接收机输出射频信号电平为 50dB 左右，明显不正常。检查发现连接光接收机的尾纤头有少许的灰尘污垢，用酒精棉将尾纤头上的灰尘污垢擦拭干净，将尾纤再次接到光接收机上，用场强仪测得光接收机输出射频信号电平为 98dB，信号恢复正常。

【例 6-21】 一个光节点的用户出现严重雪花点。

分析与检修：光发射机输出经光分路器，送到若干个光节点。当一个光节点的用户出现严重雪花点而其他光节点正常时，说明光发射机输出正常，故障发生在 FC/APC 活动连接头或光路熔接头处，传输损耗增大，光接收机输出电平低，用户出现严重雪花点。

用光功率计测光节点输入端的光功率为 0.1545mW，低于正常值 0.6309mW，表明光纤、光缆传输链路损耗严重增大，造成光接收机输入的光功率减少，使输出电平下降。接着用光时域反射计测试，根据测试结果推断光缆 5km 处熔接盒有故障。实地查看，发现熔接头盒密封胶脱落，熔接头盒护套损坏，盒内不清洁，潮湿度大，更换熔接头盒，重新熔接，故障被排除。

【例 6-22】 某台 AM-750 型光接收机电源指示灯正常，射频端子输出信号较低。

分析与检修：根据故障现象，说明故障可能发生在光输入端或射频放大电路。由于用光功率计测得光接收机输入电平为-1dB，属正常，所以故障一定出在射频信号放大电路。该机射频信号放大电路由两个放大模块 U_3、U_2 组成，U_3 采用摩托罗拉 136—179 作为前级放大，而 U_2 采用飞利浦 BGD702 作为后级放大，用场强仪测得 U_3 输出电平为 70dB 左右，而 U_2 输出仅有 60dB，故怀疑 U_2 损坏，试用摩托罗拉 MHW6272 替换 U_2，并在机内略作调整后，光接收机恢复正常。

维修小结：光接收机内的功率放大模块与放大器里的功率放大模块完全一样，在没有备用模块的情况下，可以用放大器里的功率放大模块更换光接收机内的功率放大模块。

5. 输出射频信号的载噪比下降

输出射频信号的载噪比下降，其表现为射频信号电平并不低，但电视画面背景雪花杂波干扰严重。造成这种故障的原因不外乎 3 种：一种是前端输入到光发送机输入的射频电视信号电平不够，导致光调制度下降；第 2 种是光发送机输出的光功率不够；第 3 种是因某种原因导致光传输链路衰耗过大，致使光接收机的输入光信号功率不够。显然，这 3 种情况均与光接收机本身无关。遇到这种情况，可用一台良好的光接收机进行替换，若替换后故障现象没有多大变化，则说明原光接收机无故障。

【例 6-23】 光接收机输出电平正常，但用户收看时有雪花干扰。

分析与检修：光接收机以下所有用户电平都在 65dB 左右，可以排除电缆网的故障。检查光接收机，其输出电平低端为 93dB、高端为 98dB，均属正常，用光接收机直接带的用户也一样，说明故障就在光接收机或光接收机以前的光链路上。用光功率计测光接收机的输入功率是-2.6dB，也正常，经询问同一台光发射机所带的其他光接收机覆盖的用户都很正常，断定是光接收机本身故障所致。检查光接收机的法兰座及尾缆活接头，并用纯酒精进行清洁，故障没有被排除，怀疑是光电转换模块和放大模块的性能发生变化，致使载噪比下降，电视画面有雪花干扰。为不影响用户收看，把备用的光接收机换上，故障被排除。经对故障光接收机进行详细检查后，更换放大模块还是没有排除故障，最后更换光电转换模块，才将故障彻底排除。

6. 输出的射频电视信号忽高忽低

光接收机输出射频电视信号忽高忽低不稳定的常见原因有 3 个：一是光接收机输出 F 头接触不良；二是光接收机内部的可调衰减器或插片衰减器接触不良；三是输入光信号强度不稳定，时高时低。其中以第三个原因最为多见。检修时，应首先检查光接收机输出 F 头的接触情况，有问题时可用无水酒精擦拭；无问题时应进而检查其内部衰减器的接触情况，若有问题，则应视具体情况采取更换、插紧等方法解决；判断光信号强度是否稳定，可使用光功率计，一般需经过较长时间的观察。引起光信号强度不稳的原因多是安装在野外的光缆接续盒固定不牢、随风摇摆，时间稍长必然造成内部的压缆卡子松动，进而导致光纤位置移动或变形，造成传输的光信号强度忽强忽弱，情况严重时信号中断。排除这类故障，应从其根本上解决问题，光缆的接续、光纤在接续盒中的盘绕及接续盒的固定都应非常牢固，并应定期检查和维护。

【例 6-24】 光接收机输出信号电平不稳定，变化无规律（信号电平强弱变化差别很大），有较长的间隔时间，弱时用户无法收看，但有时信号正常。

分析与检修：检查光发、光收设备，均正常，排除了两端设备故障的可能，判断故障应出在光传输线路上。通过主动找用户了解情况，得知在一次大风后就经常出现这种时好时坏的故障现象。经分析，故障点在接线包上的可能性较大。沿线查看发现有一挂式接线包在大风时摆动幅度大，两端光缆没有被扎紧，固定挂勾已脱落。开包检查发现包内压缆的卡子很松，光缆转动，光纤束管已回抽弹起，光纤脱离盘线槽，全部缠绕在中心固定螺钉上。最小的盘线直径仅有 2cm，随着包两端光缆的转动缠在中心螺钉上的光纤像弹簧一样伸缩变化，光纤受力使信号衰减增大。重新压好光缆、盘好光纤，光接收机输出电平恢复正常。

检修小结：以上故障原因是熔接光缆时处理不当造成的。包内光缆压得不紧。当时检测不会看出问题，但给以后的维护带来了麻烦。当光缆较细时，应当在光缆外层缠绕一定厚度的保护带或光缆外层塑料皮（不能用塑料胶带或封口胶等太软的胶带缠绕），然后再压紧固定螺丝。将接线包吊挂在钢绞线两端，用电话线将光缆扎在钢绞线上。这样固定好的接续包刮大风时就不会摆动，从而减少了光缆传输网的故障点。

【例 6-25】 有台光接收机射频输出信号的电平时高时低，特别是在刮风天更为明显。

分析与检修：仔细检查了所有的输入输出 F 头，并无接触不良现象，更换一台新的光接收机，故障依旧，怀疑输入的光信号不稳定，但用光功率计测量光信号为 0，在正常值之内。仔细检查发现，尾纤有 2m 悬挂在杆子上，风一刮随风左右摆动，弯曲程度便加大，光功率计显示为忽高忽低，原来是由于尾纤的弯曲程度影响了光接收机的输出信号变化。在用扎线把尾纤固定好，并使弯曲直径不小于 2cm 后，再也未出现信号忽高忽低的现象。

7. 输出的射频电视信号中有交流纹波干扰

输出的射频电视信号中有交流纹波干扰，电视画面背景上有“滚道”，严重时伴有画面扭曲现象。由于光接收机输入的是光信号，不会受到外界电磁干扰，因此造成该故障的原因只有一个，就是电源部分输出的直流电压中含有较高的交流纹波。常见原因是，滤波电容老化、干涸、接触不良等。用一只质量良好的470μF/50V或1 000μF/50V电解电容依次并接在滤波电容上，若电视画面上的“滚道”消失或减弱，则说明该这只电容有故障。对老化、干涸的电容应更换新品。

【例6-26】 有台光接收机所属区域电视图像扭曲及白色亮带滚动。

分析与检修：旋下馈电输入F头，用带有图像的场强仪监测馈电输入RF信号，图像无扭曲及白色亮带滚动现象，可以判定同轴电缆传输的高频信号和交流60V电压皆正常，故障点便缩小在光接收机内。打开光接收机发现其主滤波电容 C_2 旁的灰尘异常湿润，经检查是 C_2 漏液，拆出电容，发现其变得轻轻的，里面的电解液已经干涸了，换一只470μF/250V同型号的电容。场强仪监测器中图像已无扭曲及白色亮带滚动的现象。此故障是光接收机极易出现的一种通病，因为光接收机长年累月不停地连续工作，所以其滤波电容电解液会发生干涸而造成此种故障。

8．光接收机遭雷击

光接收机长期工作在室外，当外线遭雷击时，一般易造成光接收机的电源部分损坏，容易损坏的部件是雷电放电管、变压器、滤波电容、稳压块等元器件。当检修光接收机开关电源部分、没有相关电路图等资料参考时，在应急情况下，也可用三端线性稳压电源替代。

【例6-27】 一台农村室内光接收机经常遭遇雷击，烧坏电源系统。

分析与检修：该光接收机被安装在室内，却经常遭遇雷击，肯定是由感应雷造成的，其原因可能是光接收机等设备避雷措施不完善。

据这个村的村民反映，此村是雷区，一打雷，电话、电视就发生故障。先后两次光接收机被雷打坏。当第3次光接收机被雷打坏时，对整个机房设备进行全面仔细检查，最后发现光接收机接地引出线与接地体连接不牢靠，接触不良，不能有效抑制感应雷的侵袭。对接地设施重新进行处理，并安装防雷插座、防雷盒，从此再没有发生雷击故障。

6.3.6 有线数字电视常见故障检修实例

1．马赛克现象或图像停顿

马赛克现象或图像停顿是有线数字电视的常见故障，其原因很多，前面介绍的例6-5、例6-10、例6-16虽然同是马赛克现象，但故障的原因却不同，分别是前端机房光纤跳线接头沾有灰尘或污物、光分路器和光纤发生打折现象。下面再介绍几例不同故障原因的马赛克现象。读者也可在实践中进行归纳总结。

【例6-28】 某小区中用户反映有多套的数字电视节目出现马赛克现象，图像有时会停顿。

分析与检修：上述故障说明，传输网络中与传输多套节目有关的器件出了故障（注：数字电视多套节目通常占用一个模拟电视频道）。用数字电视综合分析仪实测出故障频道的平均功率、调制误差率、误码率（纠错前 10^{-9}）和星座图均正常，但数字电视机顶盒接收信号质量状态显示的误码率（RS纠前）始终在 10^{-4} 的水平上，说明数字电视信号质量确实不好。再测有马赛克频道中心频点的频谱，发现其频谱曲线在8MHz内既有大幅凹陷，也有大幅凸出，属于不正常曲线。经检查是前面有台延长放大器输出电平高达112dBμV，已经进入非线性区了，将其调到102dBμV后，频谱曲线恢复正常，数字电视机顶盒接收信号质量状态显示误码率已达到 10^{-8} 的水平，所有频道均无马赛克现象，图像恢复正常。

检修小结：若线路因某种原因造成带内频谱特性变差，形成某频点处的“凹陷”，则数字电视信号中的一个个数据包在此“凹陷”线路中传输时就很易将 NIT、CAT、PAT、PMT 等表或 EPG 信息或一些描述符过多地丢失，从而造成图像静止或马赛克现象或收不到部分节目，用模拟场强仪大多无法看到此频带“凹陷”，只是显示该频道的平均功率，因而会出现电平（平均功率）测得虽然较正常，但图像还是有马赛克等现象。

【例 6-29】 某小区 2 号楼的住户普遍反映数字电视有马赛克和停屏现象。

分析与检修：测量用户端平均功率电平在 70dBμV 左右，属正常范围，而误码率 MER 却达到了 10^{-4}，低于用户端接收要求。测量该单元的放大器后发现，该放大器输出口电平达到了 110dBμV，超出了该放大器的额定输出电平要求。随将其降至 102dBμV，再测用户端 MER 时，已经降到了 10^{-8} 水平，恢复了图像质量，马赛克现象消失，故障被排除。

检修小结：该故障原因是放大器输出电平超出指标要求，使其工作在非线性区，产生了非线性失真所致。引起非线性失真的主要原因往往是网络中的有源器件接口电平配置不当或性能欠佳，使其工作在非线性区域。在数-模兼容的传输网络中，这些产物可能落于数字电视频道或模拟电视频道，除用频谱仪检测外，还可以根据模拟电视节目画面的干扰现象进行判别。这种情况往往发生在产生非线性失真的器件之后的所有用户的某个或某几个频道上。

【例 6-30】 某单元用户在 570MHz 这个频点上传输的数字电视节目有马赛克现象，图像有时会停顿和中断。

分析与检修：用数字电视综合分析仪测试 570MHz 中心频率（增补 38 频道）发现平均功率 POWER、调制误差率 MER、星座图与频谱均正常，只有 RS 纠前的误码率 BER 偏高一些，在 10^{-6} 的水平，也属合格范围，但数字电视机顶盒信号质量显示界面的 BER 为 10^{-4} 水平，显然数字电视机顶盒给出的信息更准确一些，也与实际情况相吻合。于是顺藤摸瓜，查到经分配放大器后 570MHz 的 BER 明显变差，更换一个分配放大器后故障被排除。

检修小结：事后在修理这台放大器时也没发现什么大问题，就是接头有接触不良现象，更换放大器所有接头后，再测放大器输入与输出端的误码率完全正常，可见线性失真对有线数字电视影响是多么严重。

【例 6-31】 某单元用户在 291MHz 这个频点上传输的数字电视节目有马赛克现象，图像有时会停顿和中断。

分析与检修：用 DSAM-900 型数字电视综合分析仪测试 291MHz 中心频率（增补 16 频道）发现平均功率 POWER 比 283MHz 和 299MHz 两个中心频率低 6dB，最初怀疑电缆接头没做好，重做电缆接头，故障却依旧，打开电缆井盖，发现电缆已被老鼠咬坏，将老鼠咬坏处剪断用对接头接好后故障被排除。

【例 6-32】 雨后，一部分用户反映电视信号出现马赛克、缺台现象。

分析与检修：经检测，该部分用户所用的线路放大器输出电平正常，然后顺线路继续检测，在检测到放大器后第 3 排屋山上的分支器时，拧下 F 头后，发现 F 头里面灌满了水。仔细观察该段 75—9 型电缆，经多年使用，电缆上出现了很多小裂纹，雨水顺小裂纹渗入线中，由于房屋上安装的分支器比同轴电缆线路低，雨水最终汇集到分支器和 F 头中造成短路，使信号衰减很大，更换电缆、F 头和分支器后，故障被排除。另外，有些地处沿海的村庄，海风对电缆 F 头的腐蚀很严重，时间长了，F 头与 75—9 型电缆接触处的外屏蔽网氧化严重，有的甚至成为粉末状，会导致F头与75—9型电缆接触不良，阻抗不匹配，使信号衰减大，在电视上表现为缺台、马赛克等现象。

【例6-33】 某小区用户反映数字电视有马赛克现象，严重时图像停顿。

分析与检修：经测量用户端电平基本正常，但误码率升高。走访用户，判断故障影响范围就在这一个单元，检查线路后发现进该单元的电缆、F头以及分支器进水，并且老化锈蚀严重，因是老小区，楼内支线没有设计管道，线缆裸露布设于地下室，经过工作人员对电缆重新布设，换掉锈蚀的F头和分支器后，故障消失。

检修小结：该故障的原因是网络阻抗失配造成的，有线电视网络中的同轴电缆及无源器件接口的特性阻抗均要求为75Ω，如果网络中某处匹配不良，就会造成信号在传输路径上的反射，这样到达数字电视机顶盒的信号就不只有直射波，还有反射波，且两者存在一定的时间差。网络阻抗失配造成反射严重，致使数字信号码间干扰或误码率增加，其主要原因是同轴电缆进水、老化、氧化、接触不良，或是用户自购质量低劣的分支器、分配器和终端盒等。另外，极个别不规范的私拉乱接也能引起该故障的发生。

【例6-34】 大部分数字电视节目出现马赛克现象。

分析与检修：数字电视节目出现马赛克现象，一般是信号电平偏低或者是传输线路上的误码率偏高。维修人员现场观察模拟电视信号从低端到高端全部正常，首先怀疑机顶盒自身故障，更换后故障依旧。现场测量用户家信号电平正常，但载噪比偏低，从后往前逐级排查，一直到光接收机输出口，载噪比仍然没有提高，打开光接收机测量输入光功率为-1.0dBm，输入光功率正常，维修人员怀疑光接收机坏，更换后故障依旧。随后怀疑前端机房光发射机和光纤跳线法兰盘有问题，更换此光路输出的法兰盘后故障依旧，维修人员用酒精棉球清洁与光分路器相连的光纤跳线接头后，数字电视信号才恢复正常，用肉眼观察数字电视节目的图像效果基本上和前端机房一样。

检修小结：此故障原因是前端机房光纤跳线接头沾有灰尘，降低了载噪比，增大了误码率。对于数字电视来说，光功率和信号电平高低不是关键，重要的是载噪比和误码率。

【例6-35】 数字电视节目出现马赛克现象，部分台显示黑屏。

分析与检修：先测信号电平有些偏低，向前逐级排查，测倒数第二个分支器信号电平还低，发现线路有针扎孔，估计有用户私接信号时破坏了线路，换掉后信号还没恢复，继续查至放大器，打开后发现内部进水有铝锈，更换一新的用户放大器，调整好后信号恢复正常。

【例6-36】 节目号11～16的数字电视节目出现马赛克现象。

分析与检修：维修人员通过与数字电视节目表相对照，有故障的这几套节目同在一个数字信号传输包，中心频率是403MHz，用仪器测量信号电平正常，测其频谱发现有陷波点，向前逐级测量，并仔细沿线查看，查到一过流分支器处，打开后发现分支器进水，更换后信号恢复正常。

【例6-37】 个别用户家中的电视上出现马赛克现象。

分析与检修：用场强仪检测用户终端盒，其信号质量达标，即MER≥28dB，BER≥1E-9(1×10^{-9})，C/N≥43dBμV，平均功率为65dBμV。插上用户家中的连接线，测试连接线另一端电平很低，而且MER、BER值变坏，怀疑是连接线有问题。经仔细检查，该连接线插头是一次性压铸而成的，经多次插拔致使接头松动，接触不好，阻抗不匹配，造成马赛克现象。换一新的用户连接线，故障被排除。

【例 6-38】 个别用户家中的大部分节目出现马赛克现象。

分析与检修：维修人员赶往现场发现该用户家的大部分节目都出现马赛克、黑屏现象，测量用户终端盒信号发现信号电平在 70dBμV，但是 MER 值却只有 21dB，检查发现，在输入用户线信号正常的情况下，该用户自己盲目加装市场上购买的劣质放大器，并将增益调到最大，然后通过分配器分配信号到各个房间，去掉劣质放大器后，用户收看信号正常，故障被排除。

2．个别数字频道无节目

【例 6-39】 用户反映有两个数字频道传输的 10 多套节目解不出来，而另 3 个数字频道收看正常。

分析与检修：数字频道传输的是经过 QAM 调制的数字信号，载波的幅度与相位均携带了数字电视节目的信息，检修时除测试载波电平外，还要注意传输网络的相位特性对数字电视信号 BER 的影响。经测量，发现在模拟频道有个别频段幅度“鼓包”，而 5 个连续的数字频道处基本平坦，用数字电平表测量电平也正常（入户 58dB）。不能解调的数字频道，试测调制误差率 MER 才 18dB（正常数字频道为 32dB），星座图不显示。从该段电缆的物理状态分析，估计是电缆有断点反射存在。经检查，发现约有 200m QR-540 电缆受过外伤，内导体腐蚀呈似接通非接通状态，造成模拟电视信号低频率段电平略低落，高频率段变化不大。它以下的用户模拟电视节目的电平基本正常，不影响收看，没有用户报修。但安装数字电视机顶盒后，用户反映有两个数字频道传输的 10 多套节目解不出来，而另 3 个数字频道收看正常。更换了 QR-540 后，幅频特性“鼓包”消失，不但数字电视接收正常了，而且原来低段信号低落的问题也一起解决了。

检修小结：造成电缆严重反射的原因还有：干线上有一长段空闲的电缆，是为一栋新楼预留的，电缆尾段闲着，没有做匹配终端；干线分支器主输出口空闲，没接匹配负载，而分支口给下级送信号；电缆接头质量不好、处理不当，内导体或外屏蔽接触不良；新装修住房，电缆弯曲过度，私自增加用户盒，分配器有空端口没有用假负载终接；个别放大器、均衡器相位特性不良。还遇到过在机顶盒前加一个均衡器，解决了一个数字频道不能解码的问题。由此可见，均衡器的相位特性也是值得注意的，特别是被挤压而变形的。

这些事例都说明，在模拟传输情况下被忽视了的网络相位特性，对数字信号的影响是极大的。在大范围发展数字机顶盒之前，应进行有针对性的整治网络。如把线路上所有没有终接假负载的分支器、分配器认真地做好匹配；把暂时空闲的电缆从网络中解除；解决有隐患、未查明原因还在运行的电缆段；全面测量一次干线幅频特性，查明并解决异常“鼓包”、下凹的情况；对楼道分支器的闲置用户口也要匹配；检查、处理用户私接分配器和用户盒，做到无空闲口；仔细检查前端、分前端的信号分配链路，更换不合格的、性能不良的和用法不合理的（如用分支器倒接做调整电平的衰耗器用）器件等。

【例 6-40】 单个用户不能正常收看部分台的数字电视节目。

分析与检修：维修人员在用户家中检查发现，不能收看的几个台在同一个频点 331MHz 上，该频点的电平在 32dBμV，误码率高于 10^{-5}，而户外分支口的电平值和误码率测量正常，怀疑用户家中电缆老化或有内部损伤，更换电缆后故障消失。像这样单用户故障的原因还有很多，比如用户私自接终端；采用非 75Ω 终端匹配器；加装劣质放大器和不合格的分支分配器；机顶盒与电视机连接不当；接头不规范、有干扰等。当遇到单个用户故障不好判断时，可用一段 75Ω 同轴电缆作为临时用户线，直接连接户外分支和用户端机顶盒，这样可以比较直观地判断是否是用户室内电缆故障。

【例 6-41】 某用户在某一频点上的所有数字电视节目都收不到。

分析与检修：用场强仪检测此频点的电平值和 MER 值。经检查用户网络中此频点节目有信号，而此频点与相邻频点相比较低，可能是陷波点恰好在该频点处，造成这个频点节目收不到，而其他频点节目正常。经查，是该用户装修时使用的电缆性能指标不满足要求造成的，更换优质电缆后，故障被排除。

3．其他故障

【例 6-42】 某村部分用户反映信号时有时无。

分析与检修：部分用户反映信号时有时无，一般是线路上有接触不良的地方，经询问用户，确定了发生故障的大致位置。仔细检查，发现杆子上放大器输入端防水 F 头松动，防水 F 头内与屏蔽网接触的夹环松动，在风的作用下，挂在钢绞线的放大器左右晃动，防水 F 头与电缆外屏蔽网时接时分，阻抗不匹配。重装防水 F 头，并固定好输入、输出电缆，故障被排除。

【例 6-43】 用户反映某些频道收不到。

分析与检修：维修人员赶到该用户家，通过观察发现主卧电视低频段数据包所包含的大部分数字电视节目不是马赛克就是黑屏，用数字场强仪测试用户终端盒信号，发现低频段信号电平普遍在 20～25dBμV，达不到信号电平标准，而中高频段信号电平都在 50dBμV 以上，拆开用户终端盒重新做接头固定，故障现象依旧存在，检查线路，发现用户别墅里面的分配器腐蚀严重，测试分配器输出口低频段信号电平发现也是偏低，而输入口 75—5 型同轴电缆信号则都在 60dBμV 左右，更换用户分配器，主卧数字电视信号恢复正常，故障被排除。

维修小结：用户分配器损坏导致数字电视信号电平低频段偏低，使用户无法正常收看数字电视。

6.4 有线数字电视机顶盒常见故障分析与检修实例

6.4.1 机顶盒安装不当对接收数字电视的影响

在本书 5.3 节中介绍了有线数字电视机顶盒安装与调试的内容。有的用户领到或购买数字电视机顶盒后，不等专业技术人员上门安装，自行安装机顶盒，在安装过程中通常出现以下故障现象。

1．无图像

在安装机顶盒后不能收看数字电视节目，电视机出现无图像故障。首先应检查各连接线是否正确。用户自己连接通常不注意数字电视机顶盒输出端口信号与电视机的输入端口信号要一致；另外数字电视机顶盒射频输入端口信号与用户终端盒输出信号要一致。连接线不正确一般有下面几种情况。

1）有线电视用户终端盒输出信号要连接到数字电视机顶盒的“有线输入”插孔（机顶盒背后左上角第一孔），有些人将此线连接到“射频输出”插孔（机顶盒背后左上角第二孔）中，肯定不能收看数字电视节目。

2）用户电视机显示“无信号或信号中断”，结果发现是用户将数字电视机顶盒的输入端接到了电视机的输入口，根本没有将有线电视信号送给机顶盒。此时，将数字电视机顶盒的输入信号接到有线电视的用户终端盒上，电视信号恢复正常。

3）没有将数字电视机顶盒上的视音频线正确连接到电视机的视音频输入插孔上（AV1、AV2……任一组中），若接到电视机的“视音频输出”插孔上或将视频音频交叉插错（视频为黄色），则连菜单也不会显示，更不能收看数字电视节目。

4）用户接线正确但看不到数字电视节目，原因是用户没有选择相应的机顶盒所接的 AV 端口。还发现有些用户的 AV 端口损坏。由于长期不用，AV 端口会发生氧化，可能会使某组不好，这时可换另一组试试。

5）有的用户电视机有两路 AV 端子，用户已使用了其中的一路，而且习惯用这一路来看 DVD/VCD 视盘机的节目，将机顶盒接另一路 AV 端口后，用户在使用中发现视频不稳定，经查发现用户虽然有两路 AV 端口，一前、一后，但实际上只是并联的一组 AV 端口，将机顶盒信号和影碟机信号分别插上，开始用户收看都正常，但忘了关影碟机，两路视频信号相互干扰，造成数字电视机顶盒的视频信号不稳定。

另外，用户自己买的有线电视器材（电缆、分配器、接线盒、用户线）质量不好，线路太长，未做好接头或接头接触不良，使信号损耗大、阻抗失配，都会导致用户不能正常收看数字电视节目；有时不能收看某些频道的数字电视节目，也可能是未获得正确的授权，此时在屏幕上会出现“该频道未授权”提示，需与有线电视网络公司人员联系予以解决；还有时用户接收端的信号电平太低，也不能正常收看数字电视节目。

2. 马赛克现象

马赛克现象分为所有频道都有马赛克和部分频道有马赛克。如果是前者，则是信号电平较低，可以按照无图像故障查找和排除；如果是后者，则基本上是由线路阻抗失配引起的。引起阻抗失配的原因大部分是到各个电视端口的线路没有用分支分配器来分配，而是像电力线一样绞接在一起，或者是选用了伪劣的分配器或 F 头未做好，其明显的特征就是各频道的信号电平高高低低，像锯齿波，只要将这些问题解决了，马赛克现象就会消失。

如有的用户为了供两台电视机同时收看有线电视节目，便在原来线路上并接一根 75—5 型同轴电缆，或者错用阻抗为 50Ω 的同轴电缆，这样使整个线路阻抗不匹配，出现节目收视不全或马赛克现象。使用专门的分支分配器和 75Ω 同轴电缆处理后，故障都能被排除。

有时信号电平太高（>75dBμV），因失真也会引起马赛克，如有的用户认为信号电平越高越好，或装的终端较多时就盲目加装放大器，并将增益调到最大，加上又是在市场上购买的劣质放大器，往往容易出现这种情况。另有一些用户在家中安装的电视终端太多而采用多路分配器（如 6～8 路）或几个分配器串接，使信号衰减太大引起无图像或马赛克，采取的措施是，将不接暂时不用的终端而改用质量好的小路由分配器（如 2～3 分配）。

用户端的电视机间断出现马赛克现象数字电视节目表现为马赛克或瞬间节目中断，主要原因是电缆线没有固定好，随风摆动，有些接头没有拧紧，造成接触不良，模拟电视节目表现为图像抖动。

用户信号电平达到要求，但信噪比达不到要求，结果模拟节目表现为明显的拉条或网纹，数字电视表现为严重的马赛克或收不到节目，显示无信号或信号中断，遇到此种情况应注意看一下传送的模拟信号是否正常。

用户线路的屏蔽性能较差，抗脉冲干扰能力差，误码率（BER）增高，也会出现马赛克现象，其原因大多数是线路接头未按标准施工。一般 BER≤10^{-5}～10^{-6}。

有线电视网络升级不完全，许多地方都是将模拟信号和数字信号在同一网络传输，且将原网络升级后的频带高端部分用于传输数字信号，如果网络中有部分器件未改换，就会造成数字信号电平很低，图像出现马赛克和黑场现象。

模拟电视信号过高会产生抑制邻频道数字电视信号而出现马赛克现象，一般模拟电视信号比数字电视信号高 10～13dBμV 属正常，数字电视频道与相邻模拟电视频道间最大电平差为≤13dBμV。

3．音频故障

1）音频有交流声，主要表现在使用平板液晶电视的用户。出现这种故障应更换用户终端盒，使用芯线和边网都带电容隔离的用户终端终盒即可消除交流声；还有一种情况是，为用户将音频线错插到视频分量中的红色端口上，将音频线纠正过来即可消除交流声。

2）用户反映电视机只有一边的扬声器响，而看模拟电视时正常，检查接线正确，原因是用户将电视机的声音平衡调整为左声道，右声道的扬声器自然不响，将平衡点重新调到中心点，两边的扬声器都恢复正常。

3）部分频道无音量或图像与伴音不同步，用遥控器调整机顶盒音频输出声道，将其调整到左声道（L）即解决问题，如果仍然不能解决问题，采取在线下载新版本的方式，基本就可解决。

4）声音中有广播电台的干扰。这种现象只会出现在某些省台中，因为一般省台在同一频道中，将左声道设置成电视伴音，将右声道设置成广播，遇到这种情况，只要用遥控器将“声道”设置成“左声道”即可解决。

4．用户已办理登记的加密付费节目无法接收

导致该故障的原因有两个：一是 IC 卡没有放置好，很多用户将 IC 卡正反面或前后错放，造成机顶盒无法解读 IC 卡信息而使节目不能接收，将 IC 卡正确放置即可；二是机顶盒和 IC 卡没有接收到授权信息，此现象一般出现在新开户或长时间没有收看电视的用户中。解决方法是插好 IC 卡，启动机顶盒，把频道调整到加密付费节目的频道上等候 3～10min 即可。数字电视的授权信息采用轮播方式，一般 3～5min 为一个循环广播，在网络正常情况下5min 左右就可以收到授权信息。

5．死机现象

有些用户的机顶盒是常开的，不看时只将电视机关掉，而不关机顶盒电源，在此情况下，个别机顶盒可能会出现死机现象，此时只要将机顶盒的电源关闭片刻后再打开（重启）即可。建议不用时尽量关闭机顶盒，尤其是在高温和雷雨季节，还需将电源线及有线电视输入线拔下，既省电又安全。

【例 6-44】 某用户反映机顶盒在使用过程中经常出现停顿、死机现象。

分析与检修：对此类机顶盒进行长时间试看和检测，没有出现用户反映的现象。检查用户室内布线系统及信号电平均正常，只是机顶盒放在电视机上，加电使用一段时间，电视画面出现停顿，将机顶盒从电视机上移开，侧立于电视机旁，故障现象再也没有出现。

造成此故障的原因是，电视机散热孔排出的热量与机顶盒本身的热量加在一起，造成机顶盒过热而出现热停顿和死机现象。

部分经验不足的安装人员和用户误认为有线数字电视机顶盒必须安装在电视机“顶”上使用，这样做只是图一时安装调试方便，因此埋下了故障隐患，除上述外，还有如下隐患：安装不牢固，容易滑落，摔坏；机顶盒易吸灰尘变脏产生新的故障；用户随手放水杯和其他饮料，多发生液体洒进机顶盒而造成烧毁。

【例 6-45】 有一户数字电视用户 363MHz 频点的 6 套节目总出现马赛克现象，经常中断。

分析与检修：经过测试，数字信号电平正常，模拟频道收看正常。后来经过检查，用户装修时敷设的一段电缆是阻抗为 50Ω 的电缆，在更换电缆后，信号不再中断，而马赛克现象还有，去掉装修时安装的终端盒，数字信号收看正常。后来我们又实验了一下，去掉装修时安装的终端盒，还用 50Ω 电缆线，结果数字信号还是经常出现马赛克现象，这说明该用户的故障是这两种原因造成的。

6.4.2 外界干扰对接收数字电视的影响

1．无线传声器干扰

【例 6-46】 某一用户家中数字电视出现一个节目包收不到的故障，使用的有线数字电视机顶盒提示“信号质量弱”。

分析与检修：该提示表明，到机顶盒的有线电视线路上有故障，导致机顶盒无法正常解码。测机顶盒的输入信号电平为：增补 7 频道（159.0～167.0MHz）的电平为 74dBμV，22 频道（542.0～550.0MHz）的电平为 69dBμV 属正常范围，再检查用户家中的有线电视线路、面板等均未发现电缆有硬接或使用劣质器材的现象。换另一台有线数字电视机顶盒也出现相同的故障，这说明用户家中的机顶盒是正常的，问题大概出在线路上。

用频谱仪测故障节目包所在 267MHz 频道（以 267MHz 为中心 8MHz 带宽的数字频道）的波形，测得该频道的电平为 63dBμV，但发现在 265MHz 频点处有一个宽约为 1MHz 高出 10 多 dB 的凸起波峰，造成了带内不平坦且超过了机顶盒可接收的极限，就是这个故障导致机顶盒解不出该频道内的节目。

为确定干扰源，在用户家门口一接头处测得进户信号 267MHz 频道的电平为 70dBμV，并且带内波形也很平坦，未发现异常，而在室内测出用户面板的输入线和到卧室的输出线上 265MHz 频点上均有此干扰，确定是室内产生的干扰，而且应该是无线干扰，可能是室内的某个设备工作在该频点上，或谐波落在该频点上。

为找到室内无线干扰源，取一段电缆，用电缆的一头接场强仪，另一头悬空做成一个天线来寻找室内无线干扰源。此时发现在 265MHz 频点处大约有 60dBμV 的电平，且随着位置的变化电平也不断地变化。最后发现用户家的无线传声器在充电，其工作频率在 220～270MHz 频率，将场强仪上的那段天线靠近无线传声器时，发现 265MHz 频点上的电平立即上升到 103dBμV，于是将传声器关掉后，再测试该频点的波形已变得很平坦了，接上机顶盒收看节目也恢复了正常。

2．家用无线设备的干扰

在日常的维修过程中，发现一些用户家中无线设备的干扰也会影响数字电视的正常接收。

【例 6-47】 某用户反映很多台的节目有马赛克现象。

分析与检修：维修人员观察发现在某一频点经常有突发性的马赛克且很严重，检测信号指标正常，机顶盒的自测信息显示误码率很高，怀疑有干扰存在。然而经过初次排查并未发现有干扰，最后无意中发现用户家中无线门铃响起时会造成此频点出现频繁的马赛克，于是将无线门铃电源拔掉，故障现象消失。经过分析，无线门铃与其接收器之间是靠无线收发来建立联系的，无线门铃的发射频率正好与数字电视的其中一个频点相同，其发射功率越强干扰就越大。此外，一些用户家中无绳电话、玩具汽车遥控器的使用都有可能对数字电视信号的一个或几个频点造成干扰。

3. 交流干扰对数字电视信号的影响

在模拟信号传输中，如果信号交流声比指标较差，图像上就会有两条或几条上下移动的水平滚道，且低频道要比高频道严重。而在数字电视接收中，信号交流声比指标差时将无法接收图像或画面局部停顿，尤其随着液晶电视的普及，更多的有线电视用户遇到了这种干扰所带来的麻烦与困扰，多次发现液晶电视接上机顶盒以后，伴音中出现交流哼声，低频段数字信号图像无法显示或出现停顿及马赛克。实际上不仅仅是液晶电视机，大多平板电视机，包括普通的显像管电视机，只要电源是三芯的（多了个接地极），就都容易出现这个问题，特别是夜间出现这种故障的可能性更大。通过分析判断，这是由于机顶盒电源和接地部分与电视机接地之间或与网络接地之间形成的电位差造成的，只要电源的地线和有线电视的接地有一方不是很好，在这两个地之间就会有电位差，这样两个“地”接到一起，不可避免地要产生电流，在地线上有电流波动，势必会产生交流干扰。为了避免这种干扰的出现，可以在进户端加装电容隔离器，或者将电源插座换成没有地线的两线插座，但最根本的解决方法是将楼栋或支干线有源器件做良好的接地处理。

【例 6-48】 某小区有一用户反映，电视机接上机顶盒后，图像正常，但是声音中有“嗡嗡”的杂音，后来电源指示灯就不亮了。

分析与检修：维护人员初步判断有可能是用户家中的电源干扰，或是机顶盒本身的故障，于是带了一台机顶盒去更换。到用户家中以后，将用户自己的机顶盒插上电源，连接好用户线，发现该机顶盒的电源指示灯不亮，无电源输入，于是拔出机顶盒的用户连接线，用接头摩擦用户家中的一台 VCD 机金属面板，发现有很多的火花，并仔细询问用户，用户称家中经常跳闸，于是维修人员估计该用户在装修的时候，可能存在电源线与有线电视线路局部短路的现象，导致有嗡嗡的声音，并烧坏机顶盒。这样维修人员在用户终端盒上和用户连接线之间接入一只由厂家提供的电源滤波器，重新接上自己带去的一台机顶盒，嗡嗡声没有了，机顶盒也播放正常，经过一段时间观察，没有再出现此类故障。

【例 6-49】 某用户电视图像质量良好，对所授权的节目均能较好的接收，但每个频道节目伴音中有交流声，改用模拟信号接收，基本上听不到交流哼声。

分析与检修：因接收模拟信号伴音良好，故首先怀疑有线数字电视机顶盒电源滤波不良。换为新数字机顶盒后，故障依旧。由于用户是新购的 42in 液晶平板新电视，而且接收模拟信号较好，根据专业报刊介绍的经验，着重检查电视机的电源插座。在打开电源插座盖板时，发现接地线很短且被拉断，在电源插座盖板没有接地线时，插上信号线和电源插头试机，结果开机后交流哼声消失，听到悦耳动听的数字电视伴音。说明此故障是用户电源接地总线的接地电阻大造成的。找到用户电源总接地线处，发现接地线接触确有问题，接地电阻太大，重新处理好后，再用短线接好电源盖板上的接地线，重新试机，故障被排除。

6.4.3 有线数字电视机顶盒常见故障及解决方法

1. 智能卡故障及其解决方法

智能卡故障主要有以下几类。

1）机顶盒无法解读智能卡。电视屏幕上显示为“正在识别卡”。此时可将智能卡拔出再重新插入，插卡时应注意智能卡正反面不要弄错。

如电视屏幕上显示“请插入智能卡”，就说明系统未识别到智能卡。此时应关机断电后，用直观法检查连接线或智能卡座。当未发现异常现象时，可更换智能卡座。

如果电视屏幕上显示“系统不认识此卡”，就说明系统已检测判断出卡座中有卡，只是不能识别该卡。系统通过专用的读卡驱动电路读取智能卡中的数据，来获得分配密钥。若读卡驱动电路出了故障，则读不出正确的数据，系统得不到正确的数据，就不会认识此卡，进而发出“系统不认识此卡”的指令。机顶盒在初始化过程中要检测读卡驱动器，如读卡驱动器损坏，机顶盒就不能正常工作。机顶盒系统已能检测到卡座中有卡，说明读卡驱动及总线收发器等工作基本正常，应仔细检查读卡驱动器与卡座之间的电路。

2）机顶盒和智能卡没有接收到授权信息。电视屏幕上显示“节目未授权或付费节目”。如果用户缴费正常，就可将机顶盒恢复为出厂设置，否则应联系有线电视网络服务人员重新授权。

3）机顶盒和智能卡不配对。电视屏幕上显示“机卡未匹配”。此时应联系有线电视网络服务人员，核对用户资料后先解配对，再重新配对即可解决问题。

2. 接收频道较少的故障原因及解决方法

用户出现接收频道不全或个别频道无信号故障的原因如下所述。

1）用户连接线故障。用户线两端接头接触不良；用户线质量较差，衰减信号太大；用户线短路或断路；用户线中间有接头；将双公头用户线插在 FM 口上。处理方法是：重新做接头；更换用户线；找出原接头位置重新接线（注意要接到面板的 TV 口上）。

2）用户终端盒故障。有的用户私自购买的终端盒质量差或用户因装修自己挪动终端盒位置，私自接线，造成其终端盒屏蔽网短路；芯线未压紧；串接两个或多个用户线；终端盒损坏等。处理方法是，重接或更换用户终端盒；或拆除串接用户线。

3）入户线路故障。入户线内、外接头接触不良；入户线质量较差衰减信号太大；入户线短路或断路；入户线中间有接头或分支分配器。处理方法是：重新做接头；更换入户线，找出原接头位置或分支的分配位置，重新接线，去掉分支分配器件。

4）用户私接三通、分支分配器、放大器等器件，衰减了信号。处理方法是，拆除三通、分支分配器和放大器等。

可通过场强仪检测数字电视信号强度来判断故障原因，若接到数字电视机顶盒上的信号强度不达标准要求，则应按上述因素逐项排查，找出故障点。

3. 有伴音无图像故障的原因及解决方法

电视机出现有伴音无图像故障的原因有：将机顶盒的视频线接错，或视频线断路，或电视机的视频输入端子有故障等。

针对上述原因，可检查电视机与机顶盒的视频线连接是否正确，确认视频线是否有断路现象；检查电视机视频输入端子是否存在故障，确认后与电视机厂家联系维修。

4．有图像无伴音故障的原因及解决方法

电视机出现有图像无伴音故障的原因有：机顶盒处于静音状态；声道设置错误；电视音量设置太小，无法收听；音频线接错或音频线断路；电视机的音频输入端子有故障等。

针对上述原因，可用机顶盒遥控器转换到非静音状态；或重新选择正常的声道；排查电视机原音量是否设置太小，建议根据用户接受情况，先将电视机音量调整在合适标准上，再通过机顶盒的遥控器来调整音量，如果单纯用遥控器来控制音量，则可调范围不大；检查电视机与机顶盒的音频线连接是否正确，确认音频线是否有断路现象；检修电视机音频输入端子是否存在故障，确认后与电视机厂家联系维修。

5．播放电视节目无彩色故障的原因及解决方法

播放电视节目无彩色的原因是机顶盒的主芯片采用 STx5105 芯片，图像 D–A 转换需要较准确的 27MHz 晶振，并有一定的 VCXO 可调整范围，如果调整范围不够，就可能会引起视频无彩色，处理方法是更换晶振。

有些电视在接收数字电视时，图像由彩色变为黑白，第一种情况可能是不小心误按遥控器按钮，将电视制式变成了 N 制式，恢复到 PAL 制式即可；第二种情况可能是数字机顶盒有问题，可换用一台试试。

6.4.4　一体化调谐解调器故障检修方法与实例

在数字电视机顶盒的一体化调谐解调器出现故障后，可以根据第 5 章介绍的数机顶盒的结构、工作流程和故障分析等内容，对一体化调谐解调器进行检测。

下面以九联科技 HSC–1100D10 型数字有线电视接收机顶盒为例，介绍 ALPS TDAE3 –C01A 型一体化调谐器的检测方法。该调谐器通过引脚焊点与电路板进行连接，可以通过检测该调谐器各引脚的电压、在线电阻、I^2C 总线信号以及输出中频信号的方法来判断其好坏。

1．电压法

电压法检测一体化调谐解调器是利用万用表测量一体化调谐器各引脚的电压，与 AGC 信号有关的引脚电压会在有输入信号与没有输入信号时不同，ALPS TDAE3 –C01A 型一体化调谐器第 2 脚 RF AGC 的电压值、ALPS TDAE3 –C01A 型一体化调谐器第 9 脚 IF AGC 的电压值分别如图 6–12、图 6–13 所示。ALPS TDAE3 –C01A 型一体化调谐器各引脚电压见表 6–3。

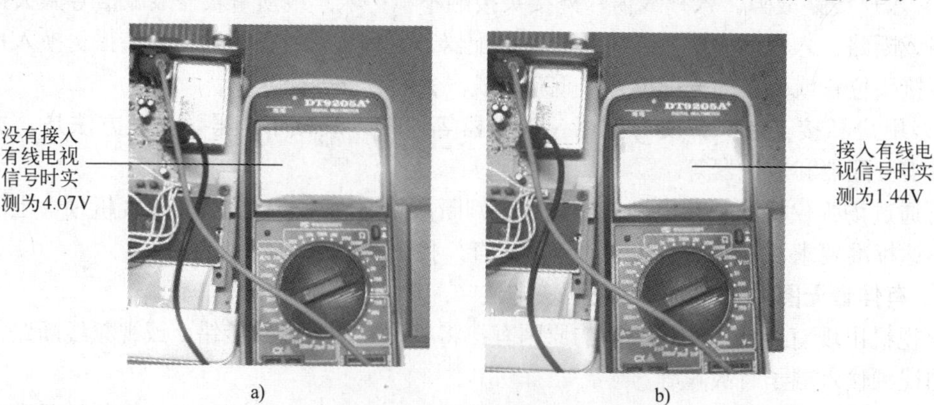

图 6–12　ALPS TDAE3 –C01A 型一体化调谐器第 2 脚 RF AGC 的电压值

a) 无信号时测　b) 有信号时测

没有接入有线电视信号时实测为2.15V

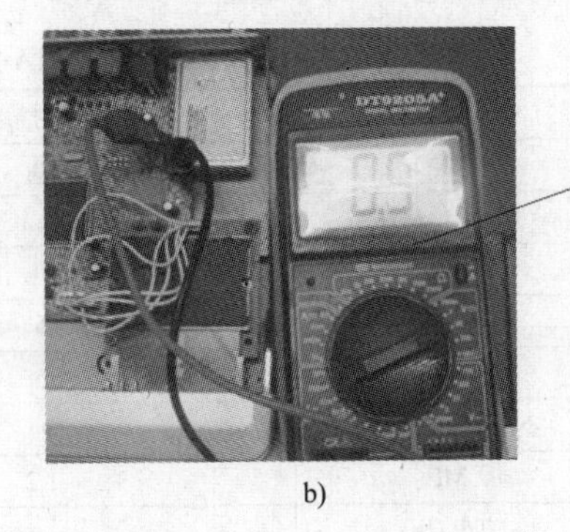

a)　　　　b)

图 6-13　ALPS TDAE3 -C01A 型一体化调谐器第 9 脚 IF AGC 的电压值

a) 无信号时测　b) 有信号时测

表 6-3　ALPS TDAE3 -C01A 型一体化调谐器各引脚电压

引脚序号	引脚名称	没有接入信号时实测电压值/V	接入信号时实测电压值 /V
1	GND	0	0
2	T/P (RF AGC)	4.07	1.44
3	AS	0	0
4	SCL	4.97	4.97
5	SDA	4.97	4.97
6	N/C[Xtal OUT]	0	0
7	MB	4.95	4.95
8	T/P (IF)	0	0
9	IF AGC	2.15	0.91
10	IF OUT2	0	0
11	IF OUT1	0	0

2. 电阻法

电阻法检测一体化调谐解调器是利用万用表测量一体化调谐器各引脚的对地电阻，测量对地电阻值时应调换表笔测两次，即将黑表笔接地，将红表笔分别接各引脚；将红表笔接地，将黑表笔分别接各引脚。测 ALPS TDAE3-C01A 型一体化调谐器第 9 脚对地电阻值如图 6-14 所示。ALPS TDAE3-C01A 型一体化调谐器各引脚电阻见表 6-4。

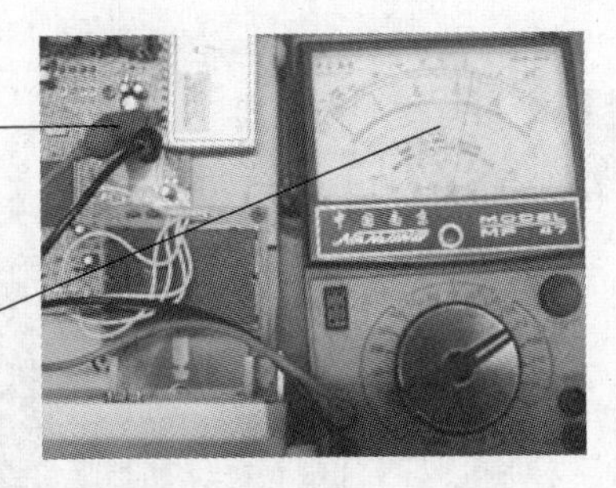

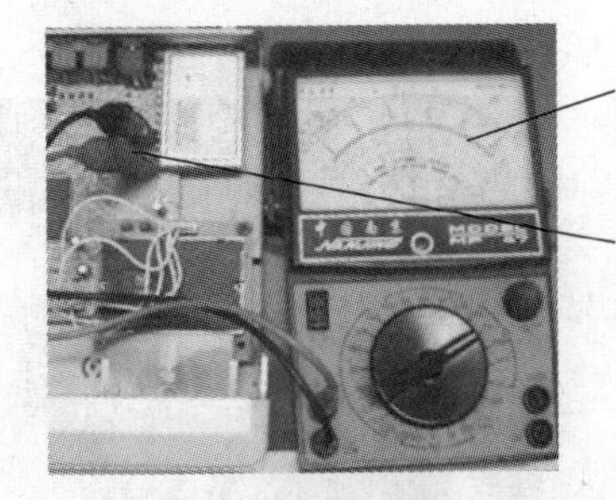

图 6-14　测 ALPS TDAE3 -C01A 型一体化调谐器第 9 脚对地电阻值

表 6-4　ALPS TDAE3-C01A 型一体化调谐器各引脚电阻

引脚序号	引脚名称	黑表笔接地/Ω	红表笔接地/Ω
1	GND	0	0
2	T/P (RF AGC)	9.2	∞
3	AS	0	0
4	SCL	5	5.5
5	SDA	5	5.5
6	N/C[Xtal OUT]	∞	∞
7	MB	1.2	1.2
8	T/P (IF)	∞	∞
9	IF AGC	8.5	18
10	IF OUT2	∞	∞
11	IF OUT1	∞	∞

3．波形检测法

波形检测法是指运用示波器检测一体化调谐器观察 I^{2}C 总线信号以及输出中频信号的波形，由于有线数字电视机顶盒的中频信号频率在 36MHz 左右，因此，示波器的工作频率范围要在 50MHz 左右。另外，调谐器的信号弱，故要求示波器的输入灵敏度要高。下面是用 ST 16A 型单踪示波器测量 ALPS TDAE3-C01A 型一体化调谐器的 I^{2}C 总线信号及输出中频信号的波形。该示波器的工作频率只有 10MHz，输入灵敏度为 10mV/div～5V/div，分为 9 档，扫描速度的选择范围由 0.1μs/di～1s/div，分为 19 档。用这种示波器观察波形的幅度与频率不太理想。测时钟总线信号波形、测数据总线信号波形和测中频信号波形分别如图 6-15、图 6-16、图 6-17 所示。

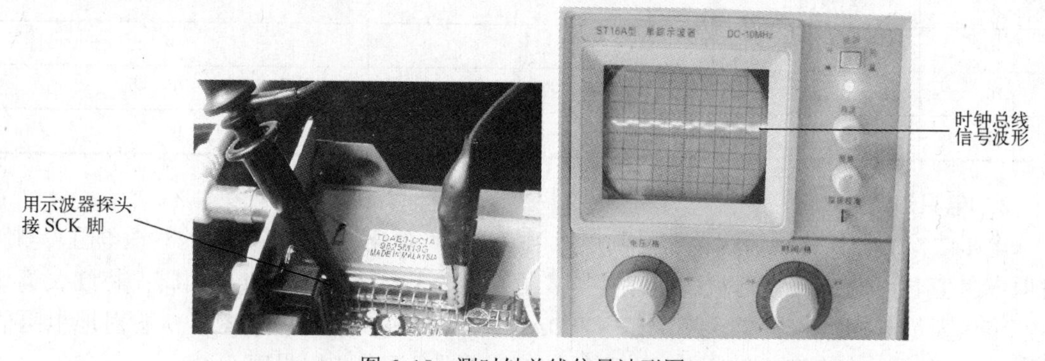

图 6-15　测时钟总线信号波形图

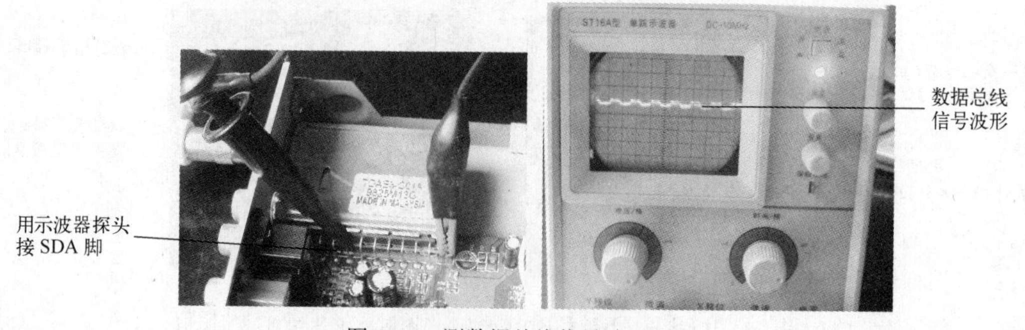

图 6-16　测数据总线信号波形图

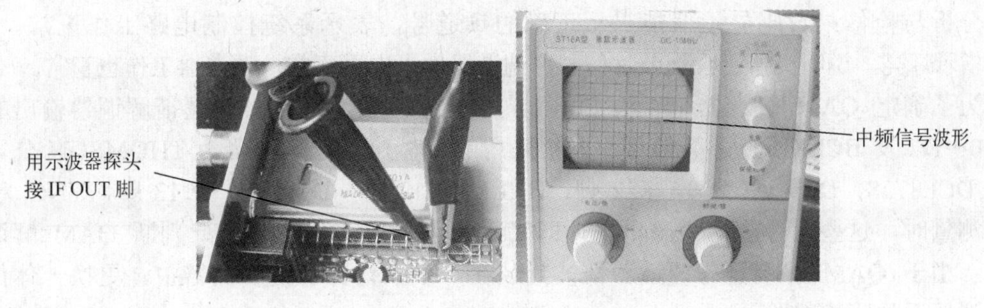

图 6-17　测中频信号波形图

4．替换法

如果通过电压、电阻和示波器的检测，确定是调谐器内部电路损坏，那么一般不能进行维修，而应直接更换，因为调谐器内部电路复杂，元器件很细，修复的难度很大。况且调谐器的市场价格也便宜，规格也多样，直接更换调谐器往往能提高工作效率。

TDAE2-C01 型有线电视一体化调谐器的内部结构如图 6-18 所示。

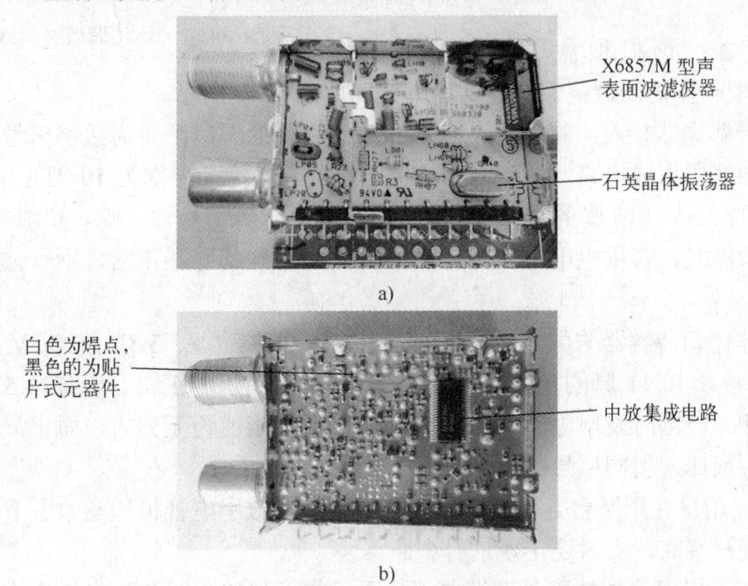

a)

b)

图 6-18　TDAE2-C01 型有线电视一体化调谐器的内部结构图

a) 电路板正面　b) 电路板背面

当调谐器被损坏时，能用相同型号的调谐器进行更换当然好，若无相同型号调谐器时，则可用替代品。在选用替代品时，应注意以下 4 点。

1）调谐器大小和安装尺寸与原调谐器相同。

2）调谐器引脚排列方式与原调谐器相同。

3）调谐器信号输入嘴的形状及长短与原调谐器相同（调谐器有长嘴和短嘴之分）。

4）调谐器的供电电压与原调谐器相同。

只要符合以上 4 点要求，就可以直接更换。

【例 6-50】 某台九洲 DVC-5028 型有线数字电视机顶盒数码显示器显示的频道号正确，“锁定”指示灯亮，电视屏幕无显示。

分析与检修：数码显示器能显示正确的频道号，表示系统控制电路工作正常。“锁定”指示灯亮，说明机器已收到节目信号，调谐器供电电压正常，调谐器工作也正常。

为了确定 QAM 解调器是否被损坏，先接上示波器测量一体化调谐解调器输出的数据 D0～D7 及 BCLK、D/P 等信号。本机采用的一体化调谐解调器为 THOMSON 公司生产的 DCF8728，D0～D7 为 15～22 脚，BCLK 为 12 脚，DVALID 为 13 脚，YNC 为 14 脚。测量时，这些信号脚均为高电平，即 QAM 解调器无输出，因此判断 QAM 解调器损坏。由于 QAM 解调器与调谐器都被封装在一个一体化调谐解调器中，更换一体化调谐解调器后故障被排除。

【例 6-51】 某台 SRT4356PVR 型卫星数字电视机顶盒，开机后无法显示图像，无伴音。当使用操作按键或遥控器进行控制时，有字符显示，且控制正常，进行搜索时，无信号强度显示。

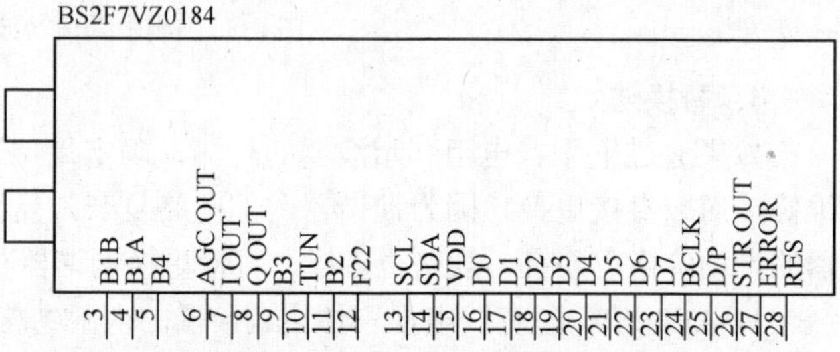

图 6-19　BS2F7VZ0184 型一体化调谐解调器的引脚排列图

分析与检修：该机顶盒采用 BS2F7VZ0184 型一体化调谐解调器，其引脚排列如图 6-19 所示。

一体化调谐解调器接收卫星电视信号，经内部电路处理后，变为数字信号由 16～24 脚输出，送往信源解码集成电路。该调谐器的供电电压有 4 组，分别为 10 脚的 30V，5 脚、11 脚的 5V，9 脚的 3.3V，15 脚的 2.5V；12 脚为 22kHz 时钟信号输入端，13 脚和 14 脚为 I^2C 总线信号端。检测时，若供电电压、时钟信号和 I^2C 总线信号不正常，则一体化调谐器无法正常工作。

首先对一体化调谐解器的供电进行检测，当检测 30V、5V、3.3V 和 2.5V 供电电压时发现，5V 供电端 5 脚和 11 脚的直流电压为 0，其他引脚的供电正常。于是对 5V 供电电路的元器件进行检测。检测时发现电感器 L_{107} 两只引脚端的阻值为无穷大，而正常时阻值很小。怀疑电感器 L_{107} 损坏，用同型号进行更换后，故障被排除。

【例 6-52】 用户在用某台九洲 DVC-2018TH+有线数字电视机顶盒收看节目时，当电视屏幕小时，出现马赛克，有时还出现信号中断。

分析与检修：出现这种故障是调谐器工作不正常引起的，因此应先检查给调谐器供电的电压是否正常。

打开机盖，开机后用万用表测量，3.3V、5V、7.5V 及 12V 等电压正常，用示波器测量各路电压的纹波，也未发现问题，但在测量 QAM 解调器输出的数据信号时，发现这些信号上叠加着一些干扰信号，因此怀疑 QAM 解调器中有部分电路损坏。由于该机的 QAM 解调器装在一体化调谐解调器中，故需更换整个调谐解调器。更换调谐解调器后，故障被排除。

6.4.5　开关电源电路故障检修方法与实例

数字电视机顶盒的开关电源主要由输入滤波电路、开关振荡电路、脉宽调制电路、保护电路和整流滤波输出电路等部分组成，创维 C7000 型有线数字电视机顶盒电源电路板如图 6-20 所示。

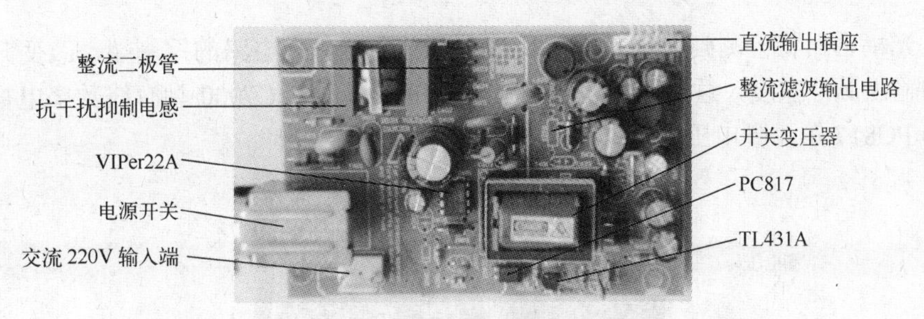

图 6-20　创维 C7000 型有线数字电视机顶盒电源电路板

检修机顶盒开关电源有三大技巧：一是要掌握开关电源的关键检测点；二是要掌握开关电源各类故障的处理方法；三是要掌握开关电源中关键元器件的代换方法。掌握了这三点，开关电源的检修就变得简单了。数字电视机顶盒的开关电源部分故障约占总故障中的 50%以上，可见学会检修开关电源十分重要。

检修开关电源电路一般采用直接观察法、电压法、替换法、波形检测法、开路分割法和假负载法。

1．直接观察法

直接观察法就是凭借维修人员的视觉、听觉、嗅觉和触觉等感觉特性，查找故障范围和有故障的元器件，它是检修中必须采用的基本方法之一。在检修开关电源电路中，可通过观察熔丝是否烧断来判断故障性质。若熔丝烧断发黑，则说明开关电源中有严重的短路现象，此时应立即想到整流二极管、开关集成电路、300V 滤波电容有无击穿现象。若熔丝未烧，则说明电路中没有严重短路现象，这样，通过目击熔丝就能大致了解故障性质是短路性的还是非短路性的。

2．电压法

电压法是通过测量 3 个关键检测点的电压，来判断故障的部位。这 3 个关键检测点分别是 300V 电压滤波端、开关电源集成电路反馈输入端和直流电压输出端。

300V 电压是开关电源集成电路的供电电压，根据检测滤波电容端是否有 300V 电压，可大致判断故障是发生在输入滤波电路还是开关电源集成电路。若无 300V 电压，则应检查输入滤波器、整流二极管和滤波电容；若有 300V 电压，则应检查开关电源集成电路与开关变压器等。

当检测 300V 电压时，应将万用表置于直流电压 500V 档，用黑表笔接热地点，用红表笔接桥式整流二极管输出端，如图 6-21 所示。

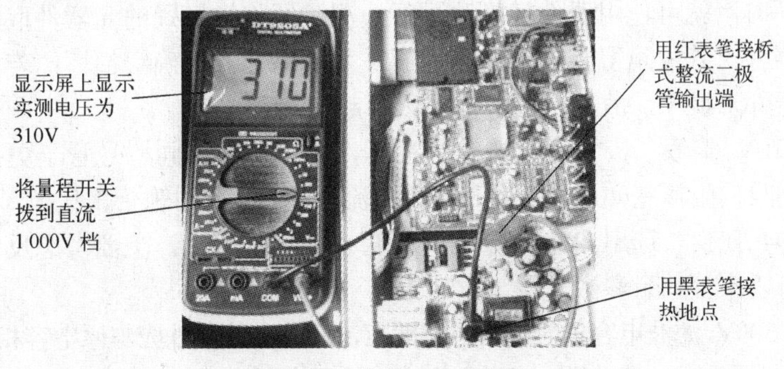

图 6-21　检测 300V 电压

开关电源集成电路反馈输入端是否正常，反映了取样比较放大无电路是否正常，同时也影响直流电压的稳定。因误差电压检测电路，通常由精密稳压器 TL431C 和光耦合器 PC817

等组成，光耦合器将检测到的误差电压反馈到开关电源集成电路的控制端，改变开关电源集成电路的输出脉冲宽度，达到稳定输出电压的目的。测创维 C7000 型有线数字电视机顶盒的光耦合器 PC817 第 4 脚电压如图 6-22 所示。

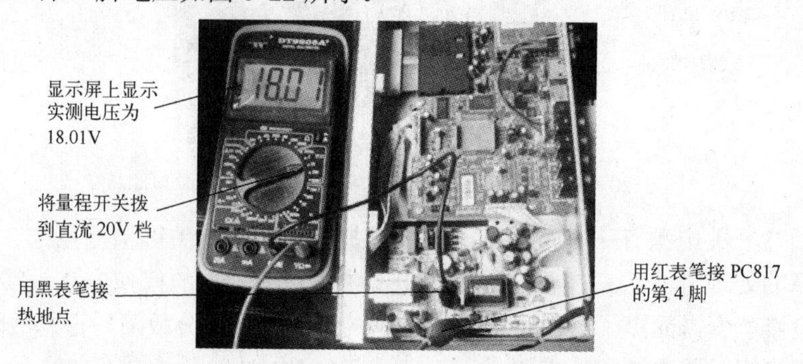

图 6-22　测创维 C7000 型有线数字电视机顶盒的光耦合器 PC817 第 4 脚电压

若熔丝未被烧断，则用万用表测量电源板的输出端，看机顶盒是否有正常电压输出。例如，此时的创维 C7000 型有线数字电视机顶盒电源电路板应有 3.3V、5VD、5VA、12V 和 30V 电压输出，检测 3.3V 电压如图 6-23 所示。若无直流电压输出，则检查开关变压器二次级整流输入端有无交流电压输入：若有交流电压输入，则说明整流二极管损坏；若整流二极管有直流电压输出，但输出电压不正常，则可判断故障发生在稳压电路或某一支路输出电路中。

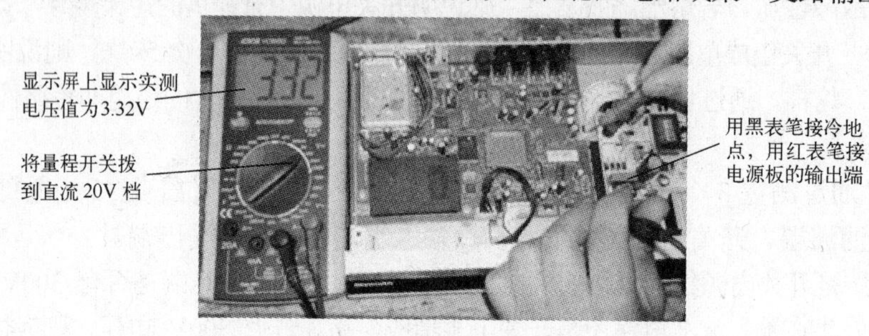

图 6-23　检测 3.3V 电压

3．替换法

替换法是检修机顶盒故障中常用方法之一。当怀疑某元器件损坏，而又无法通过万用表测量判断其好坏时，就可使用器件替换法进行检测，即将被怀疑的元器件取下，换上一个优质的同型号元器件，若故障得到排除，则说明被替代的元器件确实损坏；若故障依旧，则说明被替代的元器件未损坏，故障是由其他原因引起的。

1）如果 220V 整流二极管（或桥堆）损坏，可先考虑用同型号管子更换，当无同型号管子时，可选用反向耐压在 400V 以上、整流电流在 1A 以上的管子来代换，如 1N4007 可用 1N5395、1N5404 代换。选用 220V 整流二极管（或桥堆）时，主要考虑反向耐压和整流电流两个参数，可以不管其余参数。

2）当代换 300V 滤波电容器时只需考虑两点，一是安装尺寸应与原电容相差无几；二是容量和耐压要能满足要求。一般来说，对于数字电视机顶盒可选用 33～47μF/400V 的电解电容来代换，安装时，要注意电容器的极性，千万不要将正、负极装反，否则，电容器有炸裂的危险。

3）如果开关电源集成电路损坏，一般应选用同型号的集成电路代换，如果一时找不到同型号的，可用同品牌的其他型号代换，但要注意集成电路的功率大小，一般只能用功率大的代换功率小的，而不能用功率小的代换功率大的。对于开关电源集成电路的参数，除前面介绍的以外，还可向生产厂家咨询，或上网查找。如 TNY176PN，可直接用 TNY276PN 代换，其引脚功能与输出功率完全相同，同样 TNY174PN～TNY180PN，可直接用 TNY274PN～TNY280PN 代换。

4．波形检测法

波形检测法是用示波器观察判断开关电源集成电路是否振荡。检查的方法是，将示波器的探头靠在开关变压器的外部，即可以感应出较强的振荡脉冲，判断开关电源集成电路是否振荡如图 6-24 所示。如果无信号，则表明没有起振，应分别检测开关电源集成电路的供电电路、开关变压器以及开关电源集成电路本身，其中开关电源集成电路的概率较高。

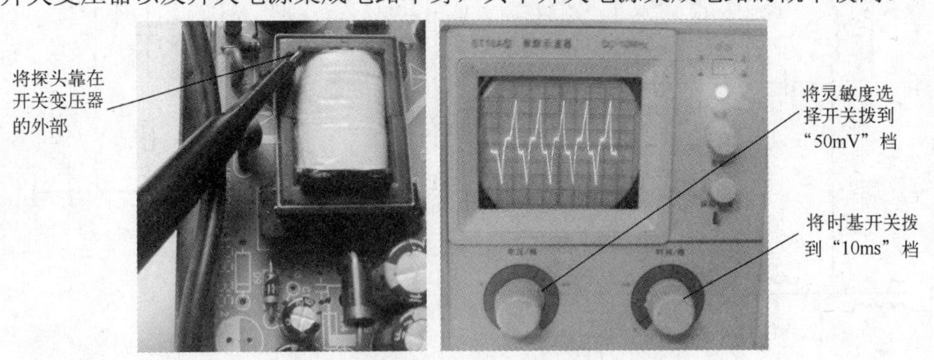

图 6-24　判断开关电源集成电路是否振荡

5．开路分割法

开路分割法是指将某一单元、负载电路或某只元器件开路，然后通过检测电阻、电流和电压的方法，来判断故障范围或故障点。当电源出现短路击穿等故障时，运用开路分割法，可以逐步缩小故障范围，最终找到故障部位。尤其对于一些电流大的故障，无法开机或只能短时间开机检查，运用此法检查比较合适，可获得安全、直观、快捷的检修效果。

此法常用于电源烧保险的故障检查，只要将负载电路逐一断开，就可以迅速找到短路性故障发生的部位，还能有效地区分故障是来源于负载电路还是电源电路本身。通常采用的方法是，逐步断开某条支路的电源连线或切断电路板负载的连接铜箔，直至发现造成电流增大的局部电路为止。当在电路中发现某处电压突降时，也可逐一断开有关元器件加以检测，但必须熟悉此处电路原理，视其是否可以断开而定。

6．假负载法

假负载法是在检修开关电源的故障时，切断行输出负载（通称+B 负载）或所有电源负载，在+B 端接上灯泡模拟负载。该方法有利于快速判断故障部位，即根据接假负载时电源的输出情况与接真负载的电源输出情况进行比较，就可判断是负载故障还是电源本身故障。假负载灯泡的亮度能够直接显示电压高低，有经验的维修人员可通过观察灯泡的亮度来判断+B 电源是否正常，或输出电压有无明显变化。

【例 6-53】 某台海尔 HDVB-3000CS 型有线数字电视机顶盒开机后面板无显示，电视屏幕无显示。

分析与检修：海尔 HDVB-3000CS 型有线数字电视机顶盒的开关电源采用 VIPer22A 型集成电路，其原理图如图 6-25 所示。

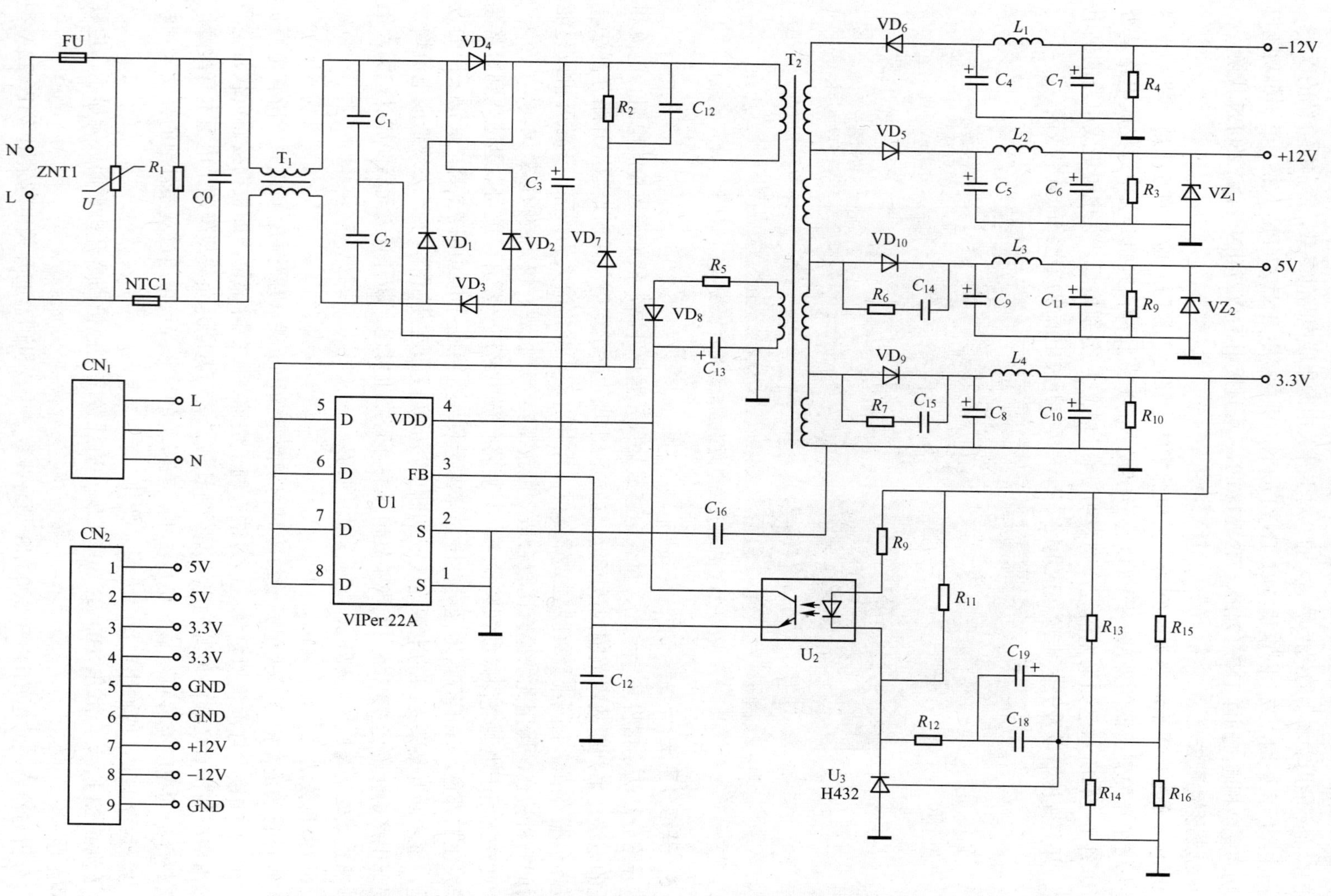

图 6-25　海尔 HDVB-3000CS 型有线数字电视机顶盒的开关电源电路原理图

打开机壳检查，发现电源板的熔断器管已烧断，说明开关稳压电源的 DC-DC 变换器与交流电源输入电路之间存在短路或电流过大的故障。首先对交流输入电路和整流滤波电路的相关元器件进行检查，未发现短路漏电现象。换上熔丝管，接通电源后检查开关变压器二次侧各输出回路仍无电压，说明逆变器电路有故障。用示波器测量开关变压器的一次侧和二次侧回路，没有高频脉冲，用万用表测滤波电容 C_3 两端直流电压，断电后 C_3 两端直流电压下降很慢，显然振荡电路未起振。经检查开关变压器初级绕组与反馈回路元器件均未损坏，故判断开关电源模块 U_1（VIPer22A）损坏，更换 U_1 后故障被排除。

【例 6-54】 某台九洲 DVS-398E 型卫星数字电视机顶盒，开机后电源指示管与数码显示屏均不亮。

分析与检修：打开机顶盒盖板，检查电源各路电压输出为零。再查 220V 交流电经整流滤波后电压也为零（正常为 300V），显然故障在交流输入或电源整流滤波电路。随后查出 220V 交流电输入熔断器 FU（2A/250V）已发黑熔断，说明电源存在严重短路故障。最后查出是 220V 交流电整流滤波电容 C_1（68μF/400V）击穿。更换后试机，故障被排除。

【例 6-55】 某台海信 DB-668C 型有线数字电视机顶盒，电源指示灯微亮，整机不工作。

分析与检修：海信 DB-668C 型有线数字电视机顶盒采用以 TNY267P 为核心构成的开关电源，其开关电源电路原理图如图 6-26 所示。

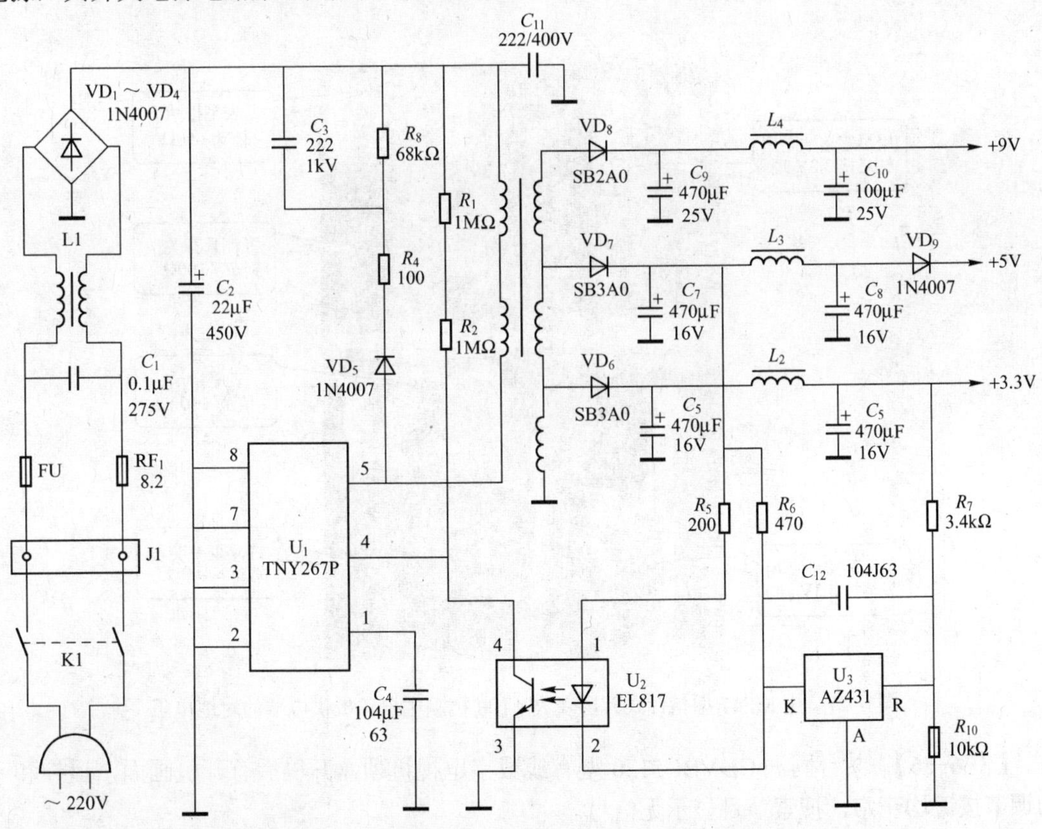

图 6-26　海信 DB-668C 型有线数字电视机顶盒开关电源电路原理图

首先检测输入、输出电压，发现二次侧各路直流输出电压均较低。其中，9V 电压约为 5V，5V 电压不足 3V。3.3V 电压只有 1.6V，而一次侧直流高压正常。检测 U_2、U_3，测得三

端稳压基准电路 U_3 的 K 脚仅为 0.4V，较正常电压 4.5V 低太多，手摸 U3 外壳很烫。拆下 U3 测量，A、K 两脚近乎短路，已损坏。更换 U_3 后试机，一切正常，故障被排除。

6.4.6 主电路板故障检修方法与实例

主电路板的常见故障分为硬件故障和软件故障，若是机顶盒的软件出了故障，则需要重新输入或刷新机内程序，通常的方法是按下遥控器的菜单键，选择“系统设置”，再进入“出厂设置”，便可恢复机顶盒出厂时的程序设置。

检修主电路板的硬件故障主要是测量主电路板的供电电压是否正常，如果供电电压不正常，则要进一步查清是开关电源故障还是主电路板故障。检查主电路板供电端的故障可在线测量供电端的对地电阻，如惠州九联科技生产的 HSC-1100D10 型有线数字电视机顶盒的主电路板的供电端有 3.3V、5V 和 12V 三组电压，其对地电阻值见表 6-5。

表 6-5 HSC-1100D10 型有线数字电视机顶盒主电路板供电端的对地电阻值

供电端	3.3V	5V	12V
用黑笔接地、用红笔测/Ω	650	700	6 500
用红笔接地、用黑笔测/Ω	1 100	9 500	10 000

注：用 MF 47 型指针式万用表 $R\times100\,\Omega$ 档测主电路板供电端的对地电阻如图 6-27 所示。

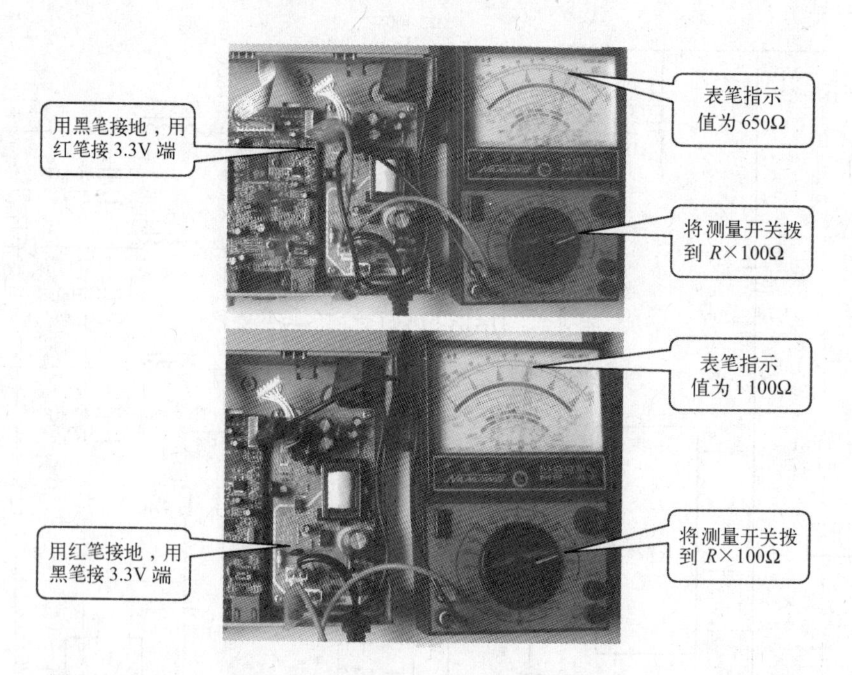

图 6-27 用 MF47 型指针式万用表 $R\times100$ 档测主电路板供电端的对地电阻

【例 6-56】 某台同洲 CDVBC5120 型有线数字电视机顶盒开机后有开机画面，遥控和手动调节按键均正常，搜索节目显示无信号。

分析与检修：该机顶盒能正常启动，说明电源板和主板供电（1.8V 和 3.3V）基本正常，主芯片 U15（SC2005）、复位电路、27MHz 时钟电路、启动程序的运行等均正常。造成无信号的主要原因主要有以下几个方面。

1）电源未能给调谐器 CU1216L 提供工作电压，造成调谐器不工作。

2）调谐器外围电路和内部损坏。

3）主芯片 SC2005 内部的传输码流解复用电路不良或损坏。

4）相关存储芯片程序丢失或损坏。

5）8bit TS（传输码流）和 I^2C 总线不良。

打开机盖，用直观检测法观察主板和电源板上并没有发现有元器件烧坏、脱焊和电解电容顶部鼓起等现象。然后接通电源，用万用表检测电源板各组输出电压，均正常，检测主板调谐器 4 脚和 6 脚 5V 供电，均正常，11 脚和 12 脚的 1.8V 和 3.3V 供电也正常。检查主芯片各供电脚的供电均正常，当测 U31（该芯片为 E^2PROM，型号为 24C64，主要用于存储节目参数和用户密码）的第 5 脚时，电压高达 5V，正常时为 3.7V。用示波器检测 24C64 第 5 脚和 6 脚（分别为 I^2C 总线中的 SDA 数据线和 SCL 时钟线）的波形，发现没有正常波形，由此大致可以判定由于 I^2C 总线故障造成该接收机无信号。用万用表二极管档分别检测 24C64 的 5、6 脚没有短路现象。经仔细检查发现主芯片 U15（SC2005）到 U31（24C64）的 5 脚之间的连接线不通，补焊对应的引脚无效，用一段导线直接将两端相连焊接好后，开机重新搜索节目，显示信号强度正常，故障被排除。

对于没有维修经验的读者可直接更换主电路板，也可排除故障。

【例 6-57】 某台清华同方 DVB-C2000 型有线数字电视机顶盒，开机后面板显示屏显示正常，但无开机画面。

分析与检修：开机后面板显示屏显示正常，说明该机主板主芯片 STi5518 内部的系统控制 CPU 工作正常，程序运行也正常。开机无画面，无图像无声音，这类故障通常由 MPEG-2 解码器或 SDRAM 损坏引起。

打开机盖，检测 SDRAM 各引脚供电电压正常。用示波器检测 SDRAM 工作时的运作波形不正常。断电后将 SDRAM（W986416DH）与主芯片之间的引脚又重焊了一遍，故障仍未排除。采用通路测量法检查，仔细地逐一检测每一条通信线路均正常。怀疑 SDRAM 损坏，更换 W986416DH 后试机，故障被排除。

对于没有维修经验的读者，可直接更换主电路板，也可排除故障。

【例 6-58】 某台同洲 CDVBC5120 型有线数字电视机顶盒，开机后出现开机画面后即死机。

分析与检修：该机能出现开机画面，说明系统控制电路工作正常，从读卡器读出的数据也无错误，程序已完成初始化过程。之所以出现死机现象，是因为程序始终在不停地检索某个状态，出现死循环造成的。该机的某些特殊数据被存放在 E^2PROM（24C64）中，如果由于某种特殊原因导致存放的数据丢失，系统在读取这些数据时就会发生错误，检测不到应有的状态，从而造成死循环。更换 24C64 后，故障被排除。

对于没有维修经验的读者，可直接更换主电路板，也可排除故障。

6.4.7 操作显示面板的故障检修方法与实例

操作显示面板的常见故障主要有以下几种。

1）操作显示面板按键、遥控正常，能收看电视节目，但数码管无显示。该故障现象说明主电路板至操作显示面板之间的连接线正常，至操作显示面板的电压，DATA、CLK 和

DFS 信息流 3 路信号都正常。应先检查液晶显示屏的驱动信号形成电路及外围引脚连线是否正常，如正常，则说明 LED 屏坏。处理方法是更换 LED 屏。

2）开机后屏幕显示正常，按键不起作用。该故障原因主要有两种情况：一是按键部分的扫描连接线开路，二是按键漏电或短路。一般只要对上述两个部位进行检查，就可找出故障原因。

3）用遥控器操作不起作用。该故障主要有两种原因：一是遥控器电池无电或遥控器内部的晶振坏，二是遥控接收部分的红外接收头不良。检查时，应先检查遥控器电池或遥控发射板上的晶振是否无电和不良，如果正常，就再检查红外接收头供电是否正常，用示波器检测信号输出脚波形是否会随遥控器操作而跳变，如果不正常，就说明红外接收头损坏，更换即可。当红外接收头不良时会造成各种控制故障，如无规律重复某个功能动作、控制完全失效等。

操作显示面板的常见故障分为 LED 显示屏、按键和红外接收头故障，检修时主要采用电压检测法、电阻检测法和示波器检测。如惠州九联科技生产的 HSC-1100D10 型有线数字电视机顶盒的操作显示面板与主电路板共有 9 根连接线，在正面板按从左到右排列顺序编号，用 DT9205A^{+}型数字式万用表测各连接线端的电压，其值见表 6-6。

表 6-6　HSC-1100D10 型有线数字电视机顶盒的操作显示面板各连接线端的电压值

序号	1	2	3	4	5	6	7	8	9
电压/V	0	3.37	3.32	3.34	0	4.96	4.87	0	4.97

其中，用表测量第 9 根连接线端的电压值，如图 6-28 所示。

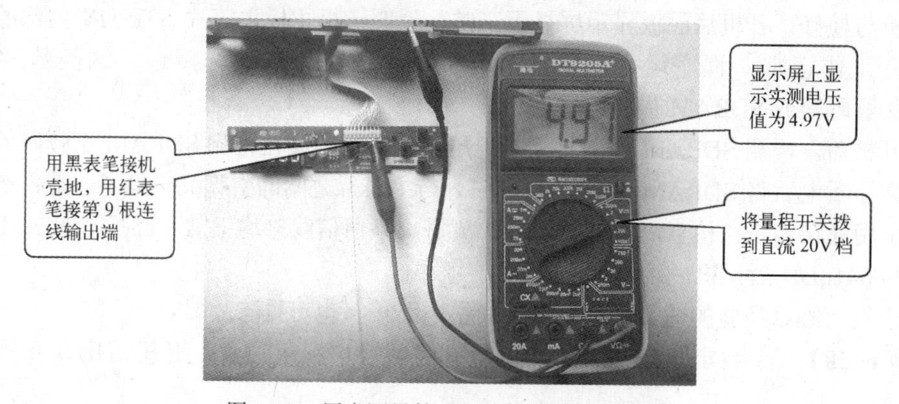

图 6-28　用表测量第 9 根连接线端的电压值

有线数字电视机顶盒的红外接收头有 3 只引脚，分别是电源正极、电源负极（接地端）以及信号输出端，其工作电压在 5V 左右，用万用表分别测量 3 引脚的电压便可区分这 3 只引脚。其中，电源正极和信号输出端的电压值在 5V 左右，信号输出端的电压值在按下遥控器上任一按键时，电压值会下降，测输出端电压，按下遥控器上任一键再测输出端电压分别如图 6-29、图 6-30 所示，而电源正极的电压值没有变化。如果按下遥控器上任一按键时，信号输出端的电压值也没有变化，则可判断红外接收头有故障。

【例 6-59】 某台同洲 CDVBC2200 型有线数字电视机顶盒电源指示正常，屏幕显示正常，但接键不起作用。

分析与检修：按键不起作用一般分为 3 种情况。第一种情况是所有按键都不起作用，这是由于键盘扫描电路出现故障所致。键盘扫描电路主要有两种类型，一类是由一个单片机完成，另一类是直接由主系统的总线收发器和 GPIO 接口控制。第二种情况是部分按键不起作用，系某条扫描线不通造成的。第三种情况是只有个别按键不起作用，为该按键损坏。同洲 CDVBC2200 型有线数字电视机顶盒的键盘扫描脉冲由主 CPU 通过 GPIO 接口提供，扫描输入通过总线收发器与主 CPU 的数据总线相接。该机顶盒的电源指示正常，屏幕显示正常，说明系统控制、信号接收、解调、解复用、解码以及音视频输出均正常。键盘扫描电路的主要器件是总线收发器 U_{18}（74HC245）和或门 U_{16}（74HC32），可在按键时用示波器测量 U_{16} 的 8 脚，若按键时该脚有下跳脉冲产生，则表明或门电路正常。

图 6-29　测输出端电压

图 6-30　按下遥控器上任一键再测输出端电压

经检查 U_{16} 正常，U_{18} 损坏，更换 U_{18} 后，故障被排除。对于没有维修经验的读者，可直接更换操作显示面板，也可排除故障。

【例 6-60】 某台同洲 CDVB-2000G 型卫星数字电视机顶盒开机信号强度指示灯满格，锁定指示灯亮，但各按键失控。

分析与检修：机顶盒各按键失控，首先要检查电源电压是否正常，如果电压不正常，就应先排除电源故障。

检查电源输出的各组电压分别为 3.3V、12V、30V、20V 电压值，均在正常值范围内，唯有 5V 输出电压偏低，大约在 2～2.5V。沿线路检查 5V 供电电路各元器件，与该电路相关的有 3 个 1000μF/16V 滤波电容，仔细检查发现有 3 个电容器顶部略有突起，拆下测其容量均在 200～300μF，更换后 3 个电容器后，故障被排除。

检修小结：此例说明故障现象虽是在操作显示面板上，但故障原因却在电源电路。

6.4.8 智能卡读卡电路的故障检修方法与实例

数字电视机顶盒的智能卡读卡电路由专用于智能卡的接口电路和智能卡座组成。智能卡接口电路分别与机顶盒内的解码芯片的智能卡端口和智能卡座连接，它负责对智能卡通信部分供电、对数字信号等进行转化和驱动。它的作用是用来处理属于某个有条件接收系统的CA 信息，利用得到的授权检验（控制）信息（ECM）启动解扰电路和信号解码电路，解密并接通授权的用户。

智能卡读卡电路的故障主要有以下几点。

（1）机顶盒无法解读智能卡

机顶盒无法解读智能卡，电视屏幕上显示为“正在识别卡”。 此时可将智能卡拔出再重新插入，插卡时应注意智能卡正反面不要弄错。

如电视屏幕上显示“请插入智能卡”，就说明系统未识别到智能卡。此时应关机断电后，用直观法检查连接线或智能卡座。如未发现异常现象，则可更换智能卡座。

如果电视屏幕上显示“系统不认识此卡”，就说明系统已检测判断出卡座中有卡，只是不能识别该卡。系统通过专用的读卡驱动电路读取智能卡中的数据，来分配密钥。若读卡驱动电路出了故障，则系统读不出正确的数据，就会不认识此卡而发出“系统不认识此卡”的指令。机顶盒在初始化过程中要检测读卡驱动器，如果读卡驱动器损坏，机顶盒就不能正常工作。现机顶盒系统已能检测到卡座中有卡，就说明读卡驱动及总线收发器等工作基本正常，应仔细检查读卡驱动器与卡座之间的电路。

（2）机顶盒和智能卡没有接收到授权信息

机顶盒和智能卡没有接收到授权信息，电视屏幕上显示“节目未授权或付费节目”。如果用户缴费正常，可将机顶盒恢复为出厂设置，否则应联系有线电视网络服务人员重新授权。

（3）机顶盒和智能卡不配对

机顶盒和智能卡不配对，电视屏幕上显示“机卡未匹配”。 此时应联系有线电视网络服务人员，核对用户资料后先解配对，再重新配对，即可解决问题。

【例 6-61】 某台同洲 CDVBC5120 型有线数字电视机顶盒开机后电视屏幕上显示“请插入智能卡”。

分析与检修：根据故障现象，说明系统未识别到智能卡，应检查连接线或IC 卡座。

断电后，用直观法检查未发现异常现象，更换 IC 卡座后连接好卡座连接线，插入智能卡加电试机，故障被排除。

【例 6-62】 某台创维 C5800 有线数字电视机顶盒能接收普通数字电视节目，但收不到加密数字电视节目。

分析与检修：该机顶盒能接收普通数字电视节目，说明该机的一体化调谐器、解码主芯片、系统控制电路等工作正常，应在读卡电路、智能卡、卡座等处查找故障原因。

先检查智能卡，卡已被正确插入，卡座及电缆连接也未发现异常现象。接着检查读卡电路，先测量智能卡供电电压，用万用表测量 SC VCC 时测得电压接近为 0，而主板上的 3.3V 电压正常，故判断晶体管 VT_{13}（3906）损坏，更换 VT_{13} 后，故障被排除。

对没有维修经验的读者来说，可直接更换智能卡读卡电路板排除故障。

6.5 实训 7 熟悉数字电视测试仪的使用

1．实训目的

1）熟悉 DS2100B、DS1883E 数字电视综合测试仪器的操作方法。

2）掌握数字电视信号一般指标的测量方法。

2．实训器材

1）有线模拟电视、有线数字电视信号混合源　　1 路

2）DS2100B 或 DS1883E 数字电视综合测试仪　　1 台

3．实训原理

参考本章 6.1 节“常用仪器仪表的使用”的有关内容。

4．实训步骤

1）将数字电视信号连接 DS2100B 或 DS1883E 数字电视综合测试仪。

2）按照 DS2100B 或 DS1883E 测试仪器的说明书，建立用户频道表。

3）电平测量。分别测量模拟电视频道与数字电视频道的电平值，将结果填在表 6-7 内。

表 6-7　模拟电视频道与数字电视频道的电平值

<table>
<tr><td rowspan="3">模拟电视频道</td><td>图像载频/MHz</td><td>电平/dBμV</td><td>伴音载频/MHz</td><td>电平/dBμV</td><td>视音比/dBμV</td></tr>
<tr><td></td><td></td><td></td><td></td><td></td></tr>
<tr><td></td><td></td><td></td><td></td><td></td></tr>
<tr><td rowspan="3">数字电视频道</td><td>中心频率/MHz</td><td>带宽/MHz</td><td>码率/(MS/s)</td><td>类型</td><td>平均功率/dBμV</td></tr>
<tr><td></td><td></td><td></td><td></td><td></td></tr>
<tr><td></td><td></td><td></td><td></td><td></td></tr>
</table>

4）QAM 测量。对 QAM 调制的数字电视信号进行性能指标测量，将结果填在表 6-8 内。

表 6-8　数字电视信号性能指标测量

频 道 序 号	平均功率/dBμV	EVM	MER /dB	BER	星座图状况

5）观察数字电视与模拟电视频道的波形。按照 DS2100B 或 DS1883E 测试仪器的说明书，进入频谱扫描功能，在 5～860MHz 范围内扫描信号源信号，观察出现的每个频道的波形。数字电视信号的波形比较平坦，画面显示中心频率和带宽。模拟电视信号波形有两个波峰，分别为图像载频与伴音载频。记录有关频道的载波频率或中心频率以及其电平，将信号源的频谱特性填在表 6-9 内。

表 6-9　信号源的频谱特性

频 道 序 号	波 形 特 征	模拟电视/数字电视	载波频率/中心频率	参 考 电 平

6）载噪比测量。按照 DS2100B 或 DS1883E 测试仪器的说明书，进入载噪比测量模式，将所测频道的载噪比填在表 6-10 内。

表 6-10 载噪比的测量

频道序号	中心频率/MHz	平均功率/dBμV	信噪比/dB

7）斜率/电平列表测量。按照 DS2100B 或 DS1883E 测试仪器的说明书，进行斜率/电平列表测量。用户最多可以快速地查看 12～16 个频道的电平，并且观测它们的曲线和数值。

5．实训报告

1）简述 DS2100B 或 DS1883E 测试仪的用户频道表的建立过程。

2）简述 QAM 调制的数字电视信号有哪些主要性能指标。

6.6 实训 8 熟悉有线数字电视用户终端常见故障的排除

1．实训目的

1）掌握有线数字电视系统原理、主要接口参数和特点。

2）认识和理解有线数字电视各组成部分性能指标对传输质量的影响。

3）熟悉有线数字电视系统常见故障的排除。

2．实训器材

1）信号源设备（卫星电视接收设施或编码器、视频服务器、PC+ASI 码流输出卡）1 套

2）复用器 MUX1000 1 台

3）QAM1000 捷变频数字调制器 1 台

4）光发射机 1 台

5）光接收机 1 台

6）高清互动数字电视机顶盒 1 台

7）电视机 1 台

8）光衰减器、可变射频（RF）衰减器、混合器、分支分配器和测试尾纤、同轴电缆等

3．实训原理

参考本章 6.3 节“有线数字电视网络常见故障分析与检修”部分，这里不再赘述。

4．实训步骤

（1）建立数字电视实训平台

按图 6-31 所示有线数字电视网络示意图，连接实训器材，建立数字电视系统的实训平台。

（2）用户终端常见故障排除

1）开机无开机画面。检查电视机电源是否接通，高清接口（HDMI）或音视频接口（A/V）连线是否正确连接，是否将电视机调到对应的信源通道，或检查机顶盒是否有质量问题。

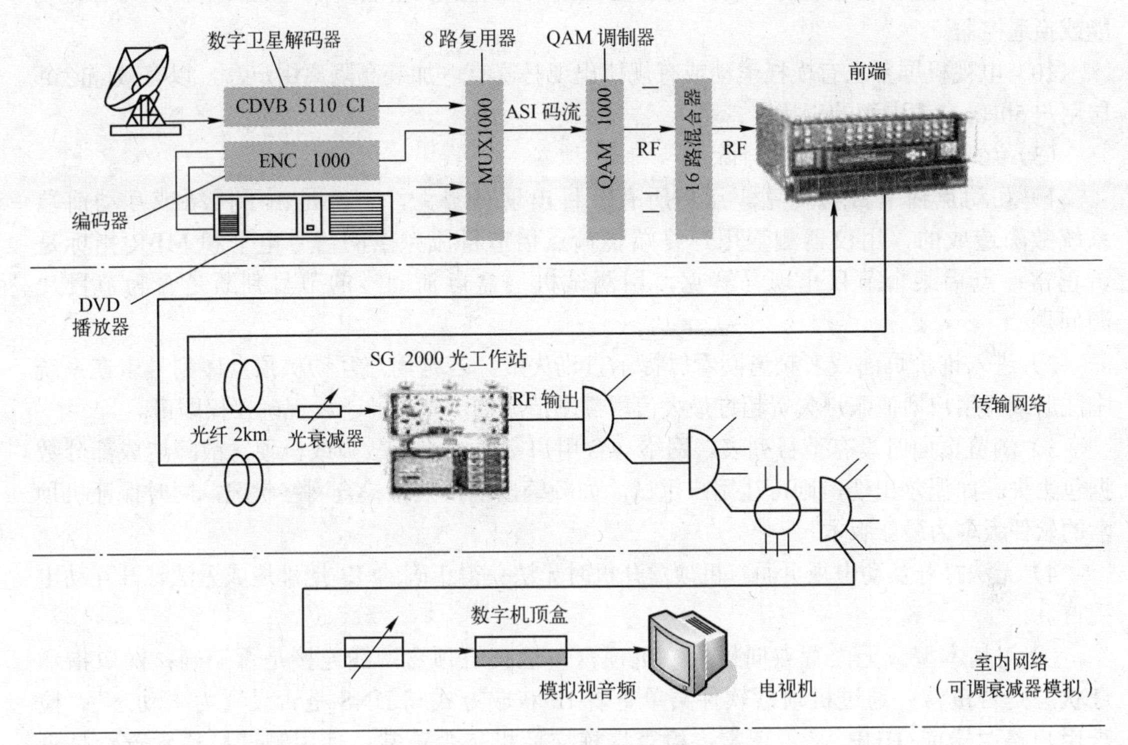

图 6-31 有线数字电视网络示意图

2）有开机画面，但随后出现黑屏。测试机顶盒输入电平或收看模拟电视图像是否正常，并进入机顶盒设置界面，搜索节目即可解决。

3）图像有马赛克或定格、伴音有停顿现象。

① 测试并保证机顶盒输入电平达到正常值，检查、测试用户室内和室外线路，排除传输故障。

② 收看不同频点的电视节目，看是否正常，排除前端信号源故障及个别频点的严重干扰。

4）某几个台收看不到。检查、测试用户室内、室外线路，在排除传输故障和前端信号源故障后，重新对机顶盒进行全频道搜索即可解决。

5）伴音严重不平衡。调整编码器的电视伴音输入、音频编码增益值，使其达到正常音量。对直接使用卫星数字或传输干线数字节目流（TS）的信号，要在前端引入数字电视伴音平衡系统，通过机顶盒自动调整解决。

6）个别节目无伴音，或出现串音（出现两种不同的声音）。用遥控器调整音频声道，如仍不能解决，则应检查、排除前端信号源伴音故障。

7）机顶盒死机。将机顶盒的电源关闭片刻再打开（重启）即可解决。

8）不能收看已经订购的节目，或不能得到应有的服务项目，如数据广播、股票信息和交互视频（VOD）等。通过对机顶盒进行在线升级解决。在线升级有强制升级和手动升级两种方式。在线升级能正常进行的前提是，数字电视前端必须有相应机顶盒配套的升级软件。

9）遥控不起作用或功能不符。检查遥控器电池电量及接法，换电池后重新学习各键功能或换遥控器。

10）电视机屏幕上有横杠滚动或有规律出现马赛克。加装高隔离用户盒，以有效隔除邻居用户 50Hz 交流电源的干扰。

（3）互动电视常见故障的排除

1）互动点播节目马赛克。点播所有节目出现马赛克，一般是由于网络或互动前端系统故障造成的，用仪器测量用户终端传输点播节目流频点的信号电平和 MER 指标是否正常；点播某个节目出现马赛克，用测试机顶盒点播同样的节目判断是否为节目片源问题。

2）进入询价页面或者频道回看时提示查询失败。若是用户互动机顶盒序列号未在系统中注册或者用户增值账户欠费超过最大信用额度造成的，充值并予以正确授权即可。

3）浏览页面时没有节目列表。网络（含用户室内线路）故障或机顶盒故障造成部分数据包丢失。如偶尔出现，则可让用户重试。如频繁出现，则应检查网络状况，同时保证机顶盒的软件版本为最新版本。

4）无法打开互动电视页面。机顶盒开机时无法获得正确的 IP 地址造成无法打开互动电视首页。

① 对基本型（无内置双向模块）机顶盒，检查机顶盒网线连接是否正确；网口指示灯状态是否正常；通过机顶盒软件菜单查看 IP 获取方式和 DNS 是否设置为“动态”；检查用户路由器或 HUB 是否正常；检查楼栋交换机是否正常；使用测试机顶盒查看是否为用户机顶盒故障。

② 对互动型机顶盒，检查机顶盒射频连线是否正确；前面板 CM 指示灯状态是否正常；通过机顶盒软件菜单查看 IP 获取方式和 DNS 是否设置为“动态”；通过综合网管检查是否存在回传噪声干扰，CM 系统运行是否正常。

5）机顶盒安装后首次开机，前面板 CM 下行灯长时间闪烁。因下行信号问题，CM 首次锁定下行频点时间较长。通过手动指定 CM 下行频点快速锁频，查用户盒是否标准以及下行频点的电平是否正常。

6）安装机顶盒后首次开机，前面板下行灯常亮，上行灯闪烁。因接错用户盒端口，将用户分支端口误接高通、上行通道问题造成。检查机用户盒和用户分支器接口是否正确，检查 CM 回传通道是否正常。

7）安装机顶盒后首次开机，前面板上、下行灯常亮，在线灯闪烁。使用测试机顶盒测试是否为网络故障，通知前端机房技术支持人员配合排查 CM 系统故障原因。若 CM 未注册，则予以注册处理。

8）CM 上线、IP 地址正常，但是全网范围机顶盒无法访问互动电视页面。宽带城域网问题或互动电视前端页面服务出现问题。通知前端机房技术支持人员配合排查处理。

9）互动点播节目出错，机顶盒提示错误。下面以江苏有线互动电视系统在点播节目出错时机顶盒自动给出的提示信息为例进行说明。

① 机顶盒提示 0X5002。机顶盒在开机过程中未正确接收到前端发送的配置信息流。重启机顶盒，在开机后选择普通数字电视和互动数字电视的首页，停留十几秒钟后再进入互动电视首页下的各个栏目点播节目。如故障依然存在，则根据报修情况进行相应的处理：若少

量用户报修，则用仪器测量用户终端发送配置信息流的频点（482～514MHz）的信号电平和MER 指标；若大面积用户报修，则通知运营中心排查处理，检查放置在分前端机房的IPQAM 设备是否能正确接收到互动电视前端发出的配置信息流。如果 IPQAM 已经正确接收到配置信息流，则由技术支持人员配合排查分前端机房的射频链路。

② 机顶盒提示 0X5004。机顶盒点播后未能正确接收到前端发送的点播节目流。首先检查机顶盒是否正确连接射频线，关机重启机顶盒后重新点播节目，如果故障依然存在，则根据报修情况进行相应的处理：若少量用户报修，则用仪器测量用户终端传输点播节目流的频点（482～538MHz）的信号电平和 MER 指标；若大面积用户报修，则通知运营中心排查处理，检查互动电视前端和放在分前端机房的 IPQAM 设备是否正常。

③ 机顶盒提示 0X0019。放置在分机房的 IPQAM 设备在晚间收视高峰期承载的用户点播量已经饱和，无法接受新的用户点播请求。该故障主要出现在晚间用户收看电视高峰时段。首先向用户解释，让用户尝试重新点播或者避开该段时间点播，同时通知运营中心做好记录，尽快进行 IPQAM 设备的扩容工作。

④ 机顶盒提示 0X9051。机顶盒检测到传输互动电视节目流的频点的射频信号中断 8s 以上。检查机顶盒是否正确连接射频线，如果故障依然存在，就用仪器测量用户终端传输互动电视节目流的频点（482～538MHz）的信号电平和 MER 指标。

⑤ 机顶盒提示 0X9052。机顶盒检测到 IP 网络中断 3min 以上。检查机顶盒是否存在CM 掉线、IP 网络中断或网络严重丢包的情况。

⑥ 机顶盒提示 0X001A。用户的互动机顶盒序列号未在综合计费系统中注册或者用户在综合计费系统中的增值账户欠费超过最大信用额度。处理：根据用户有线电视证号，在综合计费系统中查询用户的互动机顶盒序列号是否已经在综合计费系统中开通，核对综合计费系统中用户的机顶盒序列号与用户从机顶盒软件菜单中（缤纷服务→系统设置→系统信息）读出的序列号是否一致，查询用户的增值账户是否欠费及欠费情况。

如果综合计费系统中用户的机顶盒序列号与用户从机顶盒软件菜单中读出的序列号不一致，则通知运营中心进行换机操作；如果查询用户的增值账户欠费已经超过最大信用额度，则通知用户到营业厅对增值账户进行充值；如果以上两点均正常，则通知运营中心综合计费进行故障排查处理。

⑦ 机顶盒提示 0X9100。用户点播的节目不存在或存在互动节目片源问题。

（4）用户终端故障排除思路

有线数字电视用户终端不仅与信号源、前端和传输网络有关，而且与用户室内线路和机顶盒有关。而系统各部位出现的任何故障，最终会在用户终端电视机屏幕上反映出来，如无图像、静帧、马赛克，无伴音、音轻、声音阻塞和交互异常等。如何分析、判断故障部位，是能否迅速排除故障（简称排障）的关键。数字电视相比传统的模拟电视系统有着本质上的区别，造成故障的原因要复杂得多，不仅有硬件故障，而且有软件故障。数字电视机顶盒本身就是一个类似集软、硬件于一体的微机终端。因此，要求维修人员具有检修故障正确的思维方式，并熟悉相应的原则和维修方法，能根据用户终端的故障现象，迅速分析故障原因，判断故障类型，进行故障定位，及时排除故障。

1）“模”“数”结合。根据广播电视总局要求，各地在数字电视整体转换时均保留了 6 套模拟电视节目。鉴于模拟电视和数字电视在用户终端故障现象的不同，维修时可以先在用户终端收看模拟电视，根据模拟电视的收视质量，粗略地判断故障原因，进行故障定位。比如对于用户反映数字电视无图像、无伴音的故障，可以先跳过机顶盒直接通过电视机收看某一套模拟电视节目。若收模拟电视节目也无图像、无伴音或有雪花干扰，则整个信号就没有过来，或信号传输质量差，需要测试入户信号电平来确定故障是在用户家里还是室外线路。若收模拟电视节目正常，则需检查机顶盒的所有接线是否正常，机顶盒电源是否正常开启，机顶盒是否死机等，或对机顶盒重新进行频道搜索，一般会很快排除故障。

2）由“点”到“面”。目前，各地有线数字电视网络故障维修一般由“电话受理中心”（Callcent）统一受理，维修人员通过设在维修部门 Callcent 终端调取用户报修资料，直接下单上门维修。而且各地都采用区域服务经理机制，缩小维修半径，提高服务效率。对此维修人员要具体分析每一个用户报修的故障，查看该用户所在楼、小区或邻近小区用户有没有类似故障报修，在与这些用户电话预约上门维修时，详细询问故障现象、故障发生时间，了解本单位对覆盖这些用户的网络线路所作的相关维护工作和工程施工，了解供电、市政和其他通信运营商的相关施工操作对这些网络用户的影响，或直接到现场巡查网络线路质量，而不必盲目的逐个用户上门检修，这样做往往能迅速地进行故障定位，及时排除网络故障，达到事半功倍的效果。尤其近年来，各地城市改造建设力度加大，供电设施检修频繁，有线电视网络线路受损、网络设备断电的事情屡见不鲜，维修人员具有这种由“点”到“面”的排障思路尤为重要。

3）“内”“外”有别。这里的“内”和“外”，一是指用户室内、室外，二是指系统内、系统外。即在受理、电话预约上门检修用户报修的故障时，要根据该用户所在楼、小区或邻近小区用户反映的情况，根据故障现象、故障发生时间，根据网络线路的相关维护操作和被动受损等信息，粗略、快速地判断故障原因是在系统内还是系统外（外部因素造成的传输障碍，如停电、市政改造或交通事故损坏线路等），是在用户室内还是室外。虽然都是在出现故障后进行被动的检修，但是系统内、系统外和用户室内、室外的影响面不一样，要求维修人员的重视程度是完全不一样的。室内故障属于一般检修，系统外故障及有些覆盖范围大的室外故障，影响面大，一般要调用多方面资源，启动应急预案，组织进行“抢修”、“抢通”，在抢修期间，“电话受理中心”要向报修用户作出合理解释，恢复信号后还要通过电视游动字幕向受影响区域用户通告说明。因此，正确区分系统内、系统外故障和用户室内、室外故障，对提高故障排障时效和服务质量，意义重大。

4）由“表”及“里”。这里所说的“表”是指故障的现象分析、定性分析，大致判断故障发生在系统的哪个方面、哪个部位，并进行直观的排查，如线路、接头等检查；“里”即为排障时必要的指标和参数测量，系定量分析、排障。目前，有线电视网络故障检修比较广泛应用的指标测量主要是电平和光功率测量，维修人员要熟知网络调试、开通时有关关键节点、接口的参数指标，如用户入户电平、进楼（单元）电平、用户放大器输出（输入）电平、光接收机输出电平和光接收机输入光功率等，在网络排障或检修时进行相应比对，往往能很快进行故障定位。如对于用户反映“马赛克”故障，在排除接线、接头问题后，若用数字场强仪测试机顶盒输入电平不正常而入户电平正常，则立即判断故障一定在用户室内线路上，通过分段测试室内线路，即可快速排除故障。

5）分“段”定位。对于一个数字电视用户来讲，在信号从前端、传输干线到光接收机、电缆分配网络，最终到达用户终端整个传输链路上，哪个部位出现障碍，用户终端都会出现误码，传输质量会打折扣，当误码达到一定的程度时，信号就会中断。维修人员要认真分析用户终端反映的故障现象，通过一定的检测分析，判断是用户室内故障还是室外故障，是楼内故障还是楼外故障，是电缆分配网故障还是光网传输故障，分段进行故障定位，缩小排障范围，提高排障效率。

（5）数字电视网络排障流程

数字电视网络故障排障流程如图 6-32 所示。

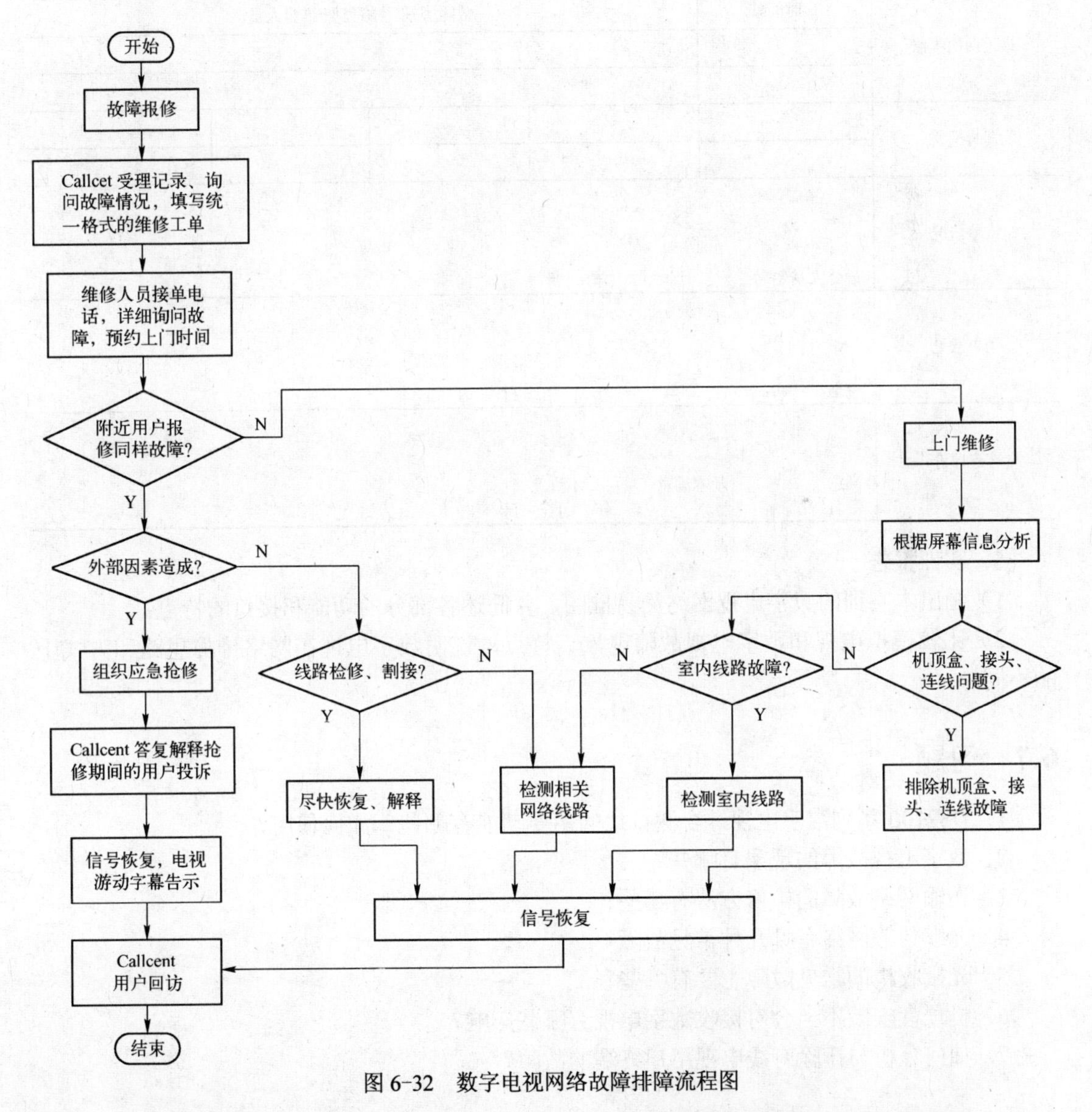

图 6-32　数字电视网络故障排障流程图

表 6-11 所示是南通广播电视网络传输中心 Callcent 系统统一格式的上门维修服务工单。

表 6-11　上门维修服务单

<table>
<tr><td>工单编号</td><td colspan="2"></td><td>片　区</td><td colspan="2"></td></tr>
<tr><td>话 务 员</td><td colspan="2"></td><td>报修类型</td><td colspan="2"></td></tr>
<tr><td>用户姓名</td><td colspan="2"></td><td>用户证号</td><td colspan="2"></td></tr>
<tr><td>费用到期</td><td colspan="2"></td><td>设备型号</td><td colspan="2"></td></tr>
<tr><td>卡　　号</td><td colspan="2"></td><td>机顶盒号</td><td colspan="2"></td></tr>
<tr><td>联系电话</td><td colspan="2"></td><td>预约时间</td><td colspan="2"></td></tr>
<tr><td>用户地址</td><td colspan="5"></td></tr>
<tr><td>报障描述</td><td colspan="5"></td></tr>
<tr><td rowspan="3">最近两次维修</td><td>时间</td><td colspan="4">故障类别/故障类型/维修人员</td></tr>
<tr><td></td><td colspan="4"></td></tr>
<tr><td></td><td colspan="4"></td></tr>
<tr><td rowspan="2">器材销售</td><td></td><td></td><td></td><td></td><td></td></tr>
<tr><td></td><td></td><td></td><td></td><td>总计：</td></tr>
<tr><td>维修情况</td><td colspan="5">维修人员签名：　　　　年　月　日　时</td></tr>
<tr><td>销单意见</td><td colspan="5">签名：　　　　年　月　日　时</td></tr>
<tr><td>客户评价</td><td colspan="5">满意（　　）　基本满意（　　）不满意（　　）
签名：　　　　年　月　日　时</td></tr>
</table>

5．实训报告

1）画出本实训的数字电视网络简易框图，并简述各部分的功能和接口的特点。

2）比较模拟电视和数字电视故障现象、特点，说明数字电视在网络排障思路和方式上的不同。

6.7　习题

1．DS2100 系列数字电视综合测试仪的主要功能有哪些？如何使用？

2．数字电视故障的现象有哪些？

3．传输网络故障的检修方法有哪些？

4．光缆传输网络有哪几种常见故障？

5．光接收机的常见故障主要有哪些？

6．机顶盒安装不当会对接收数字电视有哪些影响？

7．如何分析与排除有线电视用户终端的故障？

第 7 章　地面数字电视接收技术

本章要点

- 了解地面数字电视系统的组成及我国地面数字电视标准。
- 熟悉国标地面数字多媒体广播标准（DTMB）的电视机顶盒的组成。
- 熟悉地面数字电视传输环境。
- 掌握接收天线的安装与调试。

7.1　地面数字电视接收的基础知识

地面数字电视广播是指利用电视台的发射天线发射无线电波，将数字电视节目以电波形式传送，在电波覆盖范围之内的用户可通过接收天线与数字电视接收机来收看数字电视节目。地面数字电视广播是我国广播电视系统的重要组成部分，同时也是一个重要的国家安全基础设施。

2013 年 1 月 21 日，工业和信息化部、发展改革委、财政部、工商总局、质检总局和广电总局六部委联合发布了《关于普及地面数字电视接收机的实施意见》，该《意见》规定：在 3～5 年内普及地面数字电视接收机，实现境内销售的所有电视机都具备地面数字电视接收功能，满足消费者免费正常收看地面数字电视的需求，从 2015 年开始，在我国地级以上城市地面数字电视服务区内，逐步停播模拟电视发射，到 2020 年全面实现地面数字电视接收。

7.1.1　地面数字电视系统的组成

地面数字电视广播系统主要由视频编码器、音频编码器、码流播放器、复用器、国标调制器、地面数字发射机、发射天馈系统以及地面数字电视机顶盒组成。地面数字电视广播系统的组成框图如图 7-1 所示。

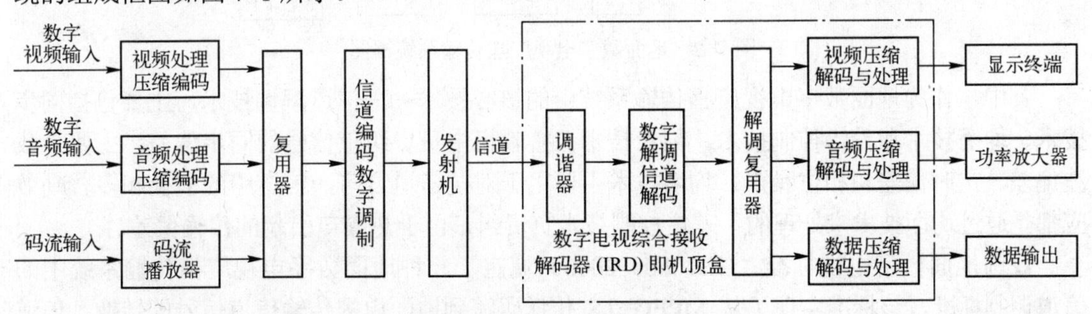

图 7-1　地面数字电视广播系统组成框图

1．视、音频编码器

地面数字电视广播发射系统中的视频编码器、音频编码器和辅助码流播放器可以采用 MPEG-2、H.264、AVS 或者 AVS+编码方式，由于 DVB 系统兼容性很强，所以这些编码器的组成和作用与卫星数字电视（DVB-S）和有线数字电视（DVB-C）中的编码器完全相同。为了在有限的地面传输容量中确保图像数量和质量，并降低编码码率，编码器一般采用高效编码器或者利用动态编码统计复用方式来处理 MPEG-2 流。

2．复用器

地面数字电视广播发射系统中的复用器有节目码流复用器和传输码流复用器两种。视频编码器和音频编码器输出的视频和音频基本码流在进入复用器之前要先经过打包器，由打包器加上包头后输出打包的基本码流（PES）。PES 包头中包含了节目说明、解码时间标志（DTS）和显示时间标志（PTS）。PES 流在节目码流复用器和传输码流复用器中形成节目码流（PS）和传输码流（TS）。其中节目码流的包长度是可变的，传输码流的包长度是固定的，为 188B（字节）。其中，包头占 4B，有效数据占 184B。

由 MPEG-2 定义的节目特定信息（PSI）由 4 个表组成，即节目关联表（PAT）、节目映射表（PMT）、条件接收表（CAT）和网络信息表（NIT）。PAT 说明传输码流中有多少节目及其相应的 PMT 的信息包识别（PID）；PMT 说明一个节目中有多少种码流及各自的 PID；CAT 说明码流是否加密，解码器利用 CAT 寻找加密控制信息（ECM）和加密管理信息（EMM）；NIT 说明提供节目的网络信息。数字电视广播（DVB）系统在 PSI 的基础上经过扩充，就形成了 DVB 的业务信息（SI）标准。

3．调制器

目前共有 4 种地面数字电视传输国际标准，分别是美国的 ATSC 标准、欧洲的 DVB-T 标准、日本的 ISDB-T 标准和我国的 DTMB 标准。因此有 4 种不同形式的调制方式，下面主要介绍符合国标的调制器。

我国地面数字电视广播传输系统中主要包括信源编码、信道调制、无线信道、信道解调和信源解调，其系统框图如图 7-2 所示。

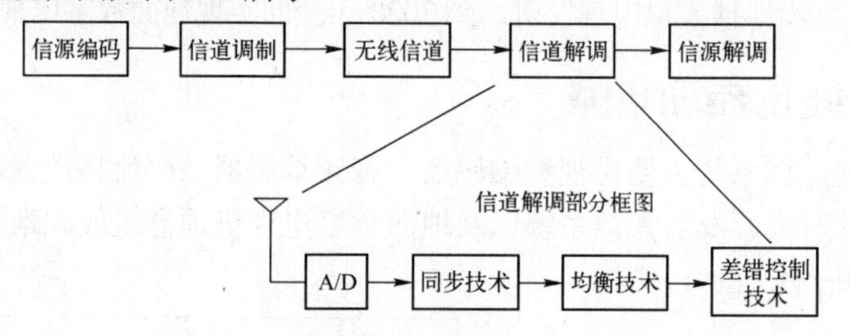

图 7-2　地面数字电视广播传输系统框图

其中，作为地面数字电视广播传输系统中的核心技术——信道解调技术，主要包括同步技术、均衡技术和差错控制技术。同步技术在接收机中负责纠正信号的同步偏差，主要是载波偏差、定时偏差和相位噪声；均衡技术主要用于对抗信道衰落，信道中的多径和多普勒效应都是通过均衡技术来处理的；差错控制技术负责纠正由于热噪声引起的传输偏差。

我国地面数字电视标准（GB20600-2006）规定了一种地面数字电视广播传输系统中的信道调制标准，该标准实现了从 MPEG-TS 传送码流到地面电视传输信道信号的转换。信道调制标准原理框图如图 7-3 所示。输入数据码流经过信道编码、比特流到符号流的星座映射与符号交织编码并加入系统信息后形成基本数据块，该基本数据块经过帧体数据处理后以时域信号形式（帧体）与相应的 PN 同步序列（注：实际指 PN 码同步序列，PN 码是一具有与白噪声类似的自相关性质的由 0 和 1 所构成的编码序列。）（帧头）复合为信号帧。此后，经过基带后处理，再变频生成射频信号，放大后发射。

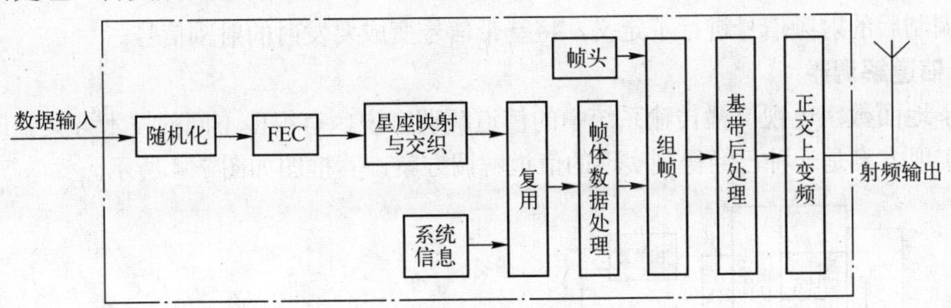

图 7-3　信道调制标准原理框图

其中，主要功能模块如下所述。

（1）信道编码和调制

1）扰码。为了确保传输的 MPEG-TS 数据有足够多的二进制变化，输入的 MPEG-TS 码流数据需要用扰码进行随机化。

2）前向纠错码。前向纠错编码（FEC）由外码（BCH）和内码（LDPC）级联实现，采用了 3 种不同的码率，以满足各种服务需求，并且为了降低实现成本，这 3 种不同码率采用的 LDPC 码具有相同的结构，达到了硬件实现的资源共享。

3）符号星座图映射。我国的地面数字电视标准中包含以下几种符号映射关系，即 4QAM、4QAM+NR、16QAM、32QAM、64QAM。

4QAM 与 4QAM+NR 的符号映射对应于高速移动服务业务的需求，可以支持标准清晰度电视广播，能够兼顾覆盖范围和接收质量的服务需求。

4QAM 、16QAM 与 32QAM 符号映射可对应于中码率服务业务的需求，可以支持多路标准清晰度电视广播，能够兼顾覆盖范围和频率资源利用的服务需求。

32QAM 和 64QAM 符号映射对应于高码率服务业务的需求，可以同时支持高清晰度电视和多路标准电视的广播，兼顾高档用户和普通用户的服务需求。

4）符号交织。采用了时域符号交织技术，以提高抗脉冲噪声干扰的能力。时域符号交织编码是在多个信号帧之间进行的。数据信号的数据块间交织采用基于星座符号的卷积交织编码。

（2）复帧结构

我国地面数字电视系统中采用了创新的复帧信号结构。该结构具有快速同步、支持省电、简化单频网同步的算法、移动接收性能高、便于和现有的通信网接口同步、具有可将单向广播扩展为非对称双向传输等优点。

（3）帧体信息处理

帧体数据块复接系统信息后，用 C 个子载波调制。有两种工作模式，即 C=1 或 3 780。

在载波数 C=3780 模式下使用频域交织，将调制星座点符号映射到帧体包含的 3 780 个有效载波上。

（4）基带后处理

在载波数 C=1 模式下，作为可选项，对帧头和帧体经过组帧后形成的基带数据在±半符号速率位置插入双导频。

采用平方根升余弦（Square Root Raised Cosine，SRRC）滤波器进行基带脉冲成形，SRRC 滤波器的滚降系数α为 0.05。

（5）正交上变频

对调制后的射频信号进行了定义，将基带信号变成要发射的射频信号。

4. 信道解调器

对于地面数字电视广播传输系统中的信道解调来说，有很多不同的技术方案。国标接收机技术实现方案是一种已经得到实现的信道解调方案，其框图如图 7-4 所示。

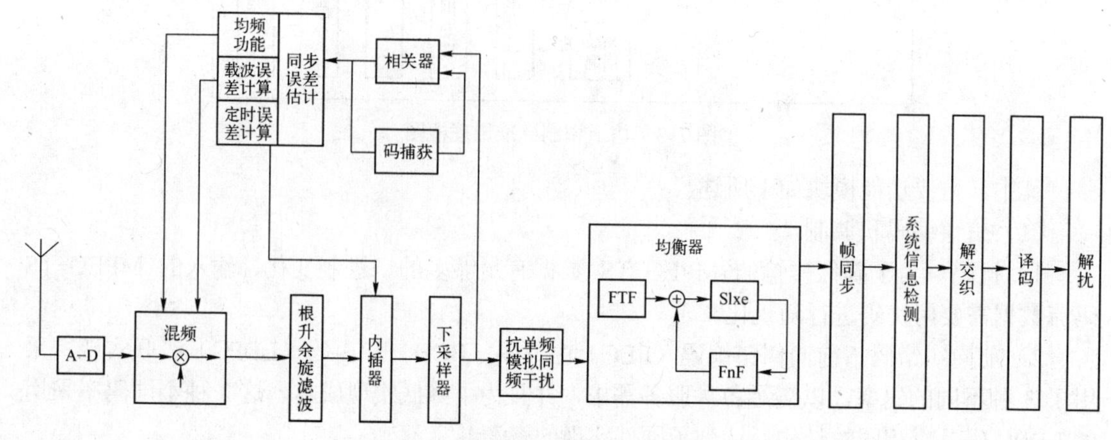

图 7-4　国标接收机技术实现方案框图

如图 7-4 所示，通过天线接收到的信号经过 A-D 采样，成为信道解调的数字信号。数字信号通过一个数字域的频谱搬移模块，将接收信号中的载波偏差进行恢复，然后通过一个接收端的成型滤波器进入内插器。内插器的作用是通过对数字域的信号进行内插计算，纠正信号中的定时偏差。载波恢复和定时同步后，信号经过下采样进入抗单频和模拟同频干扰模块，从而实现消除信号中的单频干扰和模拟同频干扰。经过上述处理后的信号进入均衡器中，均衡器通过对信道的“训练”生成对抗信道衰落的抽头。均衡后的信号分别经过帧同步、系统信息检测、解交织、译码和解扰等模块，形成接收机输出的传输流（TS）。

7.1.2　地面数字电视传输的主要问题

地面数字电视广播受众多因素的影响，如多径问题、接收方式问题、接收区域问题和频率规划问题等。

1. 多径接收

多径接收是指因地形地貌（如山、房屋等）反射，使到达接收点的信号不止一个，其示意图如图 7-5 所示。在模拟电视中的反映是重影；在数字电视接收中，某些特定相位的多径信号将使接收完全失败。在这种情况下，接收好坏不仅仅取决于与发射台距离的远近，在很大程度上还取决于接收信号之间的相位。

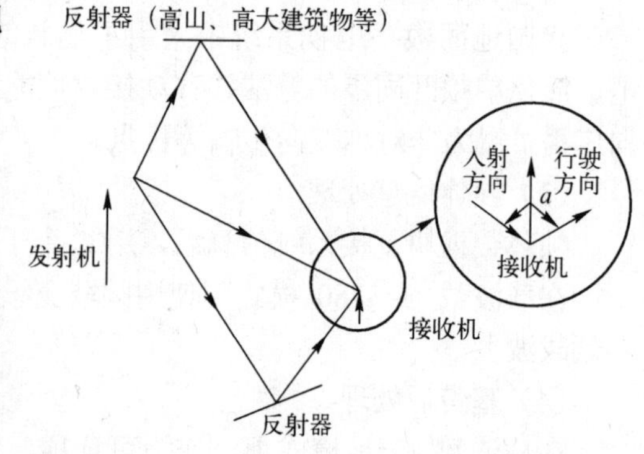

图 7-5　多径传输和移动接收示意图

引起不同频率信号衰落的主要原因是多径接收，只要信号带宽大于延时的倒数，以接收时间倒数频率为周期，就会出现周期性的衰落现象，这类似于一个信号通过延时线后原信号按不同比例加减而形成的数字滤波，其结果使信道出现频率选择性。当移动接收时，主信号和反射信号到达接收点的角度有可能不同，因多普勒效应，其频率发生了不同的变化，两者的差拍使接收信号的幅度随时间周期变化，结果使信道出现时间选择性。由于接收地点和相邻台的距离不同以及主信号和其他台信号之间的关系不同，所以使接收出现地点的选择性。这 3 种影响都必须在选择传输方案时加以考虑。

2．接收方式

接收方式是指固定接收、车载移动接收及便携接收。固定接收接有固定天线，电视机不能被随便搬移，一般来说接收条件经调整后不再变化。便携接收是指在居室内使用机上天线，可以在居室内的不同地点接收，因接收条件的变化而使信道特性有差异；另一种便携接收是将接收机装入衣袋，在户外低速移动接收。移动接收是指车载高速移动接收，接收条件因地貌的不断变化而变化，同时因车速的变化，接收效果还会受到多普勒效应导致频率变化的影响。

3．接收地点

接收地点是指由于接收地点离主发射台的距离变化和与其他发射台的发射信号间相对关系的变化而引起的接收条件的变化。所有上述问题均使地面广播问题复杂化，使接收信道随时间、频率和地点而发生变化。

7.1.3 地面数字电视传输的环境

根据地面数字电视广播的不同应用环境，可将地面数字电视广播信道主要分为乡村传输环境、城市传输环境和单频网条件下的传输环境。这 3 种传输环境有着各自不同的信道特点，共同组成了地面数字电视广播的信道。

1．乡村传输环境

乡村传输环境主要包括广大的农村传输环境和部分的城郊传输环境，主要的信道特点是，在传输过程中对信号起遮挡、反射和折射的物体比较少，通常都存在从发射天线和接收天线之间的视距传输（LOS）。鉴于视距传输的存在和周围环境的空旷，信道中多径的情况并不复杂，通常不会存在很强的多径信号，且接收信号中主要以因果的后径信号为主，但多径信号的时延分布比较广，能达到 20μs。乡村传输环境信道特点见表 7-1。

表 7-1　乡村传输环境信道特点

多径强度	不强
多径类型	因果的后径
多径时延分布	20μs 左右
多径变化	静态为主

在全国广播电视标准化技术委员会于 2006 年 4 月 28 日颁布的地面数字电视传输标准的基本测试方案中，列举了 15 个静态信道模型。其中模型 1、2、3、8、11 和 13 是比较接近农村传输环境的。

2．城市传输环境

城市传输环境主要包括部分的城郊传输环境和典型的城区传输环境，主要的信道特点是，在传输过程中对信号起遮挡、反射和折射的物体非常多，通常都不存在从发射天线和接收天线之间的视距传输（NLOS）。鉴于非视距传输的存在和周围复杂的传输环境，信道中多径的情况非常复杂，多径信号的强度变化非常大，在通常的接收信号中不仅仅包括因果的后径信号，还包含有许多的非因果前径信号，但多径信号的时延分布一般不是很广，多在 5μs 以内。城市传输环境信道特点见表 7-2。

表 7-2　城市传输环境信道特点

多径强度	强
多径类型	因果的后径和非因果的前径
多径时延分布	5μs 左右
多径变化	动态为主

在全国广播电视标准化技术委员会于 2006 年 4 月 28 日颁布的地面数字电视传输标准的基本测试方案中，列举了 15 个静态信道模型。其中信道模型 4、5、6、7、9、10、12、14 和 15 是比较接近城市传输环境的。

3．单频网条件下的传输环境

我国地面数字电视广播的传输带宽是 8MHz，选用的频率范围大部分集中在 U 段，此外还有一部分在 V 段。解决地面数字电视广播的覆盖问题，可以采用多频网的方式，即对不同地区采用不同的频率来发送信号。多频网特点是相邻传输地区间的干扰很小，缺点是频率资源的利用率很低。随着频率资源的日趋紧张，单频网技术被引入到地面数字电视广播中，以其节省频率资源和大范围无线覆盖的优势，在各国的地面数字电视广播中得到了广泛的应用。

单频网的组网方式有很多，主要可以分为使用 GPS 的单频网组网和不使用 GPS 的单频网组网。我国也颁布了地面数字电视单频网技术的相关标准，采用的是使用 GPS 的单频网组网技术。单频网系统原理框图如图 7-6 所示。图中 1PPS 是指秒脉冲。

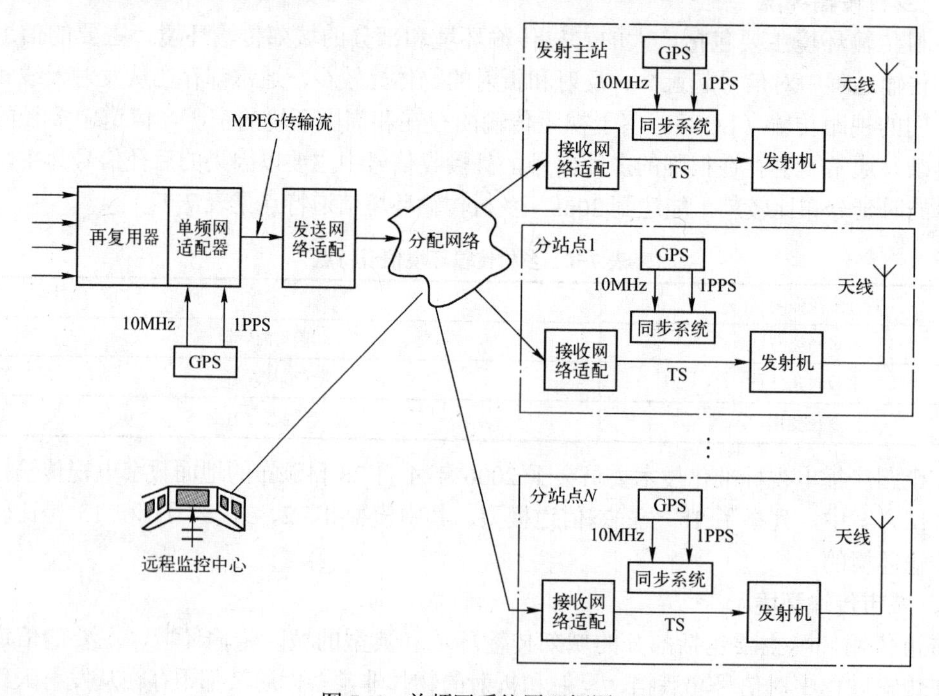

图 7-6　单频网系统原理框图

地面数字电视单频网（SFN）是由多个位于不同地点、处于同步状态的发射机组成的地面数字电视覆盖网络，以同一频率在接近相同时刻发送同一信号帧，以实现对特定服务区的可靠覆盖。

单频网组网覆盖条件下的信道环境有不同于上述的平原开阔传输环境和城市传输环境的特点。

1）有很长并且很强的多径存在。各个站点的信号虽然是同时发射的，但由于传输路径的长度不同，到达接收机的时延也并不相同，在不同时延的信号间就形成了信号的多径，因此，接收机需要对多径信号进行处理，才能从接收信号中恢复出发送信号。例如：当两个站点之间的距离达到 10km 时，同时发射信号到达接收机之间的时延最长能达到 33.3μs，由于各个站点发射信号强度的不同，可能造成延时 33.3μs 的多径信号幅度相同。也就是说，多径的时延为 33.3μs，强度是 0。

2）多径之间存在着一定的频率差异。在单频网组网的技术要求中，需要各个站点间的时钟完全同步，从而保证不同站点间同时发射信号，而且发射信号的频率相同。但从实现的角度上，绝对的同步是不存在的，故不同站点间的时钟存在一定差异，这一差异突出表现在发射信号之间的载波频率。所以，从接收信号来看，不同站点之间的信号存在一定载波频率差异，也就是说，信号之间是有一定旋转的，实际应用信号之间的频率差异一般在 5Hz 左右，见表 7-3 单频网传输环境信道特点。

表 7-3　单频网传输环境信道特点

多 径 强 度	强
多径类型	因果的后径和非因果的前径
多径时延分布	40μs 左右

7.1.4　地面数字电视传输的国际标准

目前被国际电信联盟（ITU）采纳的地面数字电视传输标准有美国的高级电视系统委员会标准（ATSC）、欧洲的数字视频地面广播标准（DVB-T）和日本的地面综合业务数字广播标准（ISDB-T）。我国的地面数字多媒体广播标准（DTMB）在 2011 年被 ITU 接纳成为地面数字电视 D 系统，成为 ITU 认可的第 4 个地面数字电视传输国际标准。

1．ATSC 系统

ATSC 系统采用格形编码的 8 电平残留边带调制，又称为“8-VSB 系统”，该系统的特点有 4 个：一是加入了 0.3dB 导频信号，用于辅助载波恢复；二是加入了段同步信号，用于系统同步和时钟恢复；三是加入了长度达 511ms 的两电平场同步信号，用于系统同步和均衡器训练；四是系统配以较强的内外信道编码纠错保护措施。

8-VSB 系统的主要技术优势是，具备噪声门限低（接近于 14.9dB 的理论值）、传输容量大（6MHz 带宽，传输为 19.3Mbit/s）和接收方案易实现等。

8-VSB 系统的不足之处是，不能有效对付强多径和快速变化的动态多径干扰，造成某些环境中固定接收不稳定以及不支持移动接收。另外，为对付模拟电视同播干扰，接收机中采用了梳状滤波器和硬开关，在实用中易造成工作不稳定。

2．DVB-T 系统

DVB-T 系统采用编码正交频分复用（COFDM）技术和保护间隔技术，也称为“COFDM

系统”。其最大特点是，在抗强多径和动态多径及移动接收的实测性能方面优于美国地面 VSB 系统。

COFDM 系统利用频域变换技术将信号样值分别由成千个载波进行传输，在 COFDM 系统中放置了大量的导频信号，穿插于数据之中，并以高于数据 3dB 的功率发送。这些导频信号一举多得，完成系统同步、载波恢复、时钟调整和信道估计。由于导频信号数量多，且散布在数据中，所以能够较及时地发现和估计信道特性的变化。

为进一步降低多径造成的码间干扰，COFDM 系统又使用了保护间隔的技术，即在每个符号（块）前加入一定长度的该符号后段重复数值，由此抵御多径的影响。

另外，欧洲地面系统还对载波数目、保护间隔长度和调制星座数目等参数进行组合，形成了多种传输模式供用户选择。在实践中，这众多模式常用的其实只有两或三种，分别对应固定接收和移动接收。

COFDM 系统的不足主要是频带利用率不高，比美国的 ATSC 8-VSB 系统频带损失 6%～23%；过分强调在卫星、有线和地面传输方案中使用相同的信道编码模块以保证其三者之间的兼容性，从而阻止了在地面广播方案中采用更有效的其他信道编码方法。

3．ISDB-T 系统

日本的 ISDB-T 系统是在欧洲 COFDM 技术的基础上，增加了具有自主知识产权的分段 OFDM 技术。最大特点是可以在 6MHz 带宽中传递 HDTV 服务或多数字节目服务。

ISDB-T 分宽带和窄带两种，前者将频带划分为 13 个子带，即将宽带 ISDB-T 信号分成 13 个 COFDM 段，以分层传输信号。在 13 个子带中，中间一个用于传输音频信号（伴音采用最新的 AAC 制式，48 声道），并大大加长了交织深度 （最长达 0.5s）。窄带仅由一个 COFDM 段构成，适于语音和数据广播。

4．DTMB 系统

DTMB 系统由中国开发，采用时域同步正交频分复用（TDS-OFDM）调制方式，它由时域同步和频域数据两个传输模块组成。2006 年 8 月，我国公布了用于地面数字电视广播的 DTMB 标准，并已于 2007 年 8 月 1 日起强制执行。

我国的 DTMB 标准具有后发优势，具有码字捕获快速、同步跟踪稳健、频谱利用效率高、移动性能好、广播覆盖范围大、多业务广播方便等优点。

在信道编码方面，DTMB 标准采用了将 BCH 码和低密度奇偶校验（LDPC）码级联的形式。由于 LDPC 码优越的性能，所以 DTMB 系统在对抗各种干扰等方面具有非常好的性能。采用了 TDS-OFDM 的独特技术，使 DTMB 系统在同步性能上明显优于循环前缀编码正交频分复用（CP-OFDM）系统。而且由于采用训练序列代替循环前缀，接收机可通过训练序列进行信道估计，从而可以节省传统 CP-OFDM 系统中的频域导频，提高了频谱利用率。

DTMB 系统在 8MHz 带宽内可支持 4.813～32.486Mbit/s 的净载荷数据传输率，可支持 SDTV 和 HDTV，支持固定接收和移动接收，支持单频组网和多频组网。

4 种地面数字电视传输标准主要参数对比如表 7-4 所示。

表 7-4　4 种地面数字电视传输标准主要参数对比表

传 输 标 准	美国 ATSC	欧洲 DVB-T	日本 ISDB-T	中国 DTMB
传送码流	ISO/IEC 13818（MPEG-2 TS）传送码流 TC			

（续）

<table>
<tr><th colspan="2">传 输 标 准</th><th>美国 ATSC</th><th>欧洲 DVB-T</th><th>日本 ISDB-T</th><th>中国 DTMB</th></tr>
<tr><td rowspan="5">信息纠错编码</td><td>外码</td><td>RS（207, 187, t=10）</td><td colspan="2">RS（204, 188, t=8）</td><td>BCH（762, 752）</td></tr>
<tr><td>外码交织</td><td>52RS 块交织</td><td colspan="2">12 RS 块交织</td><td>卷积交织</td></tr>
<tr><td>内码</td><td>2/3 码率格形码</td><td colspan="2">缩短的卷积码，码率 1/2、2/3、3/4、5/6、7/8 约束长度=7，多项式（八进制）171，133</td><td>LDPC（7488、3008/4512/6016）</td></tr>
<tr><td>内码交织</td><td>12:1 格形码交织</td><td>卷积交织和频率交织</td><td>卷积交织、频率交织和选择的时间交织</td><td>FFT 块内交织</td></tr>
<tr><td>数据随机化</td><td colspan="4">16bit PRBC</td></tr>
<tr><td rowspan="6">信道调制</td><td>调制方案</td><td>8/16 电平残留边带调制
8-VSB 或 16-VSG</td><td>编码的正交频分复用 C-OFDM</td><td>13 个频率分段的正交频分复用
BST-OFDM</td><td>时域同步的正交频分复用
TDS-OFDM</td></tr>
<tr><td>星座图</td><td>8-VSB、16-VSG</td><td>QPSK、16-QAM、64-QAM</td><td>QPSK、DPSK、16-QAM、64-QAM</td><td>QPSK、16-QAM、32-QAM、64-QAM</td></tr>
<tr><td>分级调制</td><td>—</td><td>多分辨率星座图、16-QAM、64-QAM</td><td>分级调制 13 个分段上有 3 种不同的调制</td><td>—</td></tr>
<tr><td>载波数目</td><td>单载波</td><td>2K、8K</td><td>2K、4K、8K</td><td>单载波、4K</td></tr>
<tr><td>信道估计</td><td>时域</td><td>频域</td><td>频域</td><td>时域</td></tr>
<tr><td>同步</td><td>PN 序列和导频</td><td>导频</td><td>导频</td><td>PN 序列</td></tr>
</table>

注：2K、4K、8K 是一种工作模式，也是专业术语。2K 模式的实际载波数量是 1705 个载波；8K 模式是 6817 个载波，因为通道之间有保护带。

7.2 地面数字电视机顶盒

7.2.1 国标 DTMB 地面数字电视机顶盒

国标 DTMB 数字电视机顶盒采用自主原创的时域同步正交频分复用（TDS-OFDM 技术）调制方式和 LDPC 前向纠错编码技术，可以更加可靠地支持更多的无线多媒体业务，也能用做移动数字电视接收机。与欧洲的 DVB-T 系统相比的主要优势性能有：频谱利用率高；接收信噪比门限低；快速系统同步；抗突发脉冲干扰和多径干扰能力强；高度灵活的操作模式，支持固定、步行、移动接收和低功耗便携终端。

OFDM 调制方式把一个高速率的串行数据流划分为多个比特的符号，每个符号可有数千比特，然后用这数千个比特去调制被置于一个频段内间隔很小的若干个相互正交的载波。通过合理设置这些载波的保护间隔和边带能量的位置，可使某一特定载波在邻近频道上的能量降为零，增强了抗干扰能力。大量随机调制信号的总和构成高斯分布信号，提供了较好的邻频抑制能力。保护间隔则为多径接收形成的延迟回播提供了空间，射频采样通过避开保护间隔来抑制多径接收的影响。数据在时域和频域传输中所受干扰信号的影响可使用纠错算法进行修复。DVB-TH 系统中使用 2K 和 8K 两种模式的 OFDM 技术。2K 模式结构较为简单，最大保护间隔为 50 多微秒，适合于普通系统；8K 模式具有更强的抵抗干扰能力，最大保护间隔可达 200μs 以上，比较适合于单频网（SFN）。保护间隔越长，系统抵抗干扰的能力越强，但要付出更多的频带资源作为代价。实现 SFN 的好处是可大大节省地面广播的频谱资源。OFDM 解调器中也包括前向纠错编码（FEC）处理，以保证数字节目的有效接收。传统的 OFDM 调制方式存在某些缺陷，插入强功率同步导频会使传输系统的有效性、可靠性蒙受损失。TDS-OFDM 调制方式采用基于 PN 序列扩频技术的高保护同步传输技术，巧妙利用 OFDM 保护间隔的填充技术克服了这种缺陷，同时提高了传输系统的频谱利用效率和抗噪声干扰性能。新的 TDS-OFDM 信道估计技术还克服了信道估计迭代过程较长的不足，提高了移动接收性能。

国标 DTMB 数字电视机顶盒由硬件与软件组成。硬件电路包括数字地面调谐器、DMB-TH 解调和 MPEG-2 信源解码，其硬件组成框图如图 7-7 所示。

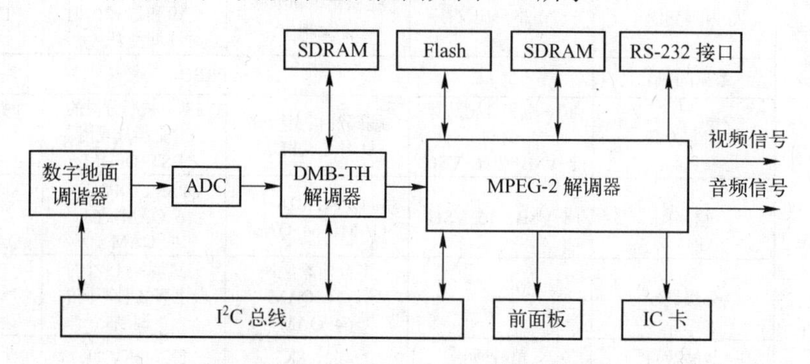

图 7-7　国标 DMB-TH 数字电视机顶盒机硬件组成框图

1．硬件电路

1）数字地面调谐器。数字地面调谐器的接收频率范围为 426～862MHz，地面调谐器将天线接收的地面传输信号通过内部增益等电路变换，输出 IP 中频模拟信号。地面调谐器的输出通过 A-D 变换电路，将中频模拟信号转换为中频数字信号。

2）信源解调。信源解调主要由国标解调芯片完成，全面支持 DMB-TH 地面传输标准，把中频数字信号解调后输出 8 位并行的数字传输码流，即 TS 流。

3）信源解码。解码芯片读取数字传输码流，通过硬件解复用，解出音视频基本码流，存储在片外同步动态随机存取记忆本（SDRAM）中。视频解码模块从视频压缩数据区中取出压缩数据，经过变长码解码、反量化、反余弦变换、运动补偿、数据合并，产生视频图像数据，存储在视频图像数据缓冲区中。播放模块从视频图像数据缓冲区中取出视频图像数据，与菜单显示屏幕菜单式调节方式（OSD）数据混叠后输出视频图像。

国标 DTMB 数字电视机顶盒的工作过程如下。

由天线接收的地面传输信号先经地面数字电视调谐器进行低噪声放大、滤波和变频处理，将其转换成中频模拟信号。该机顶盒的数字地面调谐器（Tuner）一般具有相位噪声低、灵敏度高、工作稳定可靠的特点。片内带有声表面波（SAW）滤波器，接收频率范围为 426～862MHz，固定输出为 36MHz 中频信号。

调谐器输出的中频模拟信号进入 ADC 变换电路。由于 ADC 变换器要求输入信号的幅度基本保持稳定，因此在中频放大器中加入了自动增益控制（AGC）电路。当中频信号输入端的信号强度发生变化时，AGC 自动控制前置放大器和中频放大器的增益，使输出的中频信号电平基本保持稳定。经过 ADC 变换电路（AD9203）转换为数字信号，送入国标解调芯片中。该解调芯片需要全面支持 DTMB 地面传输标准中所有 330 种模式，用于将中频数字信号解调后输出 8 位并行的数字传输码流（TS）。由解调器转换成基带信号，再按 DTMB 技术条件进行解调、频道估值、去交织、前向误码校正（FEC）等一系列处理，成为符合MPEG-2标准的数字传输码流。

MPEG-2 解码芯片主要用来对解调后的 TS 码流进行解复用和解压缩，输出视频信号和音频信号，存储在片外 SDRAM 中。视频解码模块从视频压缩数据区中取出压缩数据，经过变长码解码、反量化、反余弦变换、运动补偿和数据合并，产生视频图像数据，存储在视频图像数据缓冲区中。播放模块从视频图像数据缓冲区中取出视频图像数据，与菜单显示 OSD 数据混叠后输出支持 CVBS、S-Video、Y/Pb/Pr 等格式的视频图像。音频解码模块从音频压缩数据缓冲区中取出压缩数据，经过解码、子带滤波，产生音频脉冲编码调制（PCM）数据，存储在音频 PCM 数据缓冲区中，播放模块从音频 PCM 数据缓冲区中取出音频 PCM 数据，再经片内的音频 D/A 转换器转换成模拟的立体声音频信号。

2．软件层次结构

国标 DMB-TH 数字电视机顶盒软件层次结构的示意图如图 7-8 所示。机顶盒的操作系统为嵌入式实时操作系统 μC/OS，这是一种可移植、可固化、可剪裁及可剥夺型的多任务实时内核。基于 μC/OS 的机顶盒软件平台采用多任务机制，实现的功能包括：数字电视的基本协议，如 13818 系统协议、解复用协议等；外围电路的控制、解码和数字电视播放；提供移植条件接收系统的功能和机制；提供方便的定制个性化界面；可扩展其个性化应用的功能和机制。软件平台由模块化的程序结构实现，各个模块之间采用消息队列进行通信。随着数字电视的发展，新的应用软件将可以在这个基本平台上不断扩展。比如多媒体杂志、数字音频广播、游戏等。平台还可以扩展支持视频点播节目和电视的交互式等应用。

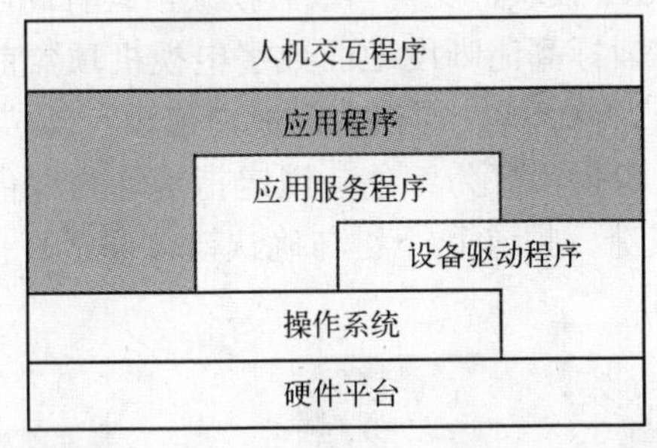

图 7-8　国标 DMB-TH 数字电视机顶盒软件层次结构的示意图

标准清晰度/高清晰度地面数字电视机顶盒均需要符合国家接收机通用标准，可接收无线电视台播出的符合国标的标准清晰度数字电视节目信号，具有清新美观、操作简便的特点。标清地面数字电视机顶盒外形如图 7-9 所示。

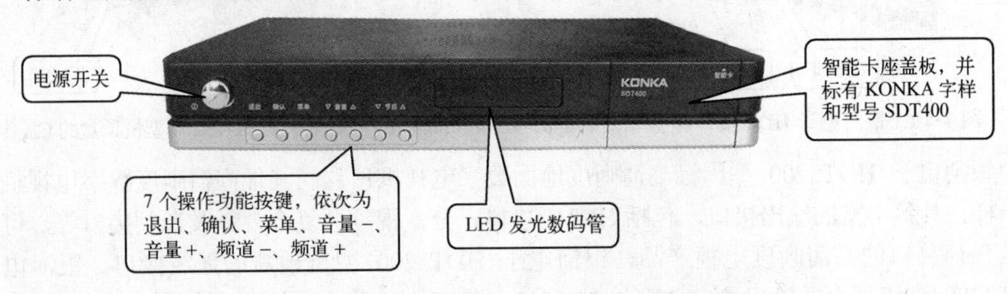

图 7-9　标准清晰度地面数字电视机顶盒外形图

7.2.2 地面高清晰度数字电视机顶盒

高清晰度地面数字电视机顶盒接收的是电视台通过电视塔发射的无线高清晰度数字电视信号。由于电视塔发射信号的覆盖范围有限，所以接收条件相对卫星电视而言要简单和廉价得多。数字电视频道目前均为免费频道。其优点是只需一副小小的接收天线就可以接收，对于在室内接收和信号不强的地区可使用高增益接收天线。地面接收无准入条件限制，不像接收卫星数字电视有法规和场地限制，有线电视必须依赖所住地的有线电视网络，无线数字电视允许在任何地点来接收。

银河电子 HDT3200 型国标高清晰度地面数字电视机顶盒是与上海高清密切合作，符合国标地面数字高清晰度电视标准 GB20600-2006 的 DMB-TH 接收机，这款接收机只能接收单载波频道，具有以下特点。

1）HDT3200 型国标地面数字高清晰度机顶盒采用功能强大、性能稳定的 STi7710 高清晰度单芯片处理器，该芯片集嵌入式 CPU、传输码流解复用/解码、视频解码、图像处理、音频解码、高速 USB2.0 接口、数字视频接口（DVI）和高清晰度多媒体接口（HDMI）等功能于一体。可靠性能高，处理能力强，支持目前机顶盒市场上所有的中间件，同时能够支持未来的软件升级。

2）HDT3200 型国标地面数字高清晰度机顶盒采用超低门限的进口高频头，相位噪声低、抗干扰能力强，工作稳定可靠，保证在弱信号的情况下仍然能正常接收。

3）HDT3200 型国标地面数字高清晰度机顶盒解调部分为模块化设计，目前采用上海交大最新第三代解调芯片 HD2812 模块，支持单载波模式，具有高可靠性的特点。

银河电子 HDT3200 型国标高清晰度地面数字电视机顶盒前面板的左侧清晰印有“国标高清晰度数字地面接收机”的字样，而在前面板内部设有 4 位绿色（或红色）的 LED 数码管；两个指示灯，其中电源指示灯为红色，锁定指示灯为绿色；一个电源开关，6 个功能键，即菜单键、音量增/减键、频道上/下键与确认键，便于直接操作，分别如图 7-10 和图 7-11 所示。

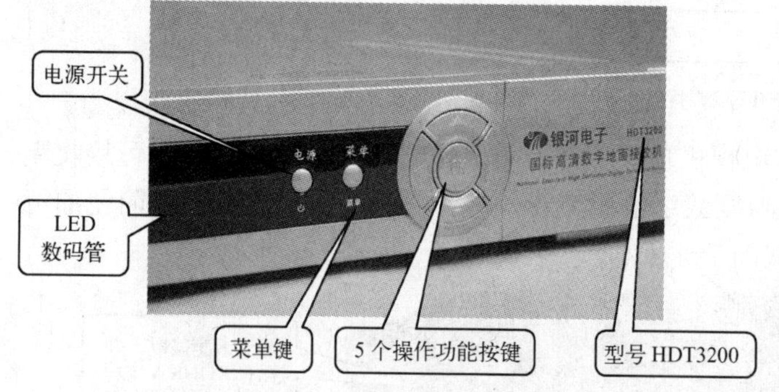

图 7-10 银河电子 HDT3200 型机顶盒的前面板

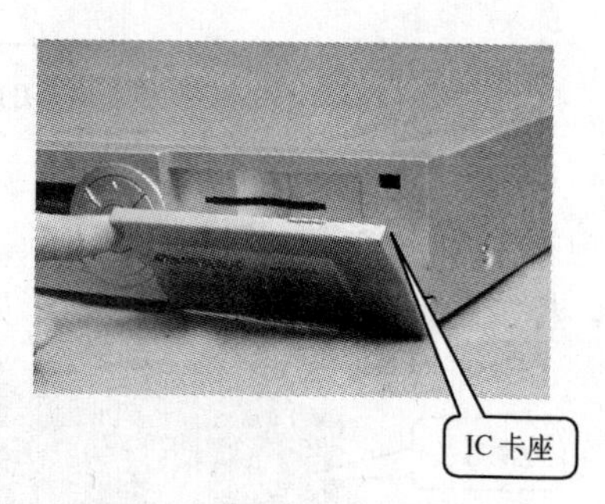

图 7-11 银河电子 HDT3200 型机顶盒的 CA 卡槽

银河电子 HDT3200 型国标高清晰度地面数字电视机顶盒同其他高清晰度数字电视机顶盒一样，具备丰富的输出接口，包括 HDMI 接口、分量视频、复合视频及音频接口等，可以连接任何接口的高清晰度电视产品，银河电子 HDT3200 型机顶盒的天线接口、银河电子 HDT3200 型机顶盒的输出接口分列如图 7-12、图 7-13 所示。有信号输入接口一个，采用 IEC169-24（F 型英制）阴头或 IEC169-1 阴头；信号输出接口一个，采用 IEC169-1 阳头；

复合视频输出一组 RCA 型，75Ω；模拟高清晰度分量视频接口一组，RCA 型，YPbPr；模拟高清晰度 VAG 视频接口一个，15 针；数字高清晰度 HDMI 音视频接口一个；音频输出口一组，RCA 型，600Ω不平衡；数字音频接口一个，S/P DIF 接口（光纤）；软件升级串口一个，RS-232 串口，DB9 阴头。

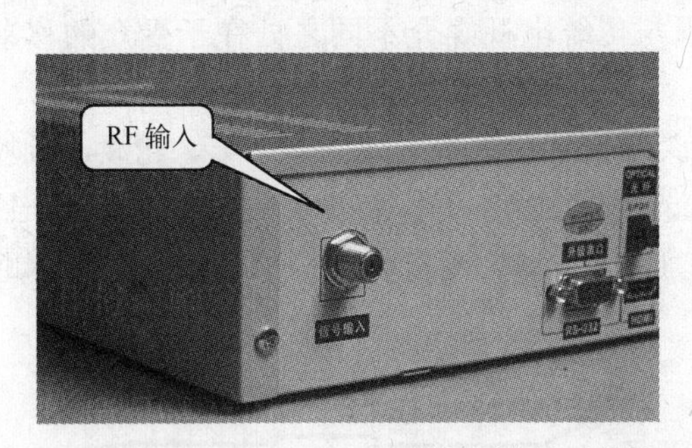

图 7-12　银河电子 HDT3200 型机顶盒的天线接口

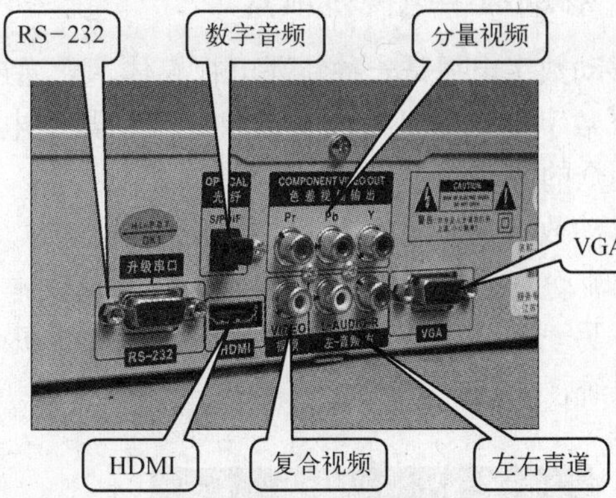

图 7-13　银河电子 HDT3200 型机顶盒的输出接口

还有 HDT1000 型地面高清晰度数字电视机顶盒是我国上海生产的，它采用全银色设计，前面部配有黑色有机玻璃面板，其上标有奇普品牌 HiBox 的 LOGO 商标。功能按键设计较为简洁，从左至右分别为：电源开关、菜单、确认、频道选择与音量调整键，HDT1000 型机顶盒的前面板如图 7-14 所示。最右侧还配置有一用户 IC 卡插槽，以便今后收费管理用，HDT1000 型机顶盒的 CA 卡槽如图 7-15 所示。其背部接口除了最左侧的 RF 射频天线输入接口外，还有一组 HDMI 数字视频音频输出、一组 VGA 模拟视频输出（高清晰度/标准清晰度，配有一模拟音频输出）、一组色差模拟视频输出（高清晰度/标准清晰度，配有一模拟音频输出）、一组 AV 模拟视频音频输出（标准清晰度）、CVBS 与 S 复合模拟输出各一组（标准清晰度），HDT1000 型机顶盒的输出接口如图 7-16 所示。另外，HDT1000 还配有一个 9P IN 的 RS-232 接口用来进行故障诊断与软件升级。HDTi000 采用国标 BG20600 2006 OMB-TH 标准进行解调，完全符合 ISO/IEC 13818 MPEG-2 音视频编解码技术规范，支持 1080i 50/60Hz、720p 50/60Hz、480p 60Hz 及 576i 50Hz 视频格式输出，专业级 MPEG-2 高清晰度/标准清晰度数字信号解码播放，最高码率可达到 32Mbit/s。

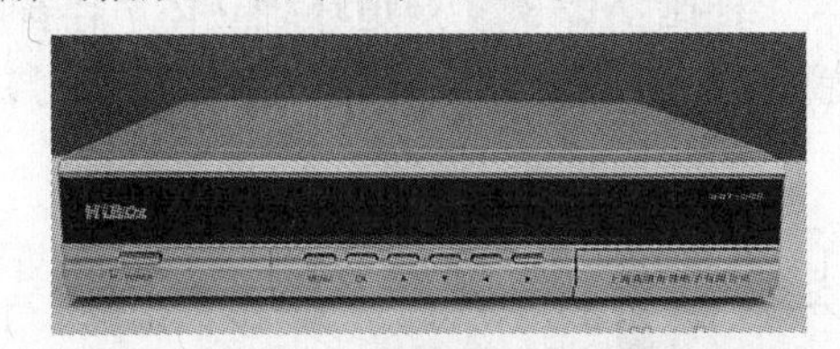

图 7-14　HDT1000 型机顶盒的前面板

图 7-15　HDT1000 型机顶盒的 CA 卡槽

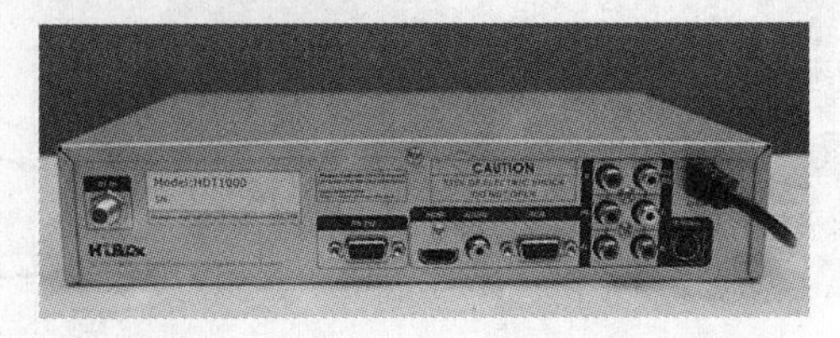

图 7-16　HDT1000 型机顶盒的输出接口

为接收国内的地面数字电视高清晰度信号，除了必备高清晰度数字电视地面机顶盒外，还需要一副室内天线进行信号接收。接收时，应尽量将天线朝向电视台方向放置，用天线后部的导线连接在机顶盒 RF 接口端子。

7.2.3 移动数字电视机顶盒

移动数字电视是一种新兴电视媒体，它通过无线数字信号发射、地面数字设备接收的方法进行数字电视节目播放与接收。移动数字电视与传统电视媒介不同之处在于受众的移动性、观众的流动性和节目的特殊性。

移动数字电视广播的接收终端分为两类，一类是安装在汽车、地铁、火车、轮渡、机场及各类流动人群集中和其他公共场所的移动载体上的接收终端，车载数字电视接收盒如图 7-17 所示。另一类是手持数字电视接收器（如手机、笔记本电脑等），满足移动人群收视需求的电视系统，如图 7-18 所示。

图 7-17　车载数字电视接收盒

图 7-18　手持数字电视接收器

移动数字电视机顶盒是移动接收地面数字电视信号。当移动接收时，发射机的主信号和地面反射信号到达接收点的角度有可能不同，因为多普勒效应，其频率会发生不同的变化，两者的差拍使接收信号的幅度随时间周期变化，结果使信道出现时间选择性。因此，移动数字电视与地面数字电视采用不同的传输标准，而移动数字电视机顶盒与地面数字电视机顶盒也采用不同的调谐解调器。

康特 STB 1108 型移动数字电视机顶盒采用了 NEC 公司 EMMA2LL 单解码芯片，其内部具有 TDS-OFDM 解调器，可同时适用于固定接收和移动接收地面数字电视广播信号；具有人性化和丰富多彩的动画界面效果；还嵌入了杜比 AC-3 多声道环绕立体声伴音电路，拥有高品质图像和独特的音响效果，能移动接收 TDS-OFDM 调制数字电视信号，其外形如图 7-19 所示。

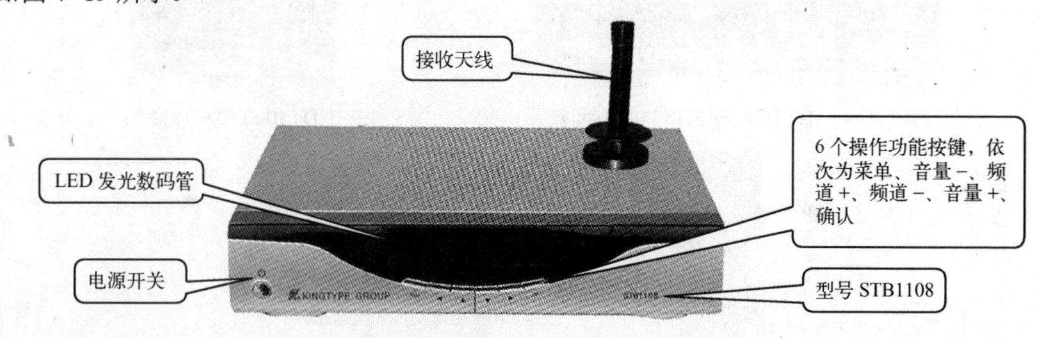

图 7-19　康特 STB 1108 型移动数字电视机顶盒外形图

7.3 CMMB 接收设备简介

7.3.1 CMMB 系统的组成

CMMB 是中国移动多媒体广播电视的英文缩写，是我国具有自主知识产权的第一套面向多种移动终端进行电视传输的系统，采用 S 波段的卫星信号和 U 波段的地面信号实现“天地”一体化覆盖，并且可以在全国漫游，支持高达 20 多套电视节目和 30 多套广播节目。截至 2012 年年底，CMMB 用户规模达 4 700 万户，其中付费用户为 2 300 万户。

CMMB 的主要特点是：可提供数字广播电视节目、综合信息和紧急广播服务，实现卫星传输与地面无线网络相结合的无缝协同覆盖，支持公共服务；支持手机、PDA、MP3、MP4、数码相机、笔记本电脑以及在汽车、火车、轮船和飞机上的小型接收终端，接收视频、音频、数据等多媒体业务；采用具有自主知识产权的移动多媒体广播电视技术，系统可运营、可维护、可管理，具备广播式、双向式服务功能，可根据运营要求逐步扩展；支持中央和地方相结合的运营体系，具备加密授权控制管理体系，支持统一标准和统一运营，支持用户全国漫游；系统安全可靠，具有安全防范能力和良好的可扩展性，能够适应移动多媒体广播电视技术和业务的发展要求。

CMMB 的系统构成框图如图 7-20 所示。

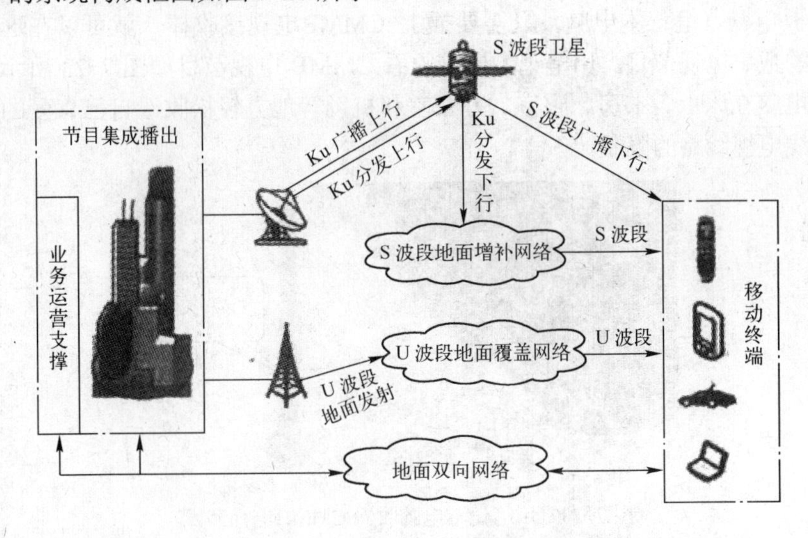

图 7-20 CMMB 的系统构成框图

7.3.2 CMMB 电视接收器

CMMB 电视接收器一般有两种形式，一种带有显示屏，如图 7-21 所示；另一种不带显示屏，类似于机顶盒，如图 7-17 所示。

目前部分国产手机也加入了 CMMB 功能，但由于 CMMB 为我国自主研发的数字电视技术，iPhone 和 iPad 用户想要使用这个功能，需要另接一只 CMMB 电视接收器，如图 7-22 所示。

图 7-21 CMMB 电视接收器

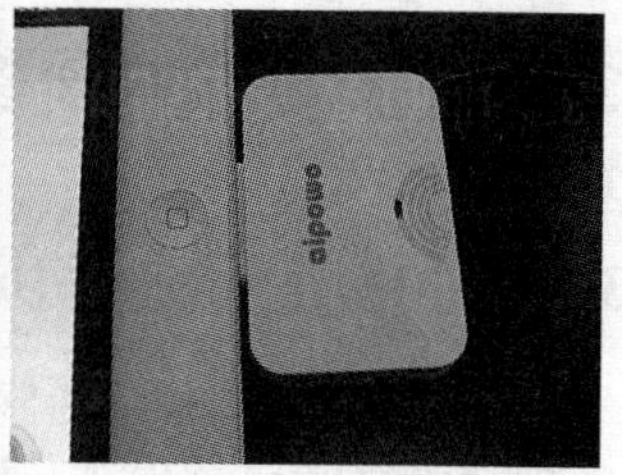

图 7-22 iPhone 和 iPad 用户用的 CMMB 电视接收器

图 7-22 所示的 iPhone 和 iPad 用户用的 CMMB 电视接收器可以满足苹果用户的需求，它支持 iOS 4.0 以上的系统，内置 1 000 mA · h 电池，可以播放 3.5h 左右。它机身体积为 56.5mm×45mm×10.5mm，重量为 25g，与 iPhone 4 的宽度相当，圆滑的边角可以与 iPhone 融为一体。

CMMB 电视接收器对于经常观看电影、电视剧的人来说，是个省钱的设备。它体积小巧，可以方便的搁在兜里，揣在怀里，使用时只要插入即可。它自带电池，平时还可以当做移动电源使用，不会增加 iPhone 和 iPad 的负担，一次充电可连续使用 3h 左右。

7.3.3 CMMB 电视接收棒

CMMB 电视接收棒又称为 USB 电视棒，是比较简单的一类 CMMB 终端产品。目前很多人都有平板电脑、笔记本电脑，只需要插上 CMMB电视接收棒，就可以在这些设备上接收无线播放的数字电视节目。用笔记本电脑收看 CMMB 电视节目如图 7-23 所示。因此，可以抱着平板电脑在床上、书房、寝室、办公室和机场等地方轻松收看自己喜爱的电视节目，而不再受有线电视线路的限制。

图 7-23 用笔记本电脑收看 CMMB电视节目

下面介绍一款 DTV100 型 CMMB 电视接收棒，它可接收 CMMB 电视广播，目前在国内 50 个大中城市都可以收看、使用，信号强度与覆盖率都较为出色，其外形如图 7-24 所示。

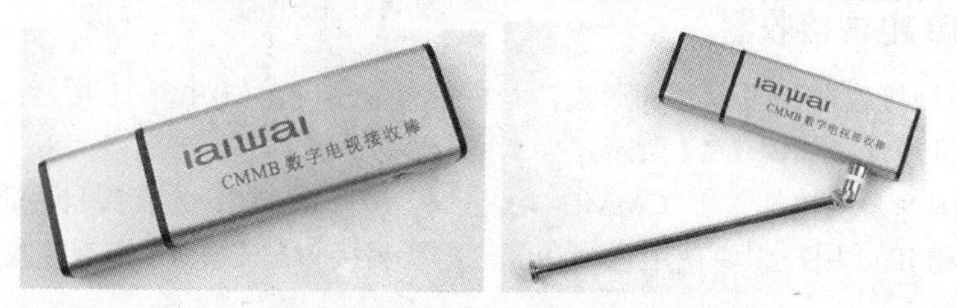

图 7-24 DTV100 型 CMMB 电视接收棒的外形图

DTV100 型 CMMB 电视接收棒配带两个天线，如图 7-25 所示。其原因是为了适应不同的收看环境，在信号良好的情况下直接使用拉杆天线即可。吸盘天线则用于信号不好的情况，它有一根 1.2m 的延长线，可以移动位置来找到最佳信号点，底部的磁石还可以用来固定住位置，十分方便。

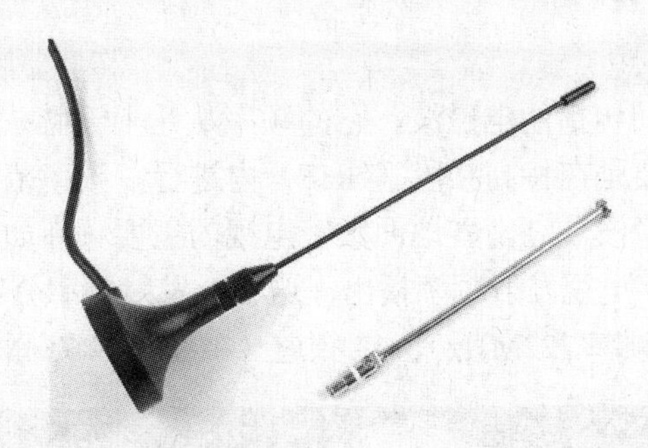

图 7-25　DTV100 型 CMMB 电视接收棒的天线

当使用 DTV100 型 CMMB 电视接收棒时，将 DTV100 与计算机连接后，先要安装驱动程序，放入光盘后会有一个驱动程序的文件夹，直接安装里面名为“SMS1180”的应用程序即可。然后进入“播放软件”的文件夹，安装其专用播放程序 BlazeDTV6.0。安装成功后首次运行，BlazeDTV6.0 会提示用户注册，第一项和第二项由用户自行填写，产品的序列号被贴在随机光盘上，需要妥善保存。用户“输入注册信息”对话框如图 7-26 所示。

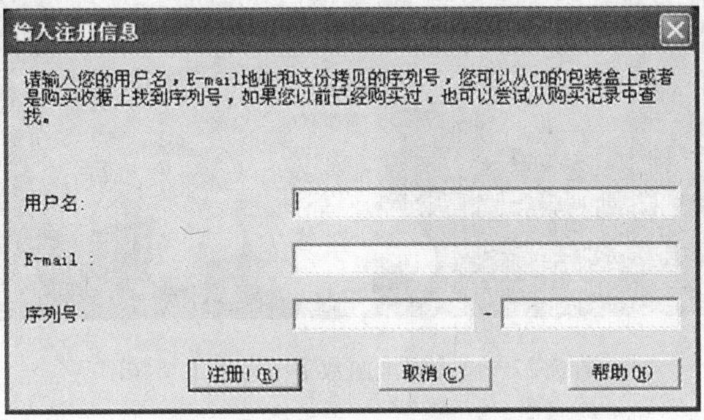

输入注册信息

请输入您的用户名，E-mail地址和这份拷贝的序列号，您可以从CD的包装盒上或者是购买收据上找到序列号，如果您以前已经购买过，也可以尝试从购买记录中查找。

用户名：

E-mail ：

序列号：　　　　-

注册！(R)　　取消(C)　　帮助(H)

图 7-26 “输入注册信息”对话框

BlazeDTV6.0 的界面很像以前老式的多媒体播放器，操作与功能也十分相似，只是多出一个收看 CMMB 广播而已，平时还可以用来播放DVD或其他格式的视频文件。主界面上图释明确，将鼠标移到图标上还会有文字注解，基本可以做到直接上手，只是设置菜单没有给出相关提示，操作时只要在面板上单击鼠标右键即可找到。

当首次使用时，程序会自动提醒“是否需要扫描频道”，选“是”后出现相应的菜单，无需调整其高级设置，只要选择好地区直接扫描即可，完成后系统会提示保存，以后进入就不用再重复操作了。

DTV100 型 CMMB 电视接收棒采用的是原广电部 CMMB 标准，CMMB 地面覆盖采用 470～860MHz 的 U 波段，因为对建筑物等的穿透性好，而且信号传播距离相比卫星信号短很多，所以很容易达到人口密集城市良好的室内外接收效果。

7.4 地面数字电视固定接收技巧

7.4.1 接收点的信号强度

1. 无线电波

无线电波是一种在空间传播的电磁波，它的频率从几十千赫兹到几万兆赫兹。地面数字电视信号在空间的传播主要是在特高频段（UHF）内进行，频率范围是 300～3000MHz，波长是 1～0.1m，也称为分米波。湖南省地面数字电视的主要频率如图 7-27 所示。其中长沙岳麓山发射台采用 3 个数字电视发射频率播出，这 3 个发射频率分别是：22 频道（中心频率 546MHz）、39 频道（中心频率 722MHz）、43 频道（中心频率 754MHz）。

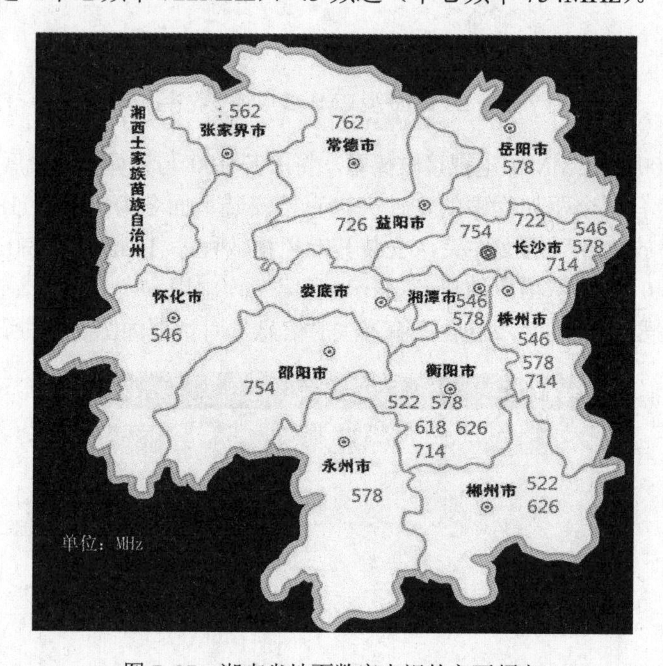

图 7-27 湖南省地面数字电视的主要频率

无线电波的一个重要性质是它具有能量。无线电波向空间传播时，它的能量也一起向四面八方传送。在传播的过程中，无线电波所具有的能量要逐渐衰减。因此，地面数字电视发射台的覆盖范围是有限的，粗略估计它是以电视发射机为圆心，保证接收点在 99%的时间内能达到所要求的最小信号强度为半径的圆形，湖南衡山南岳地面数字电视发射台的大致覆盖范围示意图如图 7-28 所示。实际上地面数字电视发射台的覆盖范围要根据发射台的海拔高度、发射天线的高度、发射机的功率、发射频率、调制方式、接收天线高度和接收方式等进行复杂的计算，一般是以发射台为中心的不规则的图形。如发射台的电波在空旷平地的传播距离要比在起伏的山区的传播距离远一点。

由图 7-28 可知，湖南衡山南岳地面数字电视发射台的主要覆盖范围是：衡阳市城区、南岳区、衡山县、衡东县、衡南县、衡阳县、祁东县、常宁市、耒阳市大部分地区、株洲市城区、湘潭市城区、双峰县、株洲县、湘潭县、湘乡市、醴陵市、攸县、安仁县部分地区。

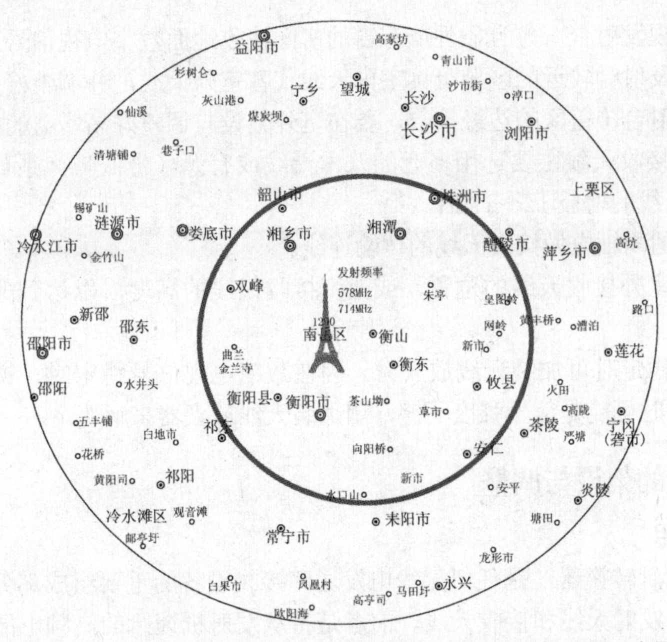

图 7-28　湖南衡山南岳地面数字电视发射台的大致覆盖范围示意图

无线电波在空间传播，既看不见又摸不着，来去无踪，但它却确实存在于我们的周围空间。地面数字电视信号的传播既可以视距传播，也可以通过折射或者发射传播，所谓视距波传播是指由发射天线发射的电磁波和光线一样直线地传播至接收点的传播方式。传播的范围，取决发射和接收天线的有效高度差，理论计算和实践经验表明，当发射和接收天线的有效高度差为 150m 时，直线传播的距离约为 50km。

2．电磁波的强度

为了描述电磁波的强度，需要引入能流密度的概念。能流密度也是一个矢量，其大小等于单位时间内垂直于传播方向单位面积的能量，其方向就是电波传播的方向。在工程技术中常用电场强度（简称为场强）的大小来代表电磁波的能流密度，即电磁波的强度。单位是

dBμV/m（微伏/米）。在实际测量空间某点的场强时，常用场强仪所带的标准天线来测量，测出来的值加上仪器给出的修正值就是实测场强值。场强为 40dBμV/m 相当于 100μV/m，场强为 100dBμV/m 相当于 100mV/m。

3．室内固定接收

电波进入建筑物的传播损耗主要取决于建筑材料、电波入射角和频率，还与接收点是在楼内深处的房间内还是在靠近建筑物外墙的房间内有关。建筑物的穿透损耗定义为建筑物内给定高度的平均场强与该建筑物外同等高度处的平均场强之差。目前没有统一公式来计算建筑物穿透损耗。根据大量测试的统计信息，不同建筑物中室内接收的平均穿透损耗分为 7dB、11dB、15dB 三种。如在郊区无金属化玻璃的住宅或市区公寓楼内靠外墙有窗的房间，其室内接收的平均穿透损耗分为 7dB；市区靠外墙有金属化玻璃窗的房间或市区公寓不靠外墙的房间，其室内接收的平均穿透损耗分为 11dB；办公大楼里不靠外墙的房间，其室内接收的平均穿透损耗分为 15dB。

4．改善接收点信号强度的措施

综上所述，要改善接收点的信号强度，主要可以采取以下几点措施。

1）选择靠电视发射台一方且靠外墙有窗的房间接收地面数字电视信号。

2）在离电视发射台较近的区域可接室内天线代替室外天线，并调整好天线的方向。

3）在电视发射台覆盖区的边缘接收，要在室外架设与调整好高增益的接收天线。

4）高增益的接收天线主要选用多元的八木天线或有源（带低噪声系数放大器）天线，如9单元的八木天线的增益12～15dB。

5）选用优质的同轴电做接收天线的传输连线。

6）通过移动室外接收天线的位置，或改变接收天线的高度，以达到改变接收数字电视信号的途径。

7）在信号不稳定时可加装天线放大器。因在数字电视信号稳定时，说明信噪比达到了接收要求，不稳定时可能是信号强度不够，用加装天线放大器来解决。

7.4.2 接收天线的架设与调整

1．天线的作用

天线是一个能量转换器，是任何无线电发送和接收设备的重要组成部分。根据天线的作用不同，可以分为发射天线和接收天线。前者是将从发射机馈给的高频电能转换为向空间辐射的电磁波能；后者是将从空间收集来的电磁波能转化为高频电能并输送给接收机。电视接收天线属线天线，而卫星接收天线属面天线。电视接收天线具有以下几点的作用。

1）接收电视发射天线发出的高频电磁波的能量。电视发射台把需要传送的数字电视信号调制到 UHF 频段载波上，通过发射机从天线上辐射出去，在自由空间向四面八方传播。这些电磁波到达接收天线后，就会在天线导体中激发感应电动势和感应电流，通过馈线向接收系统中传输。

2）选择所需要的高频电视信号，抑制无用的电磁波干扰。由于电视接收天线对不同方向、不同频率电磁波的接收本领不同，通过选择地面数字电视专用天线就可实现接收特定方向、特定频道的数字电视信号，而压低其他电视信号在天线导体上产生的感应电流。与此同时，地面数字电视专用天线对来自电离层的电磁波干扰等都有一定的抑制作用。

3）提高对微弱数字电视信号的接收能力。在离发射台较远的地区，特别是一些边远山区，数字电视信号的场强很小，如果单纯通过放大器来放大信号，必然会引入过多的噪声，导致信号信噪比较低。若选择增益较高的电视接收天线，可提高接收信号的信噪比，使信号质量大大得到提高。

2．地面数字电视接收天线

地面数字电视接收天线是属于 UHF 频段天线，一般为八木天线。这种天线是由一个有源半波振子和多个无源振子（包括引向器和反射器）排列在同一平面上构成的定向天线，图 7-29 是一个五单元引向天线的实物图，图 7-30 是 28 单元高增益八木定向高清数字电视天线实物图，它配带反射网，增益高达 28dB。

3．有源天线

有源天线是指在天线与连接的同轴电缆之间加装低噪声系数放大器，采用有源天线可以补偿传输同轴电缆对地面数字电视信号的衰减。这是因为连接天线的同轴电缆对地面数字电视信号是有衰减的，由于地面数字电视信号采用 UHF 频段，75-5 型同轴电缆每 100m 衰减 15～20dB。这样可用放大器来提高输入到地面数字电视机顶盒信号电平。

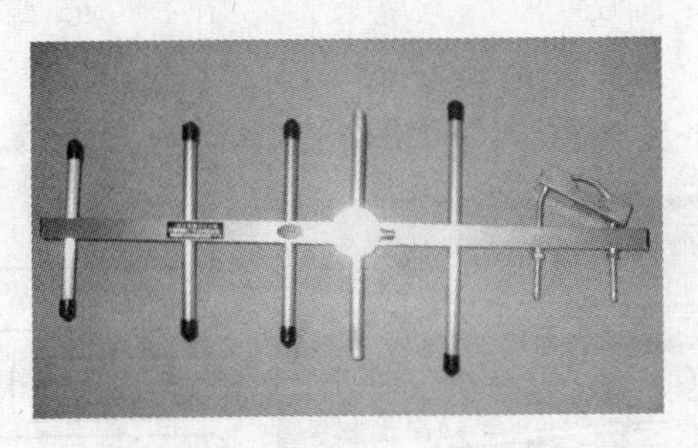

图 7-29　五单元引向天线

图 7-30　单元高增益八木定向天线

4．天线的安装

天线安装位置的选择十分重要。这是因为在 UHF 频道中，数字电视信号场强随接收地点的不同而有显著变化。譬如数字电视信号碰到障碍物容易形成反射波，接收天线将同时收到直射波的反射波，它们所传播的途径不同，到达接收点的相位不同，因而不同地点的接收合成场强也不一样。因此，合理选择接收天线的位置、高度和方向，方可达到满意的收视效果。

安装天线时，应选择在空旷处架设天线，避开电波传播方向上的遮挡物，一般宜选在建筑群的至高点或山区的山头上，应尽量远离干扰源，例如，不要离公路太近，避开大型金属物，远离电力线、电梯机房等；要避开高频无线电台（AM）、调频广播（FM）、雷达等产生高次谐波和同频干扰。

天线在竖杆上安装的位置应保证左、右转动灵活，上、下移动方便，便于进行调整。天线位置及方位的确定，一般可观察地面数字电视机顶盒在电视机上显示的信号强度与信号质量数值的大小。

安装在室外的七单元引向天线如图 7-31 所示。

图 7-31　安装在室外的七单元引向天线

7.4.3　地面数字电视机顶盒的使用

地面数字电视机顶盒的使用与第 4 章介绍的卫星数字电视接收机与第 5 章介绍的有线数字电视机顶盒的使用大致相同，先要连接好室外天线与电视机，按地面数字电视机顶盒随机附带的使用说明书进行操作。下面以天地通 TDT800 型地面高清数字电视机顶盒为例，介绍地面数字电视机顶盒的使用。

天地通 TDT800 型地面高清数字电视机顶盒的外形与背面接口如图 7-32 和图 7-33 所示。

图 7-32　天地通 TDT800 型地面高清数字电视机顶盒的外形

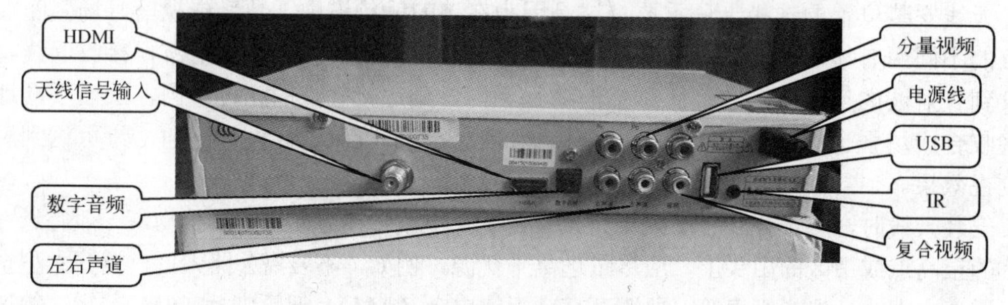

图 7-33　天地通 TDT800 型地面高清数字电视机顶盒的背面接口

用天地通 TDT800 型地面高清数字电视机顶盒要配合室外天线，发射台附近也可用室内天线，接收当地无线电视发射台发射地面高清数字电视信号。由于目前无线电视发射台还在播出一些模拟电视节目，一般先将室外天线与电视机的射频输入端连接，转动天线，接收发射台发射的模拟电视信号，使信号最佳，再将室外天线与地面高清数字电视机顶盒的信号输入口连接，然后用高清线与电视机相连。接通电源，则出现图 7-34 所示的图案。

图 7-34　接收湖南地面数字电视信号画面

然后选择“是”，按下遥控器或机顶盒上的确定键，机顶盒便可进行自动搜索，一般有 2 个频率，17 套节目，有的地方有 4 个频率，但节目内容有重复，这是收到两个发射台的信号，信号强度与信号质量因接收地点不同而不同，图 7-35 所示信号强度与信号质量分别为 75%与 76%，图 7-36 所示信号强度与信号质量均达到 90%。由于数字电视信号具有门限效应，信号质量为 76%与信号质量为 90%的电视画面质量一样清晰。

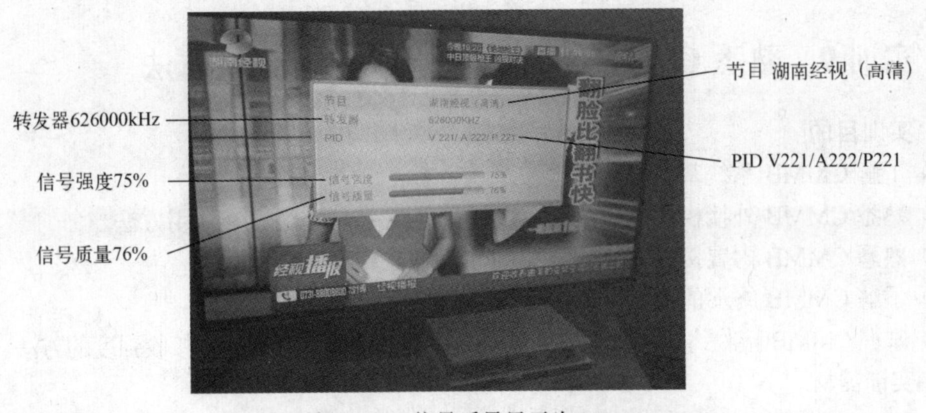

图 7-35　信号质量显示为 76%

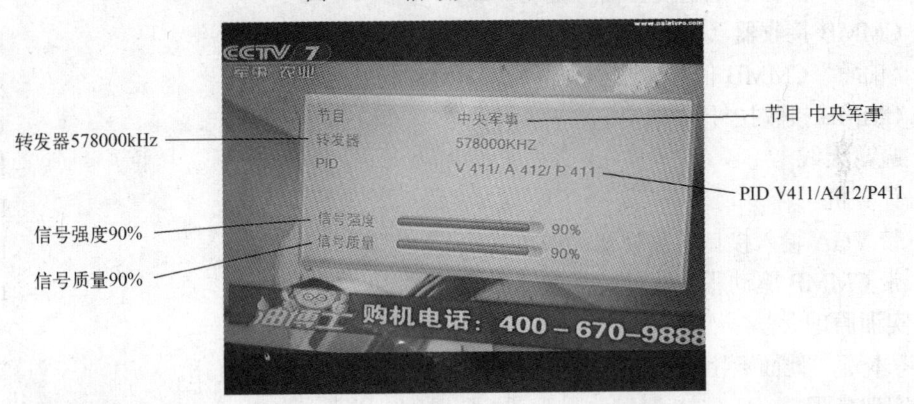

图 7-36　信号质量显示为 90%

7.4.4　常见故障的排除

地面数字电视的常见故障通常分传输途径干扰而引起和地面数字电视机顶盒本身的故障，由于地面数字电视在我国比卫星数字电视和有线数字电视普及较晚，因此，地面数字电视机顶盒普及率不高，使用时间不长，其本身损坏的几率不多，今后地面数字电视机顶盒的维修可参考第 7 章介绍的有线数字电视机顶盒的维修。目前地面数字电视的常见故障大多数均是因传输途径干扰而引起。

地面数字电视传输的射频信号其实也是模拟信号。在图 7-2 介绍的地面数字电视广播传输系统框图可知，在发射机激励器内部先进行 D-A 转换，再对载频信号进行高频调制，然后经功率放大器后，由天线发射出去。目前，湖南省地面数字电视信号源编码方式是 AVS+，发射机激励器的调制方式是 16QAM，信道编码采用国家标准 DTMB。如发射台采用的东芝数字发射机，其激励器内部的前端部分是数字信号，激励器的末端部分经 D-A 转换后再对射频进行调制输出。模拟信号在不同的信道环境中传输，其干扰主要有回波干扰、噪声干扰和同频干扰。

这些干扰引起的地面数字电视接收端的故障主要有信号中断和马赛克现象。排除这些干扰主要采用高增益定向天线，提高接收点的信号强度。因接收点多径干扰信号来自不同的方向，定向接收天线能有效选择信号，滤掉可能造成干扰的多径信号。

接收终端的其他故障排除参看实训 10。

7.5 实训 9 熟悉 CMMB 接收设备的安装与调试方法

1. 实训目的

1）了解 CMMB 系统基本工作原理。

2）熟悉 CMMB 外接模块式接收设备的接口、软件安装调试和使用方法。

3）熟悉 CMMB 内置接收芯片式终端的使用方法和使用环境。

4）了解 CMMB 终端的主要技术参数和有效接收范围。

5）掌握 CMMB 接收终端出错（或信号弱）信息的含义和改善信号接收强度的方法。

2. 实训器材

1）CMMB 信源本地电视台信号源 1 台

2）CMMB 接收器（带 CMMB 接收芯片的手机） 1 台

3）“铂酷”CMMB 信号接收棒（俗称 CMMB 电视接收棒） 1 根

4）CMMB 接收拉杆天线 1 根

5）吸盘天线 1 根

6）计算机 1 台

7）带 VGA 输入接口的监视器（或电视机） 1 台

8）带 CMMB 驱动程序软件的光盘（或 U 盘） 1 个

3. 实训原理

参考本章“地面数字电视接收技术”的相关内容，这里不再赘述。

4. 实训步骤

1）以本地电视台 CMMB 电视信号为信源，连接 CMMB 接收天线、电视棒、计算机或带 CMMB 接收芯片的手机等接收设备，建立实训平台。CMMB 系统示意图如图 7-37 所示。

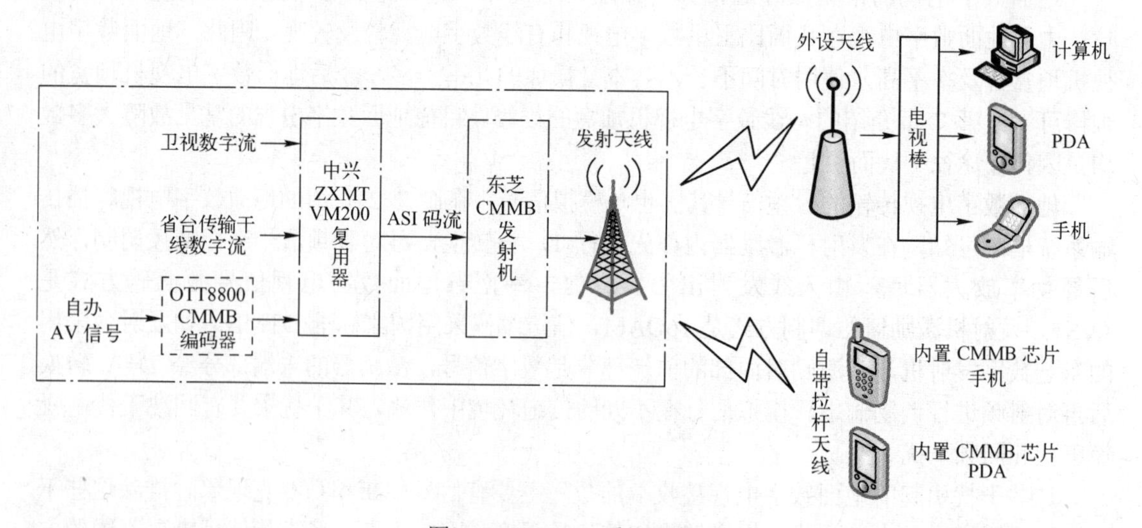

图 7-37 CMMB 系统示意图

图 7-38 所示为简版教学用的 CMMB 终端（移动多媒体广播终端）的逻辑框图。

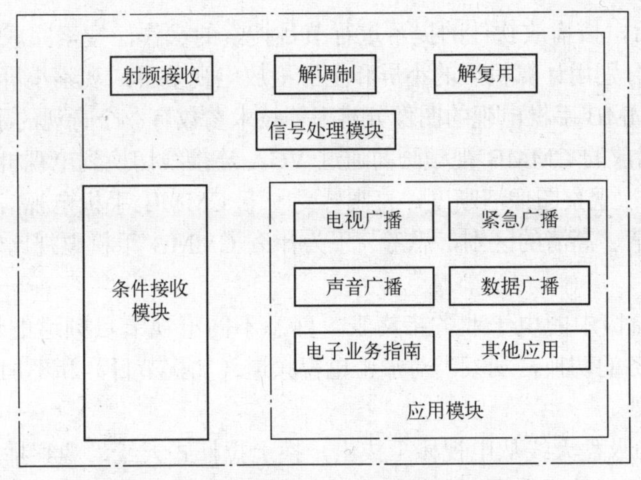

图 7-38 移动多媒体广播终端的逻辑框图

2）仔细阅读“铂酷 CMMB 移动数字电视棒”驱动程序说明书。

3）把电视棒的驱动程序软件通过光盘或 U 盘复制到计算机里，找到安装程序的源文件，打开软件窗口，如图 7-39 所示。

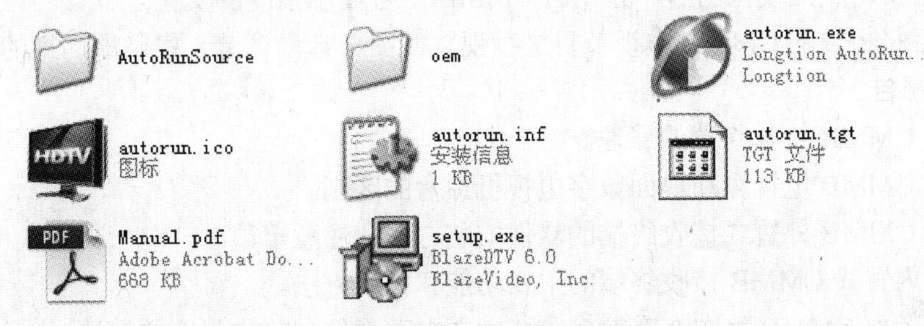

图 7-39 打开软件窗口

4）找到并用鼠标双击 autorun.exe 或 setup.exe 图标，进行驱动软件安装，按窗口提示逐步完成“Blaze DTV6.0”版驱动程序的安装。

5）电视棒连接图如图 7-40 所示。把电视棒的吸盘天线连接到电视棒的射频输入口，把电视棒的 USB 接口端插入计算机，然后开始运行“Blaze DTV6.0”播放软件。注意：吸盘天线和电视棒连接以及电视棒和计算机的连接都要牢靠，不然在软件运行时，计算机就会提示找不到射频信号。软件首次运行时，系统会提示用户进行注册，第一项和第二项由用户自行填写，产品的序列号被贴在随机光盘上。

图 7-40 电视棒连接图

6）用户注册后，按播放软件的提示进行节目搜索的操作，搜索完成后，播放软件会自动播放电视节目。分别用计算机屏的小屏和全屏播放电视节目，观察小屏和全屏播放窗口的图像清晰度，对 CMMB 手机电视的图像分辨率等技术参数有一个直观的了解。

7）把计算机播放的 CMMB 视频画面通过 VGA 连接线切换到电视机（如监视器）大屏上（如 32"屏），再次观察图像清晰度，直观感受一下 CMMB 手机电视信号在大屏上播放时与地面数字电视标清、高清的区别，思考一下为什么 CMMB 手机电视比较适用于 7"以下的小屏播放。

8）根据播放窗口中的电子业务指南表，熟悉不同电视节目频道的切换以及电视、广播、数据等不同业务的切换，观察当对加密电视频道（加扰节目）和不加密电视频道搜索时提示信号的不同之处。

9）把电视棒的吸盘天线从电视棒上拔出，换上拉杆式天线，观察播放电视画面流畅度的变化和系统提示的信号强度信息，如信号明显变弱，把计算机移到窗口或室外，再观察信号强度变化情况。了解接收环境对 CMMB 信号的影响以及电视棒的吸盘天线和拉杆天线的不同用处。

10）用带 CMMB 内置接收芯片的手机（或 PDA）进行频道自动搜索和手动搜索的操作，比较将手机内置天线拉出和不拉出时 CMMB 信号显示强度的变化。

11）对手机播放的 CMMB 电视节目进行视频截图、音量调节、横竖屏切换的操作。

5. 实训报告

1）简述 CMMB 接收终端的原理。

2）简述 CMMB 电视棒和地面数字电视机顶盒的区别。

3）总结 CMMB 外置式接收终端的软件安装方法和注意事项。

4）总结内置式 CMMB 接收终端的主要功能和使用方法。

5）实地考察 CMMB 终端在有效接收范围之内改善信号接收强度的方法。

7.6 实训 10 熟悉地面数字电视接收设备的安装与调试

1. 实训目的

1）了解地面数字电视系统的组成。

2）认识和理解地面数字电视系统各组成部分性能指标对传输质量的影响。

3）熟悉地面数字电视系统常见故障的排除方法。

4）掌握地面数字电视机顶盒的安装调试与使用方法。

2. 实训器材

1）信号源设备（卫星电视接收设施或编码器或 PC+ASI 码流输出卡） 1 套

2）国标激励器 1 台

3）小功率（1W 或 5W）发射机 1 台

4）地面高清晰度数字电视机顶盒 1 台

5）高清晰度电视机 1 台

6）小型全向发射和定向接收天线（含连接电缆） 各一套

3．实训原理

参考本章的有关内容，这里不再叙述。

4．实训步骤

1）建立地面数字电视实训平台（选做内容）。

按图 7-41 所示连接实训器材，建立地面数字电视系统实训平台。

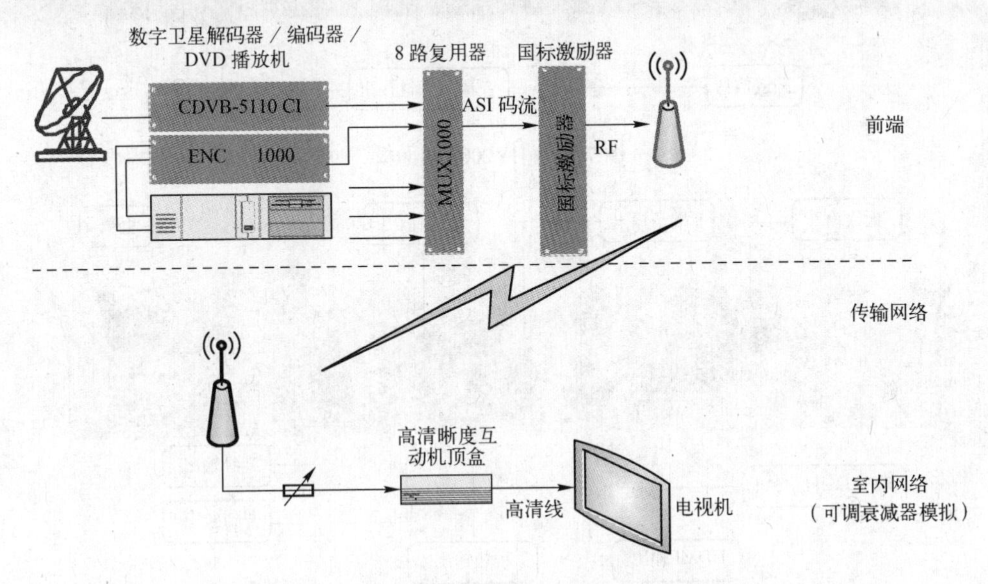

图 7-41　地面数字电视系统实训平台示意图

2）调整激励器调制模式（选做内容）。

按广电总局推荐的 7 种调制模式，调整发射前端国标激励器的调制模式，并确保复用器的输出码率不能超出相应调制模式的最高系统净码率，同时观察各种模式下接收终端的接收门限，如表 7-5 所示。

表 7-5　7 种调制模式

序　号	工 作 参 数	系统净码率/Mbit/s
1	*C*=3780　16QAM 0.4 PN=945 720	9.626
2	*C*=1 40QAM 0.8 PN=595 720	10.396
3	*C*=3780 16QAM 0.6 PN=945 720	14.438
4	*C*=1 16QAM 0.8 PN=595 720	20.791
5	*C*=3780 16QAM 0.8 PN=420 720	21.658
6	*C*=3780 64QAM 0.6 PN=420 720	24.365
7	*C*=1 32QAM 0.8 PN=595 720	25.989

通过调整发射前端国标激励器的调制模式，也要确保复用器的输出码率不能超出相应调制模式的最高系统净码，同时可以观察各种模式下接收终端的接收门限。

3）熟悉地面数字电视高清晰度机顶盒。下面介绍实训时选用的弘扬 HY2008 地面数字电视高清机顶盒，供实训参考。其前、后面板分别如图 7-42、图 7-43 所示。

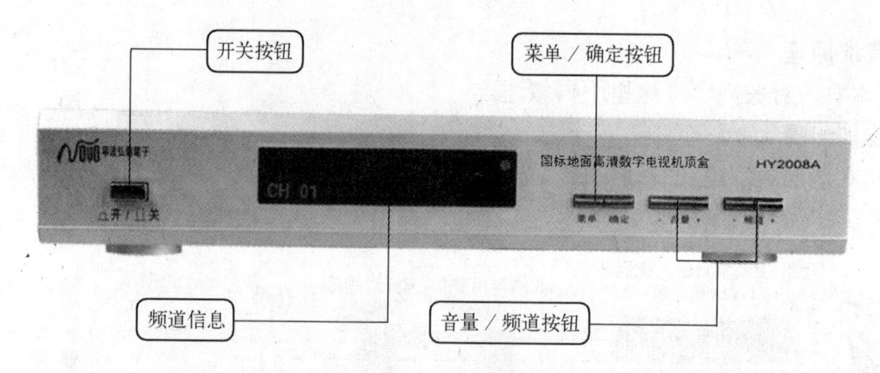

图 7-42　HY2008 前面板

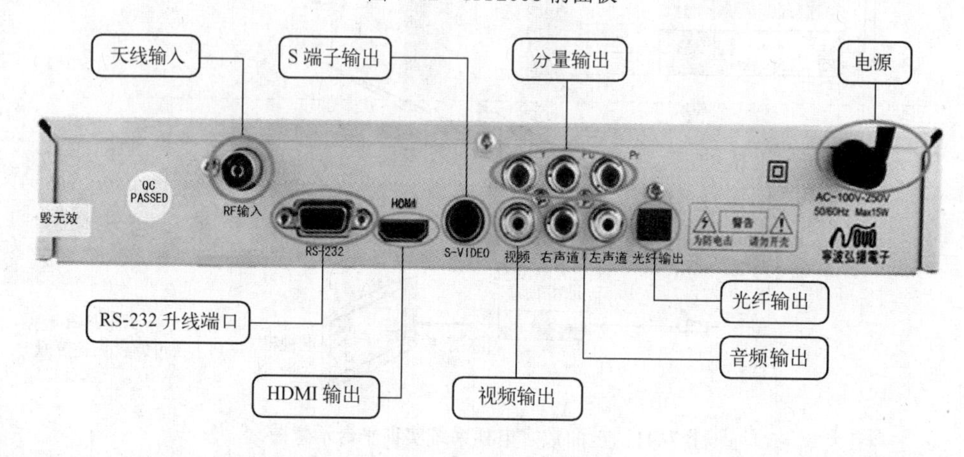

图 7-43　HY2008 后面板

4）用户终端常见故障现象与排除。

① 开机无画面。检查电视机电源是否接通，高清晰度接口（HDMI）或音视频接口（A/V）连线是否正确，是否将电视机调到对应的信源通道，或检查机顶盒是否有质量问题。

② 有开机画面，但随后出现黑屏。测试机顶盒输入电平及信号质量指示是否正常，如正常则进入机顶盒设置界面，搜索节目即可解决。

③ 图像有马赛克或定格、伴音有停顿现象。

a. 测试并保证机顶盒输入电平和信号质量均能达到正常值，检查、测试接收天线和同轴电缆，排除传输故障。

b. 收看不同频点的电视节目是否正常，排除前端信号源故障及个别频点的严重干扰。

④ 伴音严重不平衡。调整编码器的电视伴音输入、音频编码增益值，使其达到正常音量。对直接使用卫星数字或传输干线数字节目流（TS）的信号，要在前端引入数字电视伴音平衡系统，通过机顶盒自动调整解决。

⑤ 个别节目无伴音，或出现串音（出现两种不同的声音）用遥控器调整音频声道，如仍不能解决，则应检查、排除前端信号源的伴音故障。

⑥ 机顶盒死机。将机顶盒的电源关闭片刻再打开（重启）即可解决。

⑦ 遥控不起作用或功能不符。检查遥控器电池电量及接法，换电池后重新学习各键功能或换遥控器。

⑧ 电视机屏幕上有横杠滚动或有规律出现马赛克。加装高隔离用户盒，以有效隔除邻居用户 50Hz 交流电源干扰。

5）用户终端故障排障思路。

地面数字电视用户终端故障，不仅与前端信号源和发射端有关，而且与传输环境和机顶盒有关。由于数字电视相比传统的模拟电视系统有着本质上的区别，造成接收故障的原因要复杂得多，有硬件或软件故障，还有传输环境本身导致的接收故障（例如同频干扰或者反射等导致的接收多径），因此，要求维修人员具有检修故障正确的思维方式，并熟悉常见故障现象与维修方法，能根据用户终端故障现象，迅速查找故障原因，判断故障部位，及时排除故障。

① 对于前端信号源或者接收环境的原因判断：如果大面积用户出现接收故障，则很可能是前端信号源和发射端故障；如果某方向上或者某区域内用户出现接收故障，则很可能是有同频干扰。

② 对于单个机顶盒的接收故障判断，除利用地面国标接收测试仪等仪器手段进行判断外，也可以利用机顶盒自身的信号强度指示和信号质量指示来综合判断：如果信号场强不足，则需要调整终端接收天线，使信号场强高于相应调制模式的接收门限；如果信号场强能满足，仍无法接收，则可能是接收多径造成的。接收多径是电波在传播信道中的传输多径所引起的干涉延时效应。在实际的无线电波传播信道中（包括所有波段），常有许多时延不同的传输路径，各条传播路径会随时间变化，参与干涉的各分量场之间的相互关系也就随时间而变化，由此引起合成波场的随机变化，从而形成总的接收场的衰落。

5. 实训报告

1）画出地面数字电视系统框架图，并说明各设备的作用。

2）写出国标调制模式中的 7 种由总局推荐的模式和最高系统传输净码率。

3）总结地面数字电视机顶盒的安装调试的方法及操作使用方法。

4）实地考察地面数字电视机顶盒的安装调试流程，写出实验室地面数字电视机顶盒安装调试与实际情况的差异，总结心得体会。

7.7 习题

1. 地面数字电视广播系统由哪几部分组成？
2. 目前共有哪几种地面数字电视传输的国际标准？
3. 我国地面数字电视采用哪种调制方式？
4. 简述 CMMB 电视棒与地面数字电视机顶盒的区别。
5. 固定接收地面数字电视节目应注意哪些问题？

第 8 章　有线数字电视主要技术指标的测量技术

本章要点

- 熟悉码流分析仪的作用及功能，掌握码流分析仪监测的 3 种级别错误。
- 掌握有线数字电视主要技术参数及其测量方法。

8.1　码流分析仪

码流分析仪是检测压缩后的数字电视信号质量优劣的重要仪器，它可以对数字电视平台各个环节的输出码流进行检测和特性分析。码流分析仪配有标准的 ASI 和 SPI 接口，能够对 MPEG-2/DVB 的传输码流进行实时分析、记录和脱机详细分析。码流分析仪可以监测码流中的 PSI/SI 的信息情况，深入了解其中参数是否符合 MPEG-2/DVB 标准，码流是否存在错误，能否被接收端正确解码。泽华源码流分析仪的正面与背面分别如图 8-1a、b 所示。正面有一个 DVB ASI 输入接口（BNC 型）、一个 DVB ASI 输出接口（BNC 型）、一个射频输入接口（DVB-C/DVB-S/DVB-T/DMB-TH 任选其一）、一个射频输出接口和一个 RS-232 接口。背面有一个以太网接口（10/100Base-T） 和直流 9V 电源插孔。

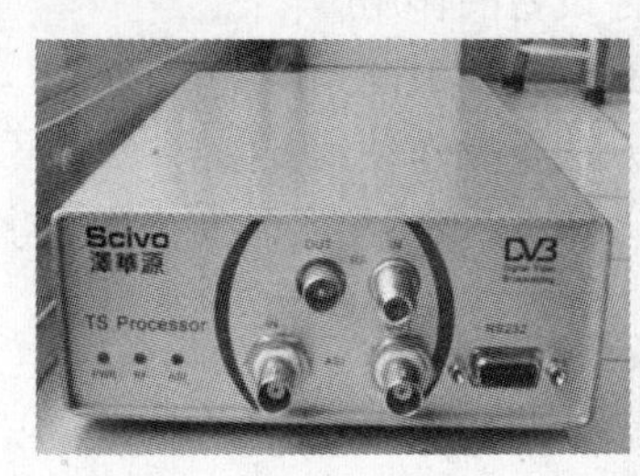

a)

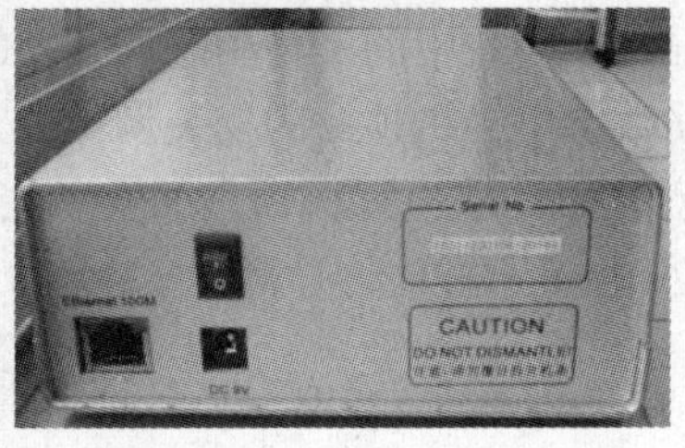

b)

图 8-1　泽华源码流分析仪

a) 正面　b) 背面

8.1.1　码流分析仪的作用

码流分析仪的重要作用及其主要应用如下所述。

1）在数字电视系统安装与调试时，能对系统的各个环节进行分析、验证及故障定位。

2）在数字电视设备开发和研制（如在编码器、复用器、调制器等的开发和调试）过程中，可分析码流的特性是否符合设计要求。

3）在有线数字电视系统的主要测试点进行测试、监视与分析，以便进行系统监视和故障定位。如在有线数字电视系统中可以选择编码器输出、复用器输出、解调器输出和解复用器输出 4 个点作为测试点，如图 8-2 所示。

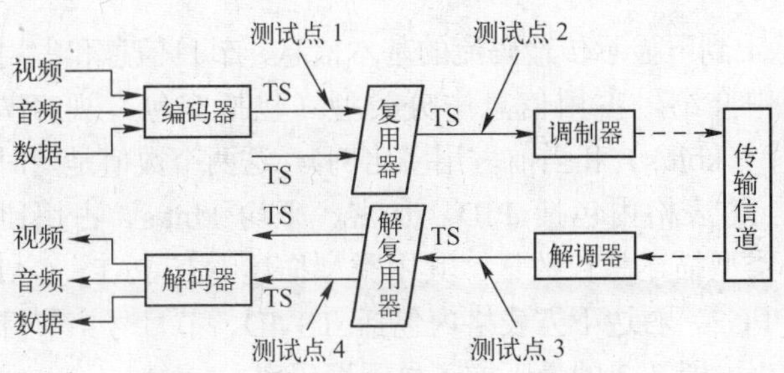

图 8-2　有线数字电视系统的测试点

在图 8-2 中的测试点 1 可以测试编码器输出的码流或其他由传输媒介过来的码流的具体技术参数，验证码流的参数值与设定的参数是否一致，若在此测试点测试的码流有问题，则基本可以断定是编码器本身或其参数设置出现问题，此测试点也包括对视频服务器、卫星数字电视接收机输出的码流进行测试，可以准确判断其码流的具体情况。

在测试点 2，可以测试多路码流经复用后的具体参数，如 PSI/SI 表的传输间隔是否标准、PID 的设置是否标准、同步是否丢失、码流加密后加密标志的设置是否标准、节目时钟基准（PCR）的抖动和间隔是否正常，尤其是当卫星解调的码流与自办节目的码流复用后出现 PCR 问题时，与测试点 1 的测试结果进行对比，能够定位出现 PCR 问题的码流，并由此进行分析和判断，得到复用器本身或其参数设置是否正确的信息。

在测试点 3，可以实现测试点 2 的所有功能，在调制器和解调器正常工作的条件下，通过与测试点 2 的结果对比，能够分析传输通道对传输码流的影响，从而判断有线数字电视传输系统的质量。

在测试点 4，可将码流分析仪的输出接至标准解码器，将数字信号还原为模拟视频和音频信号，以便能直观地看到图像的质量和听到声音。

8.1.2　码流分析仪的功能

码流分析仪的主要功能如下。

1）能对码流进行详细的实时解码分析、监测和静态离线解码分析。安装在有线数字电视播控机房的码流分析仪实时监测的数据如图 8-3 所示。

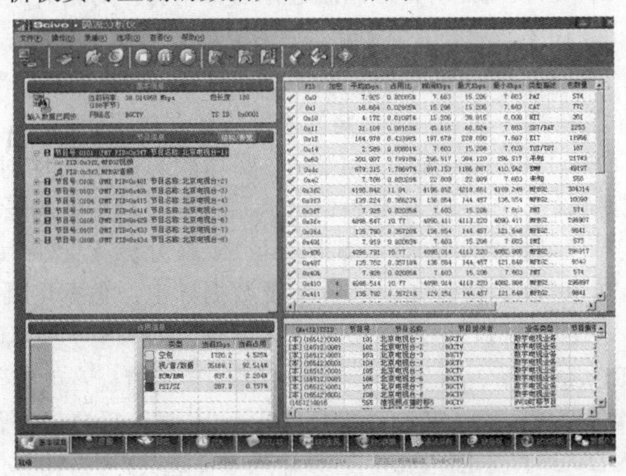

图 8-3　码流分析仪实时监测的数据

图 8-3 中左边从上到下显示传输码流的基本信息、节目信息和占用信息。基本信息与节目信息将在图 8-4 中介绍，占用信息中分类型（包括空包、视/音/数据、ECM/EMM、PSI/SI）当前码流速率（kbit/s）和当前占用（比例），这两个数值是随时变化的。

图 8-3 中右边上方表格内包括 PID、加密、平均 kbit/s、占用比、瞬间 kbit/s、最大 kbit/s、最小 kbit/s、类型描述与包数量。其中类型描述中有 PAT、CAT、NIT、SDT/BAT、EIT、TDT/TOT、MPEG2。右边下方表格内包括 TS ID、节目号、节目名称、节目提供者、业务类型和节目一索引。图 8-3 的最下方还显示误码率。

2）能对 QPSK 和 QAM 信号进行解调。图 8-4 所示是播控机房码流分析仪实时监测的图像画面。

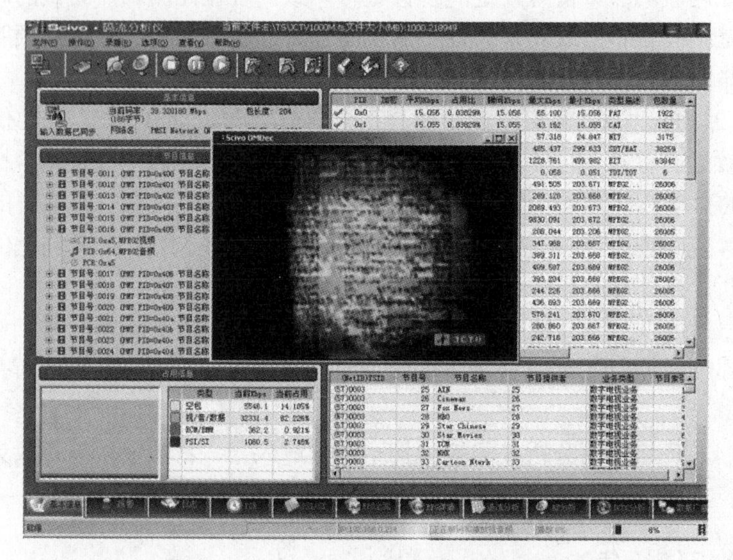

图 8-4　码流分析仪实时监测的图像画面

3）能对电子节目指南（EPG）与节目时钟基准（PCR）进行详尽分析，包括 PCR 间隔和 PCR 抖动。

4）能按 TR101-290 协议规定对传送码流进行 3 级检错，对错误原因进行详尽的分析，快速判断故障问题并准确定位。

5）能对数据广播中使用 DSM-CC 格式的多协议封装、数据轮放、对象轮放进行分析。

6）对分析结果能提供打印功能，并可将打印结果转存成 TXT 文件。

泽华源便携式 SPA-11P 型码流分析仪的主要功能有：码流实时监测和信息分析；TR101290 及其他类型错误报警 ；PCR 分析：PCR 连续性、精度、间隔等；PSI/SI 深入分析及 PSI/SI 时间间隔实时统计；全网络 EPG Schedule/Event 分析及监测；码流文件离线语法分析：PID/PES/Section/PCR 数据查看、语法解析及数据导出；数据广播分析：DC（数据轮放）/OC（对象轮放）数据分析、语法分析及文件下载；RF 信号参数测量及报警：星座图/MER/BER/EVM/SNR/实际频率、符号率等；实时/离线传输流视音频解码；由 ASI/RF 输入接口录入 TS 流到计算机；RF 和 ASI 自动循环输出；RF 调谐后自动解调成 ASI 信号输出；支持 DVB-C/DVB-S/DVB-T/DMB-THM 射频输入（任选其一）；100MHz 网口通信，支持远程访问控制、配置网关、子网掩码和 IP 地址。

8.1.3 节目时钟基准（PCR）测试分析

在码流复用器中曾介绍过节目时钟基准的校正内容。码流分析仪能对节目时钟基准进行测试分析，包括 PCR 间隔和 PCR 抖动。

1．PCB 的重要性

在电视发射与接收系统中，发射端调制信号与接收端解调信号必须保持一定的同步关系，才能使接收端的图像与发射端图像按一样的扫描帧频重现在屏幕上。在模拟电视中，电视机利用同步分离电路直接从模拟电视信号中解调得到同步头，获得场、行、色同步信息，从而保证彩色图像不失真，而且音频和视频是同时送出的，不存在音频和视频的同步问题。数字电视与模拟电视的不同之处：一是 I、B、P 这 3 种类型的帧经压缩后的字节数各不相同；二是解码器输入图像的次序和显示次序并不一致，需要重新排序；三是音频的基本码流和视频的基本码流是交错传送的。因此，在数字电视的编码端（发射端）和解码端（接收端）不再像模拟电视信号那样直接从解调信号中得到同步信息等。

数字电视的时间信号由码流中的专门信息来传递，接收端应该从码流的这些信息中恢复时钟。但这一时钟不是由物理方式直接传送的，因此，发射端与接收端的实际时钟不可能完全一致。如果处理不好，两者之间就很容易在长期积累后有较大的差别，这将导致解码器所恢复的图像容易掉彩色，还会出现周期性的黑屏现象，同时图像会伴有马赛克，严重时会出现死机。

为了实现各种不同应用状态下的编码器/解码器之间的同步，在 MPEG 系统中引入了系统时钟（STC）、节目时钟基准（PCR）、显示时间标记（PTS）的概念。

在数字音、视频编码器中，信号的抽样、处理都是以一个 27MHz 的参考时钟为基础来进行的。对一个显示单元（如一帧图像），打上用系统时钟对应的参考显示时间（叫做显示时间标记），该信息随同码流一起传输。同时，时钟信息也被抽样加入到码流中一起传输。

在解码器中，将时钟信息从码流中取出，用于恢复 STC，使解码器产生一个与前端同步的 27MHz 系统时钟。在获得显示单元的数据后，将该单元的 PTS 与恢复出的 STC 进行比较，并在相应时间点输出显示数据，这样就可以实现系统编码和解码的同步。视频编/解码系统时钟示意图如图 8-5 所示。

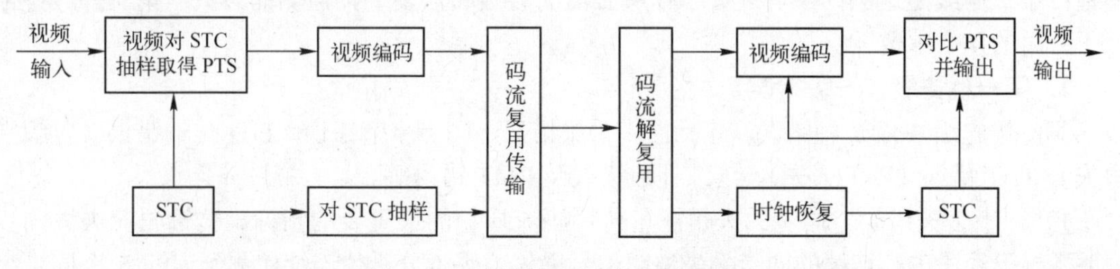

图 8-5 视频编/解码系统时钟示意图

在数字电视系统中，STC 在传输中由节目时钟基准和显示时间标记携带，在接收端解码器中恢复。由此可见 PCR 的作用是使 MPEG 解码器与编码器保持同步。系统时钟即主时钟锁定于码流 PCR。在编码器中，PCR 是系统时钟正弦波的 42bit 采样值，在解复用器中，它是恢复系统时钟的参考。PCR 指示解码器接收每一时钟参考时的 STC 时间。如果复用器产生的 PCR 值不准确，或者因抖动造成的网络延时而使接收延迟，就会出现解码与编码之间的同步错误。STC 用于产生彩色同步和同步信号，它是音/视频解码和显示时间标记的参考。抖动和不准确性错误均会导致解码器出错。

2．PCR 的抖动

通常情况下，经过复用和再复用后，PCR 值并不能完全精确地反映信源编码端的时间信息，这种现象称为 PCR 抖动。复用器增加的 PCR 抖动量主要有以下几个原因。

1）本地 27MHz 时钟与节目复用器中系统参考时钟不一致。

2）本地 27MHz 时钟与输入传输码流时钟不一致。

3）本地 27MHz 时钟与输出传输码流时钟不一致。

4）时钟的突然变化。

5）再复用时对 PCR 的修改。

6）射频解码器的不稳定。

7）光纤解复用器的不稳定。

8）传输码率的变化或传输网包抖动等。

PCR 的抖动也就是 PCR 的不准确度，是相对于平均值的偏移。不同的系统能够接受的最大抖动是不同的，对于 MPEG-2 标准，PCR 抖动量 ≤±4ms，对于数字视频广播（DVB）标准，PCR 抖动量≤±500 ns（即 PCR 的精度必须高于 500 ns）。

3．PCR 间隔

PCR 间隔是指在同一节目中两个连续的 PCR 之间最大的时间间隔。DVB 中要求同一节目中两个连续 PCR 的时间间隔不能超过 100ms，或整个发送间隔应不大于 40ms，解码器要能够对 PCR 间隔在 100ms 以内的节目进行正确操作，PCR 间隔错误将导致接收端的时钟抖动或漂移，影响画面显示时间。

8.1.4 码流分析仪监测的 3 种级别错误

为了保证解码器的正确解码，确认一个 TS 流的合法性，DVB 开发了一个标准 ESTI ERT-290 及后来的 TR 101-290。在这个标准中，从内容上看主要是分析语法（协议）、参数精度和参数时间间隔，对码流的错误指示分为 3 个等级：第一等级是正确解码所必需的几个参数；第二等级是达到同步后连续工作所必需的参数和需要周期监测的参数；第三等级是依赖于应用的几个参数。

1．第一优先级（一级错误）

第一优先级共有 6 种错误，包括同步丢失错误、同步字节错误、PID 传输错误（包识别丢失）、PAT 错误（PAT 丢失）、连续计数错误及 PMT 错误等。

1）同步丢失错误。同步丢失是衡量传输码流质量的最重要的指标。传输码流失去同步表明数据已经丢失；连续的同步丢失说明信号丢失。码流分析仪连续检测到连续 5 个同步字节视为同步，连续检测不到两个以上同步字节则为同步丢失错误。同步丢失错误将直接影响解码后画面的质量，严重的同步错误将造成接收中断。在接收端出现黑屏、静帧和马赛克、画面不流畅等现象。

2）同步字节错误。同步字头的标准值为 0x47，当出现同步字节错误时，同步字头的值为其他数值，表明在传输过程中部分数据出现错误，严重时导致解码器解不出信号。

同步字节错误和同步丢失错误的区别在于，同步字节错误传输数据仍是 188 或 204 包长，但同步字头不是标准的0x47。在接收端也会出现黑屏、静帧和马赛克、画面不流畅现象。

3）PID 传输错误（包识别丢失）。检测数据流中各套电视节目的图像/声音数据是否正确，PID 中断导致该套节目无法完成正确的数据解码，在接收端出现黑屏、静帧、马赛克等所有异常现象。

4）PAT 错误（PAT 丢失）。节目相关表（PAT）在 DVB 标准中用于指示当前节目及其在数据流中的位置。PAT 丢失，将导致解码器无法搜索到相应的节目包，使得接收端收不到图像，如果PAT超时，解码器工作时间就会延长，在接收端出现搜索不到节目或节日搜索错误。

5）连续计数错误。对于每一套节目的视/音频数据包而言，连续计数错误是一个很重要的指标。传输流包头连续计数不正确，表明当前传输流有丢包、错包、包重叠等现象，将导致解码器不能正确解码，在接收端图像出现马赛克等现象。

6）PMT 错误。节目对照表（PMT）在 DVB 标准中用于指示该套节目视/音频数据在传输流中的位置。某一套节目的 PMT 丢失，将导致解码器搜索不到节目或出现节目搜索错误，使得接收端收不到图像或声音。PMT 传输超时，将影响解码器切换节目时间。

2．第二优先级（二级错误）

第二级优先共有 5 种错误，包括数据传输错误、循环冗余校验（CRC）错误、节目参考时钟（PCR）间隔错误、PCR 抖动错误和显示时间标记 （PTS） 错误。

1）数据传输错误。TS 包数据在复用/传输过程中出现错误，包头标识位置被置为 1，表示在相关的传送包中至少有 1 个不可纠正的错误位，即传输包已损坏，只有在错误被纠正之后该位才能被重新置 0。而一旦有传输包错，就不再从错包中得出其他错误指示。通过监测 TS 包的错误，可以监测码流是否连续及稳定。TS 包的错误会导致在接收端出现黑屏、静帧和马赛克、画面不流畅现象。

2）循环冗余校验（CRC）错误。节目专用信息（PSI）和服务信息 （SI） 出现错误，可以由 CRC 计算出来，以指明该包是否可用。PAT、PMT 出现连续错误，将影响解码器对某一节目的正确解码，在接收端出现黑屏、静帧和马赛克、画面不流畅现象。

3）节目时钟基准（PCR）间隔错误。PCR 用于恢复接收端解码本地的 27MHz 系统时钟，PCR 发送间隔为 40ms。PCR 间隔错误，将导致接收端的时钟抖动或漂移，影响画面显示时间，甚至引起画面的抖动，在接收端出现视/音频不同步或图像颜色丢失现象。

4）PCR 抖动错误。PCR 抖动将影响接收端系统时钟的正确恢复，解码时会出现马赛克现象，严重时不能正常显示图像，在接收端也会出现视/音频不同步或图像颜色丢失现象。

5）显示时间标记（PTS）错误。在 DVB 标准中规定 PTS 每 700ms 传输一次，PTS 传输超时或PTS错误均会影响图像正确显示，出现音/视频不同步现象。

3．第三优先级（三级错误）

码流分析仪的三级错误为轻微错误，终端影响对于一般的三级错误不是很大。

1）网络信息表（NIT）错误。NIT 标识错误或传输超时，会导致解码器无法正确显示网络状态信息。

2）业务描述表（SDT）错误。SDT 标识错误或传输超时，会导致解码器无法正确显示信道节目的信息。

3）节目信息表（EIT）错误。EIT 错误会导致解码器无法正确显示每套节目的相关服务信息以及SI重复率错误等。

其他比较常见的错误信息还包括：业务信息重复错误、缓冲器错误、运行状态表错误、时间及数据表错误、空缓冲器错误和数据延迟错误。

从以上分析可知，将数字电视系统对码流的错误指示分为 3 个等级，其中第一级直接影响节目图像和伴音的内容，第二级直接影响传输的可靠性，第三级影响显示结果。

8.2 有线数字电视主要技术参数及其测量

在有线数字电视系统中，传输网络数字调制信号技术参数及 TS 码流参数是需要了解和测试的重点。对于有线数字电视主要技术参数的测量，一是要熟悉测量仪器的使用，二是能够正确分析测量得出的数据。如果不会利用测量数据来分析判断故障，就没有真正掌握有线数字电视测量技术。

8.2.1 数字调制信号的主要技术参数

目前我国有线数字电视信号的测量标准主要参考国际电工委员会（IEC）标准。IEC 数字调制信号的技术参数见表 8-1。

表 8-1　IEC 数字调制信号的技术参数

技 术 参 数		要　求	备　注
系统输出口	电平/ dBμV	47～67	比模拟低 10dB
	最大电平差/dB	3	数字相邻频道
		13	数字频道与 AM～VSB 之间
频谱响应/dB		8	8MHz 内
载噪比/dB		31	HDTV 为 24
误码率		10^{-4}	RS 误码校正前
噪声余量/dB		4	
调制误差率/dB		30	
长期频率稳定度/kHz		+100/-100	HDTV 为+30/-30
单频干扰/dB		35	
多频互调干扰/dB		37	
相位抖动/度		+5/-5	
射频载波的相位噪声/dB/Hz		-50/-70	100Hz～10kHz/100kHz 偏移

GD/J 12-2007《有线数字电视系统用户接收解码器（机顶盒）技术要求和测量方法》、GY/T 241-2009《高清晰度有线数字电视机顶盒技术要求和测量方法》均规定机顶盒最小接收信号电平≤40 dBμV（64-QAM）或 44 dBμV（256-QAM）；在测量电平为 60dBμV，符号率为 6.875 Mbaud 条件下，C/N 门限电平≤26 dB（64-QAM）或 33dB（256-QAM）。

IEC 标准规定的用户终端技术指标主要测试的项目如下所述。

1）平均功率为 47～67dBμV。

2）相邻数字频道≤3dBμV、任意数字频道≤13 dBμV。

3）C/N≥31 dBμV。

4）MER≥30dB。

5）EVM≤1.6%。

6）BER≤10^{-4}（RS纠前）。

国际电工委员会IEC制定的有线数字电视用户端标准中对CTB与CSO未作要求，但并不意味着CTB与CSO对有线数字电视的传输质量没有影响。当放大器级联数过多（10级左右）时，由于CTB与CSO的累积作用会使星座点呈环形发散，造成数字电视机顶盒解码困难。据有关公司研究表明：有线数字电视的CTB与CSO要比传统的模拟电视低4dB，即CTB≥50dB，CSO≥50dB即可，换句话说，这两项指标在设计中比较容易满足，故未对其作出要求。反向通道的性能要求见表8-2。

表8-2　反向通道的性能要求

技术参数	要　求	备　注
频率范围/MHz	5～65	
最大载波电平/dBμV	112	
幅频响应/dB	+0.25/−0.25	2MHz内
误码率	10^{-4}	RS误码校正前
载噪比/dB	25	BW = 1.544MHz
载波干扰比/dB	25	
载波侵入功率比/dB	25	BW = 2MHz
载波脉冲噪声比		在考虑中
载波交流声调制比/dBc	−23	7%
回波值/%	15	
群时延变化/ns	150	BW = 2MHz
射频载波的相位噪声/dBc/Hz	−80	在偏离载波10kHz处
相位抖动		在考虑中
长期频率稳定度/kHz	+30/−30	

8.2.2　载波调制数字信号电平及其测量

有线数字电视采用QAM调制射频信号传输，这种射频信号常称为“载波”，其目的是与基带调制信号相区别。其实在这种“载波”信号中，没有图像载波电平可取，整个限定的带宽内是平顶的，无峰值可言。数字电视频道的频谱图如图8-6所示。QAM调制数字频道的电平是用被测频道信号的平均功率来表达的，称为数字频道平均功率。因此数字载波电平定义为：有效带宽内射频或中频信号的平均功率电平。该指标直接影响数字电视机顶盒解调数字信号的能力，是衡量有线电视网络质量很重要的技术指标之一，在检修中经常作为被参考的技术参数。

由于数字电视频道的存在，非线性产物对模拟电视频道的干扰明显比数字电视频道严重，所以应当在前端把数字64QAM信道功率配置为比模拟电视信道图像载波峰值电平低10dB。在实际应用中，在用户端电缆信号系统出口处要求信号电平为45～70dBμV（IEC规定为47～67dBμV），这个指标取决于数字电视机顶盒的输入电平。

电平测量的方法是对整个频道进行扫描、抽样，每个随机抽样点的功率是随机分布的，故把每一个抽样点的功率值取平均。这种测量功能是模拟电视测试仪器不具备的，不能用模拟电视场强仪测量数字频道电平，把结果进行修正当做数字频道电平，而只能用数字电视测量仪来测量数字频道的平均功率电平，测量时应当把频率设定在该频道的中心频率处。

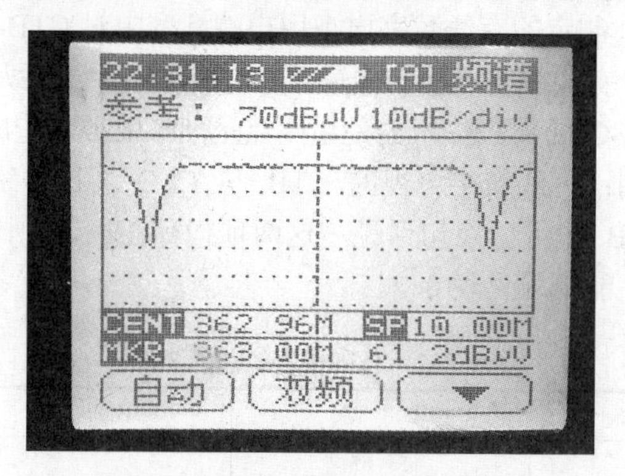

图 8-6　数字电视频道的频谱图

用 DS1191 数字电视综合测试仪可以在数字频道模式下测量该数字频道的平均功率值，同时在屏幕的右方会显示平均功率的柱状图，如图 8-7 所示。

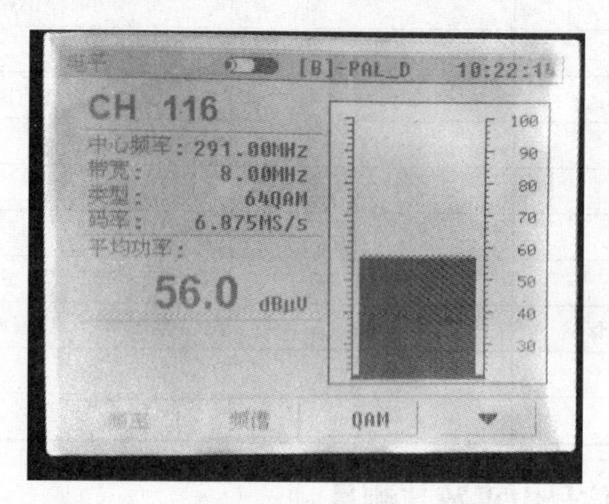

图 8-7　数字频道的平均功率值测量结果

图 8-7 中显示 116 频道（注：是测试仪设置的频道）的中心频率为 291MHz（注：是增补 16 频道的中心频率）、带宽为 8MHz、类型为 64QAM、码率为 6.875MS/s（注：正确单位是 Mbaud/s）、平均功率为 56.0dBμV。

另外，还可在单频率频道模式下测量某一个频率的电平值以及设定带宽内峰值电平情况，峰值点、中心频率的频率差值及电平差值信息也都会显示在屏幕上，具体操作可参看随机附带的产品说明书。

8.2.3　载噪比及其测量

载噪比（C/N）是指已调制信号的平均功率与噪声的平均功率之比。载噪比中的已调制信号的功率包括传输信号的功率和调制载波的功率（注：有线数字电视采用 QAM 调制后，载波被抑制）。而信噪比（S/N）是指传输信号的平均功率与噪声的平均功率之比。在有线数字电视传输系统中，输入到数字电视机顶盒射频信号的载噪比与解调后的信噪比的关系为 S/N = C/N +0.441（dB），其中升余弦平方根滚降滤波系数为 0.15。

数字调制信号对有线电视网络参数的要求主要反映在载噪比上，载噪比越大，信号质量越好，反之信号质量越差，模拟电视就会出现“雪花干扰”，数字电视就会出现马赛克，严重时会造成图像不连续甚至不能对图像解码。一般的有线电视网在用户端电缆信号输出口处数字频道载噪比达到 31dB 以上，就可传送 64QAM 信号。

由于有线电视网络网络质量与系统内噪声、外界干扰有着密切的关系，所以载噪比是直接衡量图像质量的重要技术指标。另外，放大器级联过多或某级放大器指标劣化也都会导致载噪比下降，从而引起误码。测量载噪比一般可采用适当的频谱分析仪或者矢量分析仪测量。用 DS1191 数字电视综合测试仪可以测量数字频道的信噪比，并且在屏幕上显示为信噪比字样及其平均功率，如图 8-8 所示。

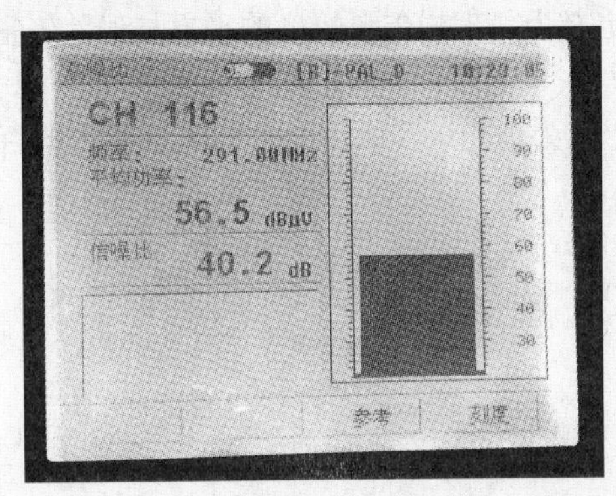

图 8-8　载噪比的测量结果

图 8-8 中显示 116 频道（注：是测试仪设置的频道）的中心频率为 291MHz （注：是增补 16 频道的中心频率）、平均功率为 56.5dBμV、信噪比为 40.2dB。

8.2.4　比特误码率（BER）及其测量

比特误码率（BER）定义为发生误码的比特数与传输的总比特数之比，有时简称为误码率，实质上它是指通过网络传输，在数字电视机顶盒接收码流的错误比特和发送的比特总数之比。它是数字电视系统的重要技术参数之一，直接反映了信号在网络中传输的质量。通过对这项指标的测试，可以判断网络的标准性和稳定性。误码率与测试点的载噪比有关，因此应用时测量误码率和载噪比。

数字电视信号是离散的信号，具有“陡峭效应”的特点，接收到的数字电视信号（一个频道内的几套节目）要么是稳定、清晰的图像，要么就是信号中断（包括马赛克、静帧、无图像或黑屏）。数字电视的这种“陡峭效应”在实训 4 的调试卫星接收天线时，在卫星数字电视接收机上显示出信号质量数值的变化，就说明这一特点。由于信号的这种变化只与传输的误码率有关，所以把误码率作为衡量系统信号质量劣变程度的最重要的指标。规定前端机房输出口处的误码率不劣于 10^{-9}，在用户端电缆信号输出口处的误码率不劣于 10^{-4}，其他参数（如载噪比、调制误差率）的限额值都是为了保证误码率的。

IEC 标准中规定 BER≤10^{-4}（RS 纠前），其含义是，在信道编码中采用 RS 纠错编码前，前端发 10^4 个比特，只允许有 1 个比特出错；BER≤10^{-9}（RS 纠后）；其含义是，在信道编码中采用 RS 纠错编码后，前端发 10^9 个比特，只允许有 1 个比特出错。比较两个数值可知，信道编码的作用是将 BER 提高了 5 个数量级。一般在用户终端 BER≥10^{-5} 时图像才能稳定。

比特误码率主要是以比特微观的视角分析解码后比特出现的差错率情况，它是对接收机解码情况的反映，该参量正是对图像优劣情况的表示。

测量有线电视系统的比特误码率可用伪随机二进制序列（PRBS）发生器、带 PRBS 码流串行接口的 QAM 调制器、频谱分析仪和误码比特率（BER）分析仪来测量。

8.2.5 调制误差率（MER）及其测量

广电行业标准 GY/T198-2003《有线数字电视广播 QAM 调制器技术要求和测量方法》中对调制误差率（MER）定义为：理想矢量幅度的平方与误差矢量幅度的平方之比，单位为 dB。调制误差率（MER）与矢量幅度误差（EVM）示意图如图 8-9 所示。而 EVM 则是所谓的矢量幅度误差，行标定义为理想矢量幅度与实际矢量幅度的百分比，单位为%，IEC 标准规定用户端 EVM≤1.6%。

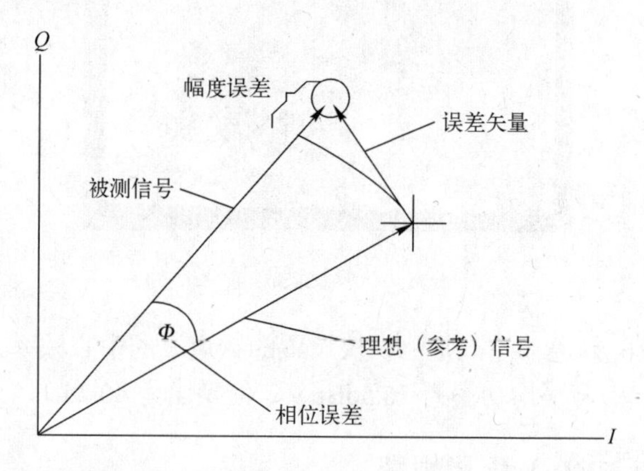

图 8-9 调制误差率（MER）与矢量幅度误差（EVM）示意图

调制误差比突出了矢量性特征，表现出了数字已调信号在传送过程中损坏的情况，且主要是从幅度与相位偏转两个维度加以表现的，对信号的优劣状态可以有较为全面的真实反映，与误码率功能相类似，它也能够折射出图像的优劣情况。

从图 8-9 可以看出，对于 MER 而言，理想矢量（有大小和方向的量）是固定不变的，误差矢量是一个变量，当光纤同轴电缆混合（网）（HFC）质量好时，误差矢量幅度较小，MER 较大（意味着指标较好）。反之，当 HFC 质量较差时，误差矢量幅度也较大，MER 较小（意味着指标较差），当 MER≤26dB 时，图像可能会中断（参考门限值。可能大一点，也可能小一点）。EVM 的测量仅供参考，主要以 MER 为主，一般的仪器也没有那么高的精度。总之 MER 越大越好，EVM 越小越好。采用天津德力 DS1191 数字电视综合测试仪可测量 MER 与 EVM，并在一个界面同时显示 MER 与 EVM，如图 8-10 所示。该仪器对调制误差率的测量范围是 38～40dB，精度为±2dB。

图 8-10 中显示 116 频道（注：这是测试仪设置的频道）的中心频率为 291MHz （注：

是增补 16 频道的中心频率）、类型为 64QAM、码率为 6.875MS/s（注：正确单位是 Mbaud/s）、EVM 为 0.7%、MER 为 38.7dB、BER<1.0E−9（注：应为 $1.0E^{-9}$）。

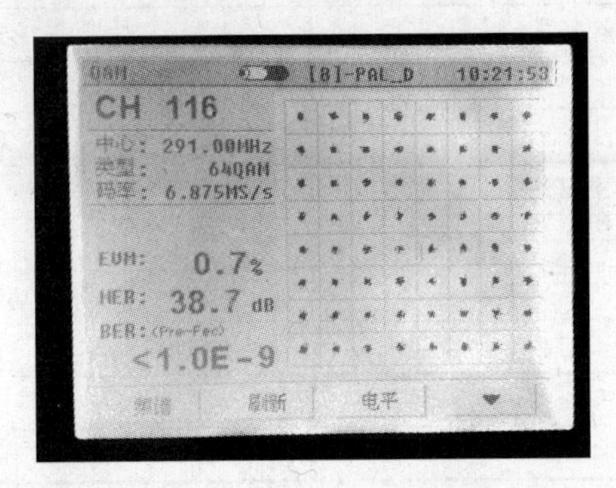

图 8-10　MER 与 EVM 的测量结果

8.2.6　传输码流参数及其测量

MPEG−2 传输码流（TS）参数的监测和特性分析包括 TR101290 测试标准三级错误检测、PSI/SI 信息分析、TS 流语法分析、PCR 分析及缓冲区分析等。一般采用码流分析仪对 TS 流进行检测分析。有关码流分析仪的使用参看 8.3 节实训 11 的内容。

对 MPEG−2 TS 流参数的测试，主要是依据“DVB 系统测试指导”文件 ETR290，测试并不依赖于任何商用解码器及芯片，而使用 MPEG−2 TS 系统目标解码器（T−STD）的标准解码程序。

TR101290 的 3 级错误分析可参看 8.1.4 节介绍的内容。

8.3　实训 11　熟悉数字码流分析仪的使用

1．实训目的

1）进一步认识与理解 MPEG−2 传输码流的基本组成。

2）掌握码流分析仪的实时分析、监测与录制过程。

3）认识和理解数字电视中节目时钟基准（PCR）的间隔及抖动超标对解码器的影响。

2．实训器材

1）DTU−225 码流分析仪（含笔记本电脑）　　1 台

2）配套的 DTC−320 streamXpert MPEG−2 码流分析及监测软件　　1 套

3）码流播放机（含媒体播放卡及软件，ASI 输出卡）　　1 台

3．实训原理

参考本章有关内容，这里不再赘述。图 8-11 是 DTU−225 袖珍型 USB−2 ASI/SDI 输入记录分析盒的外形，其技术参数如表 8-3 所示。使用时要配合笔记本电脑和 DTC−320 streamXpert MPEG−2 码流分析及监测软件，共同组成便携式码流分析仪。

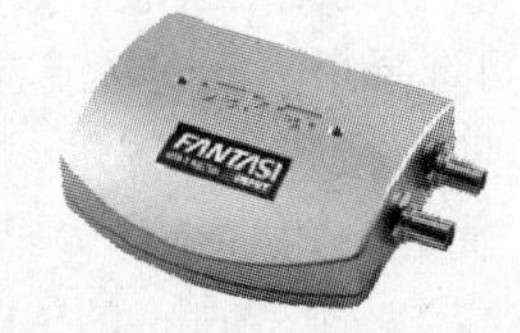

图 8-11　DTU−225 袖珍型 USB−2 ASI/SDI 输入记录分析盒的外形图

表 8-3 技术参数

规格		参数
DVB-ASI 插座		75Ω BNC（2×）
输入反射损耗		>17dB
ASI	执行标准	EN50083-9
	传输码流速率	0～214Mbit/s
	包长度	188 或 204
SDI	物理层	SMPTE259M
	传输码流速率	270Mbit/s
	比特位	8 或 10bit
外形尺寸（长×宽×高）		87×104×30

4. 实训步骤

1）根据图 8-12 所示的连线图连接设备，安装硬件驱动软件和码流分析软件。

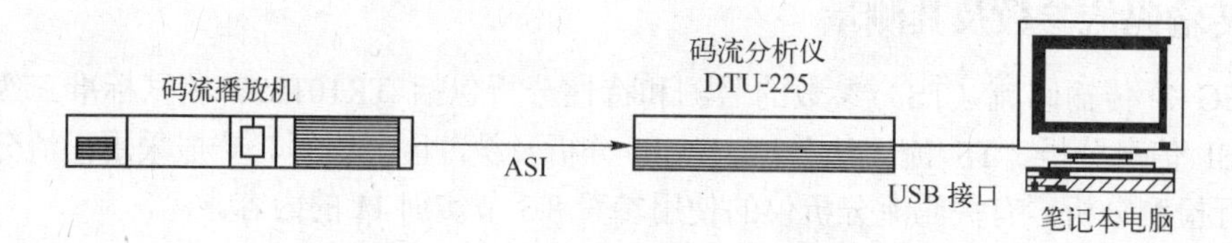

图 8-12 码流分析仪测试连线图

2）基本传输码流分析。设定码流播放器输出 ASI 码流，在码流分析仪连接的笔记本电脑上即可显示的传输码流的信息。其中包括节目（Service）列表、视音频传输速率、占总百分比率、PSI/SI 信息（码流中存在的 PAT、PMT、SDT 等速率及百分比）、相应的 PID 值（一般选十六进制）、点开视频信息还可以显示：码流类型、加扰与否、传输码流 ID、PCR 有无、ES 信息等；空包带宽和百分比率。并实时显示有效码流带宽（红线）和总的码流（包括空包）带宽（绿线）；如果是固定比特率（CBR）码流，则显示是一条红色的直线；可变比特速率（Variable Bit Rate，VBR）如果是码流，则是一条变化的红色曲线。

3）PCR 分析。单击 PCR 标签即可进入分析功能模块，能对 PCR 间隔和 PCR 抖动两大指标进行测试，并判断是否超标。

4）TR101-290 协议错误分析。DVB 系统测量标准之一 TR 101-290 定义的 3 个优先级，是码流监测的一项主要内容。通过这 3 个优先级的监测，可以检验被监测的码流是否符合 MPEG-2 和 DVB 标准。这 3 个优先级都包含许多不同的参数，参看本章 8.1.4 节。单击相关按键，即可进入 TR101-290 实时监测功能模块，可对传输码流的三级错误进行分析和监测。

5）传输码流的录取和播放。如果需要截取故障设备传输码流，那么只需要按下相关按键，就可选择最大时间（或者最大空间）进行传输码流的实时录制。

5. 实训报告

1）简述 MPEG-2 传输码流包含哪些必要的基本内容。

2）录制一段 5min 的 MPEG-2 的传输码流，并分析码流中 PCR 的间隔和抖动是否超过 DVB 标准。

8.4 实训 12 熟悉有线数字电视主要技术指标及其测量

1．实训目的

1）认识与了解有线数字电视系统 QAM 信号测试的常用指标。

2）掌握数字电视 QAM 信号主要指标[即 C/N、MER、BER、PCR、丢包 W.P（Wrong Packets 错误包）] 对信号质量的影响。

3）加深对有线数字电视信号"门限"值概念的理解。

2．实训器材

1）有线数字电视信号源 1台

如无条件，可利用 DVD 播放机、编码器、QAM 调制器搭建一个仅一个频道的数字电视信号源。

2）放大器（输入信号衰减连续可调为佳） 1台

3）步进式可调衰减器 两个

4）固定式衰减器及分支分配器 若干

5）QAM 测试仪 1台

6）有线数字电视机顶盒 1台

7）电视机 1台

8）码流分析仪 1台

3．实训原理

参考本章 8.2 节关于"有线数字电视主要技术指标及其测量"的内容，这里不再赘述。

4．实训步骤

（1）电平测量

测试框图如图 8-13 所示，测试步骤如下所述。

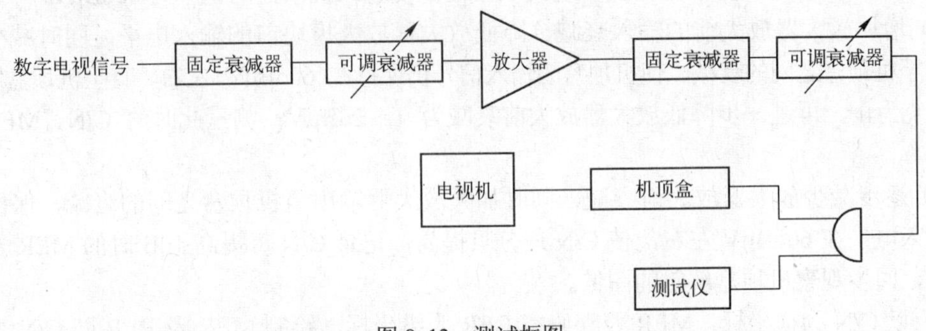

图 8-13 测试框图

1）按图连接系统。按放大器输入、输出标称值的要求调试好放大器，并按机顶盒输入电平的要求给机顶盒输入信号，调试好机顶盒，确保机顶盒能够正常解码图像，图像流畅，无停顿、静帧或马赛克等异常现象。

2）打开测量仪器，根据要测量的频道，设置好频道的参数，进入电平测量功能，读出当前的电平值。

3）进入测试仪器的频谱分析功能（或采用专用的频谱仪），设置扫描带宽为 10MHz，并设置好中心频点、参考电平，保证被测信号的图像峰值在仪器屏幕的 2/3 高度左右。观察波形，注意其与模拟电视信号波形的区别，并说明 QAM 信号电平测试与模拟电平测量的区别。

4）调节机顶盒前的步进衰减器，使输入机顶盒的输入电平降至 40dBμV 左右，观察电视机的图像，然后逐个分贝降低信号电平，直至机顶盒开始出现马赛克为止，记录此时的电平值；再降低 1～2dBμV 电平，此时机顶盒将完全静帧或黑屏（依赖于机顶盒的不同软件设计）。

5）调节机顶盒前的步进衰减器，使输入机顶盒的电平提高至 80dBμV 左右，观察电视机的图像，然后逐个分贝提高信号电平，直至机顶盒开始出现马赛克，记录此时的电平值；再提高 1～2dBμV 电平，此时机顶盒将完全静帧或黑屏（依赖于机顶盒的不同软件设计）。

6）体会机顶盒的门限电平对机顶盒正确解码的意义。

（2）载噪比、MER、误码率及 W.P 的测量

测试框图如图 8-13 所示，测量步骤如下所述。

1）按图连接并调整系统，调节各衰减器，使放大器的输入、输出均在标称值范围内；调整放大器至机顶盒之间的衰减，使输入机顶盒的电平在 50dBμV 左右。

2）打开测量仪器，根据要测量的频道，设置好频道的参数，进入 C/N 测量功能，读出当前的载噪比值。

3）进入 MER 测量功能，读出当前的 MER 值。

4）进入误码率测量功能，读出当前的比特误码率。注意，应采用纠错前（PRE）的 FEC 而非纠错后。

5）如果仪器具备 W.P 测量功能，可测量 1～2min，观察有无出现错误包，并同步观察机顶盒解出的图像。

（3）绘制 C/N、MER、误码率的关系曲线

测试框图如图 8-13 所示，测量步骤如下。

1）按图连接并调整系统，调节各衰减器，使放大器的输入、输出均在标称值范围内；调整放大器输出后的固定衰减器及步进式衰减器，使进入机顶盒的电平为 60dBμV。

2）增加放大器放大前的输入衰减，降低放大器放大模块前的输入电平，同时减少放大器输出至机顶盒之间的衰减，使机顶盒的输入信号仍保持在 60dBμV 左右，直至机顶盒解码出现马赛克为止，再进一步降低放大器放大前衰减为 1～2dBμV；测量此时的 C/N、MER、比特误码率。

3）逐步减少放大器放大前衰减，同时加大放大器输出至机顶盒之间的衰减、保持机顶盒的输入电平在 60dBμV 左右，使 C/N 逐分贝提高，记录 C/N 每提高 1dB 时的 MER 及比特误码率，同步观察机顶盒解码的图像。

4）以 C/N 为横坐标，MER 及误码率 BER 为纵坐标，绘制 MER 及 BER 随 C/N 变化的曲线。

5）说明该曲线的特征。

（4）观察星座图

测量框图如图 8-13 所示，测量步骤如下所述。

1）按图连接系统，按放大器的输入输出标称值调整系统，调整固定衰减器及步进式衰减器，使进入机顶盒的电平为 60dBμV，以保证机顶盒能够流畅解出图像。

2）将具备星座图测量的仪器（如 QAM 信号测试仪、码流分析仪等）连接至网络，设

置好相关参数，进入星座图测量功能，观察星座图符号点的聚集情况及形态。

3）逐步增加放大器的输入衰减，降低放大器的输入电平，同时减少放大器输出至机顶盒之间的衰减，使机顶盒的输入信号仍保持在 60dBμV 左右，直至机顶盒解码出现马赛克或停顿、静帧等现象为止，观察此时的星座图符号点的聚集情况及形态。

4）逐步减少放大器放大前衰减，提高放大器的输入电平，同时加大放大器输出至机顶盒之间的衰减、使机顶盒的输入电平仍保持在 60dBμV 左右，直至机顶盒解码出现马赛克或停顿、静帧等现象为止，观察此时的星座图符号点的聚集情况。

5）回顾在此过程中星座图的变化，并根据星座图观测，说明机顶盒解码产生马赛克或停顿、静帧等现象的原因。

5．实训报告

1）画出本实训测试用到的连接框图；记录使用到的几个测量仪器，并说明仪器的功能。

2）说明门限电平对机顶盒正确解码图像的实际意义。

3）画出 MER、误码率与 C/N 之间的关系曲线。

4）说明星座图的物理含义。

8.5 习题

1．码流分析仪的作用及功能有哪些？

2．码流分析仪监测的 3 种级别错误各具体为哪些错误？

3．有线数字电视主要技术参数有哪些？如何进行测量？

附录　数字电视技术常用缩略语

A

A	Address	地址
	Audio	音频
A-D	Analog-Digital	模-数转换
A-V	Audio-Video	音频-视频
AAC	Advanced Audio Coding	高级音频编码
ABR	Available Bit Rate	可用比特率
AC	Alternating Current	交流
AC -3	Audio Coding-3	音频编码 3（数字音频压缩标准）
ACR	Access Convergence Router	大规模接入汇聚路由器
AD	Address	地址
	Auxiliary Date	辅助数据
ADC	Analog to Digital Converter	模-数转换器
ADTB-T	Advanced Digital Television Broadcasting–Terrestrial	高级数字电视地面广播系统
ADSL	Asymmetrical Digital Subscriber Line	非对称数字用户线
AF	Audio Frequency	音频
	Adaptation Field	适配域
AFC	Automatic Frequency Control	自动频率控制
AFT	Automatic Frequency Truck	自动频率微调
AGC	Automatic Gain Control	自动增益控制
AO	Audio Output	音频输出
AON	Active Optical Network	有源光网络
APC	Adaptive Predictive Coding	自适应预测编码
	Automatic Phase Control	自动相位控制
	Automatic Picture Control	自动图像控制
	Automatic Power Control	自动功率控制
API	Application Program Interface	应用程序接口
APM	Amplitude Pulse Modulation	脉冲调幅
ARC	Arithmetic Coding	算术编码
ASK	Amplitude Shift Keying	振幅键控

ASI	Asynchronous Serial Interface	异步串行接口
ATC	Adaptive Transform Coding	自适应变换编码
ATM	Asynchronous Transfer Mode	异步转移模式
ATSC	Advanced Television Systems Committee	（美国）高级电视制式委员会
ATV	Advanced Tele Vision	高级（先进）电视
AV	Audio Video	音视频（信号）
AVC	Advanced Video Coding	高级视频编码
AVS	Audio and Video coding Standard Workgroup of China	（中国）先进音视频编码标准

B

B	Bit	位（比特）
	Blue	蓝色
	Bus	总线、母线
	Byte	字节
BAS	Broadband Access Server	宽带接入服务器
BAT	Bouquet Association Table	业务群关联表
BB	Basis Band	基带
BC	Binary Code	二进制码
	Broadcast Channel	广播信道
BCD	Binary Coded Decimal	二-十进制（码）
BCK	Bit Clock	位（比特）时钟
Bd	Band	波特
BER	Bit Error Rate	误码率
BNG	Broadband Network Gateway	宽带接入网关
BPF	Band Pass Filter	带通滤波器
BPS	Bits Per Second	比特/秒
BPSK	Bi-Phase Shift keying	二相相移键控
BR	Break	中断
	Break Request	中断请求
BSS	Broadcast Satellite Services	广播卫星业务
BS	Bit String	比特流
	Broadcast Satellite	广播卫星
BSS	Broadcast Satellite Service	广播卫星业务
BW	Band Width	带宽

C

C	Channel	信道、通道

	Chrome	色度信号
	Code	码、代码、编码
C/N	Carrier to Noise	载噪比
CA	Conditional Access	有条件接收
CAC	Conditional Access Control	条件接收控制
CAS	Conditional Access System	条件接收系统
CAT	Conditional Access Table	条件接收表
CATV	Cable Tele Vision	有线电视（电缆电视）
CBR	Constant Bit Rate	固定比特率
CBN	Common Bonding Network	公共接地网
CCIR	International Radio Consultative Committee	国际无线电咨询委员会
CCITT	International Telegraph and Telephone Consultative Committee	国际电话电报咨询委员会
CDMA	Code Division Multiple Access	码分多址
CDN	Content Distribution Network	内容分发网络
CEEB	Cable Entrance Earthing Bar	电缆入口接地排
CEF	Cable Entrance Facility	电缆入口设施
CH	Channel	信道、频道、通道
CIF	Common Intermediate Format	常用的标准化图像格式
CLK	Clock	时钟
CM	Cable Modem	线缆调制解调器
	Cross Modulation	交扰调制（交调）
CMTS	Cable Modem Termination System	线缆调制解调器终端系统
CMMB	China Mobile Multimedia Broadcasting	中国移动多媒体广播
CNR	Carrier to Noise Ratio	载噪比
COFDM	Code Orthogonal Frequency Division Multiplexing	编码正交频分复用
CPE	Customer Premise Equipment	用户端设备
CPU	Central Processing Unit	中央处理器
CRT	Cathode Ray Tube	阴极射线管（显像管）
	Cyclic Redundancy Check	循环冗余校验
CSD	Composite Second Order beat	复合二次差拍（失真）
CTB	Composite Triple Beat	复合三次差拍（失真）
CVBS	Composite Video Broadcast Signal	复合视频广播信号
CW	Control Word	控制字
CWG	Control Word Generator	控制字发生器

D

3D	3-Dimensional	三维
D	Data	数据
	Data Line	数据线
	Decoding	解密
	Demodulator	解调器
D-A	Digital to Analog	数-模转换
DAB	Digital Audio Broadcasting	数字音频广播
DAC	Digital To Analog Converter	数-模转换器
DAV	Digital Audio/Video	数字音频-视频
DB	Data Bus	数据总线
dB	decibel	分贝
DC	Direct Current	直流电
	Data Clock	时钟数据信号
DCT	Discrete Cosine Transformation	离散余弦变换
DCLK	Digital Clock	数字时钟脉冲
DDC	Digital Data Converter	数字数据转换器
DDF	Digital Distribution Frame	数字配线架
DE	Data Enable	数据使能
DFT	Discrete Fourier Transformation	离散傅里叶变换
DM	Data Memory	数据存储器
DMB-T	Terrestrial Digital Multimedia /Television Broadcasting	地面数字多媒体/电视广播
DMMS	Multi channel Microwave Distribution System	多频道微波分配系统
DNS	Domain Name Server	域名服务器
DRS	Digital Radio by Satellite	卫星数字广播
DRAM	Dynamic Random Access Memory	动态随机存取存储器
DS	Data Strobe	数据选通
DSP	Digital Signal Processing	数字信息处理
DSR	Digital Satellite Radio	数字卫星广播
DIT	Discontinuity Information Table	间断信息表
DT	Digital Technique	数字技术
DTS	Decoding Time Stamp	解码时间标签
DTV	Digital TV	数字电视
DTMB	Digital Terrestrial Multimedia Broadcasting	中国地面数字电视标准

DVB	Digital Video Broadcasting	数字视频广播
DVB-S	DVB-Satellite	卫星数字视频广播
DVB-C	DVB-Cable	电缆数字视频广播
DVB-T	DVB-Terrestrial	地面数字视频广播
DTH	Direct To Home	直接到户（直播卫星）
DTTV	Digital Terrestrial Tele Vision	数字地面电视
DVB	Digital Video Broadcasting	数字视频广播
DVD	Digital Versatile Disc	数字通信光盘
	Digital Video Disc	数字视频光盘
DVI	Digital Video Interactive	交互式数字视频
	Digital Video Interface	数字视频接口
DRM	Digital Rights Management	数字版权管理
DWDM	Density Wave Division Multiplexing	密集波分复用
DWT	Discrete Wavelet Transform	离散小波变换

E

Eb/No	ratio between Energy per-bit and Noise density	每比特能量对噪声密度比
EBU	European Broadcasting Union	欧洲广播联盟
ECM	Entitlement Checking Message	授权检验信息
	Entitlement Control Message	授权控制信息
EDTV	Enhanced Definition Tele Vision	增强清晰度电视
EEROM	Electrically Erasable Reed-only Memory	电可擦只读存储器
EEPROM	Electrically Erasable Programmable Reed-only Memory	电可擦可编程只读存储器
EIRP	Effective Isotropic Radiated Power	有效全向辐射功率
	Equivalent Isotropic Radiated Power	等效全向辐射功率
EIT	Event Information Table	事件信息表
EMM	Entitlement Management Message	授权管理信息
EoC	Ethernet over Coax	以太数据通过同轴电缆传输
EPG	Electronic Program Guides	电子节目指南
ES	Error Second	误码秒
	Elementary Stream	基本码流
ETS	European Telecommunication Standard	欧洲电信标准
ETSI	European Telecommunication Standard Institute	欧洲电信标准委员会
ETV	Education TV	教育电视

	Enhanced TV	增强电视

F

FBR	Fixed Bit Rate	固定码率
FDM	Frequency-Division Multiplexing	频分多路复用
FDMA	Frequency-Division Multiple Address	频分多址
FEB	Floor eguipotential Earthing terminal Board	楼层汇流排
FEC	Forward Error Correction	前向纠错
FFT	Fast Fourier Transformation	快速傅里叶变换
FTP	File Transfer Protocol	文件传输协议
FTTB	Fiber To The Building	光纤到楼宇
FTTC	Fiber To The Curb	光纤到分线盒
FSK	Frequency Shift keying	移频键控
FSS	Fixed Satellite Service	固定卫星业务

G

G	Gain	增益
	Green	绿色
GA	Grand Alliance	（美国 HDTV）大联盟
GND	Ground	地、接地
GOP	Group of Pictures	图像组
GPS	Global Positioning System	全球卫星定位系统

H

HBV	High Bit-rate Video	高码率视频
HD	High Definition	高清晰度
HDTV	High Definition Tele Vision	高清晰度电视
HDMI	High Definition Digital Multimedia Interface	高清晰度数字多媒体接口
HF	High Frequency	高频
HFC	Hybrid Fiber Coaxial	光纤同轴电缆混合（网）
HTML	Hypertext Markup Language	超文本标记语言
HTTP	Hypertext Transfer Protocol	超文本传输协议
HTTPS	Hypertext Transfer Protocol Secure	安全超文本传输协议
HUB		集线器，分前端

I

I	Insert	插入
	Instruction	指令
	Interface	接口、交界面
IC	Integrated Circuit	集成电路
IEC	International Electrotechnical Commission	国际电工委员会
IEEE	Institute of Electrical and Electronics Engineers	（美国）电气和电子工程师协会
IEEE802		IEEE 的 LAN、WAN 标准化委员会简称
IF	Intermediate Frequency	中频
IFFT	Inverse Fast Fourier Transform	快速傅里叶反变换
IIC（I^2C）	Inter Integrated Circuit Bus	内部集成电路总线
IN	Input	输入
I/O	Input/output	输入/输出
IP	Internet Protocol	互联网协议
IPPV	Impulse Pay-Per-View	即时付费收视
IPTV	Internet Protocol TV	网络电视
	Interactive Personal TV	个人交互式电视
IRD	Integrated Receiver Decoder	综合接收解码器
ISDN	Integrated Services Digital Network	综合业务数字网
ISDB-T	Integrated Services Digital Broadcasting -Terrestrial	日本地面综合业务数字广播标准
ISO	International Organization for Standardization	国际标准化组织
ITU	International Telecommunications Union	国际电信联盟
ITU-R	ITU Radio communication sector	ITU 无线电通信部门
ITU-T	ITU Telecommunication standardization sector	ITU 电信标准化部门
ITV	Interactive TV	交互式电视

J

J	Jack	插座、插孔
	Joint	插头
JPEG	Joint Photographic Experts Group	联合图像专家组

K

KB	Key Board	键盘

KC	Key To Cipher	密钥

L

L	Left	左，左声道
	Low	低的
LCD	Liquid Crystal Display	液晶显示器
LEB	Local Equipotential Farthing terminal Board	局部等电位汇流排
LED	Light Emitting Diode	发光二极管
LVDS	Low-Voltage Differential Signaling	低压差分信号
LNA	Low Noise Amplifier	低噪声放大器
LNB	Low Noise Block	低噪声组件，（微波）高频头
	Low Noise Block down converter	低噪声下变频器
LNBF	Low Noise Block Feed	馈源一体化高频头
LSB	Least Significant Bit	最低有效位
LPF	Low Pass Filter	低通滤波器

M

MAC	Media Access Control	媒体访问控制层
MB	Macro Block	宏像块
MCLK	Master Clock	主时钟
	Memory Clock	时钟存储器
MER	Modulation Error Ratio	调制误差率
MFN	Multiple Frequency Network	多频网
MHP	Multimedia Home Platform	多媒体家用平台
ML	Main Level	主级
MP@HL	Main Profile at High level	主档/高级
MP@LL	Main Profile at Low Level	主档/低级
MP@ML	Main Profile at Main Level	主档/主级
MP@H1440L	Main Profile at High 1440 Level	主档/高 1440 级
MP@HL	Main Profile at High level	主档/高级
MP@LL	Main Profile at Low Level	主档/低级
MP@ML	Main Profile at Main Level	主档/主级
MPEG	Moving Picture Expert Group	活动图像专家组
MPEG-TS	MPEG Transport Stream	MPEG 传送码流
MPTS	Multi Program Transport Stream	多节目传输流
MUX	Multiplexer	复用器、多工器

MTV	Multimedia TV	多媒体电视
	Music TV	音乐电视

N

N	Network	网络
NC	No Connection	空脚
NGB	Next Generation Broadcasting network	下一代广播电视网
NIT	Network Information Table	网络信息表
NIU	Network Interface Unit	网络接口单元
NMP	Network Management Protocol	网络管理协议
NPR	Noise Power Ratio	噪声功率比
NR	Noise Ratio	噪声比
NTSC	National Television Standards Committee	（美国）国家电视制式委员会（彩电制式）
NTP	Network Time Protocol	网络时间协议
NVOD	Near Video-On-Demand	准视频点播

O

O	Output	输出
OP	Output Phase	输出相位
	Output Power	输出功率
OFDM	Orthogonal Frequency Division Multiplexing	正交频分复用
OSD	On-Screen Display	屏幕显示
OSS	Operation Support System	运营支撑系统

P

P	Program	程序
PACM	Pulse Amplitude Code Modulation	脉冲幅度编码调制
PAL	Phase Alternate Line	逐行倒相（彩色电视机制式）
PAPR	Peak to Average Power Ratio	峰值平均功率
PAT	Program Association Table	节目关联表
PC	Personal Computer	个人计算机
	Predictive Coding	预测编码
PCB	Printed Circuit Board	印制电路板
PCM	Pulse Code Modulation	脉冲编码调制
PCR	Program Clock Reference	节目时钟基准
PDC	Program Delivery Control	节目传送控制

PDP	Plasma Display Panel	等离子体显示屏
PES	Packaged Elementary Stream	打包基本流
PFSK	Pulse Frequency Shift Keying	脉冲频移键控
PID	Packer Identifier	信息包标识
PIL	Program Identification Label	节目标识标签
PIP	Picture-In-Picture	画中画
PIN	Personal Identification Number	个人识别码
PMT	Program Map Table	节目映射表
PLL	Phase Lock Loop	锁相环
PPC	Pay-Per-Channel	按频道付费
PPT	Pay-Per-Time	按时间付费
PPV	Pay-Per-View	按次付费
PROM	Programmable Read Only Memory	可编程只读存储器
PS	Program Stream	节目流
PSI	Program Specific Information	节目特定信息
PSK	Phase-Shift Keying	相移键控
PSM	Phase-Shift Modulation	相移调制
PSTN	Public Switched Telephone Network	公共电话交换网
PTS	Presentation Time Stamp	显示时间标签
PTV	Pay Tele Vision	付费电视

Q

QAM	Quadrature Amplitude Modulation	正交调幅
QoS	Quality of Service	服务质量
QPSK	Quadrature Phase Shift keying	正交（四）相移键控

R

R	Right	右、右声道
RAM	Random Access Memory	随机存取存储器
RGB	Red Green and Blue	红、绿、蓝（三基色）
RISC	Reduced Instruction System Computer	精简指令系统计算机
R-S	Reed-Solomon	里德-所罗门
RST	Running Status Table	运行状态表
RTZ	Return-To-Zero	归零（码）
RTCP	Real-time Transport Control Protocol	实时传输控制协议
RTP	Real-time Transport Protocol	实时传输协议
RTSP	Real-time Transport Streaming Protocol	实时传输流媒体协议
RW	Read Write	读写

RZ	Return to Zero	归零（码）

S

SAC	Subscriber Authorization Center	用户授权中心
SAS	Subscriber Authorized System	用户授权系统
SAWF	Surface Acoustic Wave Filter	声表面波滤波器
SBS	Stimulated Brillouin Scattering	受激布里渊散射
SCK	System Clock	系统时钟
SCL	Serial Clock	串行时钟
S-CDMA	Synchronous-Code Division Multiple Access	同步码分多址
SDA	Serial Data	串行数据
SDRAM	Synchronous DRAM	同步动态随机存取存储器
SDI	Serial Digital Interface	串行数字接口
SDT	Service Description Table	业务描述表
SDTV	Standard Definition Tele Vision	标准清晰度电视
SER	Symbol Error Rate	符号错误率
SFN	Single Frequency Network	单频网
SI	Service Information	业务信息
SIT	Service Information Table	业务信息表
	Selection Information Table	选择信息表
SIF	Standard Interface	标准接口
	Sound Intermediate Frequency	伴音中频
SIO	Serial Input/Output	串行输入/输出
SMS	Subscriber Management System	用户管理系统
SNR	Signal-to-Noise Ratio	信噪比
SP	Service Provider	服务提供商
SPI	Synchronous Parallel Interface	同步并行接口
SPTS	Single Program Transport Stream	单节目传输流
ST	Stuffing Table	填充表
S-VIDEO	S-Video	S 端视频
STB	Set-Top-Box	机顶盒
STC	System Time Clock	系统时钟
SWR	Standing Wave Ratio	驻波比

T

T	Time Constant	时间常数
TCP	Transmission Control Protocol	传输控制协议
TD-CDMA	Time Division-CDMA	时分-码分多址

TDT	Time and Date Table	时间和日期表
TDM	Time Division Multiplexing	时分复用
TDMA	Time Division Multiple Access	时分多址
TOT	Time Offset Table	时间偏移表
TFTP	Trivial File Transfer Protocol	简单文件传输协议
TS	Transport Stream	传输码流
TSDT	Transport Stream Description Table	传输流描述表
TSP	Transport Stream Packet	传输流包
TV	Tele Vision	电视
TX	Transmitter	发射、发送

U

UDP	User Datagram Protocol	用户数据报协议
UDTV	Ultra high Definition TV	特高清晰度电视
UHF	Ultra-High Frequency	特高频
ULF	Ultra-Low Frequency	特低频
UNI	User-Network Interface	用户网络接口
UPS	Uninterruptible Power Supply	不间断电源
USB	Universal Serial Bus	通用串行总线

V

V	Video	视频、图像
V/A	Video/Audio	视频/音频
V/C	Video/Chrominance	视频/色度
VCD	Video Compact Disc	数字激光视盘
VCO	Voltage Controlled Oscillator	压控振荡器
VBR	Variable Bit Rate	可变比特速率
VHF	Very High Frequency	甚高频
VOD	Video-on-Demand	点播电视
VoIP	Voice over IP	IP 语音传输
VSB	Vestigial Side Band	残留边带
	Vestigial Side Band modulation	残留边带调制
8-VSB	8-level Vestigial Side Band modulation	8 电平残留边带调制
VSWR	Voltage Standing Wave Ratio	电压驻波比

W

WAP	Wireless Application Protocol	无线应用通信协议

WCLK	Word Clock	字时钟
W-CDMA	Wide band-CDMA	宽带码分多址
WDM	Wavelength Division Multiplexing	波分复用
WDMA	Wavelength Division Multiple Address	波分多址
WLAN	Wireless Local Area Networks	无线局域网
WebTV	Web Tele Vision	网络电视
WWW	World Wide Web	环球网

X

XTL	Crystal	晶体
XTLO	Crystal Oscillator	晶体振荡器
XML	Extensible Markup Language	可扩展标记语言

Y

Y	Luminance	亮度
YL	Y Level	亮度电平

Z

Z	Zero	零
	Zero Flag	零标志

参考文献

[1] 刘修文. 数字电视有线传输技术[M]. 北京：电子工业出版社，2002.

[2] 刘修文. 有线电视安装与维修 （修订本）[M]. 北京：人民邮电出版社，2005.

[3] 刘修文. 数字电视机顶盒安装与维修一点通[M]. 2 版. 北京：机械工业出版社，2011.

[4] 陆燕飞，刘修文. 数字电视有线传输原理与维修[M]. 2 版. 北京：机械工业出版社，2011.

[5] 刘修文，等. 数字电视技术实训教程[M]. 2 版. 北京：机械工业出版社，2012.

[6] 刘修文. 有线数字电视安装与维修一点通[M]. 北京：电子工业出版社，2012.

[7] 刘修文，王忠章. 小丁学修机顶盒[M]. 北京：中国电力出版社，2013.

[8] 刘修文，等. 有线广播电视机线员——电视机务员 培训考核模拟题库[M]. 北京：机械工业出版社，2012.

[9] 国家广播电影电视总局人事司. 有线广播电视机线员——基础知识[M]. 北京：中国广播电视出版社，2009.

[10] 国家广播电影电视总局人事司. 有线广播电视机线员——电视机务员[M]. 北京：中国广播电视出版社，2009.

[11] 国家广播电影电视总局人事司. 有线广播电视机线员——线务员[M]. 北京：中国广播电视出版社，2009.

[12] 数字电视国家工程实验室. 数字电视前端系统[M]. 北京：科学出版社，2012.

[13] 数字电视国家工程实验室. 数字电视测试原理与方法[M]. 北京：科学出版社，2012.

[14] 数字电视国家工程实验室. 地面数字电视发射系统与覆盖网络[M]. 北京：科学出版社，2012.

[15] 王强勇. 一省一网下的温州有线电视总前端平台技改方案[J]. 中国有线电视，2013（05）.

[16] 贺满宏. 双向网改造中 EPON 技术对光纤和光缆的要求[J]. 中国有线电视，2013（01）.

[17] 朱军兵. 温岭广电网络光纤入户技术方案浅析[J]. 中国有线电视，2013（07）.

[18] 先守东. 光缆故障的 OTDR 测试与快速查找[J]. 中国有线电视，2012（11）.

[19] 刘仰阁，苏富奎. 广电机房的接地技术[J]. 中国有线电视，2012（12）.

[20] 金建伟. 影响光纤熔接损耗的因素及解决方法[J]. 有线电视技术，2013（05）.

[21] 蒙继长，崔俊杰. 视频转码关键技术解析[J]. 有线电视技术，2013（07）.

精品教材推荐

EDA 技术基础与应用

书号：ISBN 978-7-111-33132-2

定价：32.00 元　　作者：郭勇

推荐简言：

本书内容先进，按项目设计的实际步骤进行编排，可操作性强，配备大量实验和项目实训内容，供教师在教学中选用。

电子测量仪器应用

书号：ISBN 978-7-111-33080-6

定价：19.00 元　　作者：周友兵

推荐简言：

本书采用“工学结合”的方式，基于工作过程系统化；遵循“行动导向”教学范式；便于实施项目化教学；淡化理论，注重实践；以企业的真实工作任务为授课内容；以职业技能培养为目标。

高频电子技术

书号：ISBN 978-7-111-35374-4

定价：31.00 元　　作者：郭兵 唐志凌

推荐简言：

本书突出专业知识的实用性、综合性和先进性，通过学习本课程，使读者能迅速掌握高频电子电路的基本工作原理、基本分析方法和基本单元电路以及相关典型技术的应用，具备高频电子电路的设计和测试能力。

单片机技术与应用

书号：ISBN 978-7-111-32301-3

定价：25.00 元　　作者：刘松

推荐简言：

本书以制作产品为目标，通过模块项目训练，以实践训练培养学生面向过程的程序的阅读分析能力和编写能力为重点，注重培养学生把技能应用于实践的能力。构建模块化、组合型、进阶式能力训练体系。

Verilog HDL 与 CPLD/FPGA 项目开发教程

书号：ISBN 978-7-111-31365-6

定价：25.00 元　　作者：聂章龙

获奖情况：高职高专计算机类优秀教材

推荐简言：

本书内容的选取是以培养从事嵌入式产品设计、开发、综合调试和维护人员所必须的技能为目标，可以掌握 CPLD/FPGA 的基础知识和基本技能，锻炼学生实际运用硬件编程语言进行编程的能力，本书融理论和实践于一体，集教学内容与实验内容于一体。

电子信息技术专业英语

书号：ISBN 978-7-111-32141-5

定价：18.00 元　　作者：张福强

推荐简言：

本书突出专业英语的知识体系和技能，有针对性地讲解英语的特点等。再配以适当的原版专业文章对前述的知识和技能进行针对性联系和巩固。实用文体写作给出范文。以附录的形式给出电子信息专业经常会遇到的术语、符号。

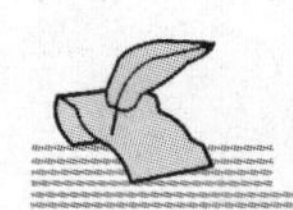

精品教材推荐

电子工艺与技能实训教程

书号：ISBN 978-7-111-34459-9

定价：33.00 元　作者：夏西泉　刘良华

推荐简言：

本书以理论够用为度、注重培养学生的实践基本技能为目的，具有指导性、可实施性和可操作性的特点。内容丰富、取材新颖、图文并茂、直观易懂，具有很强的实用性。

综合布线技术

书号：ISBN 978-7-111-32332-7

定价：26.00 元　作者：王用伦 陈学平

推荐简言：

本书面向学生，便于自学。习题丰富，内容、例题、习题与工程实际结合，性价比高，有实用价值。

集成电路芯片制造实用技术

书号：ISBN 978-7-111-34458-2

定价：31.00 元　作者：卢静

推荐简言：

本书的内容覆盖面较宽，浅显易懂；减少理论部分，突出实用性和可操作性，内容上涵盖了部分工艺设备的操作入门知识，为学生步入工作岗位奠定了基础，而且重点放在基本技术和工艺的讲解上。

通信终端设备原理与维修 第 2 版

书号：ISBN 978-7-111-34098-0

定价：27.00 元　作者：陈良

推荐简言：

本书是在 2006 年第 1 版《通信终端设备原理与维修》基础上，结合当今技术发展进行的改编版本，旨在为高职高专电子信息、通信工程专业学生提供现代通信终端设备原理与维修的专门教材。

SMT 基础与工艺

书号：ISBN 978-7-111-35230-3

定价：31.00 元　作者：何丽梅

推荐简言：

本书具有很高的实用参考价值，适用面较广，特别强调了生产现场的技能性指导，印刷、贴片、焊接、检测等 SMT 关键工艺制程与关键设备使用维护方面的内容尤为突出。为便于理解与掌握，书中配有大量的插图及照片。

MATLAB 应用技术

书号：ISBN 978-7-111-36131-2

定价：22.00 元　作者：于润伟

推荐简言：

本书系统地介绍了 MATLAB 的工作环境和操作要点，书末附有部分习题答案。编排风格上注重精讲多练，配备丰富的例题和习题，突出 MATLAB 的应用，为更好地理解专业理论奠定基础，也便于读者学习及领会 MATLAB 的应用技巧。